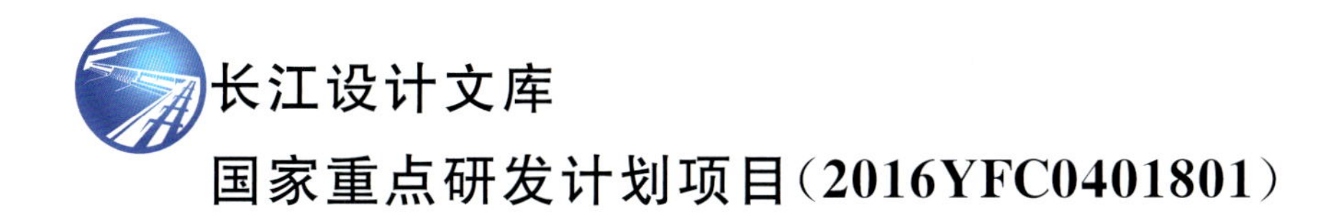

滇中引水工程香炉山深埋长隧洞岩溶水文地质与选线研究

DIAN ZHONG YINSHUI GONGCHENG XIANGLU SHAN SHENMAI CHANG SUIDONG YANRONG SHUIWEN DIZHI YU XUANXIAN YANJIU

周　云　黄　华　陈长生　刘承新　等著

图书在版编目(CIP)数据

滇中引水工程香炉山深埋长隧洞岩溶水文地质与选线研究/周云等著. —武汉:中国地质大学出版社,2022.12

ISBN 978-7-5625-5058-7

Ⅰ.①滇… Ⅱ.①周… Ⅲ.①引水隧洞-岩溶水-水文地质勘探-研究-云南 Ⅳ.①TV672

中国版本图书馆 CIP 数据核字(2022)第 243597 号

滇中引水工程香炉山深埋长隧洞岩溶水文地质与选线研究

周 云 黄 华 陈长生 刘承新 **等著**

责任编辑:张玉洁 选题策划:王凤林 江广长 责任校对:何澍语

出版发行:中国地质大学出版社(武汉市洪山区鲁磨路 388 号) 邮编:430074

电 话:(027)67883511 传 真:(027)67883580 E-mail:cbb@cug.edu.cn

经 销:全国新华书店 https://cugp.cug.edu.cn

开本:880 毫米×1230 毫米 1/16 字数:624 千字 印张:19.25

版次:2022 年 12 月第 1 版 印次:2022 年 12 月第 1 次印刷

印刷:湖北金港彩印有限公司

ISBN 978-7-5625-5058-7 定价:228.00 元

序

我国水利水电工程深埋长隧洞建设已取得举世瞩目的成就，在长度、埋深及地质条件的复杂性等方面均已达到世界高难度水平。工程地质勘察及研究是确保深埋长隧洞工程建设安全顺利进行的一项至为关键的重要工作，特别是工程地质勘察与选线研究，直接关系到隧洞建设的投资、难易程度甚至工程建设的成败。当今国内深埋长隧洞工程地质条件愈来愈复杂多样，勘察难度和工程难度日益增大，只有不断采用新的勘察技术，创建新的工作方法，才能有效解决工程建设中出现的各种问题。

深埋长隧洞建设过程中不可避免地会遭遇诸如岩溶、活动断裂、高地应力、高外水压力、高地温、涌水突泥、硬岩岩爆、软岩大变形等各种地质问题，特别是岩溶问题，至今仍是世界性难题。岩溶导致的涌突水，轻则导致工期延误，重则造成设备损失及人员伤亡，甚者诱发水源疏干等地下水环境问题。通过前期工程地质勘察与选线研究，合理规避或减轻上述地质问题对深埋长隧洞工程建设的影响，具有重要的社会意义及经济意义。

工程地质学是一门科学性、探索性和实践性很强的学科，它的发展有赖于理论的提高、技术方法的发展和经验的不断总结。该书融合了众多专家的智慧和经验，突出了深埋长隧洞工程地质勘察和工程地质选线的技术思路，系统总结了滇中引水工程勘察设计过程中香炉山深埋长隧洞岩溶水文地质勘察及选线工作，是理论与实践结合的结晶，是长江三峡勘测研究院有限公司（武汉）开展岩溶地区地下工程建设研究的重要成果。该书的出版，有助于促进我国深埋长隧洞工程地质勘察技术的发展，可供从事水利水电工程及其他地下工程的专业技术人员参阅及借鉴。

谨为序。

中国工程勘察大师：陈德基

2022 年 8 月 16 日

前　言

云南省滇中地区主要包括昆明、玉溪、楚雄、曲靖等州(市),该区域生产总值约占云南省地区生产总值的61%,是云南省经济社会发展的核心地区。滇中地区又是长江流域三大干旱区之一,水资源量仅占全省的12%,资源性缺水与工程性缺水并存。水资源短缺已成为制约滇中地区乃至云南省经济社会可持续发展的瓶颈。

滇中引水工程规划设想由来已久,早在20世纪50年代,云南省原副省长张冲就提出“引金入滇、五湖通航”的宏伟构想。1960年,在长江流域规划办公室(长江水利委员会前身)提出的《金沙江流域规划意见书》中,已明确向滇中调水是金沙江流域综合利用的任务之一。

2009—2012年,云南省发生了持续的严重干旱,水资源短缺的矛盾不仅严重影响了滇中工业、农业的发展,而且造成范围广泛的人畜饮水困难,滇中引水工程建设的紧迫性日益凸显。滇中地区是《全国主体功能区规划》中的国家重点开发区之一,滇中水资源供需矛盾将进一步加剧。

滇中引水工程是《全国水资源综合规划(2010—2030年)》确定的重大水资源配置工程之一,建设滇中引水工程可从根本上解决滇中水资源短缺的矛盾,并可修复、改善滇中高原湖泊、河道生态及水环境,对促进云南省经济社会可持续发展具有重要作用。

滇中引水工程是从金沙江上游石鼓河段取水,以解决滇中地区水资源短缺问题的特大型跨流域引(调)水工程,其主要任务是向滇中城镇生活及工业供水,兼顾农业与生态补水。工程受水区包括丽江、大理、楚雄、昆明、玉溪及红河6个州(市)的35个县(市、区),面积3.69万km^2。该工程多年平均引水量34.03亿m^3。滇中引水工程为Ⅰ等工程,主要建筑物级别为1级,次要建筑物为3级。滇中引水工程由石鼓水源工程和输水工程两部分组成,输水总干渠全长664.24km,其中隧洞长611.99km,工程总工期为96个月,香炉山隧洞为全线控制性工程。香炉山深埋长隧洞穿越滇西北横断山脉,山岭浑厚,沟谷纵横,地势陡峻,线路区褶皱、断裂构造发育,新构造运动活跃,历史上中、强地震活动频繁,沿线地层岩性多样,碳酸盐岩分布较广,且岩溶强烈发育,岩溶地下水及地表泉水丰富,隧洞具埋深大、长度大、穿越滇西复杂地质单元等工程特点。由于隧洞直接穿越活动断裂带,存在工程抗断和围岩稳定问题,深埋段存在高地应力引发的硬岩岩爆及软岩变形、高地热、高外水压力等问题。隧洞穿越岩溶水系统及富水洞段时则可能发生较严重的突水、突泥问题,处理不当甚至还有可能对穿越地区地下水环境造成不利影响。以上问题直接决定着隧洞的工程安全、施工进度、工程投资以及地下水环境安全,事关工程成败。

输水线路区碳酸盐岩地层分布较广,表层分布有多个大的岩溶水系统,并发育多个规模较大的向斜、断裂破碎带等蓄水体,部分隧洞从水库、河流等地表水体下部或邻近地段下部穿越,岩溶、水文地质条件极其复杂，实为国内外工程所罕见，这也是滇中引水工程勘察研究的重点和难点。隧洞在穿越岩溶强烈发育区特别是水平径流带、断层破碎带和向斜核部等储水构造时，存在洞室涌突水以及疏干地表、地下水而对水环境造成不利影响的问题，进而影响该地区社会和谐与稳定。因此，查明线路区岩溶水文地质条件，进而选择合理的线路至关重要，它对规避重大岩溶与水文地质缺陷，降低工程风险，避免可能的重大地下水环境问题有重要意义。

滇中引水工程岩溶水文地质条件复杂地区的深埋长隧洞选线研究，采用科学试验、综合勘察与分析等手段，从宏观到微观把握总体研究层次和方向，注重新理论、新思路、新方法、新工艺的引入，运用多学科知识，选择多种切实有效的研究手段并相互验证，既强调勘察研究工作的系统性和全面性，又强调各阶段需重点研究地段的特殊性。

本次研究在地质测绘、工程钻探、现场及室内试验等传统地质勘察工作的基础上，通过地表大量大地电磁剖面测深，探测岩溶发育深度、富水岩组分布范围；研发高压止水栓塞，采用千米级深孔压水试验、微水试验等新技术获取不同岩层、不同埋深地下水渗透参数；引入“分水岭地带存在弱岩溶化地块”“岩溶发育强度垂直分带”等理论，最大限度规避岩溶发育区，或短距离从地下分水岭部位的弱岩溶化地层中穿越；运用解析法及数值模拟等手段进行隧洞涌水量综合预测，确定涌突水规模与影响范围；提出基于模糊判断的隧洞地质岩溶风险评估方法，建立隧洞岩溶涌突水风险等级量化评分体系；根据隧洞涌水量的大小、涌突水对施工安全的影响程度、涌突水所诱发的地质灾害对工程的危害程度等，合理评价涌突水对工程安全和环境的不利影响及程度，为工程采取针对性处理措施提供依据。

本书由长江勘测规划设计研究有限责任公司、长江三峡勘测研究院有限公司（武汉）周云、黄华、陈长生、刘承新等撰著，由黄纪辛、满作武、王家祥、王锦国等主审。本书共分八章，第一章由史存鹏、周云负责编写；第二章由张海平、黄华负责编写；第三章由王旺盛、黄华负责编写；第四章由陈长生、李银泉负责编写；第五章由王朋、陈长生负责编写；第六章由刘承新、周云负责编写；第七章由李银泉、陈长生负责编写；第八章由陈长生、周云、史存鹏负责编写。全书各章初稿完成后，由陈长生、刘承新、李银泉完成统稿。

在资料收集、汇总、编排、图件整理等过程中，喻久康、赵长军、王传跃、张艳山、叶健、杜理选、田雨杭、谭龙、彭虎森、陈舟等作出了重要贡献。在工程勘察研究期间，我们与河海大学、北京科技大学、中国地质科学院岩溶地质研究所、中国地震局地质研究所、长江科学院、云南省地质调查院、云南省地震工程勘察院等高校和科研院所进行了广泛合作，他们提供了很多宝贵的资料，在此一并表示感谢。

本书是对我们从事滇中引水工程岩溶水文地质研究与深埋长隧洞选线研究工作的总结，希望本书的出版能为其他水利水电工程的岩溶水文地质及选线研究提供有益的帮助和参考。囿于笔者水平，书中难免会有不足及疏漏之处，敬请读者批评指正。

周　云

2022 年 12 月

目 录

第一章 综 述

第一节 研究背景

深埋长隧洞目前尚无统一定义。《水利水电工程地质勘察规范》(GB 50487—2008)规定:钻爆法施工长度大于3km、TBM法施工长度大于10km的隧洞为长隧洞,埋深大于600m的隧洞为深埋隧洞。《水力发电工程地质手册》在洞室类型分类中界定:长度2～20km为长隧洞,大于20km为特长隧洞;埋深300～2000m为深埋隧洞,大于2000m为超深埋隧洞。多年来,随着我国经济社会发展的需要,水利水电、公路和铁路等行业相继修建及规划了一大批深埋长隧洞工程。

水利水电行业的引水式水电站水工隧洞及长距离输水隧洞是较为典型的深埋长隧洞,具有洞径大、洞线长、埋深大等特点。目前我国已建成的各类水工隧洞总长超过10 000km,在建及拟建的水工隧洞总长超过3000km;单个工程洞室总长超过200km,最大单洞长度超过20km,洞室最大埋深超过2500m。其中,雅砻江锦屏二级水电站的4条引水隧洞单洞长度达16.7km,开挖洞径14.6m,隧洞一般埋深1500～2000m,最大埋深达2525m,是目前世界上已建的埋深最大、综合难度最高的输水隧洞工程(陈益民等,2017)。我国在建的最长输水隧洞为新疆供水工程喀双隧洞,其单洞长度达283.4km,最大埋深774m。国内长距离输水隧洞典型工程统计见表1-1。

表1-1 国内长距离输水隧洞典型工程统计(陈益民等,2017)

工程名称	单洞长度/km	开挖断面形式	直径/m
锦屏二级水电站	16.7	马蹄形/圆形	14.6
大盈江四级水电站	14	圆形	9.8
毛尔盖水电站	16.3	圆形	9.4
福堂水电站	19.3	马蹄形/圆形	12
狮子坪水电站	18.7	马蹄形	6.7
薛城水电站	15.2	马蹄形	8.4
新马水电站	23	平底马蹄形	8.6
橙子沟水电站	17.2	圆形	10.6
立洲水电站	16.7	圆形	10.2
关州水电站	17.7	圆形/马蹄形	8.2
引额济乌工程顶山隧洞	15.4	马蹄形	5.2
引大济湟工程大阪山隧洞	24.3	圆形	5
新疆供水工程喀双隧洞	283.4	圆形/马蹄形	7

表 1-1(续)

工程名称	单洞长度/km	开挖断面形式	直径/m
甘肃省引洮供水一期工程总干渠	110	圆形/马蹄形	5.75
引红济石工程	19.795	圆形	3.655
引汉济渭工程	81.78	圆形/马蹄形	8.02
大伙房水库输水(一期)工程	85.3	圆形/马蹄形	8
辽宁省重点输供水工程(水源工程)	100	圆形	8.5
辽宁省重点输供水工程(二段)	130.9	马蹄形/圆形	8.5
引松供水工程总干线 1# 隧洞	22.6	圆形	7.93
引松供水工程总干线 2# 隧洞	24.3	圆形	7.93
引松供水工程总干线 3# 隧洞	23	圆形	7.93

据不完全统计，截至 2019 年 4 月，已建成的世界最长输水隧洞是芬兰的 Päiänne 隧洞，其单洞长 120km，最大埋深 130m；国外埋深最大的输水隧洞是非洲的 Lesotho 隧洞，单洞长 45km，最大埋深 1200m(钮新强等，2019)。

21 世纪以来，我国公路隧道建设高速发展。近 10 年来，公路隧道每年新增里程 1100km 以上。我国目前是世界上公路隧道规模最大、数量最多、地质条件和结构形式最复杂、发展速度最快的国家。一些公路隧道长度超过 10km。据不完全统计，截至 2019 年 8 月，中国已建、在建的 10km 以上超长公路隧道分别为 11 条、16 条，规划 10km 以上的超长公路隧道 7 条，最长 21.975km，为新疆在建 G0711(乌鲁木齐—尉犁段)天山胜利隧道(罗刚，2019)。

截至 2020 年底，我国铁路营业里程达 14.5 万 km，投入运营的铁路隧道共 16 798 座，总长约19 630km。1980—2020 年的 40 年间，共建成铁路隧道 12 412 座，总长约 17 621km(占我国铁路隧道总长度的 90%)，特别是近 15 年来，铁路隧道建设发展极为迅速，共建成铁路隧道 9260 座，总长约15 316km(占我国铁路隧道总长度的 78%)。截至 2020 年底，我国已投入运营的特长铁路隧道共 209 座，总长 2811km，其中长度 20km 以上的特长铁路隧道有 11 座，总长 262km，最长为西格线(西宁—格尔木铁路)新关角隧道，总长达 32.690km；在建特长铁路隧道共 116 座，总长 1675km，其中长度 20km 以上的特长铁路隧道有 10 座，总长 276km，最长为珠三角城际广州—佛山环线(广州南—白云机场段)东环隧道，长度45.042km；规划的特长铁路隧道有 338 座，总长 5054km，其中长度 20km 以上的特长铁路隧道有 37 座，总长 999km，最长为深圳—惠州城际铁路前坪段的深圳隧道，长度 58.860km。随着我国经济的发展，西部地区铁路建设规模逐年加大，高海拔、大埋深及位于高烈度地震区的超长铁路隧道将越来越多，特别是刚刚开工建设的川藏铁路雅安—林芝段，分布有 72 座隧道，隧道总长约 840km，其中长度 20km 以上的隧道有 16 座，长度 30km 以上的隧道有 6 座，最长隧道超过 40km；埋深超过 1000m 的隧道段长 610km(田四明等，2021)。

多年的工程实践表明，深埋长隧洞在建设过程中，不可避免地需要穿越多个复杂地质单元的宽厚山岭地区。特别是我国西部地区，具有自然环境恶劣、地震烈度高、不良地质条件种类多等不利因素，隧洞埋深往往超过千米，面临着复杂岩溶、涌水突泥、高地应力硬岩岩爆与软岩大变形、高外水压力、高地温等突出地质问题。据不完全统计，80%以上的隧洞安全事故是由涌突水造成的，尤其是岩溶涌突水问题，它目前仍是世界性技术难题。隧洞涌突水是隧洞工程中普遍存在的地质灾害(李利平等，2010)，特别是富水地区的大埋深隧洞，高压涌突水问题常给隧洞工程施工带来困难，对衬砌结构造成严重损害，影响施工安全，并使施工工期大幅延长，工程投资大幅增加。

如云南大瑞铁路上的大柱山隧道，据有关报道资料，该隧道全长约14.5km，最大埋深995m，于2008年开工建设。由于施工环境恶劣，工期从最初的5年半，一度调整为8年，再度调整为13年，被认为是“最难掘进隧道”。施工过程中不断出现涌水突泥现象，最大涌水量达12万m^3/d，水压高得能将20t重的挖掘机冲出40m远，总涌水量约3.1亿m^3，可以填满21个西湖。在90%的施工时间，工人们都在和突然涌出的水流及泥浆作战，穿越长度156m的燕子窝断层足足挖了26个月。锦屏二级水电站先期施工的辅助洞在开挖过程中揭露的最大单点出水量达到7.3m^3/s，总出水量达到9.5m^3/s，最大涌水压力超过10MPa(任旭华等，2009)。日本东海道干线的旧丹拿隧道在施工过程中曾遭遇6次大小不同的涌水，突涌水总量达15万m^3/d，不仅造成了巨大的损失，还使施工周期延长16年(吴剑疆，2020)。国内的齐岳山隧道、野三关隧道等众多工程隧洞(表1-2—表1-4)也曾出现严重的涌水突泥事故，给隧洞的建设带来了严重的损害。这些涌水突泥事故多数与碳酸盐岩地层岩溶发育相关。

隧洞大量渗涌水与地下水抽排会对隧洞区地下水环境造成不利影响，甚至疏干隧洞区域地下水量。若为重要水源地，必将造成重大环境影响。若存在渗漏通道沟通隧洞与地表水体，则极易疏干地表水体。如锦屏二级水电站先期施工辅助洞造成工程区内两大泉(磨房沟泉和老庄子泉)分别于2006年3月23日和29日发生断流，部分沟谷水也相继干枯，对工程区地下水环境造成较大影响(罗刚，2019)。大瑞铁路大柱山隧道疏排地下水量巨大，对地下水环境的影响不言而喻。云南引洱入宾工程老青山隧洞于1994年建成通水，由于该隧洞对周边地下水环境造成了一定影响，至今还在向当地群众支付相关补偿费用。

综上所述，在深埋长隧洞的勘察期间，应重点加强岩溶与水文地质条件勘查。同时，应加强隧洞线路比较研究，尽可能选择具有较好地质条件的线路，规避有重大工程地质与环境影响问题的线路。

本次研究依托云南省滇中引水工程香炉山深埋长隧洞建设项目，计划从鹤庆县与剑川县间的马耳山脉(金沙江与澜沧江流域分水岭)深部穿越。隧洞位置较鹤庆、剑川两盆地低约200m。而鹤庆西山与剑川东山盆地边缘地带均发育一系列岩溶大泉，这些泉水是两盆地区人民生活、工农业生产、草海湿地、剑湖等风景区的主要补给水源，大理州、鹤庆县、剑川县各级人民政府及当地人民群众均对香炉山隧洞的可能影响极为关切和担忧。因此，开展香炉山隧洞区岩溶水文地质与工程选线研究，有利于规避重大岩溶与水文地质问题，促进相关单位采取科学合理的防治对策和工程措施，保障隧洞施工安全和工程顺利进行。

表1-2 我国部分已建公路涌突水隧道

隧道名称	工程名称	长度/m	埋深/m	地质及水文地质条件	施工揭露涌水情况
白鹤隧道	诸永高速公路	左3893 右3838	425	隧道区岩性主要为晚侏罗世西山头组火山岩，局部夹熔结凝灰岩。区域内赋水不均匀，本隧道地下水主要为基岩裂隙水	隧道施工过程中多处发生涌水。单点涌水量一般为480～720m^3/d。涌水高峰期流量达3480m^3/d
宝塔山隧道	平榆高速公路	10 335	573	隧址区主要岩性为砂岩、泥岩、页岩等，发育多条断裂，地层产状基本稳定	地下水较多，F_5为强富水断裂
岑溪大隧道	岑溪—水汶高速公路	左4270 右4288	500	隧址区为中低山地貌，出露岩石主要为混合岩。受到断裂带的影响，部分洞段围岩破碎，节理裂隙发育且连通性好。地下水主要来自松散岩类孔隙水及基岩裂隙水	右线里程CK7+570处受到断层带的影响发生涌水，初始涌水量为2550m^3/d，后来稳定至2000m^3/d

表 1-2(续)

隧道名称	工程名称	长度/m	埋深/m	地质及水文地质条件	施工揭露涌水情况
椿树垭隧道	武神公路	2105	525	所处地形起伏变化较大，岩性主要为灰质白云岩和泥质白云岩，结构面较发育，产状多变，地表岩体风化破碎，深部岩体整体性良好	施工中多处出现涌水，一般溶腔中出水量约 72 m^3/d，最大涌水量约 288 m^3/d
大风垭口隧道	元磨高速公路	左 3373 右 3354	330	地处元江和阿墨江的分水岭，区域岩性复杂，岩体节理裂隙发育，基岩裂隙水分布广泛。地下水极为丰富	隧道出现涌水涌泥，涌水量达 12 万 m^3，泥石流总量为 1 万 m^3左右
大华岭隧道	张承高速公路	左 5255 右 5280	450	隧道围岩主要为流纹岩、凝灰质流纹岩。隧址区有 6 条断裂通过。地下水主要是上部松散层孔隙潜水和基岩风化裂隙水	左洞施工至 LK22＋655 掌子面时，出现突发涌水现象，涌水量达 2400m^3/d，压强达 2.0MPa
大奎隧道	炎汝高速公路	左 3192 右 2828	330	地质构造复杂，隧道中部发育 5 条构造破碎带。岩石主要为中泥盆统跳马涧组砂岩夹页岩	在隧道右线出口处 YK52＋812 右侧下部出现大量涌水，总量约 2.3 万 m^3
大路梁子隧道	溪洛渡交通路	4360	800	洞身穿越地层岩性为下三叠统灰岩、泥岩夹砂岩，中三叠统灰岩夹砂岩，上三叠统砂岩夹页岩(煤系地层)，核部为海西期玄武岩及下二叠统茅口组灰岩	地下水十分丰富，先后遭遇 8 处大的涌水，最大涌水量达 8.9 万 m^3/d。K38＋664 掌子面出水，水平喷出 11m
大坪山隧道	谷竹高速公路	左 8263 右 8242	890	隧址区有规模不等的 10 条断裂，以不同角度穿越隧道区。隧道中可溶岩岩层区长度占 79.45％	在断裂带群多处发生涌水现象，最大累积涌水量达 5212m^3
大相岭泥巴山隧道	雅西高速公路	10 007	1648	隧址区的主体构造是大相岭背斜，背斜核部大面积出露下震旦统苏雄组火山岩。隧洞穿越 8 条大断裂和多条支断层破碎带	施工至 YK62＋140 处时出现大涌水，口径约 1m；由于涌水量大、流速快，掌子面前方冲刷严重
寒岭界隧道	炎汝高速公路	2820	200	在 ZK88＋500～ZK88＋700 里程段为强风化，围岩裂隙发育、结构破碎，自稳能力差，地下水丰富	开挖至 ZK88＋597 处时正拱顶发生瀑布状突水突泥。在涌水前 50d 内，涌水量近 30 万 m^3，最大涌水量 107m^3/d
华蓥山隧道	G42 国道广邻段	左 4706 右 4684	800	隧洞穿越岩性以灰岩和泥灰岩为主，东段处于龙王洞背斜东翼，裂隙不甚发育，西段发育 2 条断裂，且受断裂影响两侧岩体节理发育	隧道多处发生涌水，涌水量大
明月山隧道	G42 国道邻垫段	6557	280	隧洞穿越明月山煤层采空区和断层，地质条件复杂多变，发育有断裂、煤层采空区、溶洞，出现特大涌水、突泥等，影响严重	特大涌水较为突出，并连续 15 个月出现涌水量 5 万 m^3/d 以上，且最大涌水量达 18 万 m^3/d

表 1-2(续)

隧道名称	工程名称	长度/m	埋深/m	地质及水文地质条件	施工揭露涌水情况
回弄山隧道	小勐养—磨憨高速公路	2520	268	隧址区位于黑河-勐养断裂区域带内，隧道穿过安马山断层和干沟厂断层，围岩为粉砂质泥岩、花岗闪长岩、玄武岩	施工过程中，累计发生10次涌水和突泥。有2次灾害性的涌水突泥
季家坡隧道	三峡翻坝高速公路	左3527 右3584	440	隧址区位于黄陵背斜东南翼，裂隙带发育，围岩为砂岩、粉砂岩夹灰岩、白云岩等。隧道穿过灰岩时，揭露充填型岩溶裂隙蓄水构造	隧道右洞施工至YK16+042处后，多次发生突水灾害，最严重时多处衬砌压裂破坏
康家楼隧道	和榆高速公路	8495	511	隧址区地质构造复杂，断裂构造十分发育，以阻水性构造为主，但部分构造含水性较强。隧址区岩性主要为砂岩	1号斜井开挖至280m时，出现滴渗水，随着不断开挖，涌水量逐渐变大，正常水量约为1.2万m^3/d
梨树湾隧道	渝遂高速公路	左3880 右3875	200	在中梁山背斜两翼，灰岩与砂岩、泥岩相间分布。地表多呈槽谷凹地，有利于地表水汇集，区内部分地段地下水富足，流向由北向南，含水层多为易溶蚀的碳酸盐岩	隧道多处发生涌水，在YK4+025灰岩泥岩互层处实测涌水量8000～10 000m^3/d，且水流急，水压达1.1MPa
龙潭隧道	G50沪蓉西国道	左8693 右8599	500	隧址区位于长阳背斜的北翼，主要岩性为灰岩、碳质页岩夹硅质岩。洞身长1920 m，穿越2条断裂	龙潭隧道左线ZK72+205～ZK71+940里程先后发生了4次涌水突泥灾害
齐岳山隧道	G50沪蓉西国道	左4075 右4080	355	隧址区岩性主要为灰岩、白云岩、页岩等，岩溶发育。地质构造有齐岳山背斜、齐岳山断裂	YK329+270处岩溶管道和裂隙涌水，受降水影响明显。底板发生一次较大规模涌水，涌水量达到7200m^3/d
朱家岩隧道	G50沪蓉西国道	1296	310	洞身位于长阳背斜的北翼，近背斜轴部，穿越仙女山断裂带。隧道穿越区岩性主要为白云岩、灰岩	朱家岩隧道于2005年4月30日发生过涌水
毛坝1号隧道	安康—陕川界高速公路	左3656 右3634	692	毛坝1号隧道位于秦岭大巴山山区，岩性主要为寒武系灰岩、板岩、硅质岩。隧址区共发育8条断裂，岩体中张性裂隙发育。隧址区水文地质条件极为复杂，水量丰富	隧道出现多次涌水，到2008年3月，合计发生大型涌水40次，最大涌水量达3万m^3/d，最大涌水压力4MPa，喷射水平距离为10m
摩天岭隧道	杭州—兰州高速公路	左7280 右7353	880	隧道出口位于巴务河向斜区，穿越3条较大断裂，发育2组主要的节理裂隙，主要岩性为灰岩、泥灰岩、泥岩等	隧道发生近10次涌水事故，其中大规模涌水4次，涌水量高达39 120m^3/d
抢风岭隧道	灵丘—山阴高速公路	5495	400	隧道位于北岳恒山构造剥蚀中山区，隧址区各地层分布广泛，寒武系、奥陶系、石炭系、侏罗系及第四系均有分布	右洞掘进至K73+490时，出现大量涌水现象，流量为720m^3/d左右，初步测定来自层间裂隙水

表 1-2(续)

隧道名称	工程名称	长度/m	埋深/m	地质及水文地质条件	施工揭露涌水情况
青山岗隧道	常吉高速公路	左 1245 右 1227	160	隧道洞身位置未见大的断裂构造，但岩体节理裂隙发育	隧道开挖过程中，多次发生掌子面涌水，最大瞬时涌水量达 5280m³/d
三阳隧道	泉三高速公路	左 4569 右 4596	/	隧道涌水处岩性主要为灰白、灰黑色相间的条带状硅质粉砂岩，夹条带状灰岩。该地层中发育 3 组断裂带	左洞掘进至 2465m 时，掌子面出现较大涌水，喷射 6～8m 远，初期最大涌水量达 2.7×10⁶m³/d
石门垭隧道	宜巴高速公路	左 7524 右 7493	1100	隧道区位于秭归盆地核部，出露地层为侏罗系蓬莱组薄—中层状粉砂质泥岩与长石石英砂岩不等厚互层，局部夹砂质砾岩	石门垭隧道 ZK125＋991 掌子面开挖后出现涌水，水量达到 605～864m³/d
铁峰山 2 号隧道	万开高速公路	6022	760	隧址区内主要构造为铁峰山背斜，岩性主要为泥岩、砂岩、页岩、灰岩、白云岩等。隧址区内主要受大气降水补给，砂岩、灰岩中地下水丰富	在 YK26＋170 处，掌子面出现大量涌水和坍塌现象，涌水量达到 5 万 m³/d。右线涌水量稳定后达 3.5 万 m³/d
乌池坝隧道	恩施—利川高速公路	左 6708 右 6693	488	隧道处于褶皱的一翼，呈现单斜构造特征，出露志留系—三叠系。断裂构造不发育，发育 2 组节理裂隙	隧道掘进过程中出现多次小规模渗水和涌水，涌水量一般小于 864m³/d
乌鞘岭隧道	连霍高速公路	左 4902 右 4905	189	隧道位于乌鞘岭断褶带，褶皱、断裂构造极其发育，明显可见雷公山复向斜以及 4 条逆断裂。隧址区岩性主要为砂岩、粉砂岩夹碳质页岩	掘进至 YK2390＋046 处，涌水量保持在 3000 m³/d 左右；施工至 YK2390＋030 处，涌水量逐渐增加到 6313 m³/d
五指山隧道	国道 213 线沐新路	3911	790	隧道主要穿越三叠系地层，岩性为灰岩、白云岩、砂岩等，隧址区发育 F_1 和 F_2 断裂。隧址区岩溶发育，具有较好的汇水条件，水文地质条件极为复杂	在施工过程中多次出现特大涌水。开挖至 K30＋900 处时，涌水量约 4.3 万 m³/d，呈暴雨状，最远射出 10m
叙岭关隧道	纳黔高速公路	左 4055 右 4010	左 389 右 371	隧道小角度穿越落窝背斜，穿越下二叠统茅口组—梁山组和中志留统韩家店组地层	在掌子面 K43＋066 处裂隙中涌水，稳定流量约 216 m³/d；K43＋000 处溶孔中涌水流量约 346 m³/d
洋碰隧道	京珠高速公路	左 2053 右 2110	356	位于大瑶山复式背斜南倾伏端，围岩岩性主要为灰岩和砂岩，岩层呈单斜产状，隧洞穿越 20 多条断裂破碎带，有些断裂破碎带含水量大	隧道 LK77＋850 处突然出现涌水，随隧道的掘进又多次发生涌水，最大涌水量达 2500m³/d
鹰嘴岩隧道	渝湘高速公路	左 3247 右 3310	170	隧道围岩主要为灰岩、白云质灰岩。地形地貌受地层岩性及构造控制明显，降雨多沿溶蚀沟槽向落水洞排泄。地下水类型主要为碳酸盐岩溶水、松散岩类孔隙水	隧道出现多次涌水，涌水峰值流量约为 2500～3000m³/h，总涌水量约 15 000m³

表 1-2(续)

隧道名称	工程名称	长度/m	埋深/m	地质及水文地质条件	施工揭露涌水情况
郑家垭隧道	宜巴高速公路	3836	421	隧道处于向斜构造区，围岩为砂岩、砂质泥岩夹泥页岩，上覆盖层为残坡积碎石土，局部沟谷处有第四系冲洪积亚黏土、砾卵石层	隧道施工至 YK129＋843 处时，赋存的基岩裂隙水涌出，涌水量达 758.6m^3/d
紫荆山隧道	大广南高速公路	2349	360	隧洞穿越地层为三叠系大冶组灰岩、页岩，二叠系茅口组、栖霞组灰岩，石炭系灰岩，志留系砂岩等。隧址区岩溶较为发育。断裂带附近岩体破碎，导水能力强	隧址区地下水丰富，以岩溶水为主。ZK221＋960 处与暗河相交，暗河流量较大，雨季可达 12 万 m^3/d

表 1-3　我国部分已建铁路涌突水隧道

隧道名称	工程名称	长度/m	埋深/m	地质及水文地质条件	施工揭露涌水情况
别岩槽隧道	宜万铁路	3721	530	隧洞穿越方斗山背斜构造，发育 F_1(茨竹垭断裂)、F_2(水塘沟断裂)、F_3(篙子坝断裂)3 条断裂。隧道围岩主要为长石砂岩、泥岩、页岩、灰岩、白云质灰岩和泥质灰岩	暴雨后，隧道出口 DK406＋680～DK406＋710 段(F_3 处)发生涌水，最大涌水量达 5.04 万 m^3/d，局部初期支护最大变形量 38cm
马鹿箐隧道	宜万铁路	7879	660	隧道位于四方洞向斜南东翼的单斜地层。隧洞穿越的地层主要有泥盆系碎屑岩和二叠系、下三叠统大冶组、嘉陵江组灰岩，岩层产状平缓，“978 溶腔”位于三叠系大冶组与嘉陵江组地层接触部位	PDK255＋978 遭遇高压富水充填溶洞，发生突水突泥灾害，最大涌水量约 30 万 m^3/h，持续约 10min 后，涌水量减小至 300m^3/h，突水总量约 18 万 m^3
齐岳山隧道	宜万铁路	10 528	670	隧址区位于构造侵蚀山区，山高壁陡，河谷深切，地质复杂。齐岳山背斜是由二叠纪和三叠纪碳酸盐岩地层组成的，区域岩溶发育。影响线路中较大规模的断裂有 15 条。F_{11} 断裂是区域性断层，规模大	施工中发生多次涌突水，进口 DK363＋055 涌水量达 43.2 万 m^3/d。F_{11} 断裂区超前钻孔涌水量达 18 960m^3/d，水压达 2.6MPa，涌水间断性夹带砂石
野三关隧道	宜万铁路	13 846	695	隧道区主要发育三叠系大冶组及二叠系长兴组、吴家坪组、茅口组、栖霞组地层，主要为一套碳酸盐岩地层，与隧道有关的主要断裂有 12 条。隧道所处构造表现为野三关复式背斜褶皱	隧道施工至 DK124＋602 掌子面时发生大规模崩塌，并引发大型突水突泥事故。最初 30min 涌水量达 15.1 万 m^3
大瑶山 1 号隧道	武广客运专线	10 081	650	施工区域内有 3 条大断裂，地下水较发育。围岩岩性为砂质板岩与浅变质长石石英砂岩互层，深部浅变质石英砂岩岩体完整，质地坚硬，处于狮子山背斜核部，裂隙发育	施工至 DK1911＋398 处时出现承压水，压力为 3～4MPa，流量 9600m^3/d 左右，水流出现时有气体排出的声响及气压，由掌子面平抛出 47m 远

表 1-3(续)

隧道名称	工程名称	长度/m	埋深/m	地质及水文地质条件	施工揭露涌水情况
大柱山隧道	大瑞铁路	14 484	995	隧道横穿街子坡复式向斜,隧道洞身主要通过三叠系、二叠系、石炭系、泥盆系、志留系及印支—燕山期辉绿岩、辉长辉绿岩脉及断层角砾,地层岩性组合比较复杂	多次遭遇涌水问题。原平导进口PDK111+860第一次涌水时平均涌水量约22 800m³/d,最大29万m³/d
歌乐山隧道	渝怀铁路	4050	280	隧址区为观音峡背斜,核部地层为泥岩、灰岩及白云岩,构造节理较发育。地下水主要为第四系松散堆积层孔隙水、基岩裂隙水和岩溶水	涌水量最大达14 400m³/d,水压为1.6MPa,喷射距离20m,涌水泥砂含量达20%~30%
圆梁山隧道	渝怀铁路	11 068	780	洞身穿越桐麻岭背斜,围岩主要为灰岩、白云岩、泥灰岩等。背斜地段发育3条顺地层走向的纵向压性断裂,利于岩溶和岩溶水发育	圆梁山隧道桐麻岭背斜东翼即隧道出口段DK361+764、DK30+873地段多次发生大规模涌水突泥灾害
关角隧道	西格二线	32 605	500	区内地下水发育,特别是三叠系、二叠系砂岩、灰岩及石炭系变质砂岩中,岩体节理、裂隙发育,而且灰岩中有古岩溶发育,赋水性好	涌水点集中时水流呈股状涌出,水压较高(1.3~4.5MPa),涌水量较大;涌水点分散时总水量也大
郝家村隧道	包西铁路	4639	200	洞身穿越地层的岩性主要为砂岩夹页岩、砂岩夹泥岩、页岩夹砂岩,围岩软硬相间,近水平岩层,倾角3°~10°	开挖揭示围岩主要为砂岩时围岩整体湿润,有渗水点滴水成线或水流呈股状流出
胡麻岭隧道	兰渝铁路	13 611	295	穿越第三系(古近系+新近系)富水地层,呈浅红色,粉细粒结构,成岩性差,泥质弱胶结,局部形成钙质半胶结或胶结的透镜体,岩质极软	胡麻岭饱和粉细砂地层,经常出现底板冒水,掌子面涌砂、涌水,以及特殊水囊等现象

表 1-4　我国部分已建水利水电工程涌突水隧洞

隧洞名称	工程名称	长度/m	埋深/m	地质及水文地质条件	施工揭露涌水情况
大公山隧洞	牛栏江—滇池补水工程输水线路	27	275	洞身围岩为白云岩、灰质白云岩,岩溶较为发育	2# 支洞最大涌水量达到37 152m³/d
大五山隧洞	牛栏江—滇池补水工程输水线路	36.2	220	隧洞主要穿越泥盆系、石炭系、寒武系和二叠系地层,其中泥盆系地层岩溶十分发育,汇水条件好,含水丰富但不均匀	施工期间发生了不同程度的涌突水灾害,各出水点总涌水量达88 387 m³/d

表 1-4(续)

隧洞名称	工程名称	长度/m	埋深/m	地质及水文地质条件	施工揭露涌水情况
锦屏二级水电站引水隧洞	锦屏二级水电站	16.67	2525	锦屏二级水电站深埋长隧道地下水以碳酸盐岩类裂隙溶洞水及基岩裂隙水为主，随埋深增大，基岩裂隙水占主导地位	辅助洞开挖至碳酸盐岩地层内，涌水量为 $43m^3/d$ 及以上的涌水点有200余处
天生桥二级水电站引水隧洞	天生桥二级水电站	10	760	约8km洞段位于碳酸盐岩分布区，岩溶发育，穿过多条岩溶管道	施工期多处发生了大涌水，暴雨后单个涌水口流量可达17万 m^3/d。最大水压达4MPa

第二节 工程概况

一、滇中引水工程概况

滇中引水工程是从金沙江上游石鼓河段取水，以解决滇中地区水资源短缺问题的特大型跨流域引(调)水工程，也是云南省可持续发展的战略性基础工程。滇中引水工程由石鼓水源工程和输水工程组成，其主要任务是向滇中城镇生活及工业供水，兼顾农业与生态补水。该工程多年平均引水量34.03亿 m^3，受水区包括丽江、大理、楚雄、昆明、玉溪、红河6个州(市)的35个县(市、区)，面积3.69万 km^2。

1. 石鼓水源工程

石鼓水源工程为无坝取水，采用提水泵站取金沙江水。共安装12台混流式水泵机组，其中备用机组2台。主要建筑物包括引水渠、进水塔、进水流道及调压室、地下泵站及主变洞、出水隧洞、出水池和地面开关站等。地下泵站布置于金沙江支流冲江河右岸竹园村上游山体中，按一级地下泵站布置。设计抽水流量 $135m^3/s$，最大提水净扬程219.16m，总装机容量480MW。

2. 输水工程

输水总干渠全长664.24km，进口高程2035m，出口高程1400m。经石鼓泵站提水后可实现全线自流，从丽江石鼓渠首由北向南布设，经香炉山隧洞穿越金沙江与澜沧江流域分水岭马耳山脉后到鹤庆松桂，后向南进入澜沧江流域至洱海东岸长育村；在洱海东岸转而向东南，经祥云在万家进入楚雄，在楚雄北部沿金沙江、红河分水岭由西向东至罗茨、进入昆明；经昆明东北部城区外围转而向东南经呈贡至新庄，向南进入玉溪杞麓湖西岸；在旧寨转向东南进入红河建水，经羊街至红河蒙自，终点为红河新坡背。

输水总干渠主要输水建筑物共计118座，由隧洞、渡槽、倒虹吸、暗涵及消能电站组成。其中，隧洞58座，长611.99km，占输水总干渠全长的92.13%。输水总干渠共6段，划分为大理Ⅰ段、大理Ⅱ段、楚雄段、昆明段、玉溪段及红河段。其中，大理Ⅰ段香炉山隧洞是滇中引水工程输水总干渠的首个建筑物，是全线最具代表性的深埋长隧洞，为滇中引水工程总工期控制性工程。

二、香炉山隧洞工程概况

香炉山隧洞总长62.60km，最大埋深1450m，采用圆形断面开挖支护设计，净断面直径8.3～8.5m，采用钻爆法及TBM法组合施工。该隧洞总体呈NNW—NW向布置，起点接石鼓水源提水泵站的出水池连接隧洞，斜穿马耳山脉，终点位于松桂西侧情人谷。

香炉山隧洞穿越的马耳山脉山岭浑厚，东西宽18～25km，南北长约90km，地势陡峻，沟谷纵横，沿线属高、中山地貌区。地面高程一般2400～3400m，隧洞最大埋深1450m。埋深大于1000m的洞段累计长21.97km，占隧洞总长的35.1%。埋深大于600m的洞段累计长43.14km，占隧洞总长的68.9%。

香炉山隧洞沿线主要出露下泥盆统冉家湾组(D_1r)，中泥盆统穷错组(D_2q)，二叠系玄武岩组($P\beta$)，中三叠统下部(T_2^a)、北衙组(T_2b)，上三叠统中窝组(T_3z)、松桂组(T_3sn)，古近系、新近系、第四系等地层，局部有燕山期不连续分布的侵入岩。白汉场槽谷(龙蟠-乔后断裂)以西多为变质及浅变质的片岩、板岩夹灰岩；以东以火成岩、沉积岩为主，其中汝寒坪、汝南河一带以二叠系玄武岩系为主，鹤庆西山沙子坪至格局一带灰岩集中分布。穿越泥页岩、断层带等软弱岩的隧洞累计长13.11km，约占隧洞总长的20.9%；穿越可溶岩的隧洞累计长17.87km，约占隧洞总长的28.5%。

研究区地处滇藏“歹”字形构造体系与三江南北向构造体系复合部位，地质构造背景十分复杂。区内褶皱、断裂发育，沿线区域性大断裂主要有大栗树断裂(F_9)、龙蟠-乔后断裂(F_{10})、丽江-剑川断裂(F_{11})、鹤庆-洱源断裂(F_{12})、金棉-七河断裂($F_{Ⅱ-2}$)、水井村逆断裂($F_{Ⅱ-3}$)、石灰窑断裂($F_{Ⅱ-4}$)、马场逆断裂($F_{Ⅱ-5}$)、汝南哨断裂组($F_{Ⅱ-6}$、$F_{Ⅱ-7}$)、青石崖断裂$F_{Ⅱ-9}$等，其中F_{10}、F_{11}、F_{12}为全新世活动断裂。

香炉山隧洞跨越金沙江与澜沧江分水岭，隧洞深埋，地质条件极其复杂，存在众多工程地质问题。隧洞围岩以Ⅳ、Ⅴ类为主，约占67%，洞室稳定问题突出。隧洞均位于地震烈度Ⅷ度区，穿越的全新世活动的龙蟠-乔后断裂(F_{10})、丽江-剑川断裂(F_{11})及鹤庆-洱源断裂(F_{12})属工程活动断裂，存在高地震烈度及隧洞穿越活动断裂抗断问题。沿线褶皱、断裂发育，可溶岩地层分布广泛，岩溶较发育，隧洞穿越向斜核部、宽厚断裂破碎带、碳酸盐岩等富水洞段时可能存在突水、突泥等重大工程地质问题。局部遭遇大的岩溶洞穴，甚至岩溶管道，还可能存在疏干地下水而导致的重大环境地质问题，以及深埋洞段的高外水压力问题。香炉山隧洞埋深大，在石英片岩、碳酸盐岩、玄武岩等坚硬完整岩体且地下水贫乏的洞段可能产生中强岩爆；深埋隧洞穿越泥页岩等软岩地层(含宽厚区域性断裂带)时容易产生中等—极严重挤压变形；另外，隧洞穿越的黑泥哨组、松桂组砂泥岩地层夹煤层(线)，可能还存在有害气体及腐蚀性地下水等问题。

第三节　研究内容与技术路线

一、研究内容

(1)对隧洞两侧一定区域进行详细工程地质与水文地质调查，查明区域内各类含水岩组的空间展布及赋水性，岩溶发育的一般规律，大泉、暗河的分布特征，岩溶水的赋存条件及其补给、径流和排泄特征等。

(2)分析研究区水文地质特征，依据岩溶化地层和隔水岩层的分布、地下水排泄点和泉群的位置，以及地形分水岭的分布，客观系统地划分研究区岩溶水系统。

(3)各岩溶水系统的岩溶发育规律研究：各岩溶系统的边界、排泄基准面；岩溶发育的主要控制因素

（岩性、构造、侵蚀基准面及其升降、地下水丰沛程度）；岩溶地下水补给、径流、排泄通道；岩溶地下水水资源均衡分析（入渗量、排泄量、储蓄量）。岩溶管道系统空间分布及发育强度的研究：岩溶管道系统的平面走向；岩溶管道系统空间分布（岩溶发育强度的垂直分带）。建立岩溶地下水三维模型，包括水动力场、水化学场、水温度场（以水动力场为主）。预测隧洞施工可能造成的地下水环境的变化趋势。

（4）主要断裂的水文地质特性研究：断层带所处或所沟通的水文地质单元；断层带的地表汇水面积；断层带的各向渗透性；断层在垂直断层带方向是否具有阻水性能，是否充当了水文地质单元边界或者是对相邻水文地质单元具沟通作用；断层对岩溶发育的控制程度；隧洞施工时遭遇断层突水或断层涌水的可能性；断层泥在高外水压力条件下的渗透稳定性（是否存在因渗透破坏导致的突水涌泥）；断层突水防治对策。

（5）向斜储水构造的研究：向斜构造的空间展布和组成岩性；向斜区地表汇水面积和地下水补给来源；向斜构造岩层的裂隙（洞隙）发育程度和储水特性；是否存在集中渗流通道；隧洞施工时遭遇突水的可能性；隧洞最大涌水量计算；向斜部位集中渗流防治对策研究。

（6）针对香炉山隧洞穿越区的各岩溶水系统进行深入分析与评价。通过水均衡计算、地质构造分析、水化学分析等手段，综合客观评价各岩溶水系统与隧洞的关系，对隧洞穿越可能造成的涌水地段及涌水量进行预测。

（7）分析研究香炉山隧洞沿线主要岩溶水文地质问题（含环境影响）及防治对策，并针对重点岩溶段隧洞的涌突水灾害及对环境的影响进行综合评价。

二、技术路线

（1）从宏观到微观，把握总体研究层次和方向。宏观研究指把握研究区的区域地质背景、新构造运动和地貌演化对岩溶发育及水文地质条件的控制作用，主要包括侵蚀基准面的变迁对岩溶发育的影响，区域性断裂构造对各水文地质单元的影响，主要褶皱构造对水文地质条件的影响。微观研究指对各研究单元进行具体分析和勘察研究。

（2）工程岩溶研究中引入两个基本理论：一是引入“分水岭地带存在弱岩溶化地块”理论，尽可能将引水线路布置在地下分水岭地区；二是引入“岩溶发育强度垂直分带”理论，尽可能让引水线路从弱岩溶化岩体中通过。

（3）既强调勘察研究工作的系统性和全面性，又强调理论研究和生产实践的结合性。可能产生岩溶地下水疏干的重大环境地质问题时，考虑调整线路（这种情况下一般没有适当的治理手段）；无法回避断层透水或向斜构造透水（与线路一般垂直，无法避开）时，考虑采取工程措施以减少涌水量及预防突水。

（4）在研究过程中应选择多种切实有效的研究手段，注重新理论、新思路、新方法、新工艺的引入，采用多学科渗透与联合、多种手段相互验证的工作思路。

（5）根据研究过程中不断取得的岩溶及水文地质信息、成果资料，动态调整研究手段和工作量。

（6）对隧洞附近已有的勘探资料进行收集、整理、分析，确定各个岩溶水系统的大致边界，了解各岩溶水系统的岩溶水文地质概况，并全面收集类似工程的研究方法、处理措施及获得的成效等资料。

（7）在现场开展地质、水文地质调查，水文地球化学调查、勘探及试验。

（8）根据钻探、物探和相应的现场及室内试验成果，进一步验证、分析、完善、调整或确定地下水动力学模型，包括岩溶发育规律与空间强度分带，地下水补给、径流、排泄，岩体（包括断层）的透水性及其空间分布，地下水化学场，地下水温度场等，其中以岩溶发育规律与空间强度分带为重点。

（9）根据勘察研究确定的岩溶及地下水动力学模型，评价各单元的地下水资源静储量，评价工程施工及运行对地下水环境的影响，评价工程可能遭受的重大水文地质问题。

具体技术路线如图1-1所示。

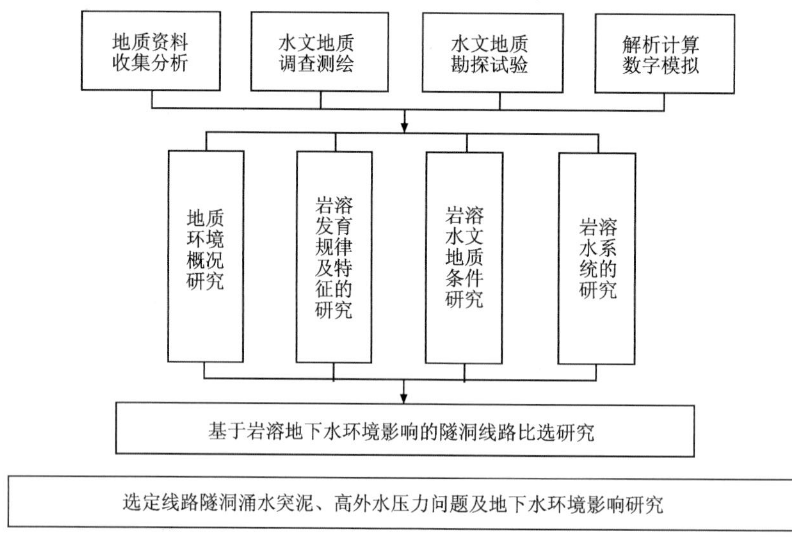

图 1-1　研究技术路线

第四节　研究方法与主要工作量

一、研究方法

本书主要采用资料收集与分析、基于 3S 技术的地质遥感解译、水文地质调查和测绘、水文地质勘探与试验、水文地质解析计算与数值模拟等方法开展深埋长隧洞岩溶水文地质与选线研究。

1. 资料收集与分析

在收集与整理研究区 1∶20 万区域水文地质资料的基础上，开展地质条件判别，地质单元划分，岩溶水补给、径流、排泄条件的读图识别，岩溶大泉的动态特征及沿线地形地貌的初判、基础图件的绘制等研究工作。

2. 基于 3S 技术的地质遥感解译

运用现代遥感、地理信息系统等空间技术，与工程地质分析原理相结合，以引水线路沿线地形地貌、地层岩性与地质构造的解译为基础，以线性构造、岩溶地貌以及不良地质现象作为主要研究对象，采用地形解译、遥感图像解译和三维真彩色情景解译相结合的多层次高精度解译方法，完成了对地形地貌特征、地层岩性分布、断层等工程地质构造的展布特征、溶蚀洼地与落水洞等岩溶地貌的分布特征及其与引水线路的空间关系等的解译分析，建立了引水线路综合工程地质 GIS 数据库。

3. 水文地质调查和测绘

基于研究区资料收集与分析的相关成果，分别开展 1∶10 万、1∶5 万、1∶1 万、1∶5000 水文地质调查和测绘工作。

4. 水文地质勘探与试验

在水文地质调查和测绘的基础上，开展钻探与物探等水文地质勘探研究，开展大型示踪试验、地下水同位素试验、取样分析与测定等研究，开展大型泉点流量监测及钻孔地下水位监测研究。

5. 水文地质解析计算与数值模拟

基于地下水动态长期观测、水文地质勘探与试验成果，采用地下水动态与均衡解析法，以及三维地下水动力学模型数值模拟计算等方法，开展隧洞涌水量、地下水环境影响及渗流控制等研究。

二、主要工作量

本次研究过程中完成1∶10万区域调查$2600km^2$，1∶5万岩溶水文地质遥感调查$1300km^2$，1∶5万岩溶水文地质测绘$2600km^2$，1∶1万地质测绘1 525.1km^2，1∶5000地质测绘$125km^2$，水文地质剖面测量123.23km；完成水文地质钻探13 935.8m/37孔，大地电磁测深333.21km，钻孔声波测试、钻孔彩电录像各2600m，钻孔水温测试3200m，注水试验及压水试验各490段，野外微水试验55组，岩溶系统连通试验10组，岩溶水同位素测试20组；完成地下水化学分析与测试2100组，可溶岩矿物鉴定及化学分析110组，岩溶洞穴沉积物测年15组；完成地下水动态与均衡解析计算$5000km^2$，完成环境水文地质条件现状综合评价分析、对地下水水质的影响预测、隧洞对沿线地下水环境影响综合分析三维数值模拟计算各$3000km^2$。

第五节 关键技术与创新

1. 研发了千米级深钻孔水文地质参数测试技术与装置

研发了适合于千米级深孔岩体水文地质参数原位压水试验技术与装置，以及深孔震荡试验技术及设备。该套技术已成功应用于滇中引水工程香炉山深埋长隧洞、引江补汉深埋长隧洞千米级深钻孔水文地质参数测试及水文地质结构划分。

2. 建立了深埋隧洞岩溶水文地质结构划分方法

基于岩溶水文地质方法研究，在开展碳酸盐岩地层水文地质测试及监测技术研究的基础上，提出深埋长隧洞岩溶水文地质结构划分方法，建立了岩溶水系统及地下水渗流场空间分带理论。

3. 提出了复杂岩溶区地下水环境敏感地段深埋长隧洞选线技术

复杂岩溶区地下水环境敏感地段隧洞选线的指导性原则为：最大限度规避岩溶发育区，远离岩溶大泉排泄区，防止疏干地表泉点，从而保障沿线居民日常生活用水、农业生产用水安全。当无法合理规避时，隧洞应在满足设计要求的基础上，尽量选择在岩溶不发育地段通过，当受条件限制时线路应采用高线位；尽量从地下分水岭部位或弱岩溶化地层中穿越，以穿越岩溶水垂直渗流带为宜，尽量避免穿越岩溶水水平径流带。

4. 建立了深埋长隧洞岩溶水文地质信息化三维模型

基于BIM多元地质信息化技术，采用GMS、MODFLOW等水文地质分析软件，建立深埋长隧洞三维水文地质模型，进行深埋长隧洞渗流场特征分析及隧洞涌突水量预测。

5.提出了复杂岩溶区深埋长隧洞地下水环境影响防治措施

突破传统隧洞涌突水防治措施以“排”为主的观念，提出在复杂岩溶区地下水环境敏感洞段实施“堵排结合、以堵为主、限量排放”的涌突水防治措施。

6.提出了复杂地质条件下深埋长隧洞专项超前地质预报关键技术

结合国内外类似工程的经验，在强调施工超前地质预报的基础上，提出了囊括多元地质信息的深埋长隧洞专项超前地质预报关键技术，已被《水利水电工程施工地质规程》(SL/T 313—2021)引用。

第二章　地质环境概况

第一节　自然地理

一、地理位置

研究区位于滇西高原岩溶区内，研究线路长度约100km，面积约3525km^2，地处大理白族自治州鹤庆县、剑川县、洱源县与丽江市之间(图2-1)。

线路中线方案穿越地段主要位于鹤庆县与剑川县之间的马耳山脉。马耳山脉位于金沙江与澜沧江分水岭地带，为典型断陷盆地与断块山岩溶区。岩溶山区高程一般在3000m以上，沿马耳山脉主脊各山峰高程一般为2760～3500m，最高达3900余米。如文笔山峰顶高程3465m，虎头山高程3 372.3m，九顶山高程3484m，老凹山高程3519m，火把山高程3237m，马厂东山主峰高程3 578.7m，猴子阱西南山峰高程3668m，百山母主峰高程3795m，马鞍山高程3 958.4m。在马耳山脉分布的大型岩溶洼地(典型的如马厂、东甸、黄蜂厂、安乐坝、下马塘、沙子坪和寒敬落岩溶洼地)海拔高程一般在2600～2900m之间，最高达3200余米。丽江盆地、鹤庆盆地和剑川盆地均为断陷盆地，其海拔较低，丽江盆地海拔为2350～2400m，鹤庆盆地和剑川盆地海拔在2200～2300m之间。

东线方案主要涉及鹤庆县东山，山顶高程3000～3400m，组成金沙江干流与鹤庆、丽江盆地(漾弓江)分水岭。西线方案沿老君山东麓、苍山北麓穿行，涉及的主要河流有黑惠江及其主要支流水系，河谷切割较深，岭谷相对高差一般1500m左右，河床高程1750～2160m，苍山以西切割剧烈，高差达2000m左右，漾濞江为西南部最低侵蚀基准面，属澜沧江水系。

二、气象水文

研究区位于印度洋西南季风影响带，为高原季风气候，总体表现为冬干夏湿。区内气候特点有：①年温差小、日温差大，水平分布复杂，多年平均气温在13℃左右。一般年温差为10～15℃，日温差在10℃以上，总体上具有温度高、日照充足、夏无酷暑、冬无严寒的特点，但干旱问题突出。②垂直变化显著，一般是河谷热、坝区暖、山区凉、高山寒，所谓“一山有四季，十里不同天”的现象较为普遍。③冬干夏湿，干湿分明，降水分布不均，年际变化小。夏秋季受太平洋北部湾和印度洋孟加拉湾两股暖湿气流的影响，降水多而集中。冬春季受来自印度、巴基斯坦北部的干暖气流控制，天气晴朗，干燥少雨，风速大，蒸发量大。沿线平均年降水量在750～1100mm之间，降水主要集中在5—10月，占全年的80%左右；多年平均蒸发量在1200～2200mm之间，蒸发量年内分配不均匀，主要集中在2—8月，占全年的70%左右，其中3—5月最突出。研究区内主要气象站气象要素见表2-1。

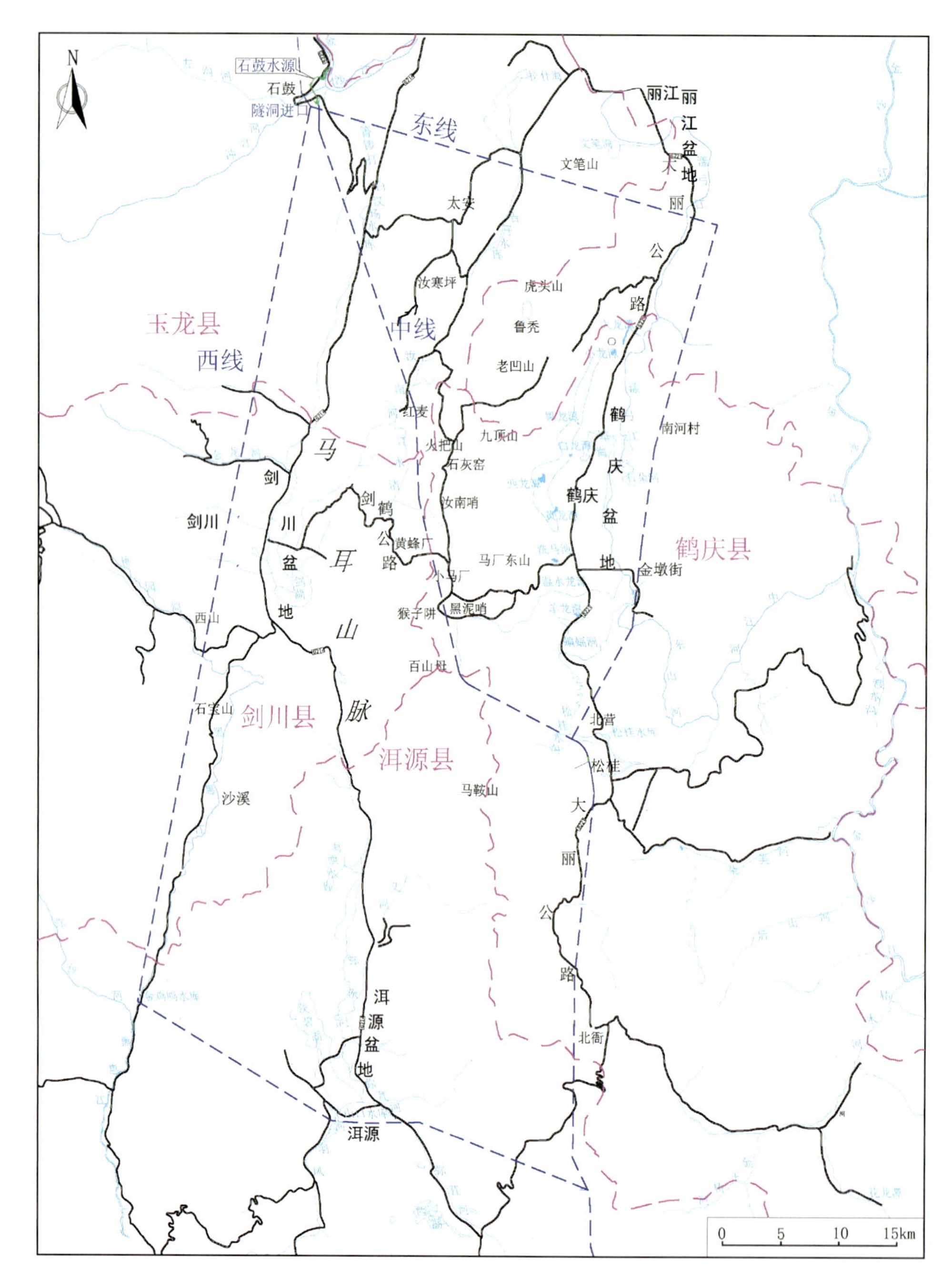

图 2-1　研究区地理位置图

表 2-1　研究区主要气象站气象要素统计表

站名	降水量/mm		气温/℃			多年平均蒸发量/mm	多年平均风速/($m\cdot s^{-1}$)	最多风向	年日照时间/h	相对湿度/%
	多年平均	最大一日	多年平均	极端最高	极端最低					
石鼓	753.7	136.6	12.0	32.0	−11.0	1 166.4	2.5		2250	
丽江	972.0	106.0	12.6	32.3	−11.2	2 130.8	3.3	W	2518	63
鹤庆	951.3	174.2	13.5	33.4	−11.4	2 054.5	3.3	SW	2429	65
大理	1 069.1	136.8	14.8	31.9	−4.2	1 976.6	2.4	E	2285	69

三、资源与交通

研究区是我国少数民族主要聚集地，区内主要有白、彝、傈僳、回、纳西等少数民族，它是我国白族、纳西族的主要分布区（云南省鹤庆县志编纂委员会，1991）。区内经济以农业为主，农业种植业主要分布于断陷盆地、洼地和河谷区，为典型的盆地经济、河谷绿色生态经济。此外，区内矿产资源丰富，有全国著名的北衙金矿、银矿和多金属矿以及马厂煤矿、鹤庆锰矿等。区内自然风光优美，民族风俗独特，旅游业发达，且旅游业成为近年来该区经济发展的新增长点。

研究区内交通便利，有丽江三义机场沟通全国各地主要城市。大（理）—丽（江）高速公路自研究区西部剑川盆地边缘穿越，并有穿越鹤庆盆地的大（理）—丽（江）铁路、上（关）—鹤（庆）高速，以及沿金沙江的航运通道。1998年境内金沙江有了钢质机动渡船，现有木船227只，机动渡船6艘，境内航线长60km。研究区内有鹤庆—剑川、鹤庆—洱源、鹤庆—永胜省级公路和众多的县乡公路，可直达昆明、大理、丽江等地，交通条件较好。

第二节　区域地质构造背景与地震

一、区域地质构造

研究区地处滇西北地区，位于青藏高原东南部，属川滇山地，以横断山系高山、中高山为主。区域构造复杂，西及西南以金沙江深断裂、红河深断裂为界，中部以三江断裂带、小金河-丽江-剑川断裂及龙蟠-乔后深断裂为界，西、北、东三面分属兰坪-思茅（三江）褶皱系、松潘-甘孜褶皱系和扬子准地台3个一级构造单元（长江勘测规划设计研究院有限责任公司，2015a）。

兰坪-思茅褶皱系、松潘-甘孜褶皱系分区内地层结构具明显基底和盖层特征。基底由古生界寒武系及元古宇苍山群组成，盖层由上三叠统浅海-滨海相碎屑岩建造及侏罗系、白垩系、古近系、新近系的海陆交互相、陆相红色碎屑建造组成，红层总厚度近20km，主要分布在剑川以西地区。扬子准地台分区内未见基底出露，均为盖层沉积。区内西侧盖层由奥陶系—二叠系和少量中生代沉积建造组成。东侧盖层由上三叠统浅海相、海陆交互相、陆相为主的碎屑、碳酸盐建造及侏罗系、白垩系陆相红色碎屑建造组成（长江勘测规划设计研究院有限责任公司，2015b）。

隧洞中线及东线方案横跨松潘-甘孜褶皱系与扬子准地台2个一级构造单元，涉及的二级构造单元包括中甸褶皱带、丽江台缘褶皱带，穿过的三级构造单元依次为东旺-巨甸褶皱束、三坝褶皱束及鹤庆-洱海台褶束。西线方案依次穿过松潘-甘孜褶皱系、兰坪-思茅褶皱系及扬子准地台3个一级构造单元，相关的二级构造单元依次为中甸褶皱带、云岭褶皱带、丽江台缘褶皱带，穿过的三级构造单元依次为东旺-巨甸褶皱束、三坝褶皱束、金沙江褶皱束、点苍山-哀牢山断褶束及鹤庆-洱海台褶束。

研究区地处滇藏"歹"字形构造体系与三江南北向构造体系复合部位。在长期的地质历史发展过程中，工程区经多期构造运动，地壳改造强烈，形成了极为复杂的构造系统。近场区内构造体系以北北西—北西向构造带与北北东—北东向构造带为基本骨架，并与近东西向构造体系复合。北北西—北西向构造带内主要断裂有金沙江断裂（F_1）、拖顶-开文断裂（F_5）、罗坪山西侧断裂（$F_{Ⅱ-24}$）、苍山山前断裂（$F_{Ⅱ-22}$）、红河断裂北段东支断裂（F_{15}）等。北北东—北东向构造带内主要断裂有大栗树断裂（F_9）、龙蟠-

乔后断裂(F_{10})、丽江-剑川断裂(F_{11})、鹤庆-洱源断裂(F_{12})等。近东西向断裂主要有金棉-七河断裂($F_{Ⅱ-2}$)、水井村逆断裂($F_{Ⅱ-3}$)、石灰窑断裂($F_{Ⅱ-4}$)、马场逆断裂($F_{Ⅱ-5}$)、汝南哨断裂组($F_{Ⅱ-6}$、$F_{Ⅱ-7}$)、青石崖断裂($F_{Ⅱ-9}$)。近南北向断裂有下马塘-黑泥哨断裂($F_{Ⅱ-32}$)、清水江-黄蜂厂断裂($F_{Ⅱ-17}$)及芹菜塘断裂($F_{Ⅱ-10}$)等。

二、新构造运动特征

1. 区域背景特征

研究区新构造运动尤以滇西北青藏高原部分最为突出,其强度自滇西北向滇东南呈逐渐减弱的趋势。研究区新构造运动总体以活动断裂围限的"川滇菱形块体"(图 2-2)为格架,块体边界表现为强烈的

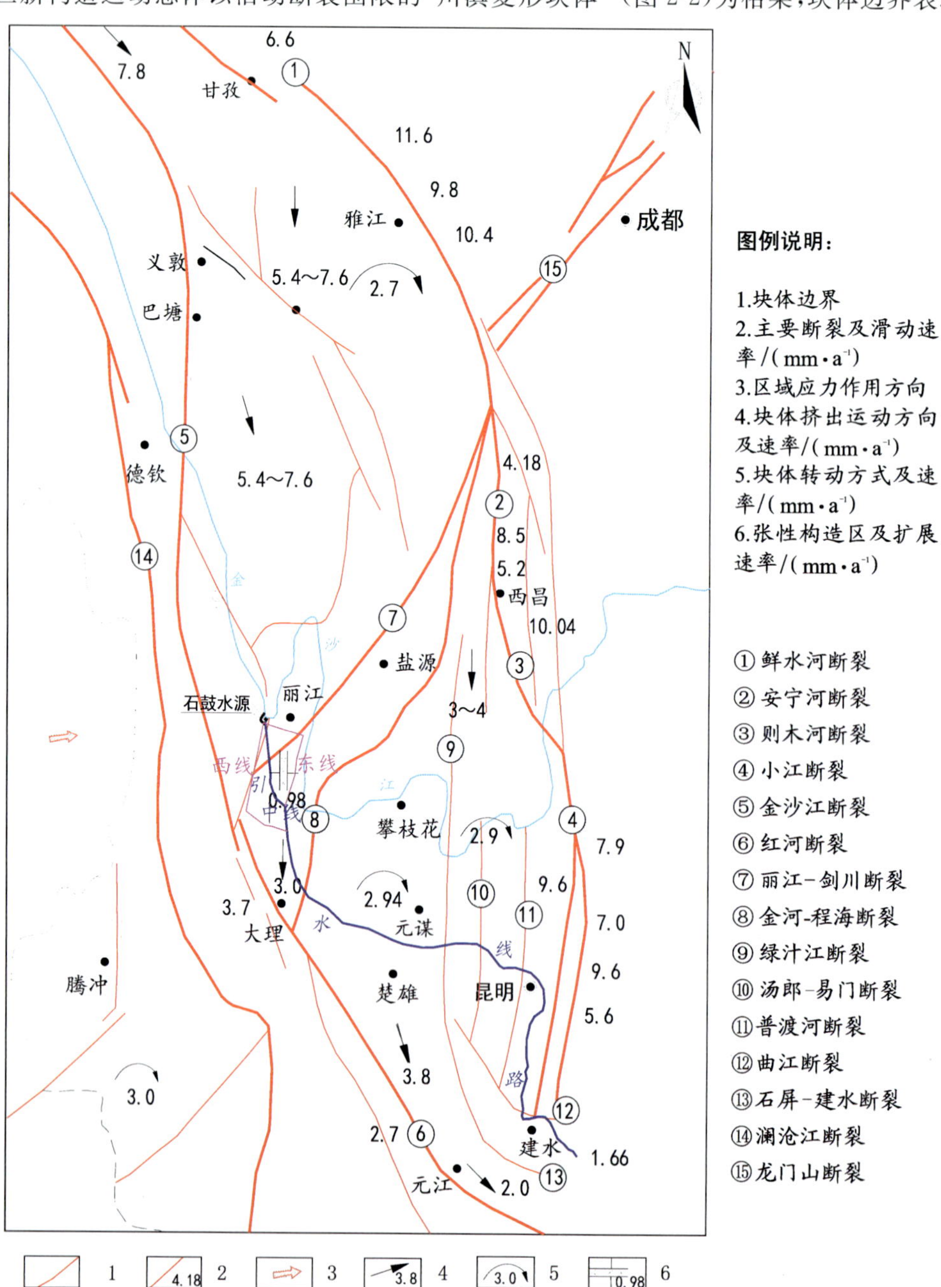

图 2-2 川滇菱形块体构造格架图

垂直差异运动和断块的侧向滑移，以及近南北向断裂的左旋位移和北西向断裂的右旋位移。线路区新构造运动的总体特征主要有4个特点：①大面积整体掀斜抬升运动；②断块间的差异升降运动；③活动块体的侧向滑移与旋转运动；④断裂的新活动(长江勘测规划设计研究院有限责任公司，2015c)。

1)大面积整体掀斜抬升运动

根据对云南地区地貌发育历史的研究，在新近纪中新世中晚期形成准平原，上新世晚期开始的新构造运动使准平原强烈抬升形成夷平面，抬升幅度总体表现为由南东向北西逐渐增大，具大面积掀斜抬升运动特点。从夷平面现今分布高程看，滇西北德钦一带为4000～4500m，向南东永胜一带为3000m左右，滇中地区为2500m左右，滇东南文山一带为1500m左右。其上升幅度在德钦一带约为3000m，向南东永胜一带约为2500m，滇中地区约为2000m，滇东南文山地区与滇西南思茅地区约为1000m。从现今河流河谷两岸分布的多级河流阶地来看，这种大面积掀斜抬升运动具有明显的间歇性特点。

2)断块间的差异升降运动

在新构造运动时期，地壳大面积掀升隆起的同时，由于区域性深大断裂强烈的新活动，夷平面被分割成大小不等的断块，断块间表现出明显的垂直差异活动，造成了夷平面的解体，沿断裂形成许多断陷盆地。断裂两侧夷平面相对高差达数百米甚至千米以上。如在东川附近小江断裂两侧夷平面高差达200～500m，在大理附近红河断裂两侧夷平面相对高差达1000m以上。

3)活动块体的侧向滑移与旋转运动

受青藏高原强烈隆升和向南东方向的侧向推挤及壳幔物质流展的影响，区内的川滇菱形块体除上述两种运动形式之外，还具有整体向南东或南南东方向的侧向滑移和挤出运动(图2-3)。川滇菱形块体滑移和挤出运动的东部边界是鲜水河-小江断裂，西南边界为红河断裂，前者为左旋走滑，后者为右旋走滑。块体的这种运动方式得到了现代地壳运动观测网络的证实，即青藏高原东部现代地壳运动矢量场由北北东向逐渐转为北东东向，再转为南东向，呈顺时针方向运动，速率也逐渐变小。进入高原以东的贵州高原和四川盆地后，运动矢量明显变小，说明青藏高原东边缘有明显的应变积累或冲压位移。同时也说明，青藏高原东边界不是自由的，可能深部存在受阻的约束条件。

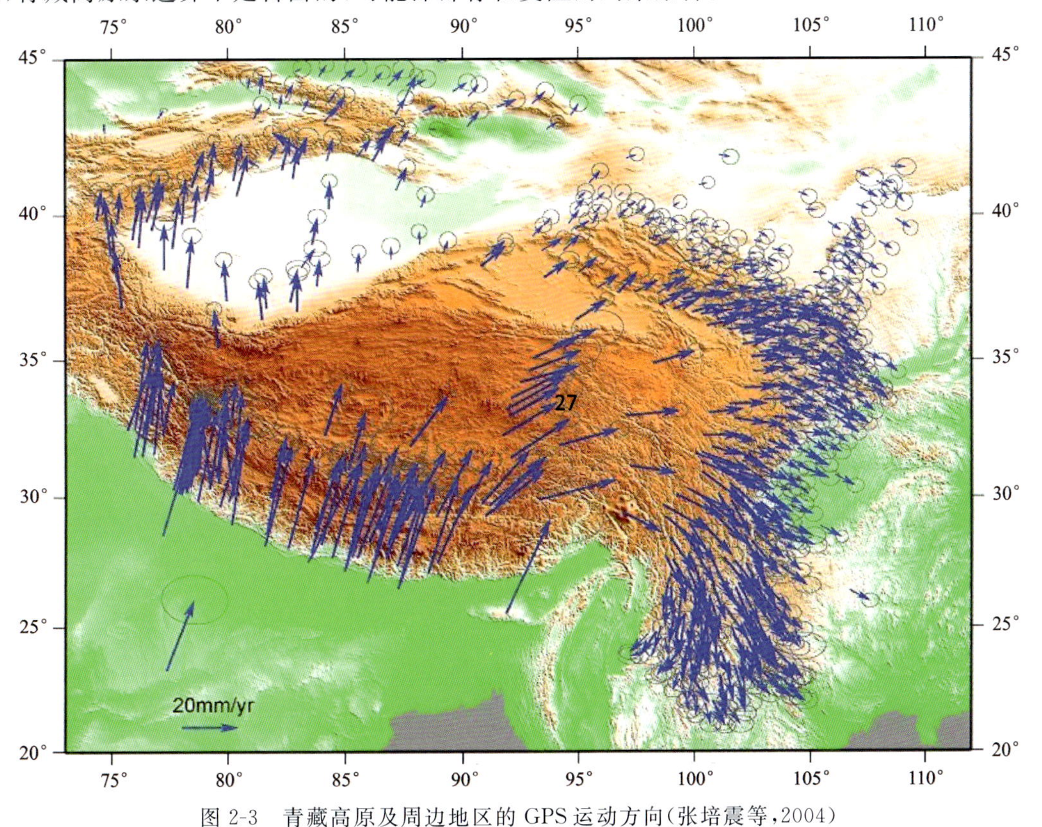

图2-3 青藏高原及周边地区的GPS运动方向(张培震等，2004)

川滇菱形块体是一个与地震活动相关的一级活动块体，可进一步划分出2个次级块体——川西北块体和滇中块体，其界线是丽江-剑川断裂。由于受青藏高原向东南或南南东方向的侧向滑移、挤出及其块体边界断裂的相互制约，各级块体之间存在明显的绕垂直轴的转动运动。其中川西块体顺时针旋转运动的角速度是2.7°/Ma，滇中块体是2.9°/Ma。

4)断裂的新活动

新构造运动时期，断裂继承性活动频繁，早已存在的主要断裂构造再次活动，形成了一系列沿断裂带发育的新生代断陷或拉分盆地。沿一些大断裂带分布的一系列断陷盆地、湖泊、断错地貌等，均是这些断裂新活动的产物。如嘉黎断裂带的通麦—下察隅段，第四纪以前是右旋逆冲活动，第四纪期间则表现为右旋正断活动。其活动方式表现为断裂两侧块体的相对水平错动与垂直差异运动，活动强度不一。

断裂、断块活动还显示出新生性。早更新世晚期或中更新世初，由于印度板块不断向北推挤，青藏高原向南东挤出和侧向滑移，作为块体的北西向边界断裂具明显的右旋走滑特征，而块体的近南北向、北东向边界断裂具左旋走滑特征。前者如小金河断裂、德钦-中甸-大具断裂，后者如维西-巍山断裂，早期以挤压为主，第四纪晚期以来为右旋走滑。

2. 研究区新构造运动特征

研究区处于滇中-滇西北复杂的构造环境中，新构造运动主要表现为大面积快速掀升、断块差异升降及断裂新活动等特征。上新世末期以来，伴随着青藏高原的强烈隆升，隧洞沿线工程区及其外围地区也大幅度抬升为高原面，抬升幅度达1500～3500m，平均1～2.4mm/a。区域夷平面和断陷盆地高程自北往南有递减的趋势，夷平面高程德钦为4000～4800m，丽江、宁蒗为3000～4200m，剑川、永胜、鹤庆、大理为2800～3200m。这种差异反映了新构造期本区在上隆过程中由北西向南东掀斜的运动特点。这种掀升活动不仅具有区域性，而且还有明显的间歇性，具体表现在沿河流分布的阶地上。如金沙江河谷发育了五级阶地，分别高出现代河床15m、50m、90m、150m和230m，反映了5次短暂的停歇。

随着本区地壳大面积隆升，断块的差异升降运动也随之产生，造成了上新世统一夷平面的解体。野外调查发现，虎跳峡地区普遍存在四级夷平面，高程分别为4000～4800m、3600～4000m、3000～3400m和2700～2800m，同级夷平面由北西向东南方向逐渐降低。区内玉龙雪山、哈巴雪山、白茫雪山等高山，实际上也是夷平面解体后，由差异抬升活动形成的断块山，它们均高出附近夷平面1500～3000m。

新构造期，区内断裂新活动较突出，其活动性质和活动强度也有所变化。如金沙江断裂除继续作东西向挤压逆冲外，还表现出明显的右旋水平运动，形成了本区大型活动性走滑断裂带；丽江-剑川断裂在往南东逆掩推覆的挤压运动中，也显示出较强的左旋走滑性质，平面上造成丽江盆地的左行扭曲，最大速率可达2～5mm/a；龙蟠-乔后断裂在第四纪以前表现为右旋逆冲活动，第四纪以来随着构造应力场往南北向偏转而转为左旋正断层，最大垂直位错达2mm/a，水平位错亦在2.2mm/a左右。断裂的新活动还导致了强烈的断陷作用，沿区内主要活动断裂都分布有串珠状或斜列式展布的断陷盆地、湖泊、槽谷等，面积由数平方千米至225km^{2}不等，其中晚更新世沉积物厚数百米乃至2000余米，它们都是在主干断裂新活动过程中由拉分或引张作用形成的。如乔后、剑川、九河、丽江、鹤庆、大具盆地以及红水塘、干塘子槽谷等。其中，由丽江-大具断裂断陷的丽江盆地相对断落达2000余米，大具盆地、鹤庆盆地的断落也有近1000m。

全新世以来，本区地壳、断裂活动性虽然大大减弱，但有资料表明，地壳仍随青藏高原缓缓抬升。测年资料反映，部分主干断裂全新世以来仍有活动，甚至可达2mm/a的活动速率。据20世纪80—90年代本区大地水准测量成果资料，在本区大面积区域抬升过程中，仍存在局部的差异升降运动，如永胜—荣将带以1～3mm/a的速率在抬升，而剑川-丽江带则以2～3mm/a的速率下降。跨断裂形变测量资料反映了沿断裂带形变作用的存在。由此可见，本区现今仍然存在构造运动，而且其活动程度还相当高，区域地壳稳定性较差。早更新世以来，鹤庆盆地局部地区急剧沉降，因而接受了大量的堆积，堆积物厚度大于700m。晚更新世晚期以来，该盆地处于相对稳定阶段。

三、新构造分区

研究区位于青藏高原新构造区，根据地形地貌特征、新构造运动方式及活动强度的差异，研究区可划分出3个一级新构造区和若干个次级新构造区，详见图2-4。香炉山隧洞东线、中线、西线方案依次穿过中甸-玉龙雪山差异隆起区（Ⅳ）、程海-大理差异隆起区（Ⅴ）和巴迪-兰坪掀斜隆起区（Ⅱ），以及鹤庆-剑川差异凹陷区（$Ⅴ_2$）、永胜-宾川差异凸起区（$Ⅴ_1$）、兰坪-永平掀斜凸起区（$Ⅱ_2$）、点苍山差异凸起区（$Ⅴ_3$）这4个二级新构造区。

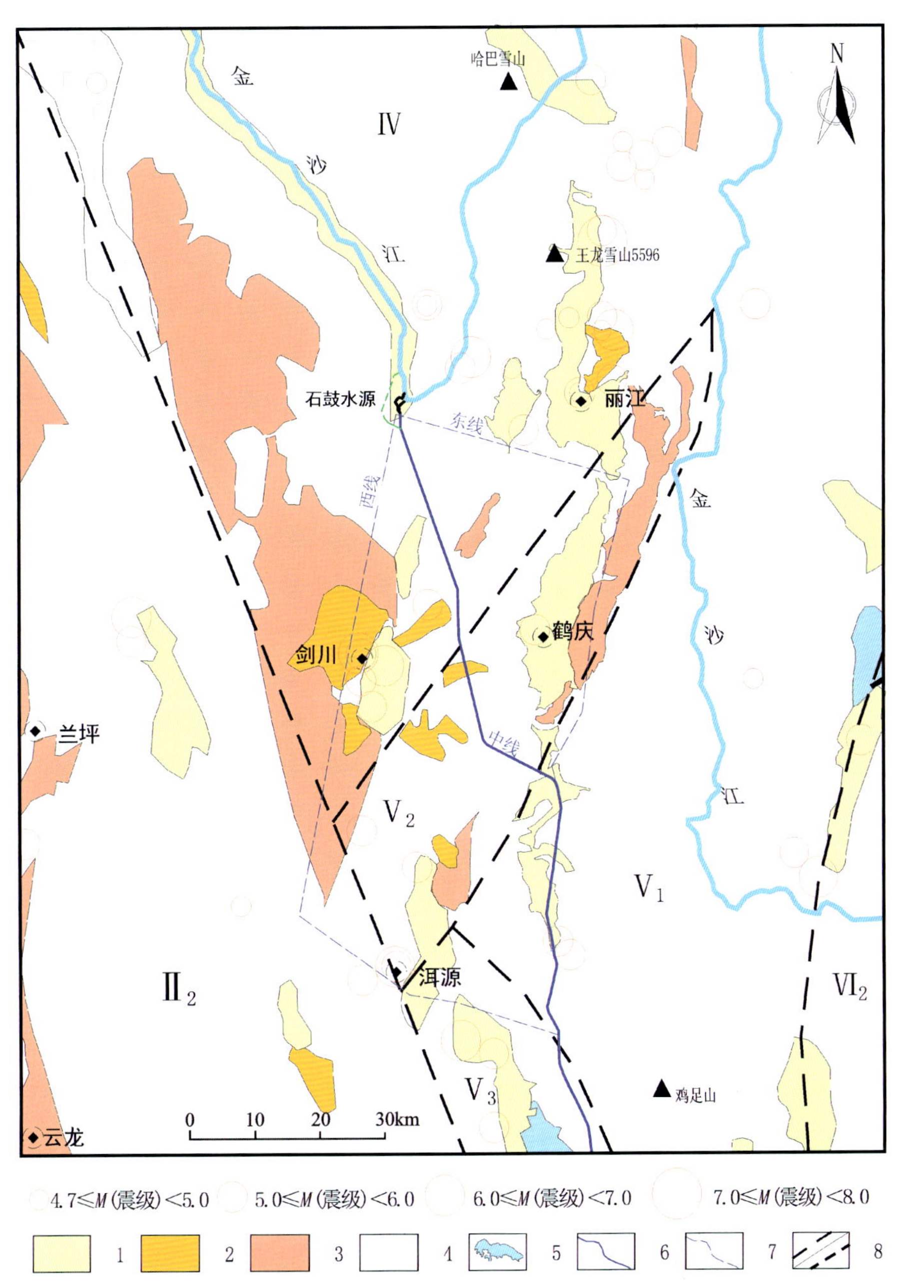

1. 全新统；2. 新近系；3. 古近系；4. 前新生界；5. 湖泊；6. 推荐输水线路；7. 比选输水线路；8. 新构造运动分区界线（一级/二级）；$Ⅱ_2$. 兰坪-永平掀斜凸起区；Ⅳ. 中甸-玉龙雪山差异隆起区；$Ⅴ_1$. 永胜-宾川差异凸起区；$Ⅴ_2$. 鹤庆-剑川差异凹陷区；$Ⅴ_3$. 点苍山差异凸起区；$Ⅵ_2$. 盐源-渡口掀斜隆起区。

图2-4　研究区新构造运动分区图

1. 巴迪-兰坪掀斜隆起区(Ⅱ)

该区是由怒江-龙陵-瑞丽断裂带、澜沧江断裂带和实皆断裂带所夹持的强烈上升区。近南北向的怒山、崇山和北东向的老别山、大雪山分布其间。保山以北山地海拔3600m以上,以南海拔3000m以下。区内主要发育1500m、1800～2500m、2800～3400m和3500m以上的四级夷平面。古近纪,在永德以北曾发育南北向的凹陷盆地,新近纪和第四纪与周围山地一起隆起。线路区内以澜沧江断裂为界,分为巴迪-碧江强烈凸起区($Ⅱ_1$)和兰坪-永平掀斜凸起区($Ⅱ_2$)2个二级新构造区。

兰坪-永平掀斜凸起区($Ⅱ_2$)为通甸-巍山-红河断裂带与澜沧江断裂带之间的地区。该区向北可延至德钦以北,向南延至思茅一带。新构造运动主要表现为由南而北的大面积掀斜式抬升。在研究区北部的德钦一带抬升幅度达3000m以上,中部永平一带抬升幅度为2000m左右,南部思茅一带抬升幅度为1000m左右。

2. 中甸-玉龙雪山差异隆起区(Ⅳ)

该区处于小金河-丽江断裂以北与维西-乔后断裂以东的区域,属于川西强烈隆起区的一部分。该区平均海拔在4000m以上,由近南北走向的高山、高原组成,金沙江、雅砻江在该区皆形成深切峡谷,其新构造特征总体上表现为地壳的增厚和缩短。第四纪构造应力场的主压应力方向转为北北西-南南东向。构造区总体向南南东方向滑移且绕垂直轴顺时针转动。东南边界的小金河-丽江断裂带的活动性质为挤压逆冲兼左旋走滑。

3. 程海-大理差异隆起区(Ⅴ)

该区为整体抬升背景下差异运动强烈的地区。西侧以小金河-丽江断裂、龙蟠-乔后断裂为界,南西侧以金沙江断裂、红河断裂为界,东侧以程海-宾川断裂为界,其四周被活动断裂围限,内部活动断裂发育。受其影响,块体间水平和垂直差异运动强烈,形成若干第四纪盆地或湖泊,如鹤庆盆地、洱源盆地、剑川盆地、洱海、程海等。盆地、湖泊与山地之间的地形高差显著,如苍山与洱海之间的地形高差达2000m以上。

永胜-宾川差异凸起区($Ⅴ_1$):总体为强烈抬升的山区。沿程海-宾川断裂有强烈的垂直差异运动,形成金官、永胜、宾川等第四纪盆地和程海现代湖盆。

鹤庆-剑川差异凹陷区($Ⅴ_2$):受小金河-丽江断裂带西南段、鹤庆-洱源断裂带活动的影响,形成剑川、鹤庆第四纪盆地,它们与周围山地之间的垂直差异运动明显。同时发育若干古近纪以来的飞来峰构造。逆掩断层走向为近东西向,倾向北,地壳块体由北向南推覆,反映该时期应力场的主压力方向为近南北向,它所影响的最新地层是早第四纪砾石层。

点苍山差异凸起区($Ⅴ_3$):受苍山东麓断裂和洱海东岸断裂强烈活动的影响,垂直差异运动明显。苍山强烈抬升,海拔4000m以上;洱海强烈下陷,海拔2000m以下。

四、区域构造应力场特征

工程区域位于印度板块与欧亚板块碰撞带东部,新构造运动十分剧烈。云南地区主要受到3个方面力的作用:一是印度板块与欧亚板块碰撞,使西藏地块东移,受阻于四川地块和华南地块,从而向西南作用,使川滇菱形块体向南南东方向楔入,终止于红河断裂南部。此外,受阻于四川地块和华南地块的作用力,沿四川的鲜水河断裂、安宁河断裂、则木河断裂向南传递到云南的小江断裂带(川滇菱形块体的东边界)。二是印度板块向东经缅甸对云南地区的侧向挤压力,这一挤压力直接作用于云南西部地区,尤其是澜沧江断裂以西地区,澜沧江在小湾附近的弧形展布正是这一作用力的结果。三是受到来自华南地块的北西向、北北西向应力的作用。

由于三方面的作用力，线路经过的区域地质构造复杂、地震活动强烈。研究区涉及5个构造应力场分区，即华南主体应力区、川-滇应力区、滇西南应力区、墨脱-昌都应力区、喜马拉雅应力区。线路经过的区域主要位于川-滇应力区，有部分区域位于滇西南应力区及华南主体应力区。川-滇应力区主压应力轴方位以北北西-南南东为主，滇西南应力区主压应力轴方位以北北东-南南西为主，华南主体应力区主压应力轴方位以北西-南东为主。

本次研究收集了研究区1951年至2013年共计101次强震、中强震震源机制解成果(不包括地震序列中余震震源机制解结果)，以概率模型法和作图法求解强震震源机制解，利用中小地震P波触动，求解研究区综合节面解。对解释结果采用常规统计方法和系统聚类分析方法进行分析；综合统计了研究区101个地震的震源机制解，依据这些资料和西南地区现代构造应力场的多期研究结果，编制了研究区地震主压应力P轴方位分布图(图2-5)。

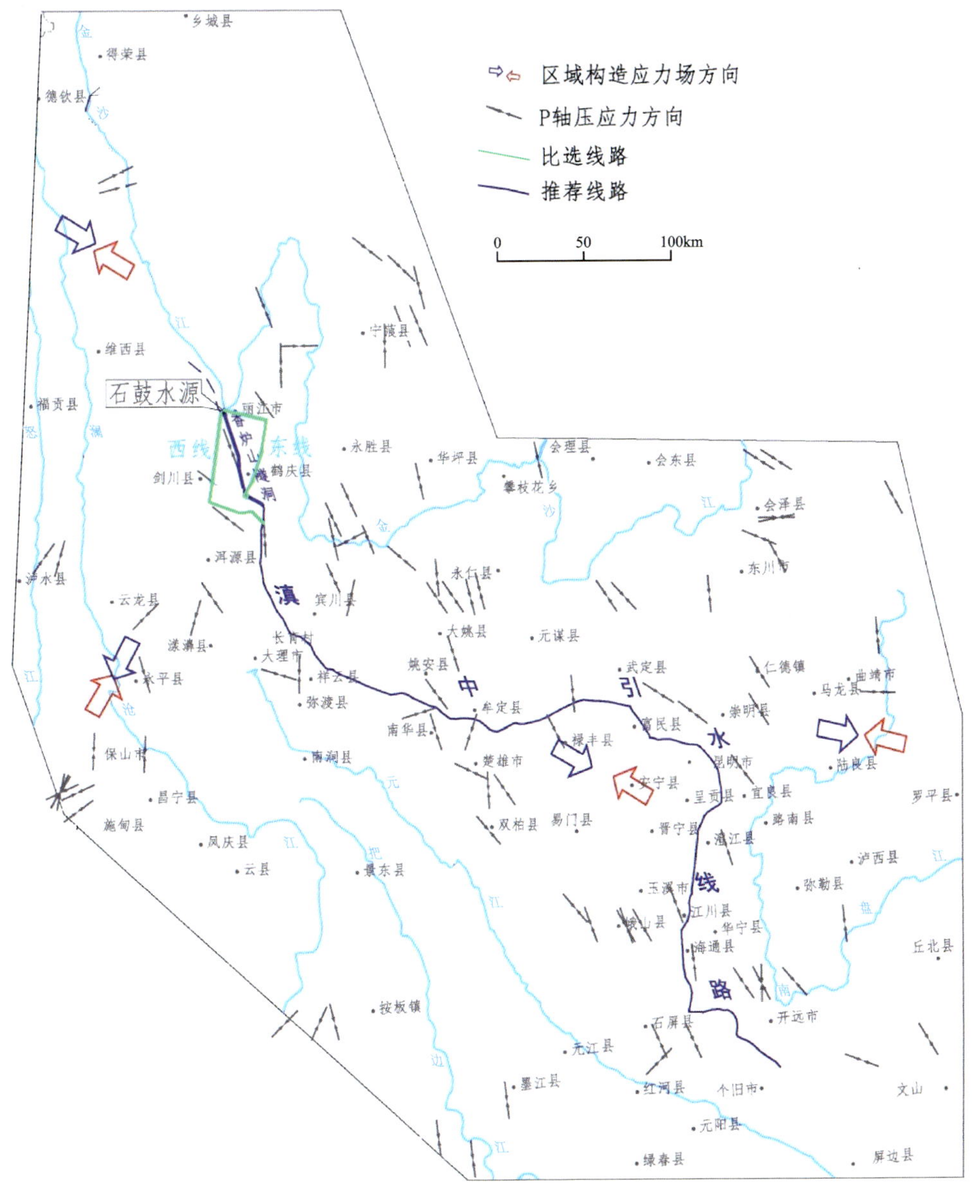

图2-5　研究区地震震源机制解主压应力P轴方位图

由图可知，研究区构造应力场为北北西-南南东向，震源机制解主压应力P轴多为北北西-南南东向，局部为东西向、北东-南西向，震源机制解主压应力轴方向与区域构造应力场方向不尽一致，原因是受该区活动断裂深切影响，地壳连续性差，应力在传递过程中偏转。

五、地震活动特征及地震动参数

1. 地震活动及其影响烈度

研究区位于鲜水河-滇东地震带内，带内地震活动与新构造运动关系十分密切。新构造运动强烈的地区，地震活动的强度和频次也高，反之亦然。从历史地震活动的实际情况看，强烈地震主要发生在活动块体的边界。研究区位于川滇菱形块体内，处于丽江-洱源-大理地震活动带上（图 2-6）。

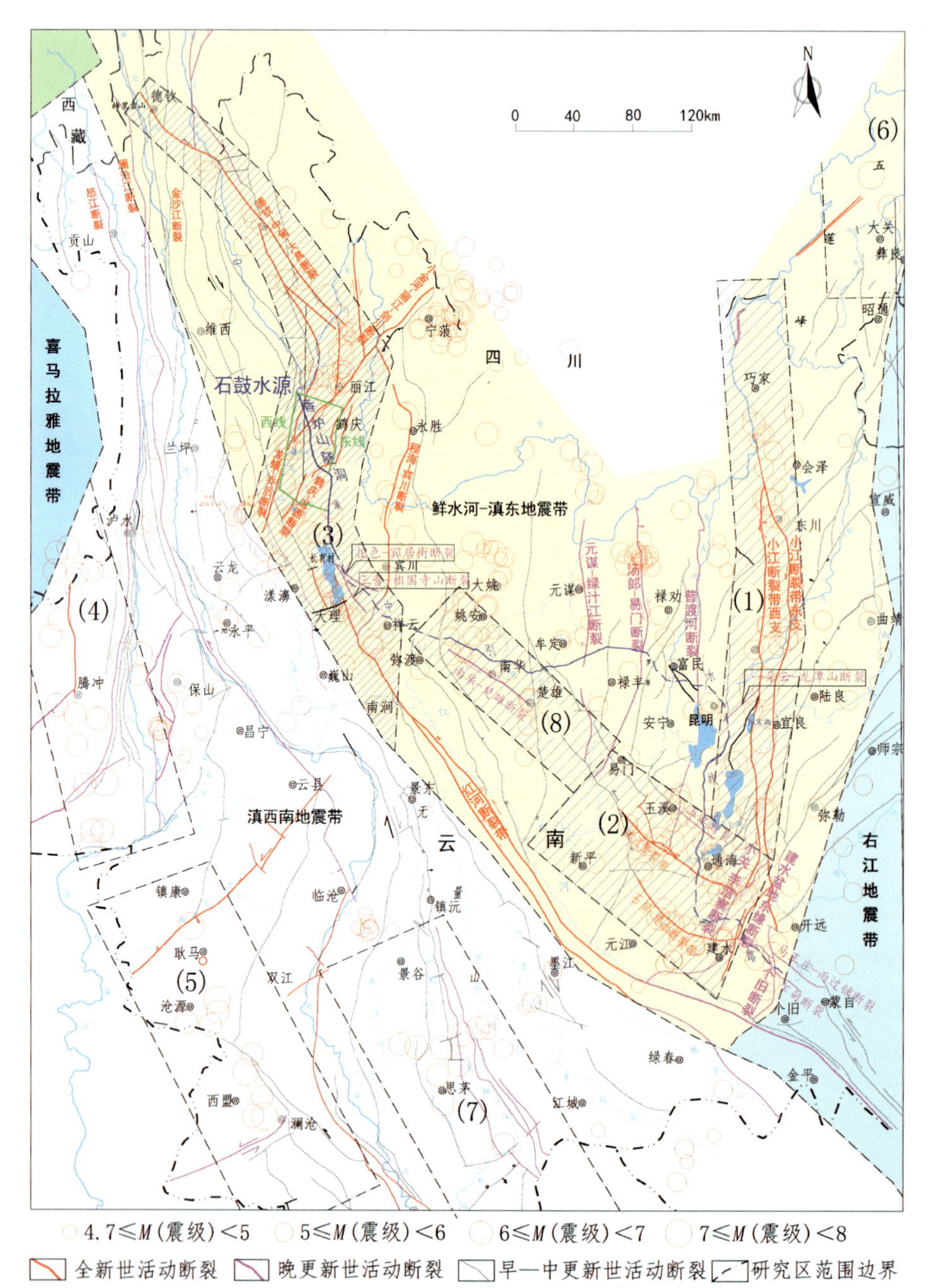

(1)小江地震活动带；(2)通海-石屏地震活动带；(3)丽江-洱源-大理地震活动带；(4)腾冲-龙陵地震活动带；(5)耿马-澜沧地震活动带；(6)马边-大关地震活动带；(7)思茅-普洱地震活动带；(8)南华-楚雄地震活动带。

图 2-6　研究区与地震带的关系示意图

丽江-洱源-大理地震活动带北西自德钦往南经丽江、鹤庆、剑川、洱源、大理至弥渡以南，南北长约400km，东西宽60～80km。带内活动断裂发育，地震构造复杂，地壳比较破碎，强震频度较高。距香炉山隧洞不远的剑川、丽江等地均有多次强震发生。自公元886年带内有破坏性地震记载以来，至2012年12月底，共有$M \geqslant 4.7$级地震73次，其中6.0～6.9级16次，7级3次。

从1965—1997年观测到的$M \geqslant 2.0$级964次仪测地震的分布来看，香炉山隧洞研究区内仪测地震主要沿龙蟠-乔后断裂、丽江-剑川断裂、丽江-大具断裂及红河断裂带展布，地壳稳定性较差。1996年2月3日丽江发生的7.0级地震即位于玉龙雪山东支断裂带上，1925年3月16日大理洱海南东7.0级地震位于红河断裂北段东支断裂带上（长江勘测规划设计研究院有限责任公司，2015d）。

2000年以后，研究区外围发生多次强震，如2000年1月15日姚安发生6.5级地震，2001年10月27日永胜涛源、期纳一带发生6.0级地震，2003年大姚的“7·21”地震与“10·16”地震分别达到6.2级、6.1级，2009年姚安“7·9”地震也达6.0级，2009年“11·2”宾川地震为5.0级，2012年6月24日四川盐源与云南宁蒗交界处地震达5.7级，2013年3月3日洱源炼铁发生5.5级地震。种种迹象均表明，该区域近期地震活动较强。

1996年2月3日丽江7.0级地震震中与线路最近距离约32km，线路区地震烈度为6～8度。1925年3月16日大理7.0级地震震中与线路最近距离约46km，线路沿线地震烈度为6～9度。1901年洱源与邓川间发生6.5级地震。1839年洱源发生2次6.5级地震。1751年5月25日剑川6.75级地震震中与线路最近距离约16km，线路沿线地震烈度为6～8度。香炉山隧洞线路所遭受的地震烈度未超过8度。

2. 地震动参数

在研究区和近场地震地质、地震活动性研究的基础上，通过得到的地震动峰值加速度衰减关系，进行地震危险性分析计算，得到研究区近场区水平向地震动加速度峰值，并按照《中国地震动参数区划图》的技术方法和研究结果转换为平均场地加速度峰值，然后进行分区。

根据线路两侧10km区域空间离散点的实际计算结果，依据表2-2分档分区原则，编制了线路两侧10km区域50年超越概率10%水平向地震动加速度峰值分区图（图2-7）。

表2-2 地震加速度峰值(g)分档规定值

加速度峰值分档	参数值范围	加速度峰值分档	参数值范围
0.05g	[0.04g,0.09g)	0.20g	[0.19g,0.28g)
0.10g	[0.09g,0.14g)	0.30g	[0.28g,0.38g)
0.15g	[0.14g,0.19g)	≥0.40g	≥0.38g

根据云南省地震工程勘察院《滇中引水工程水源及总干渠线路地震动参数区划报告》成果，研究区地震动峰值加速度为0.20～0.30g，地震基本烈度为8度。

第三节 基本地质条件

一、地形地貌

研究区地处横断山北部高山峡谷区与滇中高原盆地山原区交接部位。中线穿越鹤庆、丽江、拉什

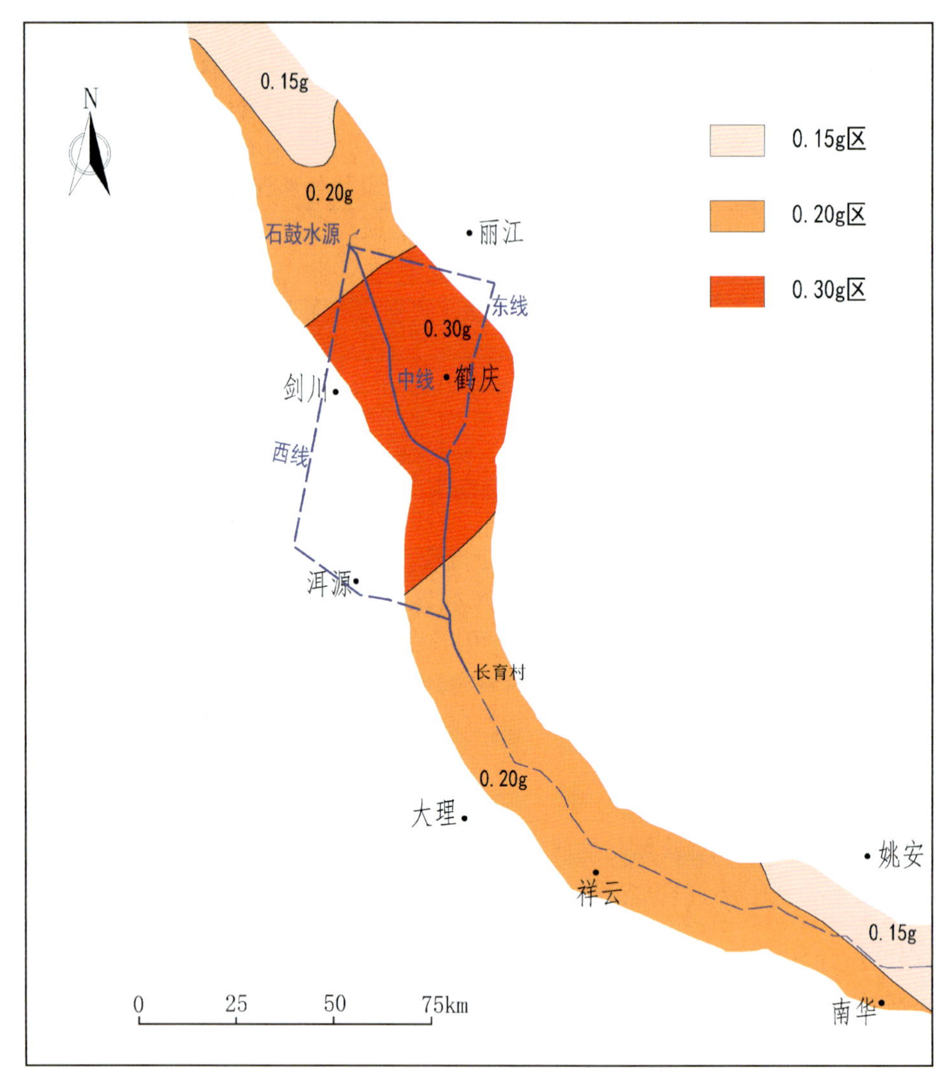

图 2-7　研究区 50 年超越概率 10%水平向地震动加速度峰值分区图

海、九河、剑川、洱源等盆地所夹持的南北向分水岭马耳山，后经松桂、芹河、北衙、下河坝，至洱海边的玉石厂(图 2-8)。东线斜穿马耳山、鹤庆盆地、鹤庆东山，过东山河后，与中线在松桂相接。西线则穿越九河—剑川以西的老君山东麓、洱源盆地南侧及右所盆地北麓后至玉石厂。

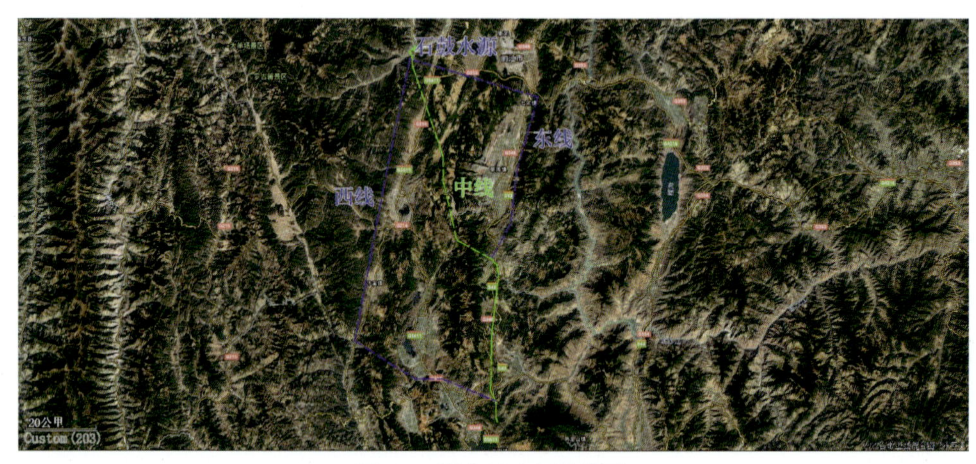

图 2-8　研究区地理影像图

1. 东线及中线方案

线路穿越的马耳山脉，总体呈北高南低，山顶高程一般 2760～3500m，最高为北衙西侧的马鞍山，高程 3 958.4m。山岭间岩溶洼地、坡立谷分布广泛，如拉什海至太安一带高程 2500～2700m，花音、汝寒坪、吾竹比以及安乐坝、马厂等地高程 2800～3000m，七河乡后山一带高程 3100～3300m。线路区还分布 2 个大的断层槽谷——白汉场槽谷（高程 2280～2400m）和汝南河槽谷（高程 2480～2550m），呈北北东—北东向展布。山岭东侧为鹤庆盆地，南侧为洱源盆地，西侧为剑川-九河盆地，3 个盆地高程分别为 2220m、2052～2104m、2190～2320m。北侧及北东侧为拉什海和丽江盆地，前者地面高程 2437～2500m，后者高程 2400m 左右。上述盆地周缘多有岩溶泉出露。

中线主要下穿白汉场水库、汝南河、花椒箐、银河箐、蝙蝠箐等水系，其中以汝南河规模最大。东线主要经过白汉场水库、吉子水库，然后横穿鹤庆盆地，沿鹤庆东山下穿，在西甸村横跨东山河，最终到达终点松桂。

2. 西线方案

西线沿白汉场槽谷—剑川盆地—黑惠江西侧山岭穿行，在沙溪镇以南金鸡鸣电站附近跨黑惠江，穿苍山北麓，过洱源盆地和右所盆地边缘后至玉石厂。

石鼓至金鸡鸣电站线路段位于黑惠江、沙溪镇及剑川盆地以西，沿线地形主要为中高山，总体呈北高南低，山岭高程一般 2400～2900m，线路最高处位于北部拉巴谷山，山顶高程 3 384.9m。线路区沟谷主要呈北西西向展布，谷底高程 2100～2300m。其间分布有双河、金龙河、永丰河、白腊河、桃园河等近东西向河流及金龙水库、满贤林水库、龙门邑水库，是剑川盆地的重要水源地。该段线路东侧沿黑惠江分布有剑川盆地和沙溪盆地，两盆地地面高程分别为 2200m 和 2150m 左右。黑惠江呈北北东向展布于线路东侧，宽一般 50～100m，最宽 200m 以上，是剑湖向南排泄的主要通道。区内河床高程 2000～2190m，北高南低，金鸡鸣渡槽跨越处河床高程 1960m 左右。

苍山北麓线路进口位于金鸡鸣电站附近，终点至洱源盆地上村水库附近，线路穿越的苍山北延段山体浑厚，地形完整，地面高程 2100～3300m。洱源盆地位于线路北侧，地面高程 2055～2065m，热泉成片集中分布，盆地内西侧分布有茈碧湖。风羽盆地位于线路南侧约 5.5km 处，地面高程 2100～2400m，西南高北东低。

上村水库至玉石厂段线路主要沿洱源盆地与右所盆地所夹峙的低山及盆地边缘穿过，山岭地面高程 2100～2400m。右所盆地分布于线路南侧，地面高程主要为 1970～1980m，最低点在西湖一带，居民及耕地分布集中，盆地边缘热泉分布也较广泛。

二、地层岩性

研究区地层自前寒武系至第四系均有出露，主要分布前寒武系、泥盆系、石炭系、二叠系、三叠系、古近系、新近系等，其间零星分布有不同时期的侵入体及岩脉。第四系多分布于白汉场槽谷、剑川盆地、拉什盆地、鹤庆盆地、洱源盆地及各冲沟谷坡部位。湖盆部位以冲湖积黏性土为主，厚数百米，冲沟部位多为洪坡积碎石土，厚数米至数十米。

区内变质岩主要分布于白汉场槽谷（龙蟠-乔后断裂）以西，相关地层包括下泥盆统冉家湾组（D_1r）、中泥盆统穷错组（D_2q）、中泥盆统苍纳组（D_2c）及中三叠统（T_2），岩性多为片岩、板岩及浅变质的灰岩、砂岩等。岩浆岩为二叠纪玄武岩（$P\beta$）、新近纪玄武岩（$N\beta$）及少量燕山期不连续分布的侵入岩，主要分布于汝寒坪、汝南河及黑泥哨至长木箐北山一带。沉积岩主要见于中二叠统黑泥哨组（P_2h），下三叠统青天堡组（T_1q），中三叠统北衙组（T_2b），上三叠统中窝组（T_3z）、松桂组（T_3sn）及少量古近纪、新近纪地层，岩性主要为砂岩、泥岩、页岩及灰岩，其中鹤庆西山沙子坪至大马厂、长木箐一带灰岩集中分布。研究区东线、中线及西线穿越的主要地层特征见表 2-3、表 2-4。

表 2-3 龙蟠-乔后断裂以东主要地层岩性特征

地层代号及名称		柱状图	厚度/m	岩性	工程地质特性	水文地质特性	典型照片
N	新近系		520～1230	砾岩、砂岩、黏土岩夹煤层	较软—较硬岩，岩体较完整	隔水性好，砾岩中含少量溶蚀裂隙水	
E	古近系		1133	石灰质角砾岩	以较硬岩为主，岩体较完整	岩溶发育中等，地下水赋存于溶蚀裂隙溶洞中	
T_3sn	松桂组		620～1069	砂岩、泥岩、页岩互层夹煤线	较软—软岩，岩体较破碎—较完整	岩层隔水性能好，以裂隙水赋存为主，为隔水层	
T_3	上三叠统		191～230	砂岩、泥岩、页岩夹少量灰岩	软—较软岩，岩体完整	以裂隙水赋存为主，为隔水层	
T_3z	中窝组		200～300	灰岩和泥质灰岩夹砂岩	以硬岩为主，岩体较完整	岩溶发育中等，主要为裂隙溶洞水	
T_2b^2	北衙组上段		354～1000	灰岩、白云质灰岩、白云岩	以硬岩为主，岩体较完整	强岩溶，以裂隙溶洞水赋存为主	
T_2b^{1-2}	北衙组下段上部		200～300	泥质条带灰岩及泥质灰岩	以较硬岩为主，岩体较完整	岩溶发育较强，以裂隙溶洞水赋存为主	
T_2b^{1-1}	北衙组下段下部		70～80	泥质灰岩与砂岩互层	较软—较硬岩，岩体较完整	以裂隙水赋存为主，为相对隔水层	
T_1q	青天堡组		147～473	泥岩、砂岩、泥质粉砂岩	软—较软岩，岩体较完整	以裂隙水赋存为主，为隔水层	

表 2-3(续)

地层代号及名称		柱状图	厚度/m	岩性	工程地质特性	水文地质特性	典型照片
P_2h	黑泥哨组	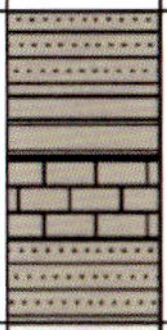	309～659	砂岩、页岩夹灰岩煤线	较软—较硬岩，岩体较完整	岩溶发育弱，以裂缝水赋存为主，有少量溶洞水，为隔水层	
$P\beta$	玄武岩系		>3500	玄武岩夹凝灰岩	以硬岩为主，岩体裂缝发育	以裂缝水赋存为主，透水性中等	
P_1	下二叠统	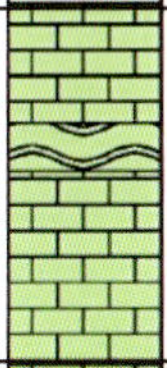	305	灰岩局部夹黏板岩	以硬岩为主，岩体较完整	强岩溶，以裂隙溶洞水赋存为主	
D_1q	青山组	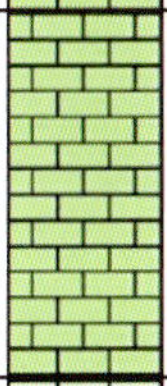	1416	块状纯灰岩、条带灰岩夹生物礁灰岩	以硬岩为主，岩体较完整	强岩溶，以裂隙溶洞水赋存为主	
D_1k	康廊组	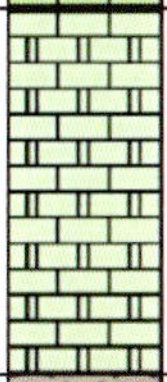	551	块状白云质灰岩	以硬岩为主，岩体较完整	岩溶发育中等，主要为裂隙溶洞水	
$An\in cn^{4-5}$	苍山群	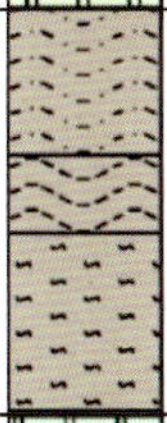	>450	变粒岩、混合岩、白粒岩夹片岩	岩质较坚硬—坚硬，完整性较好—好	以裂隙水赋存为主，透水性中等	
$An\in cn^{2-3}$	苍山群	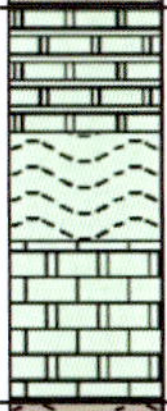	>420	大理岩、片岩、白云质灰岩	以较硬—硬岩为主，岩体较为完整	岩溶发育弱—中等，主要赋存裂隙溶洞水	
$An\in cn^{1}$	苍山群	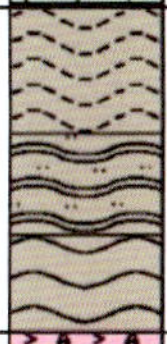	>350	千枚岩、片岩夹石英岩	以较软岩为主，岩体较破碎—破碎	以裂隙水赋存为主，为隔水层	
Σ $\beta\mu$ $N\beta$ γ τ	侵入岩	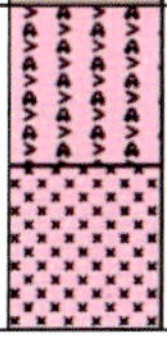		花岗岩、正长岩辉长岩辉绿岩粗面岩等	岩质较坚硬—坚硬，完整性较好—好	以裂隙水赋存为主，透水性中等	 

表 2-4　龙蟠-乔后断裂以西主要地层岩性特征

地层代号及名称		柱状图	厚度/m	岩性	工程地质特性	水文地质特性	典型照片
N	新近系		520～1230	砂岩、泥岩夹煤层	以软—较软岩为主，岩体较完整	岩层隔水性能好，以裂缝水赋存为主	
E_3j	金丝厂组		>2670	上部砂质泥岩夹砂砾岩，下部巨砾岩和砂岩	以软—较软岩为主，岩体较完整	岩层隔水性能好，以裂隙水赋存为主	
Eb	宝相寺组		817	砂岩夹泥岩、底部巨砾岩	以较软—较硬，岩体较完整	以裂隙水赋存为主，为相对隔水层	
El	丽江组		>400	石灰质砾岩、砂岩夹灰岩	较软—较硬岩，岩体较完整	岩溶发育中等，地下水赋存于溶蚀裂隙溶洞中	
Eg、Ey	果廊组、云龙组		760～2500	砂岩、泥岩互层，含盐岩和石膏	以软—软岩为主，岩体较完整	岩层隔水性能好，以裂隙水赋存为主	
T_3w	歪古村组		460～1114	板岩、千枚岩、砂岩及火山岩	较软—较硬岩，岩体较完整	岩层隔水性能好，以裂隙水赋存为主	
T_2^b	中三叠统上部		1669	灰岩、白云岩、白云质灰岩	以较硬岩为主，岩体较完整	岩溶发育中等，主要为裂隙溶洞水	
T_2^a	中三叠统下部		1729	片岩、板岩	以较软岩为主，岩体较破碎—破碎	以裂隙水赋存为主，透水性中等	
D_2c	苍纳组		2674	灰岩夹钙质泥岩	以较硬岩—硬岩为主，岩体较完整	岩溶发育中等—较强烈，主要赋存裂隙溶洞水	
D_2q	穷错组		2875	片岩与灰岩互层	以较硬—硬岩为主，岩体较完整	岩溶发育较弱，以裂隙水赋存为主	
D_1r	冉家湾组		2674	绢云（石英）微晶片岩、灰岩	较软—较硬岩，岩体较完整	岩溶发育较弱，以裂隙水赋存为主，有少量溶洞水	

分布范围较广的地层包括下泥盆统青山组、二叠系玄武岩组和黑泥哨组、下三叠统青天堡组和腊美组、中三叠统北衙组、上三叠统松桂组以及古近系、新近系。此外，在鹤庆东山坡广泛分布丽江组石灰质角砾岩。

三、地质构造

研究区地质构造十分复杂，区内断裂、褶皱发育，近场区内各主要构造分布特征见图 2-9。

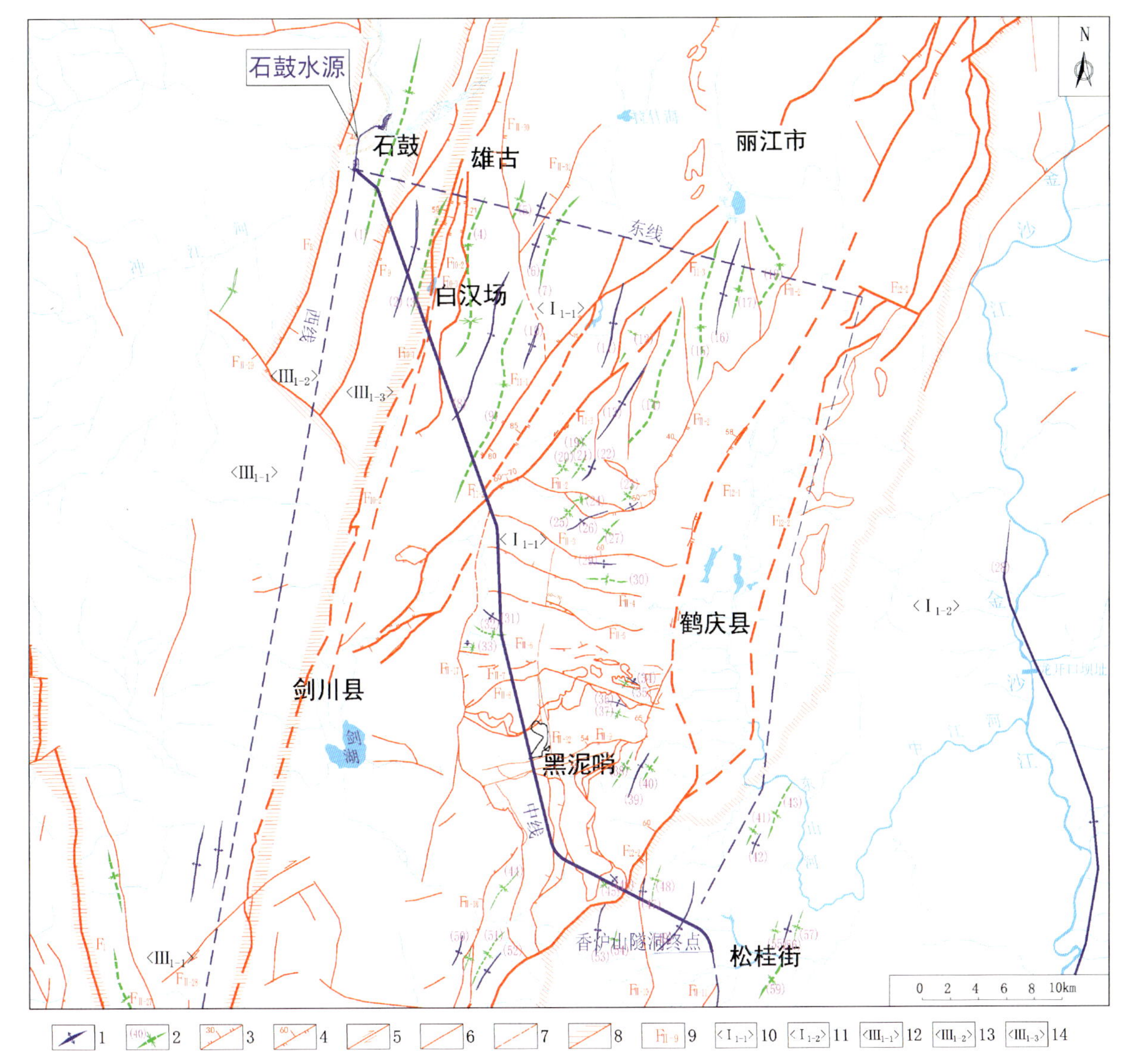

1. 背斜；2. 向斜及编号；3. 正断层；4. 逆断层；5. 走滑断层；6. 性质不明断层；7. 调查推测断层；8. 分区界线；9. 断裂编号；10. 扬子准地台盐源-丽江台缘坳陷鹤庆-洱海台褶束；11. 炼洞街褶皱小区；12. 松潘-甘孜褶皱系中甸褶皱带霞若-巨甸褶断束；13. 布伦-石鼓褶断束；14. 中甸褶断束。

图 2-9 研究区构造纲要图

1. 褶皱

研究区褶皱发育，沿线路自北西向南东依次为中甸褶皱带之霞若-巨甸褶断束（$Ⅲ_{1-1}$）、布伦-石鼓褶断束（$Ⅲ_{1-2}$）、中甸褶断束（$Ⅲ_{1-3}$），扬子准地台（Ⅰ）之盐源-丽江台缘坳陷鹤庆-洱海台褶束（$Ⅰ_{1-1}$）、炼洞街褶皱小区（$Ⅰ_{1-2}$）、苍山基底褶皱小区（$Ⅰ_{1-3}$），兰坪-思茅褶皱系（Ⅳ）之云岭褶皱带维西褶断束（$Ⅳ_1$）、兰坪-思茅凹陷漾江中生代褶断小区（$Ⅳ_2$）。研究区各线路方案跨北东向构造带的布伦-石鼓褶断束、中甸褶断束、丽江—金棉区北东向构造，南北向构造带的玉龙雪山隆起区，滇藏“歹”字形构造体系中的金沙江复背斜，鹤庆西部构造区的黑泥哨褶断区与松桂褶皱区，北西向构造带的霞若-巨甸褶断束、维西褶断束、漾江中生代褶断小区及苍山基底褶皱小区等11个分区。各构造分区及主要褶皱发育特征见表2-5、表2-6。

表2-5　研究区主要褶皱特征

序号	名称	构造分区(带)	轴向	轴长/km	地层及其他特征
1	布伦—石鼓褶断束	中甸褶皱带	近SN	>75	位于中甸断裂以西，西以拖顶-开文断裂为界，东西宽20～25km，面积1600km^2。一组北西向轴背斜组成复式背斜构造，两翼断裂较发育。区内出露地层为志留系、泥盆系、石炭系、二叠系和三叠系。区内构造线以北西向为主，多为平缓对称之短轴褶皱
2	中甸褶断束		NW—NNE		西以中甸断裂为界，东以楚波(即格咱断裂)为界，与盐源-丽江台缘凹陷相邻，呈一北宽南窄的三角地带。区内构造以北西向为主。本区于晚三叠世末，经印支运动而回返，形成线形紧密褶皱
3	金沙江复式背斜褶皱束	滇藏“歹”字形构造体系	北段335°，南段205°	48	是区内规模最大的背斜，东凸出西翼陡、东翼缓的弧形背斜。位于断裂F_6西侧，沿金沙江、冲江河河谷分布，常称金沙江-冲江河背斜。地貌上清楚，呈巨大槽谷。由二叠系玄武岩组成。背斜轴向北段335°，南段205°，局部向西倒转。一系列的褶皱，组成金沙江复式背斜褶皱束
4	玉龙雪山隆起带	南北向构造带	SN		位于丽江西部玉龙山—太安南一带，两侧均以断裂为界，东西宽16km。在地貌上分界清楚，西至金沙江、冲江河河谷东岸，东以丽江、鹤庆盆地为界。区内除虎涧河谷外，没有经向褶皱。走向南北的张性正断裂发育。三叠系的岩相变化等均反映出长期的上升隆起，尤以玉龙雪山上升更为强烈。带内与隧洞线路紧密相关的褶皱有(4)向斜、(8)背斜、(9)向斜、(10)背斜，褶曲内地层主要为北衙组，两翼倾角60°～85°
5	丽江-金棉区北东向构造带	北东向构造带	NE45°	>70	从西南角进入，经丽江穿越金沙江，过金棉向北方向进入三江口。由一系列彼此平行、规模巨大、走向北东45°的断裂组成。西以断裂F_{11}为界，东界$F_{Ⅱ-2}$(常称金棉-七河断裂)，东西宽达11km。西南端与“歹”字形构造渐趋一致。区内断裂居主导地位，褶皱不甚发育。东线方案依次穿过的褶曲有(13)背斜、(14)向斜
6	黑泥哨褶断区	鹤庆西部构造区	北区:NE 中区:WE 南区:NE		位于鹤庆的南西面，南东与松桂褶皱区毗邻，本区构造较复杂，北东向及东西向两组构造相交错，褶皱、断裂及岩浆活动极为发育。断裂走向北东及近东西，鹤庆西打板箐以北、高美南褶皱线为北东向，呈较紧闭的对称褶皱，各方案线路均未与之相交。打板箐以南、大马厂以北区内发育近东西向逆掩断层带，褶皱线均为近东西向，与西线方案线路相交的褶皱主要有(30)向斜、(36)背斜、(37)向斜，均为对称褶曲。南部宣化关地区褶皱较发育，西线方案依次穿越(38)向斜、(39)背斜、(40)向斜

表 2-5(续)

序号	名称	构造分区(带)	轴向	轴长/km	地层及其他特征
7	松桂褶皱区		NE—NNE		西以石宝山东麓-军营断裂及三营一线为界,东以程海-宾川大断裂为界,区内褶皱、断裂较发育。香炉山隧洞主要涉及该区北部后本井至松桂一带,与隧洞线路方案相关的褶曲有(48)向斜、(49)背斜,前者核部及两翼为松桂组(T_3sn)砂页岩,两翼岩层倾角35°~48°,后者核部为中窝组(T_3z)砂页岩、泥岩,两翼为松桂组(T_3sn)砂岩、页岩,香炉山隧洞西线方案依次穿过此两个褶曲
8	霞若-巨甸褶断束	北西向构造带	NNW、NNE	4~5	西以秋多-鲁甸断裂为界,东以拖顶-开文断裂为界,东西宽11~27km,为一因海西褶皱而长期隆起的褶断束。最老地层为寒武纪变质岩系。本区褶皱、断裂均较发育,变质作用强烈,显示为一复向斜构造
9	维西褶断束		NNW—SN		位于秋多-鲁甸断裂与叶枝-雪龙山断裂之间,东西宽20~35km,呈不对称褶曲。区内出露地层为中三叠统攀天阁组、崔依比组和石钟山组等。区内断裂发育,构成了一个较破碎的复式向斜构造。带内主要发育江尾塘复式向斜,核部及两翼地层均由中三叠统上兰组砂页岩、板岩组成,轴向325°。香炉山隧洞西线方案穿过(73)向斜、(82)向斜、(74)背斜
10	苍山基底褶皱小区		NW—NNW	4~11	主要指大理以西苍山分布地区,地层为一套古老的复杂变质岩系,为不对称褶曲,轴向为北西向,区内断层相对比较发育,主要是北西向逆冲断层。与香炉山隧洞西线方案相关的褶皱有(83)背斜、(84)向斜,其中(83)背斜轴长约11km,核部及两翼地层均为苍山变质岩,北翼倾角30°,南翼地层倾角50°,为不对称背斜;(84)向斜轴长约4.5km,轴向NW300°,核部及两翼地层均为苍山变质岩,为不对称向斜
11	漾江中生代褶断小区		EW/NW	5~9	主要是指研究区西南部中生界地层分布地区,发育有一系列近东西向及北西向短轴褶曲

表 2-6　研究区次级褶皱特征

褶皱名称	轴向	延伸长度/km	基本特征	构造带
石鼓向斜(1)	NNE	15	倾斜褶曲,SN两端倾覆。轴向NNE,核部经过著名的石鼓镇,由泥盆系光头坡组(D_2g)深灰色灰岩夹板岩组成,翼部为冉家湾组(D_1r)深灰色石英片岩夹白云岩和海洛组(D_1h)白云岩夹石英片岩,两翼倾角40°~60°,为一短轴状褶曲,两翼夹角80°~85°	布伦-石鼓褶皱束
打锣箐背斜(2)	NNE	8	轴线NNE,核部由中三叠统上部(T_2^b)灰、黄灰色白云质灰岩、泥灰岩组成,西翼为中三叠统下部(T_2^a)深灰色板岩、片岩夹灰岩,倾角30°,东翼为中三叠统灰岩、白云岩,倾角50°~60°,为一近对称的背斜褶曲,两翼夹角70°~90°	中甸褶断束
扶仲向斜(3)	NNE	9	轴向NNE,核部由中三叠统上部(T_2^b)灰、黄灰色白云质灰岩、泥灰岩组成,翼部为中三叠统下部(T_2^a)深灰色板岩、片岩夹灰岩,两翼倾角50°~60°,东翼局部25°,为一近对称的倾斜褶曲,东翼受龙蟠-乔后断裂破坏	中甸褶断束

表 2-6(续)

褶皱名称	轴向	延伸长度/km	基本特征	构造带
汝寒坪背斜(8)	NNE	10	轴向 NNE,核部为二叠系玄武岩($P\beta$),两翼地层主要为青天堡组(T_1q)砂泥岩及北衙组(T_2b)灰岩,倾角 50°～70°,为一紧闭褶曲,向北端倾覆	玉龙雪山隆起带
汝寒坪向斜(9)	NNE	15	轴向 NNE,核部地层为北衙组(T_2b)灰岩,两翼地层主要为青天堡组(T_1q)砂泥岩及玄武岩($P\beta$),两翼倾角 50°～70°,为一紧闭褶曲	玉龙雪山隆起带
后本箐向斜(48)	NNE	3	分布于后本箐,轴向 NE20°,轴长约 3km,核部及两翼为松桂组(T_3sn)砂页岩地层,两翼岩层倾角 35°～48°,为一不对称向斜	松桂褶皱区
狮子山背斜(49)	NE	8	分布于松桂街西,平面呈弧形,轴向 NE30°～45°,南端被断层截切,轴长约 8km,总体向北东倾没,核部为中窝组(T_3z)砂页岩、泥岩地层,两翼为松桂组(T_3sn)砂岩、页岩地层,两翼岩层倾角 15°～30°,为一对称背斜	松桂褶皱区

香炉山隧洞沿线穿越的主要褶皱构造有石鼓向斜、扶仲向斜、吾竹比向斜、汝寒坪向斜、后本箐向斜、狮子山背斜。其中石鼓向斜核部为苍纳组灰岩,距离隧洞顶板较近,涌水风险较大;吾竹比向斜灰岩段,地下水存在深部循环,隧洞有遭遇岩溶管道、产生涌突水的可能;扶仲向斜、汝寒坪向斜、后本箐向斜核部均有岩溶化地层,沿富水层易形成承压水,隧洞穿越向斜核部时也易产生较大的涌水甚至突水突泥灾害。

2. 断裂

近场区范围内北北东—北东向断裂主要有大栗树断裂(F_9)、龙蟠-乔后断裂(F_{10})、丽江-剑川断裂(F_{11})、鹤庆-洱源断裂(F_{12})、古上都断裂($F_{Ⅱ-31}$)、金棉-七河断裂北段($F_{Ⅱ-2}$)、芹菜塘断裂($F_{Ⅱ-10}$)、宝相寺断裂($F_{Ⅱ-28}$);近东西向断裂主要有金棉-七河断裂($F_{Ⅱ-2}$)南段、水井村断裂($F_{Ⅱ-3}$)、石灰窑断裂($F_{Ⅱ-4}$)、马场逆断裂($F_{Ⅱ-5}$)、汝南哨断裂组($F_{Ⅱ-6}$、$F_{Ⅱ-7}$)、青石崖断裂($F_{Ⅱ-9}$),鹤庆西可见有马厂东山飞来峰构造($F_{Ⅱ-8}$);北北西—北西向断裂有金沙江断裂(F_1)、海西断裂($F_{Ⅱ-30}$)、大马坝坝南断裂($F_{Ⅱ-29}$)、水自平-江尾断裂($F_{Ⅱ-27}$)、风羽盆地东侧缘断裂($F_{Ⅱ-23}$)、苍山山前断裂($F_{Ⅱ-22}$)及红河断裂北段东支(F_{15});近南北向断裂有清水江-黄蜂厂断裂($F_{Ⅱ-17}$)、下马塘-黑泥哨断裂($F_{Ⅱ-32}$)及其分支断裂。对部分断裂特征简述如下。

1)北北东—北东向断裂

(1)大栗树断裂(F_9)。断裂走向北东 25°～40°,断裂自北延入研究区内,南被北西向断裂截切。区内该断裂长约 30km,断裂倾向北西,倾角 50°～70°. 石鼓南箐口揭露该断裂,断裂西侧下泥盆统地层逆冲于中三叠统之上,断裂带宽约 70m。带内构造岩主要为灰色角砾岩,劈理发育,岩体破碎,断裂东西两侧为影响带,影响带内岩层陡立、岩体破碎,破碎带宽约 250m。

(2)龙蟠-乔后断裂(F_{10})。断裂北起中甸以北,向南经小中甸、龙蟠、剑川、沙溪,止于乔后,区内长 210km。以龙蟠为界,该断裂分南北两段,断裂北段走向北北西,南段走向北北东,呈向东凸起的弧形。断裂北段控制着中甸、小中甸第四纪盆地的发育。中甸盆地东、西两部分落差达数百米,北东盘出露基岩残丘,南东盘为低平的湖泊和沼泽,第四系厚度达百米以上。沿断裂南段发育龙蟠、九河、剑川、沙溪、乔后等一系列第四系小盆地。该断裂带在研究区内分为 3 条断裂。其中,西支断裂为主断裂,线性影像清楚,在白汉场水库南东可见断层三角面,断裂总体走向北东 15°,倾向北西,倾角 65°～70°。断裂自龙蟠至剑川南,沿线错断三叠系及古近系、新近系。在雄古采石场北冲沟及九河乡中坪村西,断裂错断上更新统(图 2-10)。雄古采石场一带断裂带宽约 70m,带内构造岩主要为灰白色角砾岩、碎粒岩及少量条带状碎粉岩,断裂具多期活动性质,早期断裂为倾向西逆断层,晚期为倾向东的正断层,具拉张走滑性质。东支断裂位于九河、剑川盆地东侧山地,线性影像不清楚,断裂呈波状展布,沿线主要错断三叠系。白汉场至丽江公路 K8 处采石场公路开挖边坡揭露该断裂,断裂带宽约 60m,带内构造岩主要为灰色角砾岩及碎粒岩(图 2-11)。中支断裂自雄古向南经新文、中坪沿槽谷底部延伸,至白汉场水库后隐伏于盆地内,断裂总体走向北东 10°。断裂错断三叠系北衙组上段灰岩地层,断裂带宽约 75m。带内构造岩主要为灰色角砾岩,钙质胶结好。东、西两支断裂间距 1.5～2.5km,中间地层中揉皱现象发育,岩体破碎。沙溪—乔后一线该断裂呈波状展布,分布在黑惠江左岸,断裂倾向东,倾角 75°左右,断裂具左旋走滑兼逆冲性质,在下江坪、米子坪一带可见断裂破碎带,宽约 100m。带内构造岩主要为灰白色碎粒岩、碎粉岩。

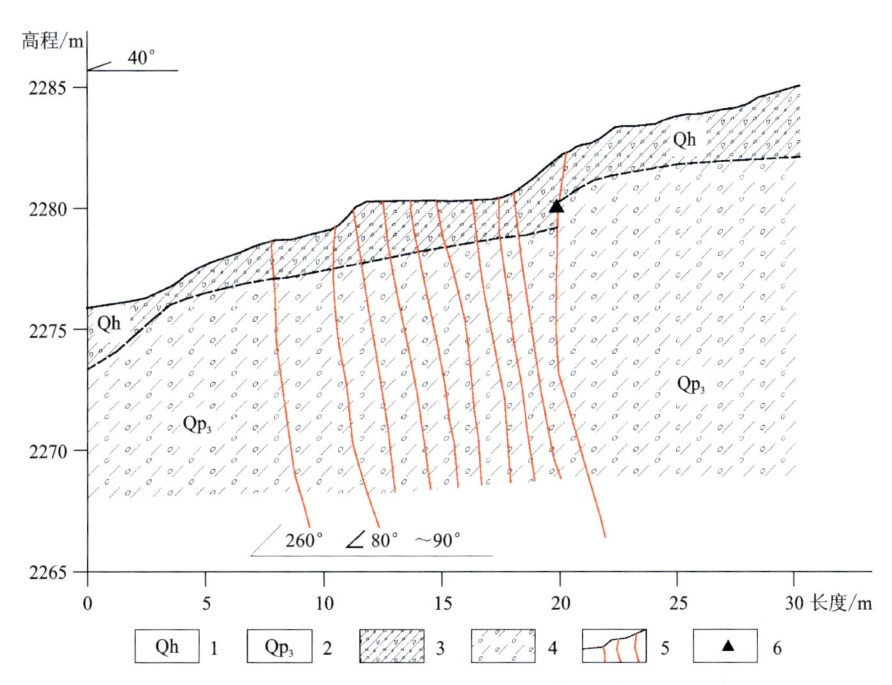

1.全新统;2.上更新统;3.碎石土;4.砾石土;5.断面密集带;6.取样点。

图 2-10　龙蟠-乔后断裂雄古采石场交通道剖面图

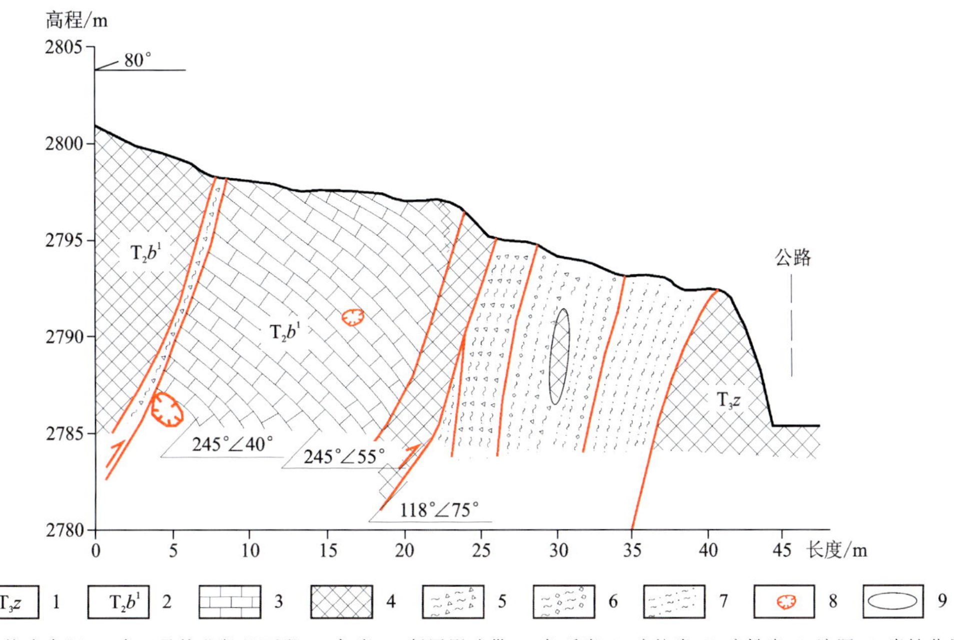

1.上三叠统中窝组;2.中三叠统北衙组下段;3.灰岩;4.断层影响带;5.角砾岩;6.碎粒岩;7.碎粉岩;8.溶洞;9.岩性分界线。

图 2-11　龙蟠-乔后断裂东支采石场剖面图

沿该断裂发育一条中强地震活动带，历史上发生多次5级以上地震，其中在剑川曾发生两次$6^{1}/_{4}$级地震，一次$6^{3}/_{4}$级地震。该断裂南段为全新世活动断裂，三家村—白汉场段平均左旋水平走滑速率为0.45～1.17mm/a，剑川—乔后段为2.7～3.03mm/a（中国地震局地质研究所，2015）。

根据断层陡坎的高度及陡坎切割地层的年龄，求得全新世以来北部中甸—大马厂段的垂直位移速率为0.32～0.75mm/a，三家村—白汉场段为0.13～1.31mm/a，剑川—乔后段为0.41～0.43mm/a（中国地震局地质研究所，2015）。

（3）丽江-剑川断裂（F_{11}）。该断裂东北起自宁蒗北东，向西南经文化、丽江、文笔，止于剑川盆地，长约170km。走向北东，倾向北西，倾角60°～80°。由多条断裂呈左阶斜列或平行排列，断裂以文笔海为界，可分为丽江—剑川北东段和文笔—剑川南西段，其长度分别约为130km、40km。断裂带形成于古生代，在古生代—三叠纪活动性质为张性，受喜马拉雅运动影响，在新生代表现为强烈的由北西向南东的挤压、逆冲。晚更新世以来，具明显的左旋走滑运动特征。沿断裂有基性、超基性岩浆喷发和侵入。

该断裂带在研究区表现为文笔海-剑川断裂，区内断裂延伸长约40km。断裂自北向南沿线控制了南溪、吉子、老丁—中村、红麦等线性盆地的发育。断裂带由多条断裂组成，呈左阶斜列或平行排列。被断裂错断的地层主要为二叠系玄武岩组、三叠系北衙组及古近系、新近系。在中村南吾莫屯，该断裂错断上更新统粉质黏土层，表明该断裂晚更新世以来活动过。在隧洞轴线附近，该断裂带由3条断裂组成，南东支断裂为主断裂。

南东支断裂总体走向北东45°，倾向北西，倾角60°～70°，总体呈弧形展布，为各个盆地东边界。在剑川盆地北化龙采石场、隧洞轴线附近吾莫屯、中村东及南溪盆地但读村附近均揭露该断裂。在吾莫屯、中村东处，断裂分别错断上更新统粉质黏土层（图2-12）、古近系砾岩及三叠系北衙组上段砂岩，主断裂带宽约50m，带内构造岩主要为角砾岩、碎粒岩。在剑川盆地北化龙采石场，断裂带宽约100m，带内构造岩主要为灰色角砾岩，胶结一般，角砾岩带内可见3组断裂剪切镜面及擦痕（槽）（图2-13～图2-15）。在南溪盆地一带但读村北西采石场，开挖面均为断裂破碎带，宽大于50m，带内构造岩主要为灰色—灰白色角砾岩、碎粒岩。西支断裂自文笔向南西延伸，经太安南、天红后，止于松子园一带，长约25km，断裂总体走向北东37°，倾向南东，倾角约80°，断裂规模相对较小。断层错断三叠系北衙组下段砂岩及二叠系玄武岩组，带内构造岩主要为棕红色角砾岩，宽约10m。中支断裂北端与北西支断裂斜交，经吉子水库向南西延伸经海潭后，隐伏于中村盆地西侧缘，经高山顶后延入剑川盆地。断裂错断二叠系玄武岩与新近系，断裂倾向北西，具逆断层性质，为吉子盆地、中村盆地西侧边界断裂。

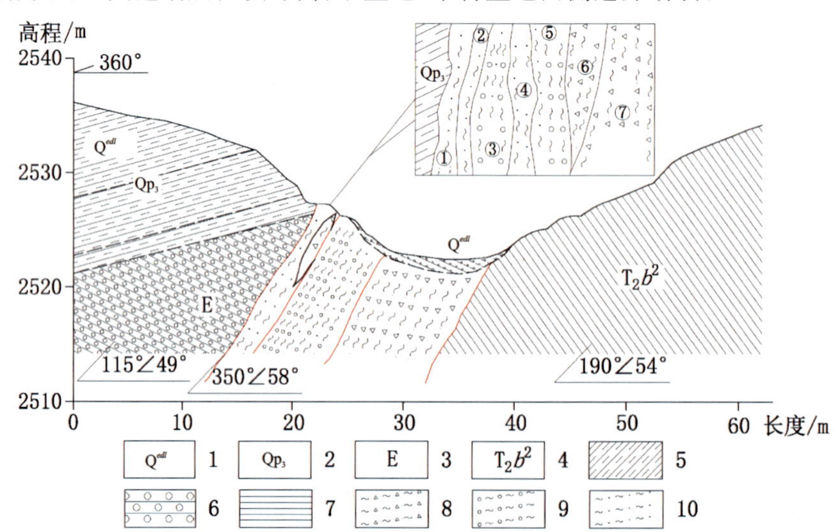

1. 第四系残坡积物；2. 上更新统；3. 古近系；4. 中三叠统北衙组上段；5. 粉质黏土；6. 砾岩；7. 黏土岩；8. 角砾岩；9. 碎粒岩；10. 碎粉岩。

图2-12　丽江-剑川东支断裂吾莫屯东剖面图

图 2-13 丽江-剑川断裂
南东支断裂角砾岩(向北东摄)

图 2-14 丽江-剑川断裂
南东支角砾岩带内主断面形态(向北东摄)

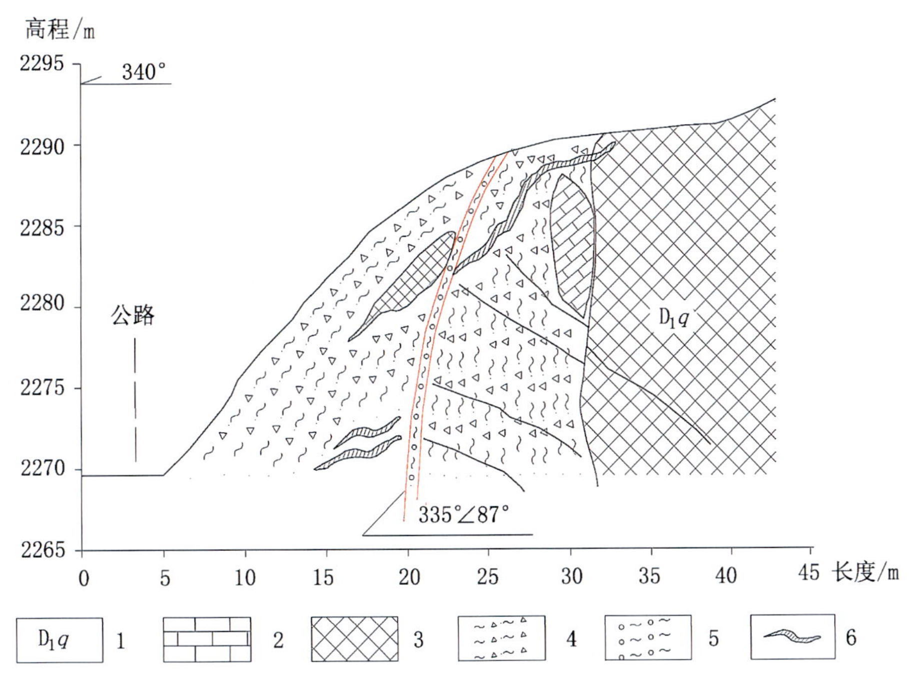

1.下泥盆统青山组;2.灰岩;3.断层影响带;4.角砾岩;5.碎粒岩;6.泥质条带。

图 2-15 丽江-剑川断裂剑川县化龙东 2km 处剖面图

丽江-剑川断裂带是一条中强地震活动带,历史上曾多次发生 5.0～5.9 级地震。1976 年和 1998 年在宁蒗东北先后发生 6.4 和 6.0 级地震,1951 年剑川发生 6.2 级地震,表明该断裂在全新世发生过活动。

根据丽江盆地、吉子盆地和南溪盆地的左旋位移量及其形成时代,求得断裂的位移速率分别为 3.7mm/a、3.8mm/a。据长坪—母猪达之间水系、山脊和小型盆地左旋位移量及其发育年代,求得 3.4 万年以来断裂位移速率为 2.6～4.0mm/a,平均 3.3mm/a,9900 年以来断裂的左旋位移速率为 2.0～5.0mm/a,平均 3.5mm/a。

(4)鹤庆-洱源断裂(F_{12})。该断裂东北起自丽江栗雄卫,向西南经鹤庆盆地,止于洱源盆地。断裂走向北东24°转北东45°,倾向南东或北西,长约110km。由两条左阶羽列次级断裂组成,西支为鹤庆盆地西边界-栗雄卫断裂,东支为鹤庆盆地东边界-洱源盆地断裂。两条断裂于鹤庆盆地南端蝙蝠洞一带交会,向南西延伸30km后止于洱源盆地,两条断裂之间为宽3～7km的鹤庆盆地,盆地内第四系堆积厚度大于700m(局部大于1000m)。断裂带形成于早古生代,其后经历多次活动。新构造时期它和丽江-剑川断裂带一起切割了川滇菱形块体。中更新世以来该断裂继续活动,其活动性质既有左旋走滑,又有张性正断。

西支断裂由一组近平行的高角度断面组成,以倾向盆地的正断活动为主。断裂切错下更新统及上更新统,为全更新世以来活动断裂。在美自东北,断裂发育在二叠系玄武岩与中三叠统灰岩之间,其上的中、上更新统黄土中发育小断层及劈理带,反映活动时代为上更新统之后。在鹤庆南洗马池水库北东,可见该断裂错断上更新统砂卵砾石层(图2-16、图2-17),断面陡倾,显示为倾向盆地的正断层,反映断裂晚更新世以来有过活动。鹤庆北华润三德水泥厂采石场亦揭露该断裂,地貌线性影像清晰,显示为顺直的沟槽,断裂止于三叠系北衙组上段灰岩与下段砂岩地层中。断裂带内构造岩特征显示其具有多期活动性,断裂早期活动形成角砾岩带,沿断裂破碎带溶蚀风化强烈,充填有棕红色粉质黏土(推测时代为晚更新世);后来断裂复活,再次错断角砾岩带及充填的粉质黏土(图2-18、图2-19)。

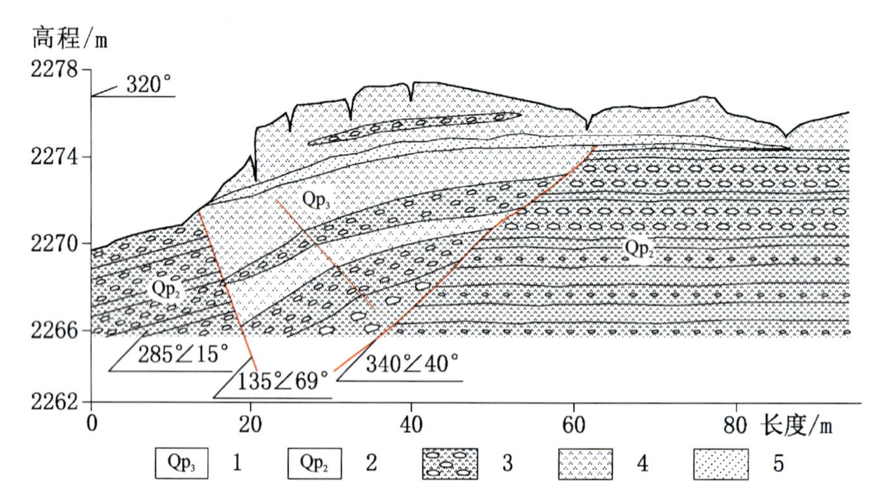

1.上更新统;2.中更新统;3.砂卵砾石;4.砂岩碎块;5.砂;6.粉土。

图2-16　鹤庆-洱源断裂洗马池水库下方驾校剖面图

图2-17　鹤庆-洱源断裂西支错断上更新统砂、卵砾石层

图 2-18 鹤庆-洱源断裂西支断面

图 2-19 鹤庆-洱源断裂西支断裂带

东支断裂在地貌上表现为断阶平台、断层崖、断层陡坎发育。三叠系北衙组灰岩、古近系砾岩等被该断裂错断。跨断裂的近东西向冲沟有左旋同步位移，以蝙蝠洞为界分南、北两段。

北段在丽江市玉龙县瓦窑村南华丰采砂场处揭露该断裂(图 2-20)，断裂走向北东 30°～60°，断面近直立，微倾向东。断裂错断三叠系北衙组上段灰岩地层，断裂带宽度约 80m，主断面旁侧陡立张性劈理发育，带内构造岩为灰色角砾岩、碎粒岩，胶结差。该断裂后期活动切错了早期形成的角砾岩带，于角砾岩带内形成了剪切镜面及张性劈理密集带。

断裂拉张活动形成的张性劈理密集带

断裂拉张活动形成的楔形体

图 2-20 鹤庆-洱源断裂东支(向南摄)

南段蝙蝠洞至洱源段断裂总体走向北东 45°，断裂倾向北西，倾角 60°，断裂具逆冲性质。水系沿断裂发育，河道较顺直，局部有跌水现象。冲沟两侧地形不对称，北西侧山体浑厚陡峻，多有崩塌、滑坡等不良地质现象。断裂切错地层主要有三叠系北衙组灰岩、砂岩及松桂组砂、页岩及泥岩。蝙蝠洞一带主断带宽约 50m，带内构造岩主要为灰色角砾岩，胶结一般(图 2-21)，沿断裂发育有垂直向溶蚀孔洞。董家村西侧公路开挖陡坎揭露该断裂，断裂带可见宽约 35m，带内构造岩为条带状灰黄色—灰白色角砾岩、碎粒岩。洱源牛街一带亦揭露该断裂，断裂带宽约 100m，带内构造岩为灰白色碎粒岩、碎粉岩，胶结差。洱源牛街—三营一带沿该断裂带有温泉出露，温度一般 50～70℃，最高 86℃。

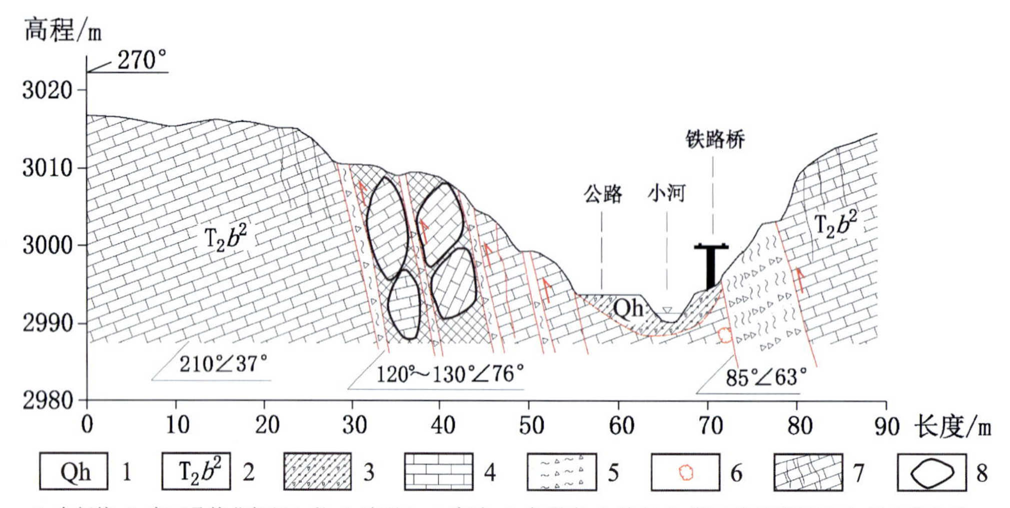

1. 全新统；2. 中三叠统北衙组上段；3. 碎石土；4. 灰岩；5. 角砾岩；6. 溶洞；7. 断层挤压劈理面；8. 岩性分界线。

图 2-21 鹤庆-洱源断裂蝙蝠洞北剖面图

该断裂带是一条强地震带，1515 年在鹤庆盆地曾发生 6.75 级地震，1839 年在洱源盆地曾发生两次 6.3 级地震。

鹤庆盆地西边界-栗雄卫断裂晚更新世以来的左旋位移速率为 2.2～2.5mm/a，东边界断裂为 0.53～1.3mm/a。两条断裂的垂直位移速率为 0.5mm/a（中国地震局地质研究所，2015）。

（5）古上都断裂（$F_{Ⅱ-31}$）。该断裂也称海巴洛-新尚断裂。展布于海西、古上都、玉湖一带，断裂主要由多条近南北走向的分支断裂组成，倾向东或西，倾角在 60°左右，区内长度约 46km。断裂形成于加里东期，控制沿线不同时代的地层和岩浆岩的出露，沿断裂发育有挤压破碎带、挤压片理、挤压褶皱等构造，挤压破碎带宽 20～50m，并在其北端发育有熏洞第四纪小盆地和基性、中性和碱性岩体或岩脉，表明该断裂具有多期活动的特点。该断裂的最新活动时代应为中更新世末期，晚更新世已无明显活动。

（6）金棉-七河断裂（$F_{Ⅱ-2}$）南段。研究区内断裂总长约 35km，呈"」"形展布，地貌线性影像清晰。断裂北起西林瓦向南西 215°方向延伸，至高美后断裂转向北西 300°方向延伸，被丽江-剑川断裂截切。断裂倾向北西，为逆冲压扭断裂。断裂北西盘中三叠统北衙组灰岩地层逆冲于南东盘中窝组砂页岩、泥岩地层之上，错距达数公里。断层角砾岩带宽达数十米，断裂带附近中窝组砂页岩地层中小褶曲发育，有位错现象，轻微变质，片理化发育。

（7）芹菜塘断裂（$F_{Ⅱ-10}$）。该断裂展布于近场区东南部，由南北两段左行斜列展布组成，北段为军营压性断裂，长约 27km，分布于西邑以西约 5km，总体呈北北东—南北向延伸。南段为马头湾压性断裂，分布于北衙以西，总体呈南北向延伸，长约 18km。北端被第四系掩盖，可能延伸至松桂附近。在松桂西南的北溪鲁南边冲沟出口处，可见二叠系玄武岩与三叠系灰岩的逆断层接触。构造带上覆盖一套冲洪积堆积物，热释光测年结果为距今$(85.87\pm7.29)\times10^3$a，根据地貌、地质分析结果可知，该断裂中更新世以来活动较弱，为早第四纪活动断裂。

（8）宝相寺断裂（$F_{Ⅱ-28}$）。该断裂位于桃园、宝相寺一带，呈北东 50°方向展布，断裂具右旋走滑性质，断裂带宽约 20m，带内构造岩主要为灰色角砾岩。断裂右旋走滑截切了龙蟠-乔后断裂带，泥盆系、奥陶系地层被右旋错开，错距约 2km。

2）近东西向断裂

（1）水井村断裂（$F_{Ⅱ-3}$）。断裂总体呈东西向展布，茨革菇一带微凸向南，断层全长约 13.5km。断层倾向北，倾角 60°～65°，具逆断层性质。断层上盘中三叠统北衙组下段逆冲于北衙组上段及上三叠统中窝组、松桂组地层之上。根据大地电磁物探剖面推测，断裂破碎带宽约 60m，该断层在航卫片上有一定的线性特征显示。

(2)石灰窑逆断裂($F_{Ⅱ-4}$)。石灰窑逆断裂总体走向近东西，局部呈波状，倾向北，几何连续性不强，呈波状延伸，表现为逆冲性质。该断裂在航卫片上有一定的线性特征显示，但不甚清晰。地貌上表现为冲沟等负地形。断裂与线路夹角为 46°。石灰窑西侧流水冲沟揭露该断裂(图 2-22)。断裂走向北西 280°，倾向北北东，倾角约 73°，断裂带总体宽约 26m。现将断层带内构造岩分述如下：①灰褐色、灰白色角砾岩带，宽约 3m，角砾大小一般 2～5cm，呈次棱角状，一般胶结较好；②红褐色、青灰色、黄褐色碎砾岩夹碎粉岩带，带内夹角砾岩透镜体，角砾岩呈黄褐色，角砾大小一般 1～3cm，胶结较差，沿透镜体周围见有断层泥、透镜体，该带总宽约 10m；③红褐色角砾岩夹碎粒岩带，总宽约 8m，带内见两组擦痕，擦痕 L1 走向 45°、倾伏角 5°，L2 走向 330°、倾伏角 40°，角砾大小一般 1～8cm，呈次棱角状，胶结较好，角砾岩内含铁锰质；④黄褐色、红褐色角砾岩夹碎砾岩带，宽约 5m，断层上盘为下三叠统青天堡组，红褐色薄层粉砂岩，带内岩体揉皱现象显著，结构松散，断层下盘为北衙组灰岩、白云质灰岩，岩体破碎。

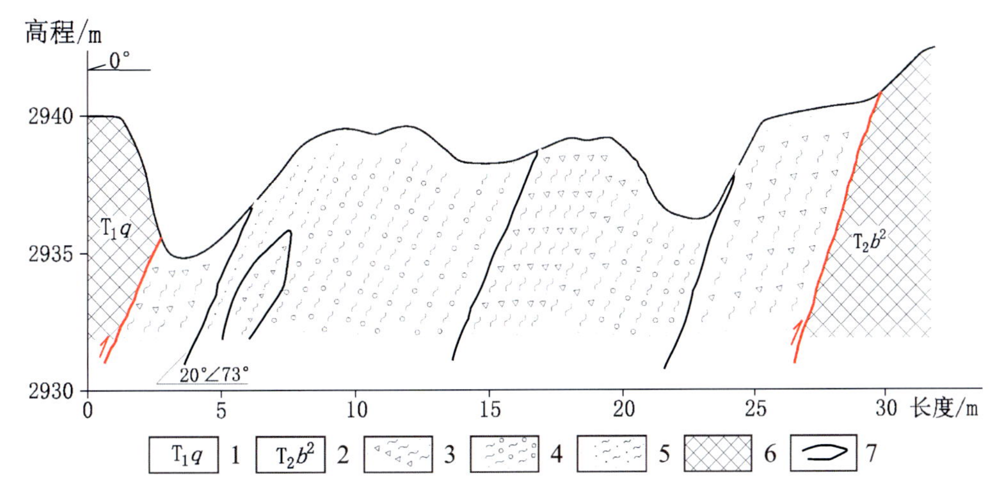

1. 下三叠统青天堡组；2. 中三叠统北衙组上段；3. 断层角砾岩；4. 碎粒岩；5. 碎粉岩；6. 断层影响带；7. 岩性分界线。

图 2-22　石灰窑逆断裂石灰窑剖面图

(3)马场逆断裂($F_{Ⅱ-5}$)。马场逆断裂总体走向近东西，局部有摆动，倾向北，几何连续性不强，呈波状延伸，表现为逆冲性质。该断裂在航卫片上有一定的线性特征显示，但不甚清晰。地貌上表现为冲沟等负地形。断裂与线路夹角为 50°。安乐坝西侧坡地取土开挖处揭露该断裂(图 2-23)，断裂走向约 290°，倾向北北东，倾角 59°～65°。主断裂带宽约 4～5m，带内构造岩主要为灰绿色—棕红色角砾岩，胶结一般，为泥钙质胶结，可见方解石膜，角砾原岩为玄武岩，偶见气孔状构造。受断层运动影响，角砾岩呈透镜体状。角砾岩带内剪切面发育，产状为 10°～25°∠50°～65°。岩挤压断面可见宽约 2cm 棕红色断层泥分布。玄武岩在张性压力环境下沿断裂喷出，后期断裂复活，错断玄武岩形成玄武岩质角砾岩带。

(4)汝南哨断裂组($F_{Ⅱ-6}$、$F_{Ⅱ-7}$)。断裂组位于近场区中南部，发育在丽江-剑川断裂与鹤庆盆地之间，由 3 条近东西向小断裂组成。区内长度约 14km，与线路夹角近垂直。断裂总体走向近东西，局部有摆动，倾向北，几何连续性不强，呈波状延伸，表现为逆冲性质。该断裂在航卫片上显示出一定的线性特征，但不甚清晰。地貌上表现为冲沟等负地形。

新华村南东断层剖面见图 2-24。断裂发育于中三叠统泥质灰岩、粉砂岩与上三叠统砂质页岩地层之间，断裂产状 330°∠50°，破碎带有炭化现象，角砾岩胶结紧密。断裂揉皱强烈，挤压性质明显。断裂

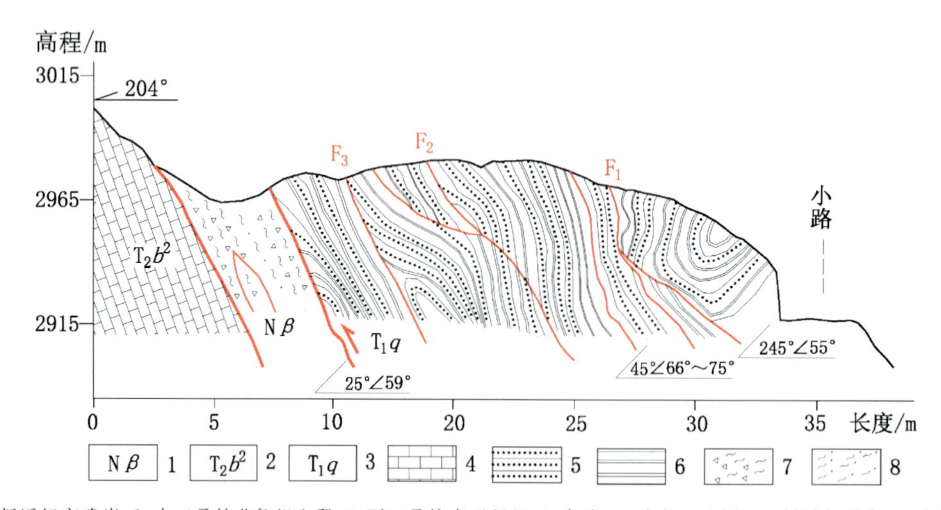

1.新近纪玄武岩；2.中三叠统北衙组上段；3.下三叠统青天堡组；4.灰岩；5.砂岩；6.页岩；7.断层角砾岩；8.碎粉岩。

图 2-23　马场逆断裂安乐坝剖面图

被中—上更新统残积红黏土平稳覆盖，未发生构造变形，说明中更新世残积红黏土堆积以后断裂不再活动，因此该断裂属于早第四纪活动断裂。

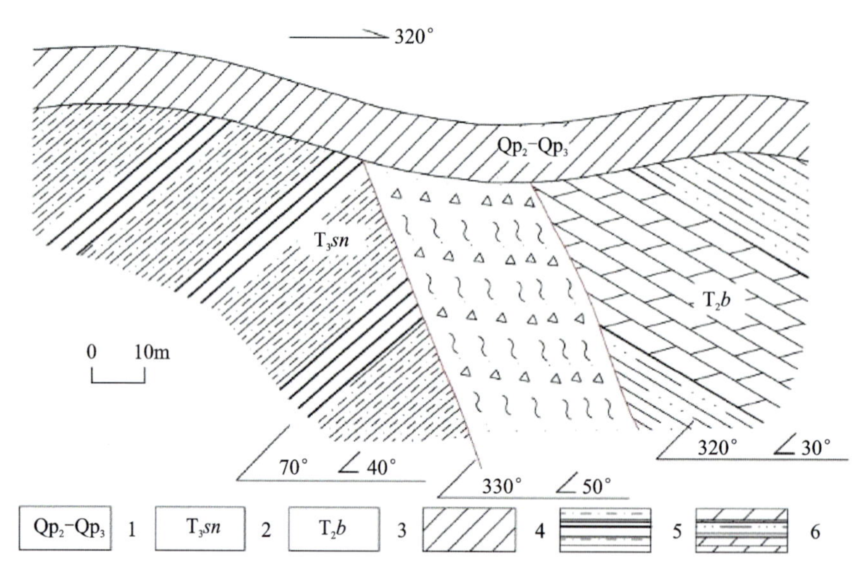

1.中—上更新统；2.上三叠统松桂组；3.中三叠统北衙组；4.黏土；5.砂质页岩夹煤；6.泥质灰岩、粉砂岩。

图 2-24　新华村南东断层剖面图

3)北北西—北西向断裂

(1)金沙江断裂(F_1)。近场区范围内发育金沙江断裂的分支断裂石钟山-罗坪山东侧大断裂。断裂总体呈 340°方向延伸，局部呈近南北向转折，北段顺石钟山东侧向北经老君山西坡延伸，向南至米子坪附近被龙蟠-乔后断裂所切。南段基本上沿罗坪山东侧延伸，向南东延入风羽盆地。近场区范围内断裂全长约 62km，沿断裂形成一规模较大的磁异常带。

(2)海西断裂($F_{Ⅱ-30}$)。介于中甸-龙蟠-乔后断裂和丽江-小金河断裂之间，呈近南北向展布，倾向东或西，倾角较陡，以挤压性质为主，全长 22km。断裂主要发育于中生界和古生界地层之间。断层地貌不甚清晰，新活动迹象不明显。天红北 2km 公路旁见断层发育于三叠系灰岩中，断面倾向西，倾角约 70°，断层挤压特征明显，岩石揉曲强烈。破碎带以断层角砾岩和碎裂岩为主，胶结紧密，断裂破碎带宽 10～20m。花音西北 1km 公路旁可见断面走向 330°，倾向南西 240°，倾角 75°，破碎带以断层角砾岩和碎裂岩为主，断层角砾岩胶结紧密，断裂破碎带宽约20m。

(3)大马坝坝南断裂($F_{Ⅱ-29}$)。该断裂位于大马坪坝以南1.5km处，总体呈北西320°方向延伸，全长约14km，南东止于龙蟠-乔后断裂。断裂倾向南西，倾角45°，为一正断层。断裂沿线发育有断崖，地貌线性影像较清晰，显示为一沟槽地貌。断裂截切了拖顶-开文断裂及大栗树断裂。局部沿断裂可见构造角砾岩、剪切镜面擦痕，并伴有花岗斑岩侵入脉体。

(4)水自平-江尾断裂($F_{Ⅱ-27}$)。该断裂位于石钟山-罗坪山东侧大断裂北东3.5km处，两条断裂近平行展布，总体呈北西340°方向延伸，全长约23km，南东止于龙蟠-乔后断裂。断裂地貌线性影像不清晰，断裂错断渐新统砂页岩地层。

(5)风羽盆地东侧缘断裂($F_{Ⅱ-23}$)。该断裂位于风羽盆地东侧缘，向南延出近场区，区内长约21km，断面倾向东，倾角58°，断裂具有右旋逆冲性质。风羽盆地北部北坡一带风羽河右岸可见断面，断面倾向东，面平直，擦痕及阶步发育，角砾岩带宽约50m，根据角砾岩及断面的发育特征初判该断裂具有多期活动性。断裂早期张性运动形成角砾岩带，晚期右旋逆冲运动错断了角砾岩带。该断裂规模较大，切割深，控制了两侧的岩性、岩相。断裂以东主要为泥盆系灰岩，以西为前寒武系苍山群变质岩系。

4)近南北向断裂

(1)清水江—黄蜂厂断裂($F_{Ⅱ-17}$)。该断裂夹持于丽江-剑川断裂和鹤庆-洱源断裂之间，走向近南北，倾向西，倾角一般在70°左右。断裂南端起于山神坡附近，向北经北登、黄蜂厂一带延伸至清水江一带，全长约19km。断裂截断了东侧近东西向逆断层，断裂北段为中三叠统和泥盆系的分界，卫星影像上有一定显示，断层地貌局部发育，主要表现为断层槽地等。在黄蜂厂西乡村土路旁出露一次级断面，断面发育于中三叠统北衙组粉砂岩中，面平直，走向北东10°，倾向280°，倾角71°，沿断面发育2～3cm厚棕黄色断层泥，断层泥已基本固结，硬度高，断裂破碎带宽约15m。

(2)下马塘-黑泥哨断裂($F_{Ⅱ-32}$)。该断裂北端止于丽江-剑川断裂，南端与鹤庆-洱源断裂(军营—福田断裂)截接，断裂线性影像较清晰，总体呈近南北向展布，小马厂以南断裂分为东西两支。断裂西侧山地平均海拔低于东侧，垂直断裂方向形成台坎地貌。沿断裂发育有沙子坪、下马塘、安乐坝、马厂—黑泥哨等线性盆地。黑泥哨以南至东村一带沿断裂发育线性槽谷。断裂全长约37km。断裂总体倾向西，倾角55°～75°，断裂主要错断三叠系。断裂被后期形成的东西向断裂组截切。

小马厂北采石场揭露该断裂，断裂错断北衙组上段灰岩地层，断裂两侧岩体破碎。断裂主断面平直，可见镜面，断裂走向354°～360°，倾向西，倾角55°～72°，主断裂带可见宽度约100m，带内构造岩主要为灰白色角砾岩，沿断面分布有条带状碎粉岩、碎粒岩，构造岩胶结较好，角砾岩中的角砾多呈棱角状。构造岩带内断裂后期活动形成的剪切面发育，并错断了断裂早期活动形成的角砾岩带，说明断裂至少有过两次活动。根据带内角砾岩的形态，断裂早期活动为拉张性质；根据断面性状及斜向下的擦痕来看，断裂晚期具有正断层性质。

隧洞沿线穿越的龙蟠-乔后断裂(F_{10})、丽江-剑川断裂(F_{11})、鹤庆-洱源断裂(F_{12})均为全新世活动断裂，断裂带自身存在富水性，也是地下水的重要补给通道，隧洞穿越断层破碎带遭遇涌水突泥风险大。断裂带在垂直走向上隔水性相对较好，是构成部分岩溶水系统的重要边界，比如白汉场岩溶区南东侧为龙蟠-乔后断裂、拉什海岩溶区西侧为龙蟠-乔后断裂、文笔海岩溶区西侧为丽江-剑川断裂东支，鹤庆西山岩溶区南东侧为鹤庆-洱源断裂。隧洞沿线发育的金棉-七河断裂南段($F_{Ⅱ-2}$)、水井村断裂($F_{Ⅱ-3}$)、石灰窑断裂($F_{Ⅱ-4}$)、马场逆断裂($F_{Ⅱ-5}$)、汝南哨断裂组($F_{Ⅱ-6}$、$F_{Ⅱ-7}$)、青石崖断裂($F_{Ⅱ-9}$)等近东西向断裂组将鹤庆西山岩溶化地层分隔成众多条块，各条块间以断层和其他相对隔水岩层分隔，使得岩溶化地层的条块之间的水力联系变弱，构成了区内岩溶子系统的边界，隧洞在穿越各岩溶水系统时，有遭遇涌水突泥的风险。

四、岩溶现象

研究区地表碳酸盐岩分布较广(图 2-25),地表岩溶发育较强烈,主要发育于三叠系北衙组灰岩、白云岩,泥盆系康廊组灰岩和古近系、新近系灰质角砾中(图 2-26),主要有石峰(丘)、石林、石牙、溶蚀洼地、溶沟、溶槽、漏斗和槽谷等地表岩溶形态及落水洞、溶洞、地下管道系统等地下岩溶形态。特别是北衙组灰岩中各类岩溶形态发育较为齐全(长江勘测规划设计研究院有限责任公司,2015e)。

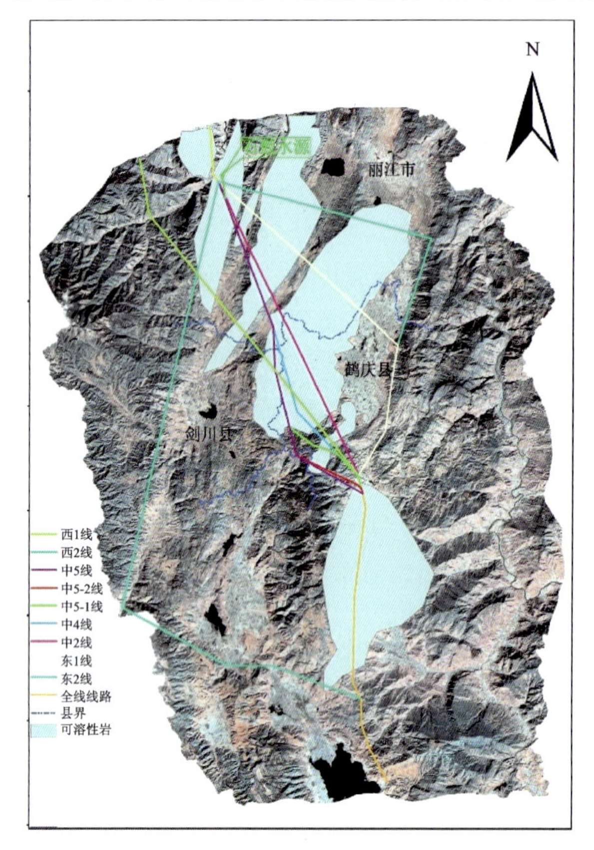

图 2-25　灰岩分布范围示意图

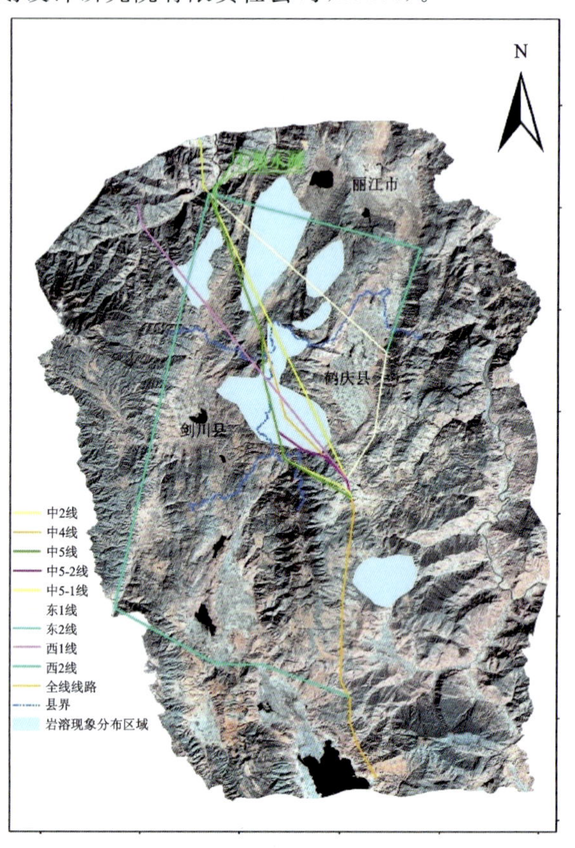

图 2-26　灰岩岩溶现象分布示意图

岩溶强烈发育区主要位于白汉场、太安、汝寒坪、鹤庆西山、剑川东山、北衙芹河,其他如鹤庆东山、剑川西山、沙溪石宝山、洱源苍山地表也有岩溶发育,但溶蚀现象不明显,且规模不大。主要岩溶现象如下。

1. 地表溶沟、溶槽

溶沟、溶槽是研究区内常见的地表岩溶形态类型,多在斜坡地段沿陡、中倾角裂隙或碳酸盐岩层面发育。一般宽 0.5～1m,深 1～2m,长 3～5m,两侧壁面较陡,横断面呈“U”形或“V”形,底部大多裸露,部分充填有黏土及碎石。最发育的地段有太安、汝寒坪、鹤庆西山等地,发育层位主要为北衙组灰岩及白云质灰岩。

2. 地表岩溶洼地

研究区岩溶洼地发育,共调查 64 个,洼地面积大者一般 1～5km^2,小者 0.05～0.8km^2,洼地形态多样,多呈圆形或椭圆形、竖井状,洼地底部多发育落水洞或漏斗,是区内岩溶水的主要补给通道。溶蚀洼地主要呈线状分布于鹤庆西山汝南河以南，在汝南河以北至太安等地有少量分布，高程2700～3000m。岩溶洼地发育规律受断裂控制明显，部分洼地、漏斗沿断裂呈串珠状展布，典型的为鹤庆西山的几个规模较大洼地，如马厂、下马塘、安乐村、沙子坪洼地等。

3. 地表岩溶漏斗、落水洞

研究区地表岩溶漏斗、落水洞发育，共调查90个。大部分呈圆形或椭圆形、竖井状，一般1～5m，大者10～15m，可见深10～30m，漏斗直径一般30～200m，深5～30m，主要分布于鹤庆西山汝南河以北太安乡至汝寒坪及鹤庆西山汝南河以南，高程2700～3100m。大型溶蚀洼地主要分布于鹤庆西山汝南河以南，落水洞位于洼地的底部，以单个分布为主；落水洞主要呈线状不等距排列，部分沿某一断裂呈串珠状展布于鹤庆西山汝南河以北太安乡至汝寒坪的雄厚山体上，发育于地下岩溶管道的上方。

4. 水平岩溶洞穴

研究区地表水平岩溶洞穴发育较少，主要分布于鹤庆西山周边，规模不大，洞径一般2～5m，深度一般数米至数十米，少数可达200～400m，洞口呈圆形，多为干洞，部分洞内常年有流水，主要分布高程2200～2350m。大的岩溶洞穴主要有鹤庆西山的清玄洞、白岩角溶洞、蝙蝠洞、羊龙潭洞等，其中清玄洞长约300～400m，洞内有静水。

5. 勘探揭示主要岩溶现象

钻孔揭露岩溶32处，高程多在2600m以上，仅白汉场TSZK53孔在2 093.70m高程揭示一直径约2m的溶洞，充填砂及黏土。

上三叠统中窝组灰岩岩溶不发育，偶见少量溶蚀裂隙；中三叠统上部白云岩、灰岩岩溶不甚发育，主要以溶蚀小孔洞为主，见少量溶洞。中三叠统北衙组灰岩、白云岩岩溶较发育，主要以裂隙性溶蚀为主，裂隙多呈张开状，可见长度一般10～30cm，波状起伏，张开2～5mm不等，多充填泥质，少量为溶蚀小孔洞，溶洞不发育，仅少量钻孔偶见溶洞。

6. 主要排泄泉

研究区共调查泉水点61处，岩溶大泉主要分布于鹤庆盆地、剑川盆地和拉什海盆地周缘。沿鹤庆西山和东山山脚分布一系列岩溶泉，这是本区岩溶大泉分布最密集的地区，排泄高程一般2210～2250m，其中西山泉水流量一般100～300L/s，最大流量约1200～1500L/s，总流量6280L/s，其中见一温泉（温水龙潭流量151.60 L/s，水温30.5℃）。鹤庆东山泉水流量一般27.17～54.07L/s，最大约216L/s，总流量361.22L/s。沿剑川东山山脚分布一系列岩溶泉和地下暗河，排泄高程2200m左右，总流量2983L/s，大的岩溶泉和暗河流量分别为272.04L/s、203.38L/s、2 087.90L/s。拉什海和文笔海两个盆地线路附近较大岩溶泉不多，拉什海盆地泉水排泄高程2100～2440m左右，总流量1 207.23L/s，文笔海盆地泉水排泄高程2400m，总流量675L/s。

以上大泉主要通过岩溶地下管道、导水断层向本区的侵蚀基准面鹤庆盆地与剑川盆地排泄，多数岩溶大泉除了是当地居民的生产、生活用水外，还在盆地边缘形成一定规模的湿地，部分补给地表水系，在当地的生产生活中起着举足轻重的作用。

五、水文地质

线路区地表水分为金沙江流域及澜沧江流域两大地表水系。区内地表水系与侵蚀基准面主要为西北部冲江河与金沙江（研究区高程1820～1828m），北部拉什盆地及拉什海（高程2437～2500m）、丽江盆地及文笔海（高程2360～3000m），东部鹤庆盆地及草海、漾弓江（高程2193～2240m），西部剑川盆地及剑湖(高程 2160～2240m)。同时还存在以汝南河、清水江(高程 2500m 左右)和锰矿沟(高程 2350～2360m)河床高程为标准的局部侵蚀基准面。

研究区内地下水主要为裂隙水、岩溶水,其中裂隙水主要赋存于砂岩、泥岩、页岩及各类碎屑变质岩以及岩浆岩的节理裂隙之中,含水贫乏,径流不畅,与深部的水力联系差,常见排泄泉流量 0.1～0.4L/s。基岩裂隙水主要受大气降水补给,向沟谷排泄。另外,区内较大断层破碎带亦赋存一定规模的断层脉状水(特别是区域性的大断裂)。因破碎带构造岩成分复杂,其富水性及透水性差异大,同一条断层的纵向与横向透水性差异巨大。岩溶水主要赋存于区内各类碳酸盐岩地层中,流量大,分布极不均一,常汇流为地下暗河和岩溶泉。岩溶水主要通过补给区和径流区的溶沟、溶槽、漏斗、落水洞等接受地表水、降雨(主要以面流和漫流形式)集中汇流补给,通过盆地边缘出露的岩溶大泉进行排泄。

隧洞地下水位埋深多在地表以下 100～400m 范围内,河流沟谷、盆地地带地下水位埋深一般在 20m 左右。研究区岩层渗透性总体为弱透水性,部分为中等透水,其中岩溶化地层透水性强于非岩溶化地层。

研究区地表、地下水化学类型以 HCO_3-Ca 型或 $HCO_3-Ca-Mg$ 型为主。在煤系地层分布区(P_2h、T_3sg 地层等),其 SO_4^{2-} 离子含量较高,水化学类型为 $SO_4 \cdot HCO_3-Ca \cdot Mg$ 或 $HCO_3-SO_4-Ca \cdot Mg$ 型。

地表水和地下水对钢筋混凝土结构中钢筋均无腐蚀性。上述涉矿部位地下水对钢结构大多具有弱腐蚀性,其中大马厂 3 矿坑地表水及大马厂 2 矿坑(黑泥哨煤系地层部位)地表水对钢结构具有中等腐蚀性。其他岩溶地下水对钢结构无腐蚀性。

第四节　岩溶水开发利用现状

一、岩溶水资源

研究区碳酸盐岩广布,岩溶发育较为强烈,大气降水多通过落水洞、溶蚀裂隙入渗地下,地下水埋深大,地表水系不发育,导致山区干旱、严重缺水。区内构造活动强烈,岩石破碎强度大,地下水主要赋存于以溶蚀裂隙和小型岩溶管道为主的含水介质中。此外,岩溶发育深度大(一般在地下水位以下 100～200m),地表水与地下水转换频繁,并有外源水补给,地下水循环深度较大。由于研究区封闭储水构造较多,含水层调蓄能力强,储存的地下岩溶水资源丰富。虽然地下水赋存在多个独立的岩溶地下水系统中,但地下水在区域上总体分布较为均匀。岩溶区地下水主要以岩溶泉水、地下河等形式出露地表,最终排向剑川、鹤庆盆地的剑湖和漾弓河水系。

长期以来,由于本地区地质、水文地质条件复杂,山区岩溶地下水深埋,大气降水是主要的地下水补给来源。为了研究工程区的岩溶水资源量,选择了边界封闭条件好、系统较为完整的锰矿沟黑龙潭岩溶地下水系统,通过在其地下水排泄口、地表沟水出口建立水文长期观测站,获取了水系统的水位、流量及降雨量的长期观测资料(2014 年 4 月—2015 年 5 月)。在此基础上,计算并获取了本地区相关的水文地质参数,然后采用降雨入渗系数法或岩溶水文分析法(地下径流模数法)计算研究区的岩溶水资源量(中国地质科学院岩溶地质研究所,2016)。

锰矿沟黑龙潭位于鹤庆盆地西南的马厂东山地区,主要补给区位于鹤庆县马厂、剑川东甸(新村)一带,地下水主要赋存在溶蚀裂隙和岩溶管道中,自西向东排向锰矿沟一带,以岩溶泉群的方式出露地表。锰矿沟有源自碎屑岩山区的地表沟谷,系统总汇水面积为 $79.34km^2$。

根据在锰矿沟和锰矿沟黑龙潭泉群下游汇水处建立的两个长期水文观测站观测资料，2014 年 4 月—2015 年 5 月两个观测站流量计算如下：

$$\sum_{i=1}^{n}[(Q_i+Q_{i+1})/2](t_{i+1}-t_i)\times 86.4$$

$$Q_{总}=Q_{泉}+Q_{沟}$$

$$Q_{地}=Q_{泉}+0.5Q_{沟}$$

$$M=Q_{地}/F$$

$$\alpha=M/1000A$$

式中：Q 是观测点流量，单位为 m^3/s；i 是观测记录序次；Q_i、Q_{i+1} 分别是观测点第 i 次、第 $i+1$ 次的流量，单位均为 m^3/s；t_i、t_{i+1} 分别是第 i 次、第 $i+1$ 次的观测时间，单位均为 d；$Q_{总}$ 是流域年径流总量，单位为 m^3/a；$Q_{泉}$ 是锰矿沟黑龙潭泉群年径流总量，单位为 m^3/a；$Q_{沟}$ 是锰矿沟地下水年径流总量，单位为 m^3/a；$Q_{地}$ 是流域地下水年径流总量，单位为 m^3/a，其中下游发电站监测站流量约 50％源自锰矿沟黑龙潭泉群下游(黑龙菁)岩溶泉；M 是地下水年径流模数，单位为 $m^3/(a\cdot km^2)$；F 是流域总汇水面积，本流域为 $79.34km^2$；A 是年降水量，单位为 mm/a，本地区取山区平均值 1000mm/a。

根据上述公式，计算出锰矿沟黑龙潭泉群的地下水年径流总量($Q_{泉}$)为 23 684 065.643 1m^3/a，锰矿沟的地下水年径流总量($Q_{沟}$)为 3 520 929.297 6m^3/a，流域年径流总量($Q_{总}$)为 27 204 994.940 7m^3/a，流域的地下水年径流总量($Q_{地}$)为 25 444 530.291 9m^3/a。

岩溶地下水径流模数：$M=Q_{地}/F=320\ 702.423\ 6m^3/(a\cdot km^2)$。

流域平均降水入渗系数：$\alpha\approx0.320\ 7$。

由于研究区大多数地区的地形、地质情况与鹤庆锰矿沟黑龙潭类似，采用上述求得的地下水年径流模数，计算出的研究区岩溶地下水资源量情况见表 2-7。

表 2-7　研究区岩溶地下水资源情况表

<table>
<tr><th>工程部位</th><th>汇水面积/km²</th><th>地下水资源量/(m³·a⁻¹)</th><th>合计/(m³·a⁻¹)</th></tr>
<tr><td>文笔海—鹤庆大龙潭</td><td>133.565</td><td>42 834 619.208 1</td><td>42 834 619.208 1</td></tr>
<tr><td rowspan="8">鹤庆西山</td><td>108.23</td><td>34 709 623.306 2</td><td rowspan="8">129 217 420.520 4</td></tr>
<tr><td>47.11</td><td>15 108 291.175 8</td></tr>
<tr><td>35.12</td><td>11 263 069.116 8</td></tr>
<tr><td>14.85</td><td>4 762 430.990 5</td></tr>
<tr><td>25.80</td><td>8 274 122.528 9</td></tr>
<tr><td>79.34</td><td>25 444 530.291 9</td></tr>
<tr><td>35.07</td><td>—</td></tr>
<tr><td>92.47</td><td>29 655 353.110 3</td></tr>
<tr><td rowspan="4">剑川东山</td><td>47.47</td><td>15 223 744.048 3</td><td rowspan="3">61 209 264.568 3</td></tr>
<tr><td>69.36</td><td>22 243 920.100 9</td></tr>
<tr><td>74.03</td><td>23 741 600.419 1</td></tr>
<tr><td>7.18</td><td>2 302 641.780 0</td><td>2 302 641.780 0</td></tr>
<tr><td>鹤庆东山</td><td>125.85</td><td>40 360 400.010 1</td><td>40 360 400.010 1</td></tr>
<tr><td>总计</td><td>895.445</td><td>275 924 346.086 9</td><td>275 924 346.086 9</td></tr>
</table>

二、岩溶水开发利用现状

研究区跨鹤庆、剑川及玉龙三县，岩溶地下水开发从20世纪50年代至今已有70多年。岩溶水开发利用程度高，多成为周边居民的主要生活、灌溉水源，修建有大量的水库、塘坝和引水渠等储水工程和设施。其中岩溶小(1)型水库包括大龙潭水库、洗马池水库、西龙潭水库和羊龙潭水库，它们均属金沙江水系。大龙潭水库建于1956年，建设坝高14m，径流面积7.2km^2，总库容295万m^3，实际灌溉面积2.1万亩(1亩≈666.67m^2)。洗马池水库也建于1956年，坝高38m，径流面积25.9km^2，总库容186.8万m^3，实际灌溉面积1.7万亩，其主要水源源自鹤庆锰矿岩溶泉群。鹤庆锰矿岩溶泉群不仅是洗马池水库的主要地下水源，而且是鹤庆锰矿的主要工业用水、锰矿及下游周边村镇的生活水源地，也是洗马塘发电站的水源。西龙潭水库(图2-27)建于1973年，坝高15.7m，径流面积2km^2，总库容202.9万m^3，实际灌溉面积0.9万亩。羊龙潭水库建于1978年，坝高24.2m，径流面积2.4km^2，总库容133万m^3，实际灌溉面积0.6万亩。同时，鹤庆县还建有小(2)型水库25座，总库容517万m^3，实际灌溉面积3万余亩；小塘坝312座，总库容294万m^3，实际灌溉面积0.6万余亩。这些地下水资源利用工程在改善当地农业生产条件、促进当地经济发展及下游河道和城镇的防洪方面起着举足轻重的作用。

图2-27　西龙潭水库为鹤庆县城主要供水水源地

此外，工作区内岩溶地下水还被用于养殖和旅游等方面。大部分岩溶大泉泉口或下游均开发有养鱼场，其中最典型的是依托剑川涌泉泉群开发的涌泉三文鱼养殖场(图2-28)，它是剑川、鹤庆和丽江区域最大、最稳定的三文鱼供货源地和旅游休闲农庄。鹤庆西山盆地边缘由北向南出露的一系列岩溶大泉(泉群)，目前除1处开发成工矿用水(辛屯镇北汤乾华润水泥厂)外，其他各处岩溶泉已开发成旅游景区、公园、小塘坝或水库，用于当地居民生活、生产。

鹤庆县当地饮用水源地(西龙潭、白龙潭)位于鹤庆西山岩溶泉区。当地政府正在建设五举山—谷堆山输水管线工程、谷堆山—西龙潭水库输水管线工程、西山大沟盖板工程以及西龙潭水源地保护工程。此外，鹤庆西山各岩溶泉水汇聚后形成五龙河并汇入草海湿地。该湿地位于鹤庆坝子中间，行政区划上涉及草海镇、辛屯镇及金墩乡的彭屯、母屯、罗伟邑、新华、板桥、妙登等村，包括南海、中海、北海、东海、五龙海、板桥海以及新华以东的水域，常年水域面积400hm^2。整个水域与漾弓江水系相通，属长江上游金沙江一级支流，总面积1000多公顷。其中最大水深为2.6m，平均水深1.6m，水面海拔2 193.2m，年入库水量达240万m^3，属高原淡水湖泊。目前，草海湿地被设立为大理州州级自然保护区，有效保护面积达400hm^2，主要保护对象为越冬水禽及湿地生态系统。

图 2-28 剑川东山脚涌泉三文鱼养殖场

第三章　岩溶发育特征及规律研究

第一节　岩溶地层特征

一、岩溶地层及分布

研究区地处滇西北青藏高原东南部,滇西横断山脉南端、云岭山脉以东,金沙江与澜沧江分水岭地带,为典型断陷盆地与断块山岩溶区(高中山高原岩溶山地)。山地与盆地(洼地)呈近南北向相间展布,岩溶地貌与非岩溶山地并存,地形陡峻、河谷深切,多断层崖或断层谷,河流峡谷呈南北向展布其中。

研究区地表碳酸盐岩分布较广,特别是鹤庆西山岩溶发育强烈。研究区主要岩溶地层及分布特征详见表3-1。

二、岩溶层组类型

1. 岩溶层组组合

在地质演化的不同时期、不同地域,沉积环境的不断变化导致了岩石成分和岩层组合的空间差异,这就使碳酸盐岩地块具有不同的水文地质岩层组合。

不同的碳酸盐岩岩层组合类型具有不同的溶蚀特征,如连续性较好的灰岩,其溶蚀作用主要沿节理裂隙进行,形成不均一的岩溶管道,规模较大;厚层块状白云岩主要通过孔隙渗透溶滤,形成比较均一的孔隙-裂隙网络,规模较小;灰岩夹白云岩型和灰岩—白云岩交互型则介于两者之间,构成小型管道-裂隙-孔隙交互型岩溶系统。

2. 岩溶层组结构类型划分的意义

岩溶层组类型是从岩溶发育的角度对纵向剖面上不同岩石类型组合关系的一种划分,以反映岩溶发育强度和渗透特征。岩溶层组结构类型的划分既能反映不同的沉积环境与成岩作用的变迁,又能反映岩石类型及其可溶性在纵向剖面上的变化。

3. 岩溶层组结构类型划分的原则

从岩溶水文地质的观点出发,根据研究区地层的发育及其岩性组合特征,结合研究工作的特点,岩溶层组结构类型划分的原则除考虑主要岩石类型外,通常是根据同级地层单位中碳酸盐岩岩溶含水层

表 3-1　研究区主要岩溶地层及分布特征

时代		地层	岩性	分布
古近纪		丽江组(El)	浅灰色、紫红色厚层灰质角砾岩，角砾成分主要为灰岩，分选较好，磨圆差，另外可见砂岩、页岩、玄武岩等岩性的碎屑物充填	鹤庆东山
三叠纪	晚世	中窝组(T_3z)	底部具有铝土矿层，下部由泥质灰岩、生物碎屑灰岩、鲕状灰岩组成，上部为灰黑色中厚层状燧石灰岩、厚层块状灰岩	鹤庆南部中窝一带
	中世	北衙组(T_2b)	下段为灰黑色中厚层状泥质灰岩夹少量粉砂岩及页岩，上段为浅灰色厚层至巨厚层白云岩、白云质灰岩、灰岩	鹤庆西山，马厂、北衙一带
		上部(T_2^b)	白云岩夹灰岩	龙蟠-乔后断裂以西，白汉场水库一带
二叠纪	早世	P_1	灰色、浅灰色中薄层灰岩局部夹黏板岩	百山母—弯登一带
石炭纪		黄龙组(C_2h)、马平组(C_2m)	灰岩，以断块形式零星出露	百山母南部
泥盆纪	中世	苍纳组(D_2c)	灰色—灰白色灰岩夹钙质泥岩	石鼓望城坡一带
		穷错组(D_2q)	黄灰色绢云石英片岩夹深灰色灰岩	石鼓—大场一带
	早世	康廊组(D_1k)	块状白云质灰岩	石宝山西侧
		莲花曲组(D_1l)	灰色页岩夹燧石结核灰岩、生物碎屑灰岩	黄蜂厂西北部，呈东西向展布
		青山组(D_1q)	深灰色中厚层块状粒屑灰岩、条带状灰岩、珊瑚礁灰岩及礁角砾岩	剑川东部
志留纪	中世	宾川组(S_2b)	灰色、浅灰色泥灰岩及生物灰岩、灰岩	百山母—三场旧一带
前寒武纪		苍山群($An\in cn^{2-3}$)	第三段($An\in cn^3$)为片岩夹大理岩、结晶白云质灰岩，第二段($An\in cn^2$)为薄层状条带状大理岩、结晶白云质灰岩夹片岩、千枚岩	洱源县城以南的苍山北延段

与非碳酸盐岩相对隔水层之间的厚度比例，划分岩溶含水层组类型。最基本的有均匀状岩溶含水层组和间互状岩溶含水层组两大类，且着重考虑了不同岩石类型的单层厚度和连续厚度及其配置格局。

岩石类型：不同的岩石类型(纯碳酸盐岩、不纯碳酸盐岩与非碳酸盐岩)反映了岩石成分上的差异，是控制岩溶发育的基本因素，因此是岩溶层组类型划分的主要依据。

岩石类型单层厚度和连续厚度：在划分岩溶层组类型时，除了考虑不同岩石类型的累计厚度比例外，还须着重考虑岩石的单层厚度和连续厚度，这是划分岩溶层组类型的第二个依据。根据有关资料统计，碳酸盐岩类连续厚度大于 20m 时，对岩溶发育的意义较大。根据岩石类型单层厚度和连续厚度进行划分的结果列于表 3-2。

表 3-2　岩石类型连续厚度状态划分标准

连续厚度类型	巨厚连续状	厚连续状	中等连续状	不连续状
剖面连续厚度/m	>200	100~~200	20～100	<20

岩石类型组合关系：不同沉积相的岩石类型，由于岩石成分差异较大，构成不同岩石类型的组合特征，同时也决定了不同岩石类型的单层厚度和连续厚度。因此，将不同岩石类型组合关系作为岩溶层组

类型划分的直接依据(表 3-3)。

表 3-3 不同岩石类型组合类型划分标准

组合类型	连续式	夹层式	互(间)层式	非夹碳式
组合特征	由比较单一的碳酸盐岩类组成,所夹非碳酸盐岩类岩层的厚度比例小于 10%,碳酸盐岩类的连续厚度大于 50m	以碳酸盐岩类为主,所夹非碳酸盐岩类岩层的厚度比例在 10%～30%之间	以碳酸盐岩类和非碳酸盐岩类岩层为主,两者厚度比例相近的层数较多,而连续厚度均较小(<20m)者为互层式。层数较少且连续厚度均较大(20～50m)者为间层式	由比较单一的非碳酸盐岩类组成,所夹碳酸盐岩类岩层的厚度比例<10%

4. 研究区岩溶地层结构类型的划分

根据以上岩溶层组类型划分原则和标准,首先按岩石类型将区内地层岩石划分为纯碳酸盐岩、不纯碳酸盐岩和非碳酸盐岩 3 大类。其次按碳酸盐岩与非碳酸盐岩的组合关系,同时考虑碳酸盐岩类岩层的单层厚度和连续厚度,将岩溶层组划分为纯碳酸盐岩岩溶层组、碳酸盐岩夹非碳酸盐岩岩溶层组、碳酸盐岩与非碳酸盐岩互(间)层岩溶层组和非碳酸盐岩夹碳酸盐岩岩溶层组 4 种类型。不纯碳酸盐岩类根据可溶岩组分含量对应归并。

1)纯碳酸盐岩岩溶层组

该层组为单一岩性、连续厚度较大、质地较纯的灰岩或白云岩。在研究区内主要包括中泥盆统苍纳组灰岩夹钙质泥岩、下泥盆统青山组厚层块状纯灰岩、下泥盆统青山组条带灰岩夹生物礁灰岩,中三叠统北衙组上段厚层块状灰岩、白云质灰岩、白云岩及北衙组下段泥质条带。前者主要分布在剑川东山地区,后者广泛分布于鹤庆西山、丽江南部岩溶区和拉什海复向斜岩溶区。

纯碳酸盐岩岩溶含水层组岩溶发育,地下水主要赋存于岩溶管道、溶孔和较大溶蚀裂隙中,属于管道岩溶水,富水性强但分布不均匀,是研究区主要岩溶发育层位和潜在的隧洞涌水、突泥岩溶含水层组。研究区内绝大部分岩溶大泉和地下河、规模较大溶洞都分布在本类岩溶含水层组中。由于线路主要穿越本岩溶含水层组类型,其地下岩溶发育规模和地下水主管道位置、规模和发育深度是本次研究中特别关注的问题和重点研究对象。

2)碳酸盐岩夹非碳酸盐岩岩溶层组

该层组以碳酸盐岩为主,间夹非碳酸盐岩(或不纯灰岩)的岩溶含水层组。其中,碳酸盐岩连续厚度大,占含水层总厚度的比例大;非碳酸盐岩呈夹层状,连续厚度较小,在整个层组总厚度中所占比例小(10%～30%)。研究区内此类含水层组主要有下二叠统中薄层灰岩,局部夹板岩,以及上三叠统中窝组中厚层灰岩和泥质灰岩。其中,下二叠统在区内仅见于百山母一带,出露面积有限,但岩溶发育,地下水赋存于岩溶管道和大的溶蚀裂隙中,有岩溶大泉出露;中窝组呈条带状分布于北衙组附近,岩溶发育中等,应以溶蚀裂隙地下水为主,没有岩溶泉出露,与北衙组可以归为岩溶含水层组。

古近系丽江组(El)以钙质(灰岩)角砾为主,钙质、泥质和铁质胶结,属于不纯碳酸盐岩含水层组,由于其角砾灰岩含量高和钙质胶结,有较多的岩溶大泉发育其中,在大泉口附近通常也发育规模较大的溶洞,岩溶发育中等。

3)碳酸盐岩与非碳酸盐岩互(间)层岩溶层组

该层组碳酸盐岩与非碳酸盐岩地层累计厚度大体相当,两者相间分布,表现为等厚或不等厚互(间)层式。岩溶发育较弱,地下水赋存于碳酸盐岩地层中,被上、下非碳酸盐岩夹持,空间上形成相互平行、流域面积较少的狭长条带状(地层产状较陡时)或层叠状但含水层厚度有限(地层产状较和缓)的相互独立的小水文地质单元。岩溶发育总体较弱,地下水出露少,没有大的岩溶泉出露。研究区内属于此种类型的岩溶含水层组主要有中泥盆统穷错组(D_2q),主要分布于石鼓—大场一带,分布面积有限,主要岩性为片岩夹灰岩(或互层),灰岩多具一定变质作用,岩溶发育程度总体较弱。表层强溶蚀风化带岩体内有少量溶孔、溶隙及小规模溶洞,深部岩体岩溶发育程度总体较弱。中三叠统北衙组下段下部(T_2b^{1-1}),厚度小,分布面积有限,岩性为不纯的泥质灰岩与粉砂岩、页岩互层,岩溶发育弱。地表可见少量溶蚀裂隙、溶孔,通常组成溶蚀、侵蚀垄岗,与北衙组上段(T_2b^2)在一起时可以视为相对隔水层组。

4)非碳酸盐岩夹碳酸盐岩岩溶层组

该层组以非碳酸盐岩为主,碳酸盐岩夹于非碳酸盐岩之间,或仅分布于其中某段,连续厚度多在5～20m之间,累计厚度占该含水层组总厚度的30%以下。岩溶发育弱,地下水赋存于碳酸盐岩中,顺层面溶蚀裂隙径流。地下水系统规模小,出露泉点较多,但单个泉点流量小(一般不超过10L/s),典型的如鲁秃泉等。与许多非可溶岩一样,在区域地下水流格局中以阻水性能为主,多成为较大岩溶地下水系统的边界。因此,在地下水系统研究和边界条件分析中,常将其归入非岩溶含水层组。区内属于此类型的含水层组有下泥盆统莲花曲组(D_1l)页岩夹燧石结核灰岩、生物灰岩及中二叠统黑泥哨组(P_2h)砂岩、页岩夹灰岩和煤线。两者在区内仅分布于鲁秃、南溪谷地两侧以及马厂和黑泥哨煤矿附近。

另外,二叠纪玄武岩组($P\beta$)及侵入岩可视为非碳酸盐岩中等透水层组,主要表现为:①二叠纪玄武岩组上段($P\beta^3$)主要为致密状玄武岩、杏仁状玄武岩夹斜长斑状玄武岩、凝灰质页岩、角砾状玄武岩及火山角砾岩,厚约925～945m,地下水赋存于孔洞裂隙中,实测地下径流模数平均值0.917m^3/(a·km^2);中段($P\beta^2$)为杏仁状、致密状玄武岩夹凝灰岩及透镜状灰岩,厚度1815m,实测地下径流模数0.54～1.48m^3/(a·km^2);下段($P\beta^1$)为杏仁状玄武岩,底部为凝灰质砂岩,分布面积较小,地表风化普遍较强烈,可见球状风化,孔洞裂隙及柱状节理发育,方解石脉充填其中,面裂隙率1.03%～1.8%。②侵入岩的分布与构造关系密切,受断裂控制。岩浆侵入种类众多,地表分布较广,主要包括晋宁期分布于苍山群内的变质火成岩、海西期安山岩及少量辉长岩、印支—燕山期石英斑岩及花岗岩、喜马拉雅期花岗斑岩、正长斑岩、粗面岩等。地表侵入岩多风化成砂粒状,但一定深度下侵入岩风化微弱,岩石完整,以裂隙水为主,视为本区裂隙性中等透水层。

古近系、新近系红层,三叠系砂、泥岩地层及中三叠统北衙组下段下部(T_2b^{1-1})可视为相对隔水层组,主要表现为:①新近系为一套含煤系地层,主要由砂岩、砂砾岩、泥岩夹煤层组成,古近系为一套砂岩、泥岩、泥砾岩地层;除丽江组(El)为角砾岩外,均视为相对隔水层。②上三叠统松桂组(T_3sn)、下三叠统青天堡组(T_1q)等地层岩性为砂岩、泥岩、页岩互层,其中松桂组夹煤线,岩层隔水性能好,泉水多在褶皱翼部或沟谷中出露,泉流量一般0.014～0.091L/s,在砂岩厚度较大、汇水条件较好的情况下,大者可达3.719L/s,地下径流模数0.036～0.769L/(s·km^2)。③中三叠统北衙组下段下部(T_2b^{1-1})为砂泥岩与灰岩互层,钻孔揭露岩溶不发育,为相对隔水层。

第二节 岩溶发育特征

一、岩溶地貌

研究区总体属侵蚀、溶蚀断块中高山山地或岩溶断块高原与盆地地貌。区内岩溶发育,岩溶地貌组合形态包括溶蚀平原(坡立谷)、溶(岭)丘谷地、溶丘洼地、边缘溶蚀谷地、岩溶斜坡或陡崖、岩溶单斜山体等类型。

1.溶蚀平原(坡立谷)

溶蚀平原(坡立谷)主要分布在研究区北部的拉什海及其西南的拉什海复式向斜核部,包括拉什海平原(盆地)、太安岩溶坡立谷、吾竹比坡立谷和汝寒坪坡立谷等。拉什海平原(盆地)第四系厚度大,地面平坦,有来自玉龙雪山的冰融水补给,地表有河流水系并在低洼处积水形成大型湖泊、沼泽湿地(图 3-1),盆地遍布落水洞。其余溶蚀平原均地面低平、呈波状起伏,其上有不厚的溶蚀残积、坡积红土或灰岩裸露,溶蚀面上有低矮顶圆的馒头状溶蚀残丘或岛状溶丘、密布如筛孔状的坑状漏斗(塌陷坑),地表水系缺乏,地下水深埋。此外,安乐坝、沙子坪、马厂、黄蜂厂等大型溶蚀洼地也可以归于溶蚀平原。

图 3-1　拉什海溶蚀堆积平原

上述溶蚀平原均分布在北衙组下段上部(T_2b^{1-2})以泥质条带灰岩为主的岩溶层组中,主要位于向斜核部,岩溶破碎程度高,有利于岩溶侵蚀、溶蚀。单个溶蚀平原面积为 10～50km²。

2. 溶(岭)丘谷地

溶(岭)丘谷地包括溶丘谷地和岭丘谷地两种,均受线状构造控制。溶丘谷地见于老凹各、马厂东山、安乐坝北部、剑川东山山顶、鲁秃南部和银河水库—河底村附近(图 3-2),以长条形洼地与溶丘(或连底座的孤立溶丘)相间排列为特征,溶丘坡顶平滑。在老凹各受北西、北东两组破碎带的控制,形成棋盘式溶丘与谷地格局。在鲁秃—寒敬落之间,北北西向和近南北向相间排列的溶丘与谷地最为发育,实际上在两者之间存在一南北向的古岩溶谷(古河道)(图 3-3),在谷地底发育众多岩溶塌坑和漏斗。岭丘谷地表现为长条形溶蚀山岭与侵蚀、溶蚀谷地相间分布,多分布于东西向推覆构造体分布区(图 3-4)。如白龙潭—西龙潭以西至安乐坝之间的条形岩溶山地与岩性软弱的碎屑岩形成侵蚀、溶蚀谷地相间分布。

3. 溶丘洼地

溶丘洼地为溶蚀山丘与封闭岩溶洼地的地貌组合。溶丘洼地在研究区分布较广,北部的文笔海以南的五台山—立子课一带,中部的扣潭—争督、下马塘—安乐坝,西南部的新华—黄蜂厂—背马厂—东甸一带,以及马厂东山等地均有分布(图 3-5)。

4. 边缘溶蚀谷地

边缘溶蚀谷地是指在可溶岩与非可溶岩接触界面附近形成的溶蚀谷地,在研究区较为常见。典型的边缘溶蚀谷地有分布于马厂东山沿青石崖断裂形成的千里居—春山坡北边缘谷地(图 3-6)、寒敬落

图 3-2　鹤庆西山溶丘谷地分布示意图

（黄色指盆地，米黄色指缓坡地带）

图 3-3　鲁秃—寒敬落之间的溶丘谷地与古河道

（黄色虚线指古河道）

图 3-4　岭丘谷地

（白龙潭—西龙潭西山）

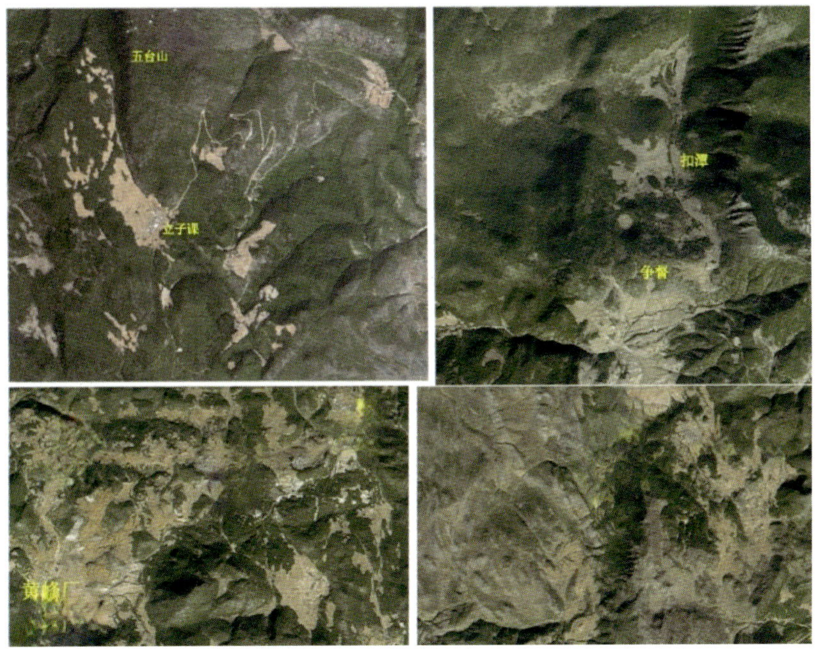

图 3-5　溶丘洼地

南部边缘谷地、放牛坪—高楼边缘谷地、河底村南白土坡北边缘谷地等。汝南河谷、清水江河谷和白汉场谷地等大部分也属于边缘溶蚀谷地。在谷地底部常发育有源自非碳酸盐岩分布区的地表河或季节性地表河流、串珠状分布的塌陷和落水洞。

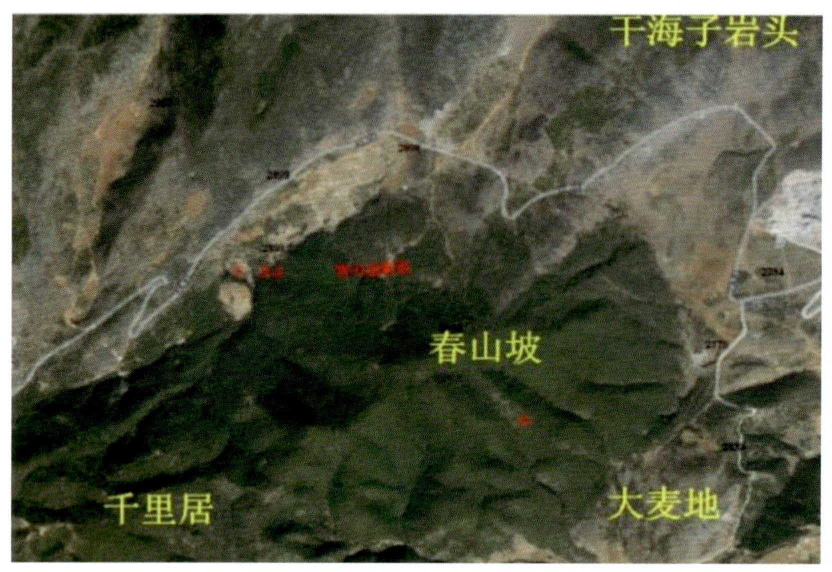

图 3-6　千里居—春山坡北边缘谷地

5. 岩溶斜坡或陡崖、岩溶单斜山体

岩溶斜坡或陡崖主要分布于断陷盆地边缘，如剑川盆地东山坡、鹤庆盆地西山坡等(图 3-7、图 3-8)。其形态表现为坡度较陡的溶蚀坡面或陡崖，其上可见光滑的溶蚀面和沿坡面分布的平行溶蚀沟谷、溶槽等。鹤庆东山坡由于是顺层面形成，岩溶发育程度稍差，形成典型的顺层单斜山体，其上平行水系、沟谷较发育。此外，沿中部马厂—沙子坪的张性破碎带也发育有岩溶陡崖。

图 3-7　岩溶斜坡与陡崖

图 3-8　鹤庆西山岩溶斜坡(陡崖)

二、地表岩溶形态

研究区地表岩溶形态类型主要有石峰(丘)、溶沟、溶槽(缝)、石芽、石林、溶蚀洼地、岩溶漏斗、落水洞、岩溶盲谷与伏流等。其中溶沟、溶槽(缝)及溶蚀洼地、岩溶漏斗在区内分布最为普遍。

1. 溶沟、溶槽(缝)

地表水流沿石灰岩坡面上流动,溶蚀和侵蚀出许多凹槽,成为溶沟、溶槽。溶沟宽十几厘米至几百厘米,深以米计,长度不等。溶沟之间的突出部分称为石芽。溶沟、溶槽是研究区内常见的一种地表岩溶形态类型,多在斜坡地段沿高、中倾角裂隙或碳酸盐岩层面发育。一般宽0.5～1m,深1～2m,长3～5m,两侧壁面较陡,横断面呈"U"形或"V"形,底部大多裸露,部分充填有黏土及碎石。最发育的地段有太安汝寒坪、鹤庆西山等,发育层位主要为北衙组灰岩及白云质灰岩。与溶沟、溶槽相伴出现的还有石芽、石林,呈锥状或柱状,一般高1～3m,最高4.5m(图3-9、图3-10)。

图3-9 汝寒坪石芽地貌

图3-10 三台坡小石林

2. 溶蚀洼地

溶蚀洼地是由四周低山丘陵和峰林所包围的封闭洼地。它的形状和溶蚀漏斗相似,但规模要比溶蚀漏斗大得多。溶蚀洼地的底较平坦,直径超过100m,最大可达1～2km。研究区溶蚀洼地发育,洼地形态多样。洼地底部多发育落水洞或漏斗,大致呈圆形或椭圆形,是区内岩溶水的主要补给通道。溶蚀洼地主要呈线状分布于鹤庆西山汝南河以南,在汝南河以北至太安等地也有少量分布,主要分布高程2700～3000m,洼地面积大者一般1～5km²,小者0.05～0.8km²。主要分布于北衙组上段(T_2b^2)灰岩、白云岩中,少量分布于北衙组下段泥质条带灰岩中。研究区岩溶洼地发育规律受断裂(如南北向、北北东向断裂)控制明显,部分洼地、漏斗系沿断裂呈串珠状展布,典型的如鹤庆西山几个规模较大洼地(马厂、下马塘、安乐村、沙子坪洼地)顺一条南北向大断裂发育。

研究区的典型洼地包括马厂洼地、下马塘洼地、安乐村洼地、沙子坪洼地、东甸洼地、黄峰厂洼地,其规模巨大,地形宽缓,面积1～5km²不等,分布高程2800～3000m,是云南省高山马铃薯主要种植基地,也是当地农民的主要生产生活区(图3-11、图3-12)。研究区主要溶蚀洼地统计见表3-4。

图3-11 安乐村岩溶洼地

图3-12 下马塘岩溶洼地

表 3-4　研究区主要岩溶洼地统计表

编号	位置	高程/m	分布面积/km²	负地形高差/m	溶蚀洼地概述		
					洼地形态	所在地层	构造部位
R01	老比落南	2900	0.738	60	不规则	T_2b^1	
R02	老比落南	2900	0.238	40	椭圆状	T_2b^1	
R03	松子园	3020	0.016		三角形	T_2b^1	
R30	海西南侧	2660	6.025	60	不规则	T_2b^1、T_2b^2	
R31	海西南侧	2640	0.042	20	不规则椭圆状	T_2b^1	
R32	海西	2640	0.373	40		T_2b^1	
R33	干海子	2800	0.337	20	椭圆状	T_2b^2	$F_{\mathrm{II}-9}$北侧
R63	大马厂西侧	3330	0.117		椭圆状	T_2b^2	
R64	大马厂南侧	3520	0.068		椭圆状	T_2b^2	
R65	大马厂南侧	3500	0.058		椭圆状	T_2b^2	
R35	南溪洼地	3080～3100	2.5	20	不规则椭圆状	T_2b^2	
R36	拉朗洼地	3050	2.03	20	椭圆状	T_2b^2	
R44	吉罗洼地	3200	0.53		不规则椭圆状	T_2b^2	
R04	汝南河东侧	2720	0.116		椭圆状	T_2b^2	$F_{\mathrm{II}-2}$与$F_{\mathrm{II}-3}$之间
R05	汝南河东侧	2720	1.008	80	圆状	T_2b^2	$F_{\mathrm{II}-2}$与$F_{\mathrm{II}-3}$之间
R06	哨子山	2700	0.048		长方形	T_2b^2	$F_{\mathrm{II}-2}$与$F_{\mathrm{II}-3}$之间
R07	沙子坪	2800	1.784	40	三角形	T_2b^2	$F_{\mathrm{II}-2}$与$F_{\mathrm{II}-3}$之间
R19	老凹各北侧	3250	0.467	20	葫芦形	T_2b^2	
R21	鲁秃山北侧	2600	0.079	20	椭圆状	T_2b^2	
R22	白石山西侧	3000	1.79	80	不规则	T_2b^2	
R34	小马厂	2990	1.978	40	长条状	T_2b^2	$F_{\mathrm{II}-8}$、$F_{\mathrm{II}-9}$之间 SN 向
R37	寒敬落—田房	2750	3.4	100	长条状	T_2b^2、T_3sn、T_3z	$F_{\mathrm{II}-2}$附近
R38	鲁秃	3000	1.7	40	条带状	P_2h、T_2b^2	
R39	放牛坪(鲁秃东侧)	3050	0.8	20	条带状	T_2b^1、T_2b^2	$F_{\mathrm{II}-2}$西侧
R45	鲁秃山北侧	2600	0.007 8		椭圆状	T_2b^2	
R46	虎头山东侧	2900	0.307		椭圆状	T_2b^1	
R47	鲁秃山北侧	2600	0.15		椭圆状	T_2b^2	
R08	沙子坪南侧	2820	0.087	20	椭圆状	T_2b^2	$F_{\mathrm{II}-3}$
R09	沙子坪南侧	2900	0.048	20	椭圆状	T_2b^2	$F_{\mathrm{II}-3}$南侧
R10	下马塘	2940	1.055	40	不规则	T_2b^1、T_2b^2	$F_{\mathrm{II}-4}$北侧
R12	城北箐西侧	3200	0.124		椭圆状	T_2b^2	$F_{\mathrm{II}-4}$北侧
R18	石龙坡东侧	3030	0.288	20	“S”形	T_2b^1、T_2b^2	$F_{\mathrm{II}-5}$

表 3-4(续)

编号	位置	高程/m	分布面积/km²	负地形高差/m	溶蚀洼地概述		
					洼地形态	所在地层	构造部位
R24	二台坡西南侧	3280	0.013		椭圆状	T_2b^2	$F_{Ⅱ\text{-}8}$内
R25	黑龙潭西侧	3020	0.314	20	椭圆状	T_2b^2	$F_{Ⅱ\text{-}9}$内
R26	黑龙潭	3040	0.305	40	椭圆状	T_2b^2	$F_{Ⅱ\text{-}9}$内
R27	大陡山东南侧	2900	0.033		椭圆状	T_2b^2	$F_{Ⅱ\text{-}9}$内
R28	黑龙潭西南侧	3000	0.146	20	椭圆状	T_2b^2	$F_{Ⅱ\text{-}9}$内
R40	东甸(小马厂西侧)	3250	1.8	40	条带状	T_2b^2、T_3sn	$F_{Ⅱ\text{-}8}$附近
R48	二台坡西南侧	3200	0.221		椭圆状	T_2b^2	
R49	小马厂西侧	3260	0.083		椭圆状	T_2b^2	
R50		3300	0.413		椭圆状	T_2b^2	
R51	蝙蝠洞西南侧	2692	0.017		椭圆状	T_2b^2	
R52		2780	0.19		不规则	T_2b^2	
R53		2800	0.022		不规则	T_2b^2	
R11	安乐坝北侧	3000	0.008		椭圆状	T_2b^2	$F_{Ⅱ\text{-}4}$南侧
R13	安乐坝	2960	5.678	120	不规则	T_2b^1、T_2b^2	$F_{Ⅱ\text{-}5}$
R14	石龙坡	3120	0.411	40	椭圆状	T_2b^2	$F_{Ⅱ\text{-}5}$、$F_{Ⅱ\text{-}6}$之间
R15	岩子山南侧	3000	0.015		椭圆状	T_2b^2	
R16	照面山西侧	2900	0.041		椭圆状	T_2b^2	$F_{Ⅱ\text{-}5}$、$F_{Ⅱ\text{-}6}$之间
R17	岩子山西侧	2930	0.507		椭圆状	T_2b^2	$F_{Ⅱ\text{-}5}$、$F_{Ⅱ\text{-}6}$之间
R20		2920	0.234	20	椭圆状	T_2b^2	
R23	庆新公社	3000	1.802	20	不规则	T_2b^2	$F_{Ⅱ\text{-}6}$、$F_{Ⅱ\text{-}7}$之间
R41	西登南	3150	0.8	30	椭圆状	T_2b^2	$F_{Ⅱ\text{-}8}$西北侧
R42	风电场(大马厂西侧)	3350	1.5	50	椭圆状	T_2b^2	
R43	背马厂	3120	0.3	20	椭圆状	D_1q、T_2b^2	$F_{Ⅱ\text{-}8}$南侧
R54	李坪哨南侧	2650	1.18	40	椭圆状	D_1q	
R55	李坪哨南侧	2700	0.15		椭圆状	D_1q	
R56	李坪哨南侧	2690	0.19		椭圆状	D_1q	
R57	各门江龙潭东侧	2600	1.46	40	椭圆状	D_1q	
R58	各门江龙潭东侧	2720	0.32		椭圆状	D_1q	
R59	各门江龙潭东侧	2720	0.22		椭圆状	D_1q	
R60	黄峰厂东南侧	3250	0.1		椭圆状	T_2b^2	
R61	黄峰厂东南侧	3280	0.092		椭圆状	T_2b^2	
R62	大马厂西侧	3360	0.058		椭圆状	T_2b^2	

3. 岩溶谷地、盲谷、伏流

岩溶谷地、盲谷、伏流均是沿构造破碎带溶蚀发育的长条形负地形，在研究区内发育较为普遍。地表河沟为适应更低的排泄基准面而在上游河段的谷底形成了一系列漏斗、塌陷及落水洞，地表水在这些垂直岩溶形态中渗流，导致下游河段失去水流，形成干谷。只是在暴雨季节，当地下通道排水不畅时，才有暂时性的水流。如果地表河沟在下游末端被碳酸盐岩陡崖所阻挡，水流全部注入崖脚的落水洞，成为伏流，其明流段的河谷或沟谷便称盲谷。

典型的岩溶盲谷与伏流常见于碎屑岩与碳酸盐岩接触界面附近，如马厂东山青石崖边缘盲谷、丽江鲁秃村北的岩溶盲谷、伏流(图 3-13)。此外，在丽江鲁秃—寒敬落一带存在规模较大的岩溶谷—地表河谷。

图 3-13　鲁秃岩溶盲谷、伏流

4. 岩溶漏斗、落水洞

岩溶漏斗又称斗淋，即 doline 的音译，是石灰岩地区呈碗碟状或漏斗状的凹地。其平面形态呈圆或椭圆状，直径数米至数十米，深度数米至十余米。漏斗壁因塌陷呈陡坎状，在堆积有碎屑石块及残余红土的漏斗底部，常发育有垂直裂隙或溶蚀的孔道。孔道与暗河相通，当孔道堵塞时，漏斗内就积水成湖。落水洞是从地面通往地下深处的洞穴，其垂向形态受构造节理裂隙及岩层层面控制，呈垂直、倾斜或阶梯状。洞底常与地下水平溶洞、地下河或大裂隙连接，具有吸纳和排泄地表水的功能。

研究区岩溶漏斗、落水洞发育，是区内岩溶水的主要补给通道。漏斗直径一般 30～200m，深 5～30m，分布高程主要为 2700～3100m；落水洞大致呈圆形或椭圆形、竖井状，单个零星分布的落水洞一般规模较小，直径一般 1～5m，大者 10～15m，可见深 10～30m。漏斗主要出露北衙组下段(T_2b^1)泥质条带灰岩中，少量分布于北衙组上段(T_2b^2)灰岩、白云岩中。落水洞主要见于鹤庆西山汝南河以北，太安乡至汝寒坪的雄厚山体上，发育于地下岩溶管道的上方，呈线状不等距排列，部分沿某一断裂呈串珠状展布。在鹤庆西山汝南河以南，落水洞主要位于大型溶蚀洼地的底部，以单个分布为主。

研究区大型落水洞整体呈北东向，近似平行于丽江-剑川断裂展布，主线距丽江-剑川断裂约 6km。目前发现直径大于 50m 的落水洞有十几处，在汝寒坪西北侧发育 2 处规模较大的落水洞，直径近 600m，深度约 350m，坡面地表植被丰富，洞底植被较少，多杂草，有积水痕迹(图 3-14)。马厂东山可见 2

处大型落水洞，洞顶可见角砾岩夹泥，胶结较强；上有竖直向溶蚀孔洞，内充填砾岩及红土，已胶结，自坡顶渗水，在洞顶冻成冰锥（图3-15）。

图3-14　汝寒坪大型落水洞

图3-15　马厂东山大型落水洞

除上述规模较大的落水洞外，太安至汝寒坪的雄厚山体上还散布着大量规模较小的落水洞（图3-16、图3-17）。研究区主要岩溶漏斗及落水洞统计见表3-5。

图3-16　太安落水洞部分全景

图3-17　太安单个K2落水洞

表3-5　研究区主要岩溶漏斗、落水洞统计表

编号	位置	发育地层	高程/m	类型	基本特征
K1	花音村	T_2b^1	2901	落水洞	呈长方形，长25m，宽30m，深约10m，无水，生长植物
K2	花音村	T_2b^1	2859	落水洞	呈长方形，长20m，宽15m，深约10m，无水，生长植物
K3	花音村	T_2b^1	2973	落水洞	呈漏斗状，洞口直径40m，底部直径20m，深约10m，无水，生长植物
K4	花音村	T_2b^1	2843	落水洞	呈漏斗状，洞口直径30m，底部直径20m，深约5m，无水，灌木丛生
K5	花音村	T_2b^1	2875	落水洞	呈圆形，直径35m，深约10m，无水。落水洞南侧有一冲沟，宽约5m，深约5m
K6	花音村	T_2b^1	2881	落水洞	呈圆形，直径30m，深约15m，无水，生长植物
K7	花音村	T_2b^1	2856	落水洞	呈长方形，长30m，宽20m，深约10m，无水，生长植物
K8	花音村	T_2b^1	2901	落水洞	呈长方形，长10m，宽8m，深约15m，洞内无水，生长灌木。点东侧见南北向冲沟，深约5m，宽3m，无水
K9	花音村	T_2b^1	2854	落水洞	呈圆形，直径35m，深约10m，无水，底部已开垦为耕地
K10	花音村	T_2b^1	3020	落水洞	呈长方形，长40m，宽30m，深约12m，无水，底部已开垦为耕地
K11	花音村	T_2b^1	2897	落水洞	呈圆形，直径30m，深5～8m，无水

表 3-5(续)

编号	位置	发育地层	高程/m	类型	基本特征
K13	花音村	T_2b^1	3033	落水洞	呈梅花形,洞口直径 20m,深 5m,无水,落水洞周围为旱地
K15	花音村	T_2b^1	3035	落水洞	呈圆形,直径 15m,深约 6m,无水
K17	花音村	T_2b^1	3018	落水洞	呈长方形,长 50m,宽约 20m,深 10～15m,无水,见松树
K19	花音村	T_2b^2	2991	落水洞	呈圆形,直径 50m,深约 10m,无水,树木丛生
K21	花音村	T_2b^1	3034	落水洞	呈圆形,直径 10m,深约 5m,无水,树木丛生
K23	花音村	T_2b^1	3042	落水洞	呈长方形,长 40m,宽 15m,深约 10m,洞内无水,为红色黏土覆盖
K24	松子园村	T_2b^1	3024	落水洞	呈椭圆形,分布 2 个溶洞,直径 30～50m,东西向分布,此落水洞为冲沟汇水点,原两个溶洞有冲沟相连,水主要从西边洞流走,洞内能听到水声
K25	松子园村	T_2b^1	3169	落水洞	呈漏斗状,直径 10m,深 5～10m,地表水汇于此,从洞中流走
K26	汝寒坪	T_2b^1	3145	落水洞	呈椭圆形,直径大小 20m×15m,深 10m,溶缝、溶槽发育
K27	汝寒坪	T_2b^1	3133	落水洞	分布 3 个落水洞,均呈长方形,尺寸分别为 15m×10m、20m×15m、5m×8m,深 15m～20m,洞内均无水
K28	汝寒坪	T_2b^1	3133	落水洞	两小落水洞,呈长方形,长 4m,宽 3m,深 4m,岩溶作用强烈,似石芽地貌。水由冲沟汇于洞内流出
K29	汝寒坪	T_2b^1	3105	落水洞	地表覆盖黏土 2～5m,落水洞呈长方形,长 30m,宽 10m,深 3m,已塌陷,洞内无水。点北侧 30m 见一落水洞,呈圆形,洞口直径为 2m,深 2m
K31	小路边	T_2b^1	3155	落水洞	呈圆形,直径 20m,深 5～8m,南侧落水洞局部有积水
K32	高美古	T_2b^1	3156	岩溶漏斗	呈漏斗状,洞口直径 30m,底部直径 15m,深 5～8m,坡度 40°左右
K33	高美古	T_2b^1	3160	岩溶漏斗	呈漏斗状,洞口直径 30m,底部直径 15m,深 5～8m,底部未见积水
K34	高美古	T_2b^1	3156	岩溶漏斗	呈漏斗状,洞口直径 30m,底部直径 20m,深 10m
K35	高美古	T_2b^1	3150	落水洞	呈圆形,局部灰岩出露,直径 40m,深 5m
K36	高美古	T_2b^1	3144	落水洞	有两落水洞,北侧洞呈长方形,长 20m,宽 10m,深 5m;南侧洞呈圆形,直径 10m,深 5m
K37	高美古	T_2b^1	3143	岩溶漏斗	呈漏斗状,洞口直径 50m,洞底直径 20m,深约 15m,底部无积水
K38	高美古	T_2b^1	3134	落水洞	有两落水洞,北侧洞呈圆形,直径 30m,深 7～8m;南侧洞呈漏斗形,洞口直径 60m,底部直径 30m,深 5～10m,底部见 5～10cm 深积水
K39	高美古	T_2b^1	3123	落水洞	呈圆形,直径 200m,深 30m,洞底平坦,种植土覆盖
K40	高美古	T_2b^1	3114	落水洞	呈长方形,长 25m,宽 10m,深 10m,洞内无水
K41	高美古	T_2b^1	3101	岩溶漏斗	呈漏斗状,洞口直径 80m,底部直径 40m,深 10～15m,洞壁基岩出露,底部较平坦,未见积水
K42	高美古	T_2b^1	3098	岩溶漏斗	呈漏斗状,洞口直径 20m,底部直径 8m,出现新近崩塌现象,深 15～20m,溶缝、溶槽发育
K43	高美古	T_2b^1	3105	落水洞	呈梅花形,洞口直径 100m,深 20～30m,底部见溶槽,宽 20m,深 4～10m,底部溶蚀作用强烈,基岩出露呈石芽状,底部未见积水
K44	汝寒坪	T_2b^1	3104	落水洞	冲沟走向 320°,东侧与一落水洞相连,落水洞呈长方形,长约 15m,宽 10～30m,深 10m,沟内基岩出露,溶蚀作用强烈,基岩呈石芽状,深灰色,沟内未见积水。西北侧有两落水洞,呈漏斗状,直径 20～30m,深 10～15m,均为基岩,未见覆盖层
K45	汝寒坪	T_2b^1	3124	岩溶漏斗	呈漏斗状,直径 10～15m,深 10m,局部见基岩,呈石芽状

表 3-5(续)

编号	位置	发育地层	高程/m	类型	基本特征
K46	汝寒坪	T_2b^2	3139	落水洞	呈长方形,长 150m,宽 50m,深 10m,洞内无水
K51	太安乡公路边	T_2b^1	2707	落水洞	呈圆形,直径 50m,深 30m,洞内未见积水,局部见灰岩出露。该处位于大范围溶蚀洼地内,凹陷面积 2 万 m^2,洼地较为平坦
K53	太安乡	T_2b^1	2734	落水洞	公路以东 300m 处,规模与 K51 相差不大
K55	新村	T_2b^1	2742	落水洞	呈长方形,长约 100m,宽 30m,深 10~15m,洞内局部见基岩出露,溶蚀强烈,洞底潮湿,未见积水
K57	新村	T_2b^1	2799	落水洞	呈长方形,南北走向,长 40m,宽 20m,深 5~10m,洞内未见积水
K59	吾竹比	T_2b^1	2916	落水洞	四周高,中间低,地势平坦,略有起伏。该点附近有 6 个落水洞,未见积水,地表水由洞排泄,局部见基岩,溶蚀强烈
K61	吾竹比	T_2b^1	2909	落水洞	公路以北可见 5 个落水洞,大小不一,直径 10~20m,深 5~10m,底部未见积水,地表水由洞排泄
K63	老比落	T_2b^1	2886	落水洞	两落水洞,位于公路两侧。公路左侧洞长 10m,宽 30m,与一冲沟相连;公路右侧洞呈长条形,长 80m,宽 20m
K65	老比落	T_2b^1	2914	落水洞	附近分布 3 个落水洞,呈圆形,直径 30~50m,深 5~10m,未见积水
K67	老比落	T_2b^1	2907	岩溶漏斗	呈漏斗状,洞口直径 500m,底部直径 100m,深 50m,岩溶发育,洞边分布小冲沟
K69	老比落	T_2b^1	2869	岩溶漏斗	呈漏斗状,上部直径 30m,底部直径 10m,深 10m,洞内未见积水,溶蚀作用强烈
K81	吉子水库	T_2b^2	2824	落水洞	呈正方形状,长 200m,深 5~10m,洼地内略起伏,岩体溶蚀严重
K92	吾竹比下村	T_2b^2	2859	落水洞	位于吾竹比下村沟谷中,发育多个落水洞,眼可见 6~7 个落水洞,洞口直径 30~50m,洞深 20m。洞中植被丛生,表面被残坡积覆盖
K86	沙子坪	T_2b^2	2787	落水洞	位于 XLZK11 孔西侧,近圆形,直径约 15m,深约 1.5m,坑北侧为庄稼地,坑内可见两大棵刺树
K87	沙子坪	T_2b^2	2783	落水洞	位于 XLZK11 号孔东侧,近圆形,直径约 50m,坑底深约 5m,未见新鲜塌陷
K85	沙子坪	T_2b^2	2750	落水洞	弧形坑,无水,坑底深约 4m,该点坑边可见基岩出露,岩性为 T_2b^2 灰岩,灰—深灰色,厚层状,裂隙较发育,岩质坚硬
K84	沙子坪	T_2b^2	2765	落水洞	弧形坑,深约 5m,坑北侧可见基岩出露,岩性为灰岩,坑内无水
K83	沙子坪	T_2b^2	2767	落水洞	弧形坑,面积较大,坑内树木丛生,坑内有水,水质混浊,水深 2m
K82	肯固洛水库	T_2b^1	2981	落水洞	呈圆形,直径 20m,深 10m
K48	猴子坡	T_2b^2	3186	落水洞	四周地势平坦,有一定缓坡,零星有灰岩出露,溶蚀明显,可见溶沟、溶芽、洼地四周土层有塌陷象
K71	小马厂	T_2b^2	2991	落水洞	溶洞可见宽度 5m,底部为冲洪积土。地表水汇集于此洞后流入剑川谷地。进入溶洞 2m,洞内为 50m 见方的空地,高六七米
K90	小马厂	T_2b^2	3226	落水洞	呈圆形,直径 5m,可见深 1.5m,流量为 0.1m^3/s
K89	东甸村	T_2b^2	3235	落水洞	洼地岩溶湖,湖面水域面积约 6000m^2,往该湖补给流量约 60~70L/s
K91	大庆村	T_2b^2	3273	落水洞	呈近南北向串珠状分布,直径 3m,深 2m
K88	大庆村	T_2b^2	3171	落水洞	位于洼地东侧,洼地地表水汇集于此洞,呈圆形,直径 5m,深 3m
K117	东甸南端	T_2b^2	3266	落水洞	位于东甸洼地南端,呈长方形,长 10m,宽 5m,深约 5m,周边为小型灰岩山包,洞内无水

表 3-5(续)

编号	位置	发育地层	高程/m	类型	基本特征
K118	东甸南端	T_2b^2	3273	落水洞	与 K117 落水洞呈 NE55°方向展布,深约 5m,可见中厚层块状灰岩推覆于松桂组砂泥岩之上,洞内无水
K119	东甸与小马厂路边	T_2b^2	3264	落水洞	位于东甸洼地南端通往小马厂方向山路旁侧,呈长方形,长 18m,宽 10m,深 5m,洞内见有少量流水
K120	东甸与小马厂路边	T_2b^2	3280	落水洞	呈圆形,直径 5m,深约 3m,无水
K121	东甸与小马厂路边	T_2b^2	3283	落水洞	呈长方形,南北长 15～20m,东西宽 5～10m,深约 3m,与 K120 落水洞呈近南北向展布,无水
K93	蝙蝠洞西侧	T_3sn	2690	落水洞	近似圆形,直径 10m,深 3～5m,地表植被茂盛
K100	树金岗下村	T_3z	2543	落水洞	此处为一岩溶洼地,落水洞位于北东角,洞口 1m 见方,大多被覆盖,洼地地表水由此排走
K94	蝙蝠洞西南侧	T_2b^2	2790	落水洞	位于山顶,近似圆形,直径 7m,深约 5m,地表植被茂盛
K95	蝙蝠洞西南侧	T_2b^2	2790	落水洞	与 HD13 点落水洞串联,位于山顶,近似椭圆形,走向 240°,宽约 10m,长 20～25m,深 5～8m,与 HJD13 点落水洞串联,局部出露 T_2b^2 灰岩
K96	蝙蝠洞西南侧	T_2b^2	2783	落水洞	近似圆形,直径 7m,深约 10m,植被茂盛,与 HJD11、HJD13、HJD14 点落水洞串联
K97	蝙蝠洞西南侧	T_2b^2	2780	落水洞	呈长方形,长约 20m,宽约 10m,深约 5m,植被茂盛,点东侧为灰岩
K98	蝙蝠洞西南侧	T_2b^2	2793	落水洞	近似圆形,直径约 10m,深 3～5m,植被茂盛,地表为残坡积土夹少量碎石,点南侧约 50m 为灰岩
K99	蝙蝠洞西南侧	T_2b^2	2792	落水洞	近似圆形,直径 20m,深 8～10m,植被茂盛,地表为残坡积土夹少量碎石
K101	蝙蝠洞西南侧	T_2b^2	2740	落水洞	近似圆形,直径 7m,深 3～5m,地表植被茂盛
K102	蝙蝠洞西南侧	T_2b^2	2733	落水洞	近似圆形,直径 5m,深约 8m,植被茂盛,与 HJD11、HJD13、HJD14 点落水洞串联
K103	蝙蝠洞西南侧	T_2b^2	2789	落水洞	近似圆形,直径 7m,深约 8m,植被茂盛
K104	蝙蝠洞西南侧	T_2b^2	2770	落水洞	近似圆形,直径 5m,深约 8m,植被茂盛
K105	蝙蝠洞西南侧	T_2b^2	2710	落水洞	近似圆形,直径 6m,深 3～5m,植被茂盛,地表为残坡积土夹少量碎石
K106	蝙蝠洞西南侧	T_2b^2	2910	落水洞	近似圆形,直径 5m,深约 8m,植被茂盛
K107	石灰窑南西侧	T_2b^2	2878	落水洞	近似圆形,直径 20m,深 5～8m,流量 0.1m^3/s,走向约 250°
K108	石灰窑南西侧	T_2b^2	2874	落水洞	南北向,呈长方形,长 20m,宽约 15m,深约 10～15m
K75	东登	T_2b^2	2992	落水洞	圆形,直径 100m,深 4～20m,底部可见灰岩出露,溶蚀作用强烈

表 3-5(续)

编号	位置	发育地层	高程/m	类型	基本特征
K77	安乐村	T_2b^2	2879	落水洞	落水洞呈长方形，长 30m，宽 20m，深 10m。洞内局部见灰岩出露，溶缝、溶槽发育。洞底部可见地表水由此洞排泄
K109	大庆村	T_2b^2	3182	落水洞	呈圆形，直径 10m，深 8m，位于洼地南东侧，洼地地表水汇集于此洞
K110	黄蜂厂	T_2b^2	2962	落水洞	呈圆形，直径 6m，深 3m，位于剑～鹤公路下方，通往该落水洞引水渠流向自南向北
K111	南溪	T_2b^2	3067	落水洞	位于南溪岩溶湖南侧，岩溶湖地势总体北高南低，湖水流向总体约 210°～220°
K112	拉郎	T_2b^2	3089	落水洞	呈串珠状分布，近似圆形，直径 6～10m，深 5～8m
K113	拉郎	T_2b^2	3085	落水洞	
K114	拉郎	T_2b^2	3088	落水洞	
K115	拉郎	T_2b^2	3096	落水洞	呈漏斗状，洞口直径约 15m，底部直径约 10m，深约 2m
K50	洗马池	T_2b^2	2752	落水洞	呈圆形，直径约 5m，深 5～6m，地表出露小规模浅灰色灰岩，溶蚀强烈

三、地下岩溶形态

研究区地下岩溶形态主要包括溶洞、岩溶管道系统两种类型。

1. 溶洞

广义上的溶洞指地下大小不同的各种类型的洞穴，也包括落水洞。这里所指的主要是发育在饱水带或季节变动带内的水平状溶洞，其次是倾斜成垂直状的溶洞。溶洞作用力复杂，除了溶蚀外，还有地下河的冲蚀、崩塌、化学堆积和生物作用等，形成的地貌形态也多种多样。

研究区溶洞多见于地表水集中入渗的落水洞和排泄带，表现为以垂直形态为主的落水洞、竖井和以水平溶洞为主的层状溶洞。溶洞规模一般不大，可进深度一般小于 1km，分布无明显规律，洞径一般 2～5m，深度一般数米至数十米，少数 200～400m，洞口呈圆形，多为干洞，部分洞内常年有流水，主要分布高程 2200～2350m，主要出露地层为北衙组上段（T_2b^2）灰岩、白云岩，少量为北衙组下段（T_2b^1）条带状灰岩。大的岩溶洞穴主要有清玄洞、白岩角溶洞、蝙蝠洞、羊龙潭、妖龙潭等，其中鹤庆西山的清玄洞（图 3-18）和北衙金矿附近的妖龙潭（图 3-19）较为典型。

图 3-18　清玄洞

图 3-19　妖龙潭

清玄洞位于小龙潭附近，洞深300～400m，在400m左右，洞里有水，呈沟状，水深1m，不流动。清玄洞附近有多个溶洞，规模不一，基本都无水。妖龙潭在北衙金矿厂上缘山腰上发育，常年有水，最大流量418.6L/min，水质较好，洞壁出露有灰岩，洞深达几百米，为一地下暗河系统。

研究区主要岩溶洞穴见表3-6。

表3-6 研究区主要岩溶洞穴统计表

编号(名称)	出露地层与岩性	基本特征	水流情况
RD1(秀水洞)	D_1q 灰岩	溶洞呈圆形，直径0.5m，深1m，岩溶发育，地下1m处有一南北向暗沟，宽0.5m	无水
RD2(塘上洞)	T_2b^2 白云质灰岩	溶洞呈长方形，长5m，宽3m，深2m。该处为溶蚀洼地，内有一冲沟，走向40°，宽1m	常年有水
RD3(白岩角洞)	T_2b^2 白云质灰岩	位于白岩角山脚，溶洞呈长方形，长3m，宽2m，深1m	无水
RD4(清玄洞)	T_2b^2 白云质灰岩	位于小龙潭附近，溶洞呈长方形，长400m，宽300m，水深1m，水不流动	有水，未流出
RD5(蝙蝠洞)	T_2b^2 白云质灰岩	位于铁路公路交会处，溶洞呈长方形，长3m，宽2m，深度未知，有泉水流出，水质清澈，可听到水声	流量为39.5 L/s
RD6(羊龙潭)	T_2b^2 白云质灰岩	位于羊龙潭水库以西山坡，呈拱形或圆形，直径5m，深3m，沿地层走向发育，有泉水流向水库	常年有水
RD7(妖龙潭)	T_2b^2 白云质灰岩	在北衙金矿厂上缘山腰上发育，水质较好，洞壁出露有灰岩，溶洞呈长方形，长3m，宽2m，洞深达几百米，为一地下暗河系统	常年有水，最大流量418.6 L/min

2. 岩溶管道系统

在马厂、东甸、大塘子和鲁秃等洼地进行多组大型示踪连通试验，根据试验结果可知，地下水运移速度较快。另外对重要泉点进行了地下水年龄测试，各泉点地下水年龄都较小，说明地下水循环较迅速，更新较快，水岩作用时间较短。根据上述试验结果初步分析，区内岩溶管道发育。根据勘察及试验资料，研究区有5个岩溶管道系统，分别为沙子坪-黑龙潭、鲁秃-鹤庆岩溶管道系统，东甸-马厂-洗马池岩溶管道系统，东甸-背马厂-各门江龙潭(三文鱼厂泉)岩溶管道系统，安乐坝-清水江岩溶管道系统，吾竹比-阿喜龙潭岩溶管道系统。

1)沙子坪-黑龙潭、鲁秃-鹤庆岩溶管道系统

该岩溶管道系统补给区为沙子坪洼地及落水洞、鲁秃洼地及落水洞、寒敬落大型边缘岩溶谷地和落水洞群、鲁秃—寒敬落岩溶河谷及岩溶塌陷群，排泄区为鹤庆盆地西山边缘岩溶泉，主要包括黑龙潭(流量300L/s)、仕庄龙潭(流量540L/s)等，岩溶管道系统路径为沙子坪、鲁秃→寒敬落→黑龙潭(鹤庆)。

沙子坪岩溶管道系统运移路径分析：沙子坪洼地完成的钻孔XLZK11(孔深781.5m)揭露强溶蚀带埋深437m，对应高程2 347.4m，稳定地下水位埋深420m，对应高程2364m，强溶蚀带埋深与钻孔地下水位基本一致。洼地西侧2km左右的汝南河和红麦盆地地面最低高程大于2480m，高于钻孔XLZK11地下水位，沙子坪洼地及落水洞地下水不具备向汝南河或红麦盆地(为本区的西侧排泄基准面)排泄的条件。该洼地南侧和北侧被东西向压性隔水断裂(水井村断裂、金棉-七河断裂)阻隔，地下水向南、北两侧运移排泄的可能性也不存在，所以只能向东边更远的排泄基准面鹤庆盆地(高程2200m左右)排泄。地下水首先运移到寒敬落，在寒敬落南侧自北向南径流，并与入渗地下的地表水汇合，再沿北西向破碎带继续向东运移流向鹤庆盆地，在盆地西山脚边缘遇鹤庆-洱源断层和第四系透水性极差的黏土层阻挡后，以大泉(泉群)的方式出露地表，主要排泄泉为黑龙潭(高程2202m)、星子龙潭(高程2240m)。从水文动态变化看，黑龙潭、星子龙潭等泉对降雨反应迅速，暴雨、大雨后泉水迅速变浑浊，流量增大，表明该泉属于管道型快速流地下水。

鲁秃岩溶管道系统运移路径分析：研究区地形总体上西北高、南东低，鲁秃山向斜轴向为北北东，向北抬起，隔水底板北高南低，向斜核部地层岩性主要为北衙组灰岩，底板及两翼地层岩性主要为下三叠统、二叠系含煤碎屑岩和北衙组下段岩溶不发育的泥质灰岩和砂泥岩，鲁秃—寒敬落之间可见地形低洼的古岩溶谷地，沿谷地底部岩溶发育并有串珠状落水洞分布。鲁秃岩溶洼地和落水洞的地表水、地下水主要沿鲁秃山向斜轴部自北向南运移，地下水在寒敬落南侧与入渗地下的地表水汇合后，再沿北西向破碎带流向鹤庆盆地，在盆地西山脚边缘遇鹤庆-洱源断层和第四系透水性极差的黏土层阻挡后以大泉(泉群)的方式出露地表，主要排泄泉为仕庄龙潭和小龙潭。仕庄龙潭原出口较大，人能进入数十米，后因洞口坍塌被堵，在洞口对应的斜坡半山腰处，可见大型的塌陷坑或洞穴，可能为早期地下河出口。仕庄龙潭北侧的小龙潭浑水泉与此情况类似，应属同一来源，其洞口上层发育的清玄洞(图 3-20)，高于泉口 50m 左右，溶洞呈北西向延伸，长约 60m，规模较大，属厅堂式洞穴，洞顶有天窗。水质检测结果显示，仕庄龙潭 Zn^{2+} 、Al^{3+} 、Mn^{2+} 、TFe 含量偏高，而水温偏低，NH_4^+ 偏高，这反映其来源于海拔较高、有生活污染和矿山污染的地表水体。鹤庆西山符合该条件的应该是鲁秃和寒敬落岩溶洼地及落水洞，因此仕庄龙潭等泉点的水源应是鲁秃、寒敬落等岩溶洼地。从水文动态变化看，仕庄龙潭(包括小龙潭南部泉)对降雨反应迅速，暴雨、大雨后泉水迅速变浑浊，流量增大(图 3-21)，表明该泉属于管道型快速流地下水。上述分析表明，沙子坪洼地、鲁秃洼地与寒敬落洼地之间，寒敬落洼地与鹤庆盆地黑龙潭、仕庄龙潭、小龙潭等泉之间存在连通的岩溶管道系统。

图 3-20 鹤庆天子庙清玄洞

图 3-21 仕庄龙潭雨季地下水较浑

2)东甸-马厂-洗马池岩溶管道系统

该岩溶管道系统补给区为东甸洼地及落水洞、马厂洼地及落水洞以及小马厂至洗马池之间的串珠状洼地和落水洞，排泄区主要为鹤庆锰矿沟黑龙潭(流量 1000L/s)，岩溶管道系统路径为东甸→马厂→洗马池。

东甸-马厂-洗马池岩溶管道系统运移路径分析：①从地貌上看，东甸—马厂—洗马池之间沿岩溶地下水流向分布串珠状岩溶洼地和落水洞。从地质结构上看，岩溶管道系统北侧和南侧均为东西向的逆冲隔水断裂所阻隔，岩溶地下水只能流向东西两侧的本区排泄基准面鹤庆和剑川盆地。但东甸为金沙江和澜沧江地下水流域分水岭，所以东甸洼地的水一部分流向东侧，与马厂等洼地的水汇合，继续向东流向鹤庆盆地，在盆地边缘被松桂组砂岩、泥页岩等隔水岩组阻挡，以泉的形式出露地表。②在研究区马厂和锰矿沟大陡山附近分别布置了钻孔 XLZK18(孔深 681.10m)、XLZK16(孔深 950.43m)，并对上述两个钻孔的地下水位进行了长期观测。钻孔 XLZK16 和 XLZK18 地下水位高程分别为 2 454.19m 和 2 559.10m，鹤庆盆地锰矿沟黑龙潭排泄泉高程为 2365～2350m，这证明了马厂洼地的水可能排向锰矿沟，且地下分水岭位于马厂西山。另外，钻孔 XLZK16 地下水位埋深较大(497.5m)，比锰矿沟黑龙潭排泄泉高约 90m，钻孔揭露孔深范围内岩溶均较发育。这说明钻孔 XLZK16 位于Ⅳ-5 岩溶水子系统排泄区的水平溶蚀带中，该岩溶水子系统在锰矿沟附近岩溶发育下限高程较低。③为了验证研究区主要导水通道及暗河的连通性和流向，在东甸和马厂分别进行了大型示踪连通试验，试验结果表明，东甸岩溶洼地的落水洞与锰矿沟泉有岩溶管道连通。

3)东甸-背马厂-各门江龙潭(三文鱼厂泉)岩溶管道系统

该岩溶管道系统补给区为东甸洼地及落水洞、黄蜂厂洼地及落水洞、背马厂洼地和落水洞以及背马厂至各门江龙潭之间的带状洼地和落水洞，排泄区主要为剑川各门江龙潭(流量 2 087.9L/s)，岩溶管道系统路径为东甸→背马厂→各门江龙潭。

东甸-背马厂-各门江龙潭岩溶管道系统运移路径分析：①从地貌上看，东甸—背马厂—各门江龙潭之间分布一系列岩溶洼地和落水洞；从地质结构上看，岩溶管道系统北侧和南侧均为东西向的逆冲隔水断裂所阻隔，岩溶地下水只能流向东西两侧的本区排泄基准面鹤庆和剑川盆地。但东甸为金沙江和澜沧江地下水流域分水岭，所以东甸洼地的水一部分流向西侧，与背马厂、黄蜂厂等洼地的水汇合后，继续向西流向剑川盆地，在盆地边缘以泉的形式出露地表，主要为各门江龙潭(高程 2240m)。以前在该泉出口可见明显的岩溶管道，后因地震崩塌，管道出口被掩埋，现泉水从碎块石中溢出。②为了验证研究区主要导水通道及暗河的连通性和流向，在东甸进行了大型示踪连通试验，试验结果表明，东甸岩溶洼地及其落水洞位于流域地下分水岭地带(与地形分水岭一致)附近。该分水岭为可变分水岭，当流量较大时，地下水向东西两侧分流；当流量较小时，地下水只流向东侧锰矿沟黑龙潭。上述地质结构和示踪试验结果分析表明，东甸、背马厂等岩溶洼地的落水洞与各门江龙潭有岩溶管道连通。

4)安乐坝-清水江岩溶管道系统

该岩溶管道系统补给区为安乐坝岩溶洼地及落水洞，排泄区主要为清水江村泉(流量 309.79L/s)，岩溶管道系统路径为安乐坝→清水江。

安乐坝-清水江岩溶管道系统运移路径分析：①从地貌上看，安乐坝岩溶洼地(高程 2960m)高于清水江村泉(高程 2720m)，清水江为该区最低排泄基准面，安乐坝洼地距清水江村泉直线距离约3.3km。从地质结构上看，岩溶管道系统北侧和南侧均为东西向的逆冲隔水断裂阻隔，安乐坝洼地东侧为金沙江和澜沧江地下水流域分水岭，且距东侧排泄基准面鹤庆盆地较远，安乐坝洼地及落水洞地下水只能向西侧清水江(本区排泄基准面)排泄；洼地和清水江村泉之间有逆冲断裂相连，沿断裂走向见隔水地层青天堡组(T_1q)砂泥岩和辉绿岩脉出露。根据岩溶发育规律，断层及隔水岩组与可溶岩交接部位有利于岩溶发育，安乐坝岩溶洼地与清水江村泉之间沿马场断裂走向存在岩溶管道的可能性较大。②为了验证研究区主要导水通道及暗河的连通性和流向，在安乐坝洼地进行了大型示踪连通试验，试验结果表明，安乐坝岩溶洼地至清水江有多个岩溶通道，地下岩溶较发育。

5)吾竹比-阿喜龙潭岩溶管道系统

该岩溶管道系统补给区为吾竹比等区域分布的大量岩溶洼地及落水洞，沿拉什海向斜核部或龙蟠-乔后断裂分支($F_{10\text{-}3}$)与可溶岩接触部位运移，在本区最低排泄基准面金沙江边以泉的形式排出地表，主要排泄泉为阿喜龙潭(流量 1200L/s)，岩溶管道系统路径为吾竹比→阿喜龙潭(图 3-22)。

吾竹比-阿喜龙潭岩溶管道系统运移路径分析：①从地貌上看，太安吾竹比等处分布的岩溶洼地及落水洞(高程 3000m 左右，图 3-23)位于拉什海岩溶水系统中后部补给区，明显高于本区最低排泄基准面金沙江(高程 1840m 左右)，吾竹比和金沙江之间呈串珠状分布大量洼地和落水洞；②从地质结构上看，本区位于拉什海复向斜轴部，构造以褶皱为主，轴迹总体呈北北东向，主要表现为由两向斜夹一背斜的复式褶皱，这些褶皱都向拉什海和金沙江方向倾伏，褶皱核部均为岩溶地层北衙组(T_2b)，下部为青天堡组(T_1q)砂泥岩等隔水岩组。吾竹比洼地及落水洞位于拉什海复向斜的翘起端，金沙江和拉什海位于向斜的倾伏端，隔水底板南高北低。该区地下水运移主要受向斜控制，地表水、地下水总体自北向南、自南向北沿向斜核部径流，在复向斜鞍部(太安、海西附近)汇集后，继续沿海西向斜核部向北径流，在石鼓北东的铺子村附近受金沙江河谷下切，以管道-岩溶裂隙方式出露地表，出露泉主要为阿喜龙潭(高程 2000m，图 3-24)。该管道系统补给区与排泄区地形高差达 1000m 以上，岩溶地下水垂直下渗的深度大，

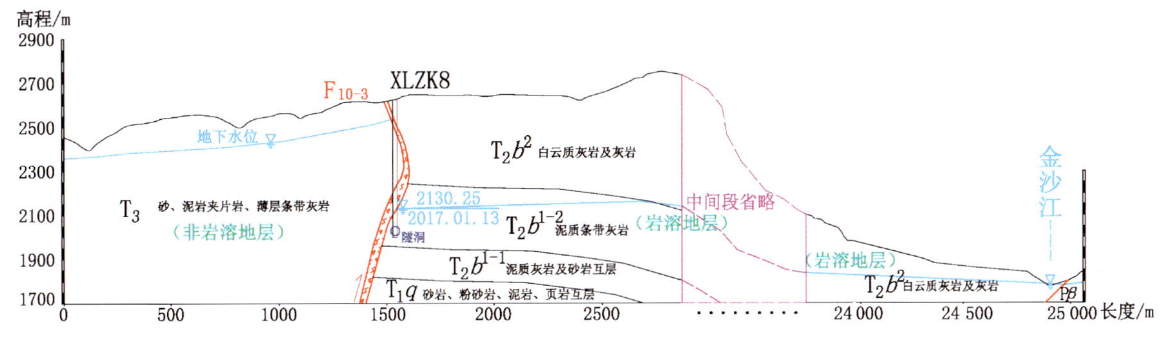

图 3-22　吾竹比-阿喜龙潭岩溶管道系统剖面示意图

吾竹比附近的钻孔 XLZK8（孔深 626.2m）揭露地下水埋深较大（埋深 495.5m），对应高程为2 130.25m（高于阿喜龙潭），这很好地验证了本区岩溶发育较深，存在深部岩溶管道的可能。

图 3-23　太安落水洞

图 3-24　阿喜龙潭

3. 钻孔揭露溶蚀现象

在上述岩溶化地层中共完成 27 个钻孔，根据揭露的情况，上三叠统中窝组（T_3z）灰岩岩溶不发育（图 3-25），偶见少量溶蚀裂隙；中三叠统上部（T_2^b）白云岩、灰岩岩溶不甚发育（图 3-26），主要以溶蚀小孔洞为主，见少量溶洞；中三叠统北衙组（T_2b）灰岩、白云岩岩溶较发育（图 3-27、图 3-28），主要以裂隙性溶蚀为主，裂隙多呈张开状，可见长度一般 10～30cm，呈波状起伏，张开 2～5mm 不等，多充填泥质，少量为溶蚀小孔洞，仅少量钻孔偶见溶洞。各主要钻孔中岩溶发育情况见表 3-7。

图 3-25　中窝组灰岩（岩溶不发育）

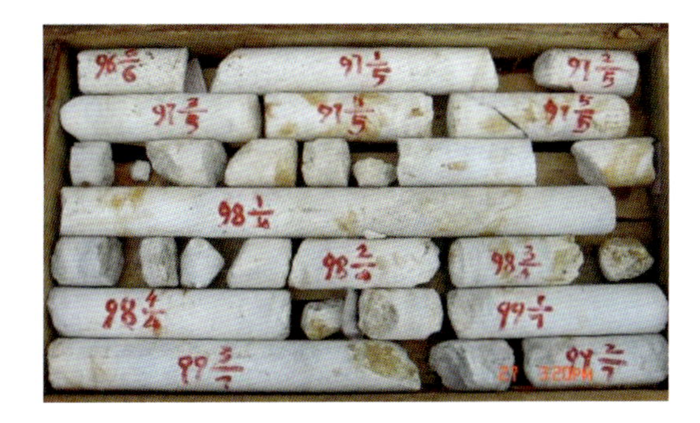

图 3-26　中三叠统上部白云岩（岩溶不发育）

图 3-27　北衙组灰岩(溶蚀孔洞)

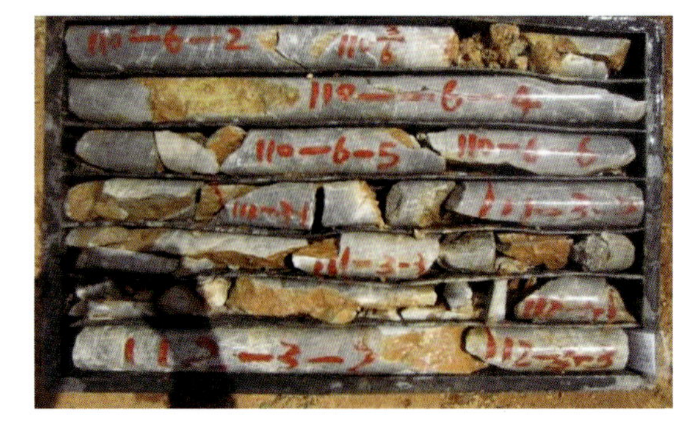

图 3-28　北衙组灰岩(溶蚀裂隙)

表 3-7　研究区主要钻孔溶洞统计表

钻孔编号	孔深/m	地名	发育地层	出露高程/m	设计水位	溶洞直径/m	基本特征
TSZK53	412.3	白汉场水库	T_2^b	2 348.7	2 029.3	0.5	裂隙发育,裂面附黄褐色钙膜
				2 346.7		0.3	裂隙面见白色钙华,见 3 块溶洞充填物块石,岩性分别为方解石、砂岩,粒径 4~7cm,磨圆度好
				2 093.7		>2	无柱状取芯,多为浅黄色细砂、黄褐色黏性土
XLZK8	626.2	子大美	T_2b^2	2 545.2	2 026.3	>10	无柱状取芯,溶腔内充填岩屑、碎石及少量粉质黏土
				2 525.2		>10	无柱状取芯,溶腔内充填岩屑,砾砂状,灰黄色
			T_2b^1	2 155.4~2 150.3		0.2	顺溶蚀裂隙多充填黄色泥钙质黏土,呈可塑状态
XLZK7	596.3	松子园	T_2b^1	2 982.2	2 023.0	1.2	岩面附红色黏土,钻机速度较快,回水呈红色
XLZK11	781.5	沙子坪	T_2b^1	2 759.931~2 754.571	2012.0	5.36	孔深 24.50~29.86m 段为溶洞,充填碎石夹粉质黏土,碎石含量 50%~60%,块径一般 1~3cm,大者3~5cm,棱角状,粉质黏土呈褐黄色,可塑状
XLDZK1	226.6	鹤庆西山	T_2b^2	2 122.1	2 010.2	0.74	孔深 77.36~78.10m 段为溶洞,未取出岩芯,钻速较快
				2 113.3		2.6	孔深 84.20~86.80m 段为溶洞,未取出岩芯,有掉钻现象
				2 108.6		0.2	有掉钻现象
XLZK12-1	237	下马塘	T_2b^2	2898	2 018.1	0.3	有掉钻现象
XLZK16	950.43	马厂煤矿	T_2b^2	2 896.244	2 011.7	0.55	孔深 54.90~55.45m 段为溶洞,有掉钻现象
				2 867.794		0.6	孔深 83.30~83.90m 段为溶洞,有掉钻现象
				2 783.694~2 756.694		0.2~0.8	孔深 168.38~168.58m、172.08~172.28m、174.81~174.90m、178.81~179.11m、186.64~187.24m、187.90~188.70m 段充填浅黄色碎块夹粉土,碎石块径 2~8cm;孔深 180.31~180.51m、181.71~181.91m、198.10~198.50m 段充填褐黄色细砂,松散状;孔深 183.20~183.60m、184.40~185.00m、191.30~191.50m、192.71~192.95m、193.90~194.30m 段充填碎石夹粉质黏土,碎石粒径 2~5cm,棱角状
XLZK12	460.1	塘上村	T_2b^2	2 826.404	2 015.8	0.6	孔深 78.6~79.2m 段有掉钻现象

表 3-7(续)

钻孔编号	孔深/m	地名	发育地层	出露高程/m	设计水位	溶洞直径/m	基本特征
XLZK13	797	安乐坝	T_2b^2	2 931.36	2 018.3	0.5	孔深 12.0～12.5m 段发育一小溶洞，洞内充填红褐色黏土，岩体表面见溶蚀色变现象
				2 854.46		0.4	溶洞内充填灰黄色黏土夹碎石，碎石成分为泥质灰岩，棱角状，含量约 40%，结构疏松
				2 810.36		0.5	孔深 133.0～133.5m 段发育小溶洞，洞内充填灰黄色黏土夹碎石，碎石成分为白云质灰岩，大小 2～3cm，棱角状
				2 794.06		0.9	孔深 149.3～150.2m 段发育溶洞，洞内充填红褐色黏土，黏土呈可塑偏硬状，结构稍密
				2 675.46		0.9	孔深 267.9～268.8m 段发育一溶洞，洞内充填紫红色黏土夹碎石，碎石成分为白云质灰岩
				2 638.26		2.7	孔深 305.1～307.8m 段发育一溶洞，洞内充填灰黄色碎石夹土，碎石成分为白云质灰岩，大小 2～4cm
XLZK25	485.94	核桃箐	T_3z	2 416.13	2 002.6	0.5～1	孔深 24.63～54.0m 段有掉钻现象
XLZK27	90.3	狮子山	T_3z	2 014.6	2 001.1	2.3	孔深 45.50～47.80m 段发育一溶洞，洞内充填黄色黏土及少量碎石岩屑等，钻进较快

四、岩溶泉

岩溶区中均有岩溶泉出露，其形式多种多样，以下降泉居多，上升泉较少。有常流性的，亦有间歇性的。研究区共调查泉点 191 处，其中岩溶大泉约 20 处。研究区主要盆地岩溶大泉分布广泛。①鹤庆盆地：该盆地是本区岩溶大泉分布最密集的地区，也是受工程影响最严重的地区，沿鹤庆西山和东山山脚分布一系列岩溶泉，排泄高程一般 2210～2250m。其中鹤庆西山泉水流量一般 100～500L/s，总流量约 6280L/s，最大流量 1200～1500L/s(大龙潭 W11)。鹤庆东山泉水流量一般 27.17～54.07L/s，总流量约 361.22L/s，最大约 216L/s(渼龙潭泉 Wq11)，泉水最终排入漾弓江。②剑川盆地：该盆地西山泉水较少，东山山脚分布一系列岩溶泉和地下暗河，排泄高程 2200m 左右，总流量 2983L/s。主要岩溶大泉和暗河有：水鼓楼龙潭(Wq50)流量为 272.04L/s，东山寺龙潭(Wq51)流量为 203.38L/s，各门江龙潭(Wq52)流量为 2 087.90L/s。③拉什海和文笔海盆地：这两个盆地线路附近较大岩溶泉不多，拉什海盆地泉水排泄高程 2100～2440m，总流量1 207.23L/s，主要岩溶大泉为新文北泉，流量 1200L/s。文笔海盆地泉水排泄高程 2400m，总流量 675L/s，主要岩溶大泉为新文北泉文峰寺神泉，流量 300～500L/s。④清水江和红麦盆地：泉水排泄高程 2479～2783m，主要排泄泉为清水江源泉和清水江村泉，总流量 497L/s。

这些大泉主要通过岩溶地下管道、导水断层向本区的最低侵蚀基准面排泄，多数岩溶大泉不仅提供了当地居民的生活饮用水，还补给地表水系。研究区主要岩溶大泉见图 3-29，主要岩溶大泉统计见表 3-8。

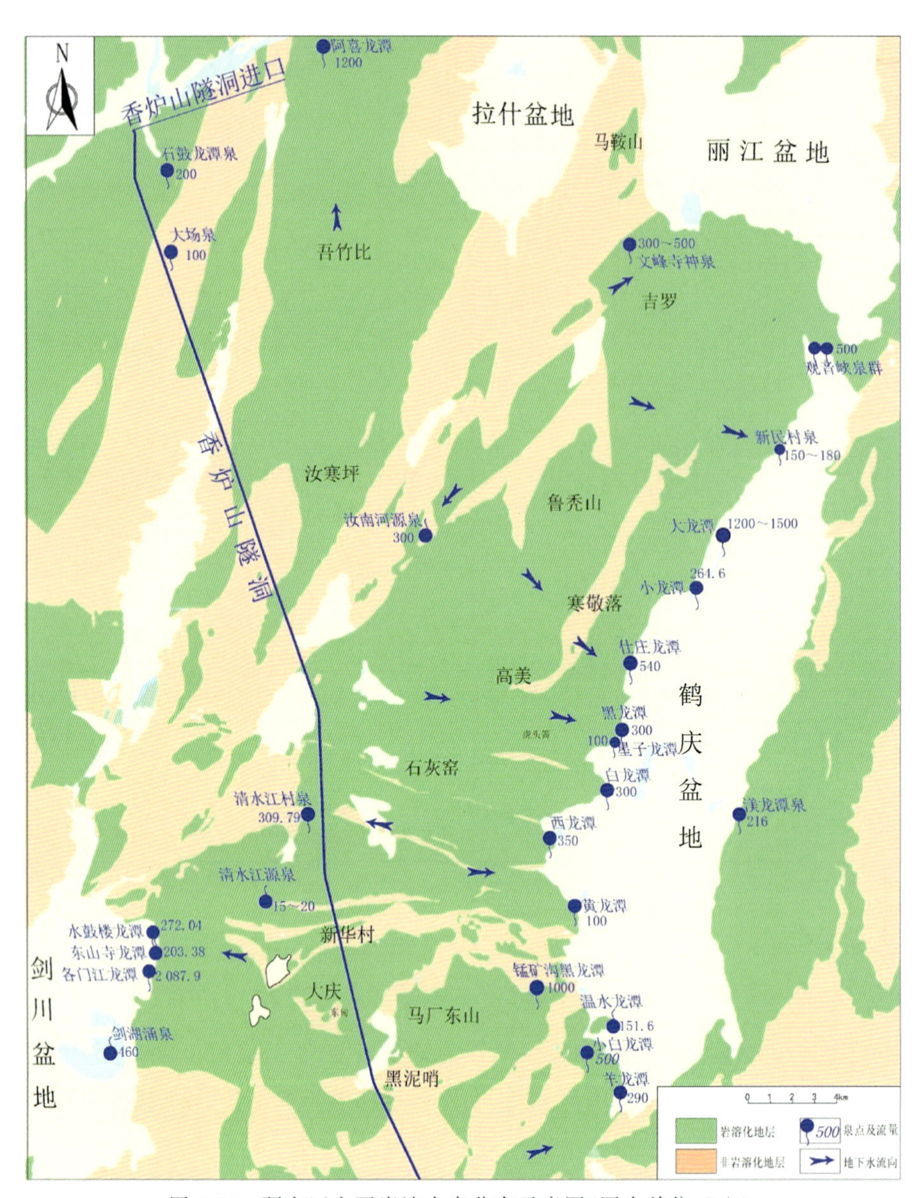

图 3-29　研究区主要岩溶大泉分布示意图(图中单位:L/s)

表 3-8　研究区主要岩溶大泉统计表

编号	泉名	位置	高程/m	所在地层	流量/(L·s^{-1})	泉水性质
W57	大场泉	大场	2367	T_2^a	100	下降泉
Wq140	石鼓龙潭泉	金沙江	2060	D_2q	200	下降泉
Wq141	阿喜龙潭	金沙江	2000	T_2b^1	1200	下降泉
W97	文峰寺神泉	鹤庆西山	2714	T_2b^2	300～500	下降泉
W11	大龙潭		2212	Qh	1200～1500	下降泉
W10	小龙潭		2206	T_2b^1	264.6	下降泉
Wq3	仕庄龙潭		2240	Qh	540	下降泉

表 3-8(续)

编号	泉名	位置	高程/m	所在地层	流量/(L·s^{-1})	泉水性质
W9	黑龙潭	鹤庆西山	2202	T_2b^2	300	下降泉
Wq5	星子龙潭		2240	Qh	100	下降泉
W103	新民村泉		2214	T_2b^2	150～180	下降泉
W101	观音峡泉群		2244	T_2b^2	500	下降泉
W8	白龙潭		2198	T_2b^2	300	下降泉
Wq7	西龙潭		2222	T_2b^2	350	下降泉
W6	黄龙潭		2213	T_2b^2	100	下降泉
W82	锰矿沟黑龙潭		2365	T_2b^2	1000	下降泉
W59	温水龙潭		2229	T_2b^2	151.6	上升泉
W63	羊龙潭		2259	T_2b^2	290	下降泉
W107	小白龙潭		2285	T_2b^2	500	下降泉
Wq11	渼龙潭泉	鹤庆东山	2240	E	216	下降泉
W104	汝南河源泉	汝南河	2673	N	300	上升泉
Wq2	清水江村泉	清水江	2720	T_2b^1	309.79	下降泉
W106	清水江源泉		2783	T_2b^1	15～20	上升泉
Wq50	水鼓楼龙潭	剑川东山	2240	D_1q	272.04	下降泉
Wq51	东山寺龙潭		2240	D_1q	203.38	上升泉
Wq52	各门江龙潭		2240	D_1q	2 087.9	下降泉
Wq53	剑湖涌泉	剑湖	2200	D_1q	460	上升泉

五、地热泉

研究区有一些地热泉，主要分布在牛街—三营、洱源—炼城、下山口—西湖温水村 3 个地温高值区(带)，以及鹤庆盆地南端化龙村温水龙潭。①牛街—三营带内共调查 18 个热泉(井)点，其中热泉 7 个，热井 11 个，均表现为承压性质，部分热井还表现为强承压。泉点地表量测水温一般 60～75℃，最高 80℃。当井深为 20m 以内时，井口量测水温为 62～72℃；当井深为 20～80m 时，井口量测水温为 72～86℃。②洱源—炼城带内共调查 13 个热泉(井)点，其中热泉 2 个，热井 11 个。泉点地表量测水温一般 65℃。当井深为 20m 以内时，井口量测水温为 63～70℃；当井深为 60～250m 时，井口量测水温为 46～65℃；大理地热国高地热井深达 300m，出水口量测水温达 88℃。③下山口—西湖温水村带内共调查 28 个热泉(井)点，包括热泉 1 个和热井 27 个。热泉(井)集中分布在下山口、坡头村、温水村一带，其中包括下山口 22 个热泉(井)、坡头村 3 个热井、温水村 3 个热井。热泉点位于 G214 里程 K2291＋500 处，地表量测水温为 93.5℃。下山口一带热井均不具承压性质，井深多在 20m 以内，井内水温 36～60℃。坡头村一带井深 6～8m，井内水温 41～45℃。温水村一带井深 4～5m。④鹤庆盆地南端化龙村温水龙潭位于盆地西部边缘基岩与第四系的接触部位。温泉出露于北衙组灰岩、白云质灰岩中。泉出口处高程 2240m，以上升泉形式呈片状涌出地表，并向上冒泡，流量 151.6L/s，水温 30.5℃，无色、有 H_2S 臭味、透明，可见少量黑色沉淀物。

第三节　岩溶发育程度

一、岩溶化岩组分类及富水性

1. 岩溶化岩组分类

1）岩溶发育程度定性分级标准

目前对岩溶化岩组岩溶发育程度强弱等级的认定没有统一标准。现根据碳酸盐岩层组类型、岩溶发育特征、岩溶水特征等指标对岩溶区岩溶化地层岩溶发育强弱进行分级（表 3-9）。

表 3-9　岩溶发育程度定性分级标准

分级	碳酸盐岩层组类型	岩溶发育特征	岩溶水特征
强烈岩溶化地层	出露面积较大，纯碳酸盐岩连续厚度较大，如均匀碳酸盐岩层组	地表岩溶洼地、落水洞、漏斗等多见，溶沟、溶槽、石芽等密布，地下土洞、溶洞发育	地下有岩溶管道水或暗河分布，泉水分布较多
中等岩溶化地层	碳酸盐岩夹非碳酸盐岩岩溶层组，其中的碳酸盐岩呈条带状分布，有一定的连续厚度	地表岩溶洼地、落水洞、漏斗、溶沟、溶槽、石芽较发育，地下土洞、溶洞较发育	地下有小规模岩溶管道水分布，泉水出露较少
弱岩溶化地层	碳酸盐岩与非碳酸盐岩互层，且碳酸盐岩单层厚度较薄	地表岩溶形态稀疏发育，主要为溶沟、溶槽等，地下岩溶形态以溶孔、溶蚀麻面为主	岩溶裂隙多被充填，泉水出露较少或无泉水

2）岩溶发育程度分类

根据岩溶发育程度定性分级标准，研究区岩溶化地层可分为强烈岩溶化地层——中三叠统北衙组上段、中三叠统北衙组下段上部、下二叠统、下泥盆统青山组；中等岩溶化地层——古近系丽江组、上三叠统中窝组、中三叠统上部、石炭系黄龙组及马平组、下泥盆统康廊组；弱岩溶化地层——中泥盆统苍纳组及穷错组、前寒武系苍山群等。

（1）强烈岩溶化地层。

中三叠统北衙组上段（T_2b^2）：厚层白云质灰岩及白云岩，顶部为纯灰岩（图 3-30），地表岩溶发育，特别是在褶曲轴部、断裂带附近，漏斗、落水洞及洼地广泛分布，面岩溶率 0.42%～18.6%，溶洞暗河发育，岩溶水以脉状细流为主，管流次之。大泉暗河流量 100～540L/s，个别流量达 1200～2000 L/s，地下径流模数 9.46～15.96L/(s·km^2)，主要分布于汝寒坪、鹤庆西山等地。

中三叠统北衙组下段上部(T_2b^{1-2})：厚层泥质灰岩、灰岩(图 3-31)，岩溶发育，漏斗、落水洞、洼地呈串珠状分布，其下发育有地下暗河，面岩溶率 0.58%～10.31%，大泉暗河流量 290～606L/s，地下径流模数 8.57～10.69L/(s·km^2)(与 T_2b^2 有水力联系)，在白汉场槽谷以南的太安、汝寒坪、鹤庆西山等地大面积分布。

图 3-30　北衙组上段岩溶特征

图 3-31　北衙组下段岩溶特征

下二叠统(P_1)：上部厚层块状灰岩，下部为中厚层—块状纯灰岩、生物碎屑灰岩夹白云质灰岩(图 3-32)，溶洞、溶蚀裂隙强烈发育，面岩溶率 20%～32%。出露泉点流量悬殊，最大 143.80L/s，最小仅 0.454L/s。该地层分布少，仅在牛街、三营一带出露。

下泥盆统青山组(D_1q)：上部为中厚层条带灰岩，中部为厚层状纯灰岩，下部为厚层状灰岩夹生物礁灰岩(图 3-33)，地表岩溶形态俱全，洼地、漏斗沿构造线呈串珠状展布，溶洞暗河强烈发育，面岩溶率 22.8%～43%，地下水多呈管道或裂隙集中排泄，大泉、暗河流量一般大于 100L/s。

图 3-32　下二叠统岩体

图 3-33　青山组岩体

(2)中等岩溶化地层。

古近系丽江组(El)：中上部为砂岩、泥岩夹砾岩，见灰岩夹层，下部为石灰质角砾岩(图 3-34)。局部发育有较多的漏斗、落水洞，在侵蚀基准面附近发育有小型溶洞及溶孔，在缓坡地带发育有溶沟及石芽等。大泉暗河流量 10.24～62L/s，最大约 216L/s，实测地下径流模数 2.95～5.8L/(s·km^2)，主要分布在鹤庆东山。

上三叠统中窝组(T_3z)：中厚层状灰岩、泥质灰岩夹页岩及粉砂岩，局部含燧石结核，底部具名铝土页岩或含铁砂岩(图 3-35)。岩溶中等发育，赋存裂隙岩溶水，大泉、暗河流量 29.32～52.50L/s，地下径流模数 1.36L/(s·km^2)，主要分布于核桃箐、松桂等。

图 3-34　丽江组岩体特征

图 3-35　中窝组岩溶特征

中三叠统上部(T_2^b)：薄—厚层状白云岩、结晶白云岩、纹层灰岩(图 3-36)。岩溶发育程度中等，以岩溶裂隙—小岩溶管道为主，可见有溶洞、漏斗等岩溶形态发育，赋存裂隙水，富水性中等。单个水点(地下河、泉)流量多为 10～100L/s，少见流量大于 100L/s 的大泉、泉群，地下径流模数 2～5L/(s·km^2)，主要分布于白汉场水库一带。

石炭系黄龙组(C_2h)、马平组(C_2m)：中厚层块状纯灰岩，以断块形式出露于分水岭地带。裂隙溶洞中等发育，以垂直溶蚀裂隙为主，溶蚀裂隙率 16%，大泉流量 13～70L/s，主要分布在百山母一带。

下泥盆统康廊组(D_1k)：厚层块状白云质灰岩(图 3-37)，含硅质条带，泥质、硅质成分较多，地表以石芽、溶沟和溶蚀裂隙为主，洼地、漏斗呈带状展布，溶洞暗河中等发育，线岩溶裂隙率 5.4%～16.5%，大泉暗河流量 20～92L/s，最大约 196.16L/s，实测地下径流模数 6.58L/(s·km^2)，主要分布在剑川以南的石宝山风景区。

图 3-36　中三叠统上部岩溶发育特征

图 3-37　康廊组岩体特征

(3)弱岩溶化地层。

中泥盆统苍纳组(D_2c)：灰色—灰白色灰岩夹钙质泥岩，岩溶发育较弱，富水性中等，局部发育有较多小型溶洞及溶孔(图 3-38),地下径流模数 2.0～5.0L/(s · km²),主要分布于石鼓望城坡一带。

中泥盆统穷错组(D_2q):灰色—深灰色片岩与灰岩互层,厚度 1 126.7m。灰岩厚度大于 340.4m,比例30.2%,其中连续厚度一般 74～146m。岩溶发育程度较弱,以基岩裂隙水赋存为主,偶见溶洞、漏斗等岩溶形态(图 3-39),地下径流模数 1.0～2.0L/(s · km²),主要分布于石鼓望城坡至大场。

图 3-38 苍纳组岩溶特征

图 3-39 穷错组岩溶特征

前寒武系苍山群($An\in cn^{2\text{-}3}$):第三段为片岩夹大理岩、结晶白云质灰岩,第二段为薄层状条带状大理岩、结晶白云质灰岩夹片岩、千枚岩(图 3-40)。岩溶发育和形态不均匀,主要见溶蚀裂隙、条带状洼地、裂隙状落水洞及漏斗等,线岩溶裂隙率 2.92%,泉流量一般 10～80L/s,最大 184L/s,地下径流模数 3～5L/(s · km²)。

图 3-40 苍山群岩体

2. 可溶岩层组的富水性

富水性指含水层中地下水的富集程度。可将岩溶含水层(组)划分为强、中等、弱 3 个等级。岩溶含水层组的富水性受岩石成分与结构、地形地貌、气候、大气降水与汇水区面积、水化学性质、水文格局以及岩溶发育程度等多因素影响,富水性有较大的差异。目前对碳酸盐岩地层富水性强弱等级的认定没有统一标准。本次研究中用地下水径流模数来表征岩溶含水层的富水性,并参考其在地表与地下的岩溶发育强度(洼地或漏斗密度)和泉点个数(表 3-10)。

表 3-10 岩溶含水层(组)富水性划分指标体系

岩溶含水层(组)分类	主指标体系		参考指标体系	
	地下水径流模数/($L\cdot s^{-1}\cdot km^{-2}$)	入渗系数/%	洼地或漏斗密度/(0.01 个 · km^{-2})	泉点个数/(0.01 个 · km^{-2})
强富水性岩溶含水层(组)	>10.0	>0.4	>70	>10
中等富水性岩溶含水层(组)	5.0～10.0	0.2～0.4	30～70	10～2
弱富水性岩溶含水层(组)	5.0～1.0	0.1～0.2	<30	<2

根据以上指标体系,对区内各岩溶含水层组的富水性划分如下(表 3-11)。

表 3-11　岩溶含水层(组)富水性划分表

岩溶含水层(组)分类		主指标体系		参考指标体系	
		地下水径流模数/($L \cdot s^{-1} \cdot km^{-2}$)	入渗系数/%	洼地或漏斗密度/(0.01 个·km^{-2})	泉点(泉群)个数及总流量
强富水性岩溶含水层(组)	T_2b^2	11.76～16.84	>0.4	75～100	26 个(大泉、泉群、地下河),总流量 8 163.91L/s(不含丽江市区以上泉)
中等富水性岩溶含水层(组)	T_3z	7.53	0.32	30～50	无泉点出露,与 T_2b^2 形成统一含水层组
弱富水性岩溶含水层(组)	T_2b^1	3.37	0.15	10～30	岩溶泉、大泉 9 个,总流量 2 448.64L/s(拉什海流域)

1)强富水性岩溶含水层(组)

强富水性岩溶含水层(组)以中三叠统北衙组上段(T_2b^2)最为典型,广泛分布于鹤庆西山和丽江盆地南部,出露面积约 350km^2。其岩溶总体发育强烈,漏斗、落水洞及洼地密集,洼地密度为 0.75～1 个/km^2,溶洞暗河发育,总出露泉点(含泉群、地下河)26 个。地下水丰水季节总流量达 8000L/s 以上,丰水季节平均径流模数为 11～17L/(s·km^2)。代表性的水点有鹤庆黑龙潭、白龙潭、大龙潭、仕庄龙潭、小龙潭和锰矿沟黑龙潭等。

2)中等富水性岩溶含水层(组)

中等富水性岩溶含水层(组)以上三叠统中窝组(T_3z)最为典型,岩溶总体发育中等。中窝组呈条带状分布于中三叠统北衙组外围,岩溶不发育,洼地密度为 0.3～0.5 个/km^2,无泉点出露,与北衙组形成统一岩溶水系统。

3)弱富水性岩溶含水层(组)

弱富水性岩溶含水层(组)以中三叠统北衙组下段(T_2b^1)最为典型,岩性以泥质灰岩夹粉砂岩、页岩为主,在拉什海复向斜中分布广泛,是该岩溶地下水系统的主要岩溶含水层(组),分布面积达 200km^2。岩溶总体发育较弱,地表岩溶形态有岩溶洼地、岩溶谷地、落水洞等,有岩溶大泉 10 个,总流量为 2 336.34L/s,地下水径流模数为 3.37L/(s·km^2)。但在鹤庆西山岩溶区,该含水层(组)呈东西条带状分布,为北衙组下段下部地层(T_2b^{1-1}),岩性为泥质灰岩与泥页岩互层,泥质含量较高,岩溶发育差,地表多表现为溶蚀—侵蚀丘岗或坡地,由于它与强岩溶含水层(组)北衙组上段毗邻,可视为相对隔水层。

二、岩溶发育深度与垂直溶蚀风化分带

1. 岩溶发育深度

1)岩溶发育总体上自地表向下逐渐减弱

由于水动力条件和水的侵蚀性向深部逐渐减弱,岩溶发育程度也随深度的增加而减弱。众多的勘探钻孔线溶蚀率和钻孔遇洞率都清楚地反映了这一规律。如鹤庆西山马厂一带的钻孔 XLZK18 揭示,孔深 216m 以上岩溶发育强烈,溶孔、溶蚀裂隙发育,岩芯破碎,取样率低;而孔深 216m 以下岩溶发育较弱,溶蚀孔、洞少见,仅见相对溶蚀微弱的裂隙等岩溶现象。鹤庆西山大陡山附近钻孔 XLZK16 在孔深 0～202.80m 岩溶发育强烈,溶孔、溶蚀裂隙普遍,溶孔孔径一般 1～2cm,无充填或有少量泥质充填,见多个 0.5m 以上高度的溶洞和集中溶蚀带(强岩溶发育段);孔深 202.80～340m 岩溶发育中等偏弱,岩

溶现象以溶蚀裂隙为主，偶见溶孔，岩石相对完整，岩芯取样率高；孔深340m以下岩溶发育极微弱，岩芯完整性好，溶蚀裂隙不发育，偶见小溶孔。其他钻孔也具有相同的岩溶发育规律。

2)岩溶发育深度具有明显的分层性

以鹤庆西山大陡山附近XLZK16(孔口高程2 951.69m)为例，岩溶发育在垂直深度上分层性明显。其中，孔深50m以上为表层岩溶发育带，以垂直溶蚀裂隙为主；孔深50m以下可大致划分为以下6个强的水平层状岩溶发育带。

(1)高层强岩溶发育带(孔深54.90～69.00m，高程2 882.70～2 896.80m)：以溶洞、强溶蚀裂隙带为主，其中，孔深54.90～55.45m段见溶洞，孔深62.0～62.50m、65.30～69m段溶蚀裂隙强烈发育，溶蚀裂隙长10～20cm，张开，无充填。

(2)中层强岩溶发育带(孔深83.30～103.50m，高程2 848.20～2 868.40m)：以溶洞、溶孔等管道型岩溶形态为主，岩芯破碎，采样率低。其中，孔深83.30～83.90m段见溶洞，有掉钻现象，孔深96.50～104.30m段有垮塌现象，孔深101.10～103.50m段发育溶孔、溶洞。

(3)低层强岩溶发育带(孔深142.30～200m，高程2 748.90～2 809.40m)：岩溶发育，以溶孔为主，孔径2～5mm，无充填，局部小溶洞发育，充填碎石及沙粒。

(4)现代岩溶发育带(孔深391.80～429.50m，高程2 522.20～2 553.70m)：相当于岩溶地下水位附近。岩溶形态以密集型溶蚀裂隙(地下水集中径流带)为主，溶蚀裂隙面呈波状、陡倾、裂隙长10～30cm，张开宽度1cm左右，溶蚀裂隙面上附泥膜，发育小溶孔。孔深391.80～391.90m处的陡倾斜溶蚀裂隙面上附厚3mm方解石脉。

(5)中深部中—弱岩溶发育带：孔深616～661.20m段(高程2 290.50～2 335.70m)沿陡倾斜构造裂隙发生溶蚀作用，裂隙面凹凸不平，并见明显的钙膜和泥质充填，局部有溶蚀孔洞，网纹状方解石条带发育，条带宽1～2m，岩溶发育总体中等。

孔深723.30～800.30m(高程2 151.4～2 228.4m)可分为两段，其中在孔深723.30～727.60m段(挤压蚀变带)岩溶发育明显，见溶孔和溶蚀裂隙，溶孔孔径一般0.20～0.50m，溶蚀裂隙面凹凸不平、波状起伏、粗糙，主要沿挤压蚀变带中倾角75°构造裂隙发育，锈染明显；在孔深728～732.50m、737.30～738m、759.40～779m、783.60～800.20m段，溶孔和溶蚀裂隙普遍发育，溶孔直径一般2～6mm，局部较大者1cm，无充填，溶蚀裂隙沿陡倾斜裂隙发育，裂隙面附泥膜及钙膜。

(6)深部沿断裂岩溶发育带(孔深837.50～950.43m，高程2 001.27～2 114.20m)：为沿断裂(含断裂影响带)发育的强岩溶发育带，陡倾斜(75°～85°)，溶蚀裂隙较发育，裂隙面因溶蚀作用而凹凸不平，局部裂隙面上见少量溶孔(孔径约2～3mm，黄褐色泥质半充填)，网纹状方解石条带发育，条带宽2～3mm。该岩溶段岩芯多沿溶蚀裂隙面破碎成3cm×4cm～8cm×12cm的碎块，裂隙面或附黄褐色泥质，或充填1cm左右的泥。本段高程已低于局部排泄基准面(鹤庆锰矿岩溶泉群出口高程2370m)和区域侵蚀基准面(即鹤庆盆地高程2220m)，表明深大断裂(推测为近东西走向推覆构造)处的岩溶发育不受区域侵蚀基准面控制。

2. 岩溶发育程度垂直分带与岩溶发育下限

1)垂直分带划分标准

地下水运动是岩溶发育的重要条件。从地表向地下深部，地下水的运动逐渐减缓，相应地，岩溶发育的强度逐渐减弱。地下水的排泄基准面和地质构造控制岩溶发育深度，岩溶发育程度垂直分带反映了岩溶的发育强度。进行岩溶发育强度垂直分带的主要目的是区分岩溶在垂直方向上发育的相似性和差异性，以便更准确地评价岩溶化地层的工程地质性质，指导地下工程的设计与施工。岩溶发育强度分带是以岩溶发育强弱为基础，将岩溶发育强度相近且在空间上互相连接的部分划分为同一个岩溶发育带，将岩溶发育强度差异较大的部分划分为不同的岩溶发育带(张祖陆，2021)。

根据研究区岩溶地质和岩溶水文地质特征、岩溶层组类型、区域构造以及岩溶地下水补给、径流、排泄分带，对研究区完成的大量钻孔数据进行统计分析，并参考物探剖面、岩性组合、地下水位以及岩溶发育的控制因素，根据相关规程规范和参考文献，将研究区垂向岩溶发育强度初步划分为4个带。各个带的特征如下。

(1)垂直入渗强溶蚀带：在垂直渗流带，地下水以垂直运动为主，一般表现为地表岩溶洼地、垂直落水洞、漏斗等垂直岩溶。地下有大规模的暗河或垂直管道及宽大溶缝溶隙，以管道水为主，兼有裂隙水。溶洞多为充填或半充填(也有少量空洞)，溶缝溶隙多充填泥质或方解石。

(2)水平径流强溶蚀带：在地下水季节变动带及地下水位一定深度范围内，地下水垂直运动与水平运动不断呈交替变化，垂直和水平岩溶洞隙都发育。此带易发育水平状岩溶管道、暗河或密集的宽大溶缝溶隙，以管道水为主，兼有裂隙水。溶洞多为充填或半充填(也有少量空洞)，溶缝溶隙多充填泥质或方解石薄膜。

(3)水平径流弱溶蚀带：地下水以水平运动为主，在水平径流强溶蚀带之下，以裂隙水为主。其溶蚀特点表现为溶缝、溶孔和溶隙，部分溶缝、溶隙充填泥质或裂隙面见明显的钙华等现象，溶孔见蜂窝状、葡萄状溶蚀面。

(4)水平径流微溶蚀带：地下水向深部渗流为主，循环缓慢，在水平径流弱溶蚀带之下，岩体新鲜完整，裂隙少见，偶见小晶洞，溶蚀现象不明显，偶见裂面上有铁质浸染或附着泥膜。此带主要位于深部或分水岭附近的微岩溶化岩块(分水岭地带缺水，故岩溶不发育，地下水运移极缓)，为相对隔水层。

2)研究区岩溶垂直分带和岩溶下限(弱岩溶下限)研究

根据上述岩溶垂直分带的划分，对研究区主要钻孔中各溶蚀带内溶蚀率、渗透系数、RQD(岩石质量指标，每回次钻进所取岩芯中，长度大于10cm的岩芯段长度之和与该回次进尺的比值，以百分比表示)以及视电阻率等进行了统计分析。结果表明，研究区的岩溶发育在垂向上具有较明显的分带特征，岩溶化程度随着深度增加而降低，且多受控于地层岩性、地质构造及地下水径流强度等因素，局部地段钻孔已揭露非岩溶化地层。研究区不同部位的岩溶化地层在溶蚀垂直分带上又具有一定差异性，总结如下。

(1)白汉场一带：岩溶化地层为T_2^b，岩性主要为白云质灰岩、灰岩及角砾灰岩。溶蚀发育程度总体较弱，以溶孔、溶隙发育为主，钻孔线溶率约1.56%～1.64%，溶蚀垂直分带特征较明显。其中钻孔揭露强溶蚀带埋深一般186.50～319.0m，对应高程2 063.40～2 214.20m，钻孔线溶率2.34%～2.53%，RQD值22%～41%；弱溶蚀带钻孔线溶率1.27%～1.29%，RQD值24%～53%，弱溶蚀带未被钻孔揭穿。隧洞穿越该处时位于龙蟠-乔后断裂带(F_{10})内，视电阻率低值区间仅为15～39Ω·m。

(2)拉什海一带：岩溶化地层为T_2b^1，岩性主要为灰岩、泥质灰岩。溶蚀发育强度总体不大，溶洞、溶隙、溶孔等溶蚀类型均有发育，垂直分带特征较明显。XLZK7钻孔揭露强溶蚀带埋深75m，对应高程2 945.90m，钻孔线溶率4.94%，RQD值31%，视电阻率低值250～390Ω·m；弱溶蚀带埋深233.100m，对应高程2 787.8m，钻孔线溶率0.94%，RQD值45%，视电阻率低值390～1000Ω·m；微溶蚀带埋深444.10m，对应高程2 576.80m，钻孔线溶率0.17%，RQD值62%，视电阻率低值1000～1200Ω·m。

白汉场部位XLZK8位于龙蟠-乔后断裂带，岩溶发育程度受控于断层和地层岩性。由于断裂影响，岩体较破碎，RQD值较低，钻孔揭露的岩溶相对较发育，其钻孔线溶率9.58%。钻孔揭露强溶蚀带埋深105.00m，对应高程2 520.25m，发育两个长度大于10m的溶洞，钻孔线溶率29.10%，RQD值15%，视电阻率低值200～550Ω·m；弱溶蚀带未被钻孔揭穿，钻孔线溶率5.70%，RQD值36%，视电阻率低值550～1200Ω·m。钻孔压水(注水)试验结果表明，强、弱溶蚀带均为弱透水性，微溶蚀带具微—极微透水性。

(3)清水江—鹤庆西山：岩溶化地层主要为T_2b^2，少量为T_2b^1，岩性以白云质灰岩、灰岩及角砾灰岩为主。强溶蚀带主要发育溶洞，伴有溶隙、溶孔；弱、微溶蚀带以小型溶孔及溶隙为主，溶蚀垂向分带特征较明显，钻孔线溶率1.58%～3.17%。钻孔揭露强溶蚀带埋深一般176.00～367.20m，对应高程2 395.60～2 639.60m，钻孔线溶率3.5%～4%，RQD值17%～63%，视电阻率低值600～1500Ω·m；弱溶蚀带埋深一般302.50～553.50m，对应高程2 220.20～2 603.10m，钻孔线溶率0.21%～2.59%，

RQD值22%～83%，视电阻率低值1500～2500Ω·m。

汝南哨钻孔XLZK12揭露微溶蚀带埋深435.70m，对应高程2 469.90m，钻孔线溶率0.15%～0.27%，RQD值24%～72%，视电阻率低值4500～4800Ω·m。红麦部位XLZK10、汝南哨部位XLZK12钻孔下部均揭露非岩溶化地层，受岩性、裂隙及钻进等因素影响，RQD值均偏低。红麦村XLP5ZK2位于石灰窑断裂带，其岩溶发育程度受控于断裂和地层岩性，由于断裂影响，岩体较破碎，RQD值低，钻孔揭示岩溶较发育，其钻孔线溶率19.83%；强溶蚀带埋深34.70m，钻孔线溶率30.20%，RQD值19%，视电阻率低值250～300Ω·m，强溶蚀带下限高程高于支洞顶板，约276m；弱溶蚀带未被揭穿，钻孔线溶率15%，RQD值26%，视电阻率低值300～400Ω·m。

(4)清水江—剑川东山：岩溶化地层主要为T_2b^2、D_1q，岩性以灰岩、白云质灰岩、泥质灰岩为主。溶蚀类型主要表现为溶孔及溶隙，溶蚀发育总体较弱，钻孔线溶率约1.35%，溶蚀垂直分带特征总体较明显。黄蜂厂钻孔XLZK14揭露强溶蚀带埋深193.30m，对应高程2 974.87m，钻孔线溶率约3.13%，视电阻率低值区间值为1500～2500Ω·m；弱溶蚀带埋深500.20m，对应高程2 667.97m，钻孔线溶率1.02%，RQD值4%，视电阻率低值区间值为2000～3000Ω·m。

(5)鹤庆西山沙子坪：岩溶化地层主要为T_2b^2、T_2b^1，以灰岩、白云质灰岩及泥质灰岩为主。强溶蚀带主要发育溶洞、溶孔，伴有溶隙；弱溶蚀带则以溶孔、溶隙发育为主；微溶蚀带偶见少量溶隙，溶蚀垂向分带特征较明显，钻孔线溶率为1.33%～3.47%。沙子坪钻孔XLZK11揭露强溶蚀带埋深437m，对应高程2 347.40m，钻孔线溶率为2.01%～3.9%，视电阻率低值区间为100～200Ω·m，RQD值17%～49%；钻孔揭露弱溶蚀带埋深一般112.50～685m，对应高程2087.70～2099.40m，钻孔线溶率0.57%～2.01%，视电阻率低值区间为250～400Ω·m，RQD值46%～62%；钻孔均未揭穿微溶蚀带，揭露孔深线溶率0.06%～0.66%，RQD值56%～72%。

(6)鹤庆西山马场：岩溶化地层主要为T_2b^2，岩性以白云质灰岩、灰岩为主。强溶蚀带主要发育溶洞、溶孔，弱溶蚀带主要发育溶孔及溶隙，微溶蚀带仅发育少量溶隙。钻孔揭露强溶蚀带埋深一般107～885m，对应高程2 066.7～2 885.1m，钻孔线溶率4.19%～5.16%，视电阻率低值区间为200～600 Ω·m，RQD值9%～28%，呈弱—中等透水。钻孔XLZK16位于该岩溶水子系统水平溶蚀带中，未揭穿弱溶蚀带。钻孔XLZK18揭露弱溶蚀带埋深186m，对应高程2 806.10m，线溶率约1.2%～2.25%，视电阻率低值区间为650～1000Ω·m，RQD值30%～56%，以弱透水性为主。微溶蚀带线溶率约0.77%，呈微—弱透水性，受断层、钻进等因素影响，微溶蚀带RQD值呈现出偏低异常。XLZK16、XLZK18部位视电阻率低值区间随溶蚀程度的减弱而增大。总体而言，溶蚀垂向分带特征较明显。因XLZK16处于该岩溶水子系统水平排泄区，XLZK18位于该岩溶水子系统地下分水岭部位，二者溶蚀程度及强溶蚀下限深度差异显著。XLZK16钻孔线溶率约4.03%，强溶蚀埋深达885m；XLZK18钻孔线溶率仅约1.6%，强溶蚀埋深约107m。

(7)鹤庆西山河底村：岩溶化地层主要为T_2b^2、T_2b^1，岩性以白云质灰岩、泥质灰岩为主。溶蚀类型主要为溶孔及溶隙，溶蚀发育总体较弱，钻孔线溶率约1.4%，溶蚀垂直分带特征总体较明显。钻孔XLZK17揭露强溶蚀带埋深342m，对应高程2 212.30m，钻孔线溶率约1.84%，RQD值32%，视电阻率低值区间为250～1000Ω·m，呈弱—中等透水性；弱溶蚀带线钻孔溶率1.01%，RQD值42%，视电阻率低值区间为3200～3900Ω·m，呈弱透水性。

(8)核桃箐—松桂：岩溶化地层主要为T_3z、T_2b^2，岩性以灰岩、白云质灰岩、泥质灰岩为主，主要发育小型溶孔及溶隙，局部发育溶洞。溶蚀发育程度主要受岩性控制，钻孔线溶率0.88%～3.21%，岩体以微透水性为主。钻孔XLZK20未揭露强溶蚀带。弱、微溶蚀带钻孔线溶率分别为1.66%、0.35%；RQD值分别约28%、30%；视电阻率低值区间分别为60～120Ω·m、120～200Ω·m，溶蚀垂直分带特征较明显。XLZK25强、弱、微溶蚀带钻孔线溶率分别为3.67%、1.51%、0.42%，RQD值分别为26%、66%、63%，视电阻率低值区间分别为60～150Ω·m、150～300Ω·m、300～500Ω·m。钻孔XLZK27强溶蚀带内发育一长约2.3m的溶洞，强、弱溶蚀带钻孔线溶率分别为15.3%、1.67%，RQD值分别约

27%、57%，视电阻率低值区间分别为 300～350Ω·m、350～400Ω·m。

综上可知，因地层岩性、地质构造及地下水运动特征不同，岩溶化地层溶蚀程度不仅在平面上差异较大，在垂向上亦存在较大的差异。由各地层中钻孔线溶率大小可较直观地看出，白汉场一带及核桃箐一松桂地区，溶蚀发育程度最弱，拉什海一带溶蚀发育程度相对较强，鹤庆西山、清水江—剑川东山溶蚀发育程度最强。同时，各钻孔的分带溶蚀率、视电阻率低值区间及岩芯 RQD 等特征值均反映出溶蚀发育在垂向上具有明显的分带性，主要表现为钻孔线溶率随着深度的增加而减小，视电阻率低值区间值、岩芯 RQD 值大多随着深度的增加而增大，仅局部受岩性、构造及钻进工艺影响，呈现出一定的异常。在溶蚀类型方面，强溶蚀带中多见溶洞发育，弱溶蚀带中则以溶孔、溶隙为主，微溶蚀带中仅发育少量溶隙。

此外，在同一地层中，溶蚀的发育程度及垂直分带与地下水运动特征密切相关，同属鹤庆西山，岩溶化地层同为 T_2b^2，位于排泄区地段 XLZK16 中的溶蚀程度远强于位于其他部位的 XLZK18。

根据研究区各钻孔揭露的岩体特征（线溶率、视电阻率、RQD 等）及呈现出的垂向溶蚀规律，可以大体确定强、弱溶蚀带与隧洞高程的关系。线路穿越主要岩溶化地层时，多位于微溶蚀带岩体及非岩溶化岩体内，隧洞埋深与相关岩溶地层下限深度关系见表 3-12 及图 3-41。

表 3-12　隧洞埋深与相关岩溶化地层溶蚀带下限深度关系

溶蚀特征位置	岩溶化地层	强溶蚀带下限深度及高程/m	弱溶蚀带下限深度及高程/m	设计水位高程/m	备注
白汉场一带	T_2^b	84～225/2553～2448	302～666/2436～2376	2 029.7～2 028.5	XLZK4、TSZK53 揭露强溶蚀带厚度分别为 213.6m、183.9m，未揭穿弱溶蚀带
拉什海一带	T_2b^1	65～105/3007～2520	175～626/2884～1930	2 025.3～2 021.9	XLZK7、XLZK8 揭露强溶蚀带厚度分别 60.1m、105m，XLZK7 揭露弱溶蚀带厚度 158.1m，XLZK8 未揭穿弱溶蚀带
清水江—剑川东山	T_2b^2、D_1q	160～460/2678～2375	330～615/2600～2200	2 020.5～2 014.6	XLZK10、XLZK12、XLZK13 揭露强溶蚀带厚度分别为 176m、266m、367.3m，弱溶蚀带厚度分别为 351.4m、302.5m、553.5m
清水江—鹤庆西山	T_2b^2、T_2b^1	150～342/3109～2966	350～682/2837～2661	2 014.3～2 013.0	XLZK14 揭露强溶蚀带厚度为 193m，弱溶蚀带厚度约 500m
		140～360/3112～2999	320～650/2918～2643	2 013.0～2 009.3	XLZK17 揭露强溶蚀厚度约 342m，未揭穿弱溶蚀带
核桃箐—松桂	T_2b^2、T_3z	50～190/2406～2005	130～290/2286～1924	2 002.9～2 000.7	XLZK25 揭露强溶蚀带厚度 54m，弱溶蚀带厚度约 170m，XLZK27 揭露强溶蚀带厚度约 55.6m

第四节　岩溶发育规律

岩性是岩溶发育的基础，地质构造是岩溶发育的条件，影响着地下水流场，进而控制地下水含水介质的岩溶发育规律。同时，岩溶发育程度还取决于地下水动力特征及时间因素等。

一、岩溶发育的控制因素

区内岩溶具有比较明显的分布规律，总体上表现为在空间上的差异性和在时间上的阶段性（表现为在岩溶发育在高程上的分异），其主要控制或影响因素如下。

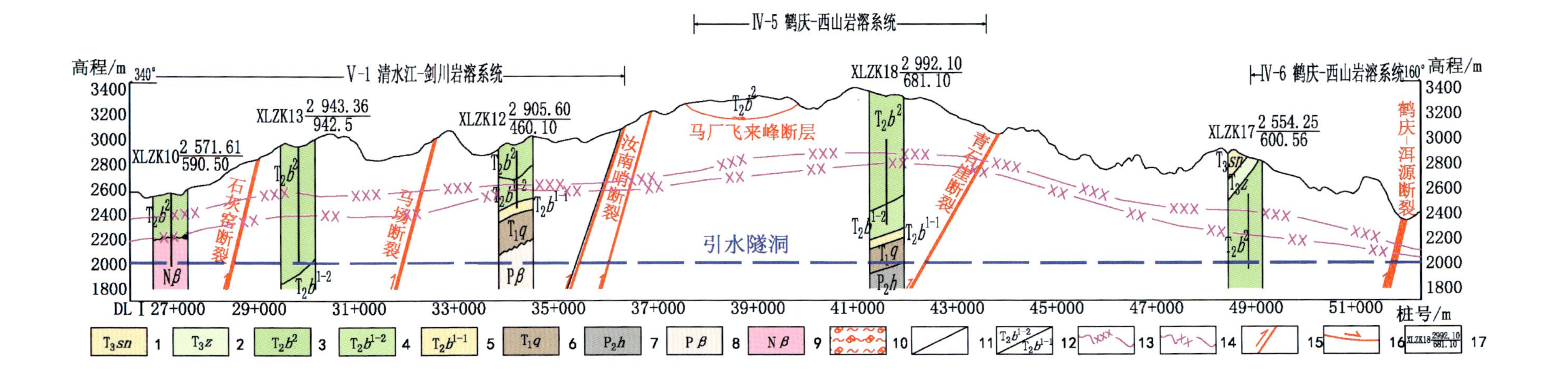

1.上三叠统松桂组砂岩、泥页岩夹煤线；2.上三叠统中窝组灰岩、泥灰岩夹砂岩；3.中三叠统北衙组上段白云质灰岩及灰岩；4.中三叠统北衙组下段上部泥质条带灰岩；5.中三叠统北衙组下段下部泥质灰岩夹砂、泥岩；6.下三叠统青天堡组砂岩、泥岩及页岩互层；7.中二叠统黑泥哨组砂岩、泥页岩夹煤层；8.二叠系玄武岩；9.安山质玄武岩；10.断层构造岩；11.岩性分界线；12.地层分界线；13.强溶蚀风化下限；14.弱溶蚀风化下限；15.逆冲断裂；16.飞来峰构造；17.勘探钻孔（上为孔口高程m，下为孔深m）。

图3-41　隧洞埋深与相关岩溶化地层溶蚀带下限深度关系图（以中线方案为例）

1. 岩石的可溶性对岩溶发育的影响

岩溶发育是可溶岩发生水岩交互作用的结果。岩石对岩溶发育的影响主要体现在岩石的可溶性。不同成分、结构和层组结构的岩石(这里指碳酸盐岩),其可溶性有较大的差异。一般岩溶发育程度具有以下规律:连续纯碳酸盐岩型岩溶层组＞碳酸盐岩夹不纯碳酸盐岩或碎屑岩岩溶层组＞碳酸盐岩与不纯碳酸盐岩或碎屑岩互(间)层型岩溶层组＞不纯碳酸盐岩或碎屑岩夹碳酸盐岩型岩溶层组,即可用前述的岩溶化层组类型和强度来表征。研究区属于连续纯碳酸盐岩型岩溶层组类型的主要有中三叠统北衙组灰岩、白云质灰岩和白云岩,其化学成分见表3-13。其岩溶发育强烈,表现在大型岩溶洼地、落水洞、岩溶塌陷分布普遍,地下多发育岩溶管道或地下河,有众多岩溶大泉出露地表。中等岩溶发育的主要有中窝组和丽江组石灰质角砾岩,发育有中、小规模的岩溶泉(局部如渼龙潭有岩溶大泉),泉口附近发育规模较小的溶洞。中三叠统北衙组下段泥质灰岩岩溶发育较差,一般仅见1L/s左右的岩溶泉,地表岩溶现象不明显。

表3-13 碳酸盐岩化学成分分析结果(单位:%)

岩石名称	地层代号	取样地点	CaO	MgO	SiO_2	Al_2O_3	Fe_2O_3	MnO	TiO_2	说明
石灰岩	T_2b^2	鹤庆西山	54.22	0.78	0.4	0.4	0.37	0.0	0.01	来源于1∶20万区调成果
泥质灰岩	T_2b^2	鹤庆西山	33.33	18.71	1.0	0.25	0.34	0.33	0.03	
白云质灰岩	T_2b^2	鹤庆西山	35.14	17.54	0.44	0.13	0.02	0.00	0.02	
灰质白云岩	T_2b^2	鹤庆西山	41.75	12.10	0.25	0.25	0.12	0.02	0.014	勘察阶段试验结果
含灰质白云岩	T_2b^2	鹤庆西山	17.15	9.25	0.095	0.115	0.036	9.25	0.003	
微晶白云岩	T_2b^2	鹤庆西山	19.35	7.14	0.13	0.065	0.045	0.00	0.00	

2. 地质构造对岩溶发育的控制作用

1)断裂对岩溶发育的控制作用

(1)沿张性断裂带或压扭性断裂的一侧岩溶发育强烈。断裂对岩溶发育的控制作用主要表现在沿张性断裂(含构造破碎带带)或压扭性断裂的一侧岩石破碎,为地表水、地下水溶蚀作用提供了良好的条件(水-岩接触面积增大),是地下水运移的主要通道和水-岩交互作用的良好场所,从而控制了岩溶地下水的运移和岩溶作用,造成沿断裂带或断裂一侧岩溶较周边更为发育,多形成断层溶蚀或侵蚀溶蚀谷地、地下水运移管道。研究区内属于此类的有沿丽江-剑川断裂带发育的汝南河岩溶谷、沿清水江断裂发育的清水江岩溶谷、沿鹤庆马厂东山干海子附近断层发育的串珠状岩溶洼地。其中,清水江谷地底部有多个岩溶泉沿断裂出露,中新世曾因河道堵塞于上游形成堰塞岩溶湖,沉积了一套湖泊相褐煤沉积物。此外,沿中部马厂—沙子坪张性破碎带岩溶也十分发育,有岩溶陡崖及串珠状落水洞(图3-42)。

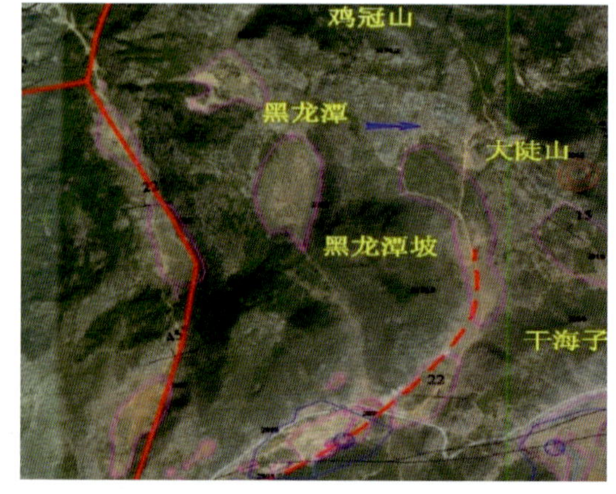

图3-42 马厂东山沿断裂发育的串珠状溶蚀洼地和谷地

区内大型断裂多数为压性，上盘岩石多破碎，断裂带宽，且经过多次活动后，断裂带内岩石也十分破碎，因而沿断裂带的岩溶作用也十分强烈。典型的如丽江-剑川断裂，沿断裂发育岩溶洞穴、溶潭和众多呈串珠状排列的岩溶泉，在断裂牵引构造转折端发育裂隙状洞穴（图 3-43）。推测沿该断裂的岩溶可能是自东向西排向剑川盆地的地下水系统的连通管道。鹤庆盆地西山边缘的鹤庆-洱源断裂情况与此类似，经多次继承性活动及北西向断裂的错断，断裂带内岩石破碎，岩溶极为发育。沿断裂带发育有天子庙清玄洞、大龙潭新石洞上下洞（图 3-44）、黑龙潭山腰多个大型溶洞，在山脚沿断裂出露一系列岩溶泉。

图 3-43　剑川东山脚三岭村沿丽江-剑川断裂的岩溶

图 3-44　沿鹤庆-洱源断裂发育的岩溶

（2）断裂交会处岩溶发育强烈。在两组断裂交会处附近，岩石破碎程度高，岩溶发育强烈，通常形成典型的岩溶负地形，包括大型岩溶洼地、岩溶谷地等。典型的如沙子坪、下马塘、安乐坝、马厂、石灰窑、打板菁等大型岩溶洼地，即是沿中部张性破碎带与近东西向推覆构造交会处或多个断裂交会处的岩溶破碎块体发育的(图 3-45)。在此类大型洼地底部有季节性地表河谷分布，通常还发育有塌坑或漏斗，形成一个或多个落水洞，成为地表水汇集及其与地下水交换的通道。典型的如安乐坝大型溶蚀洼地(谷地)，洼地底部地面波状起伏，岩溶漏斗、塌坑和落水洞密布，洼地底部有南、北两条地表河谷，地表水通过洼地西北边缘、南部洼地中间的多个落水洞流入地下。

图 3-45　安乐坝洼地谷及洼地底部落水洞

在仕庄龙潭—小龙潭—大龙潭一线西山脚和山腰，沿北西向破碎带(密集节理)和近南北向鹤庆-洱源断裂带均发育深切岩溶谷，并在断裂交会处形成规模较大的溶洞。鹤庆西山地下水主要沿北西向破碎带运移并在断裂带交会处出露地表，形成仕庄龙潭、小龙潭和大龙潭岩溶泉群。

2)褶皱对岩溶发育及地下水运移的控制作用

褶皱对岩溶发育及地下水运移的影响主要表现在沿褶皱轴部或在褶皱转折端岩溶发育。由于本研究区褶皱构造总体不发育，因此褶皱对岩溶发育的控制不典型或表现不明显。

研究区西北的高美古、汝寒坪一带(属于拉什海复向斜轴部)，发育有岩溶谷地，有线性排列的岩溶塌坑、岩溶漏斗(包括拉什海北侧的落水洞)和大型岩溶洼地、湖泊(拉什海湿地)，推测有沿轴部分布的地下岩溶管道(地下水自南向北运移)发育。羊龙潭及河底村南发育一系列落水洞，应与该处岩层的转折有关。金棉-七河弧形构造弧顶的田房谷地及谷地内的一系列岩溶塌坑、落水洞，白龙潭、黑龙潭泉群，以及位于吉子背斜南部倾伏端的汝南河源泉等均与构造的转折端有关。

鲁秃山向斜为一轴向北北东、向北抬起的向斜，两翼及向斜抬起端岩溶发育较差，控制了地表水、地下水总体由北向南运移。在鲁秃—寒敬落之间的向斜核部，发育有古岩溶干谷(古河道)，谷地底部遍布岩溶塌坑、漏斗，表明沿向斜核部岩溶发育。地下水在寒敬落一带向西南方向运移，推测它与寒敬落落水洞地表水汇合后流向仕庄龙潭，应与北西向构造破碎带有关。

3)断裂与岩性联合对岩溶发育的控制或影响

断裂与岩性联合对岩溶发育的控制或影响主要表现为以下几个方面。

(1)沿碳酸盐岩与非碳酸盐岩接触界面，尤其是碳酸盐岩与非碳酸盐岩以断层接触的界面附近岩溶发育。在界面附近，是水-岩交互作用强烈的地区，由于通常有来源于碎屑岩山区、侵蚀、溶蚀能力极强的外源水的集中补给，岩溶作用强烈。尤其是在碳酸盐岩与碎屑岩断层接触界面附近，碳酸盐岩岩石破碎，水-岩交互作用尤其活跃，是岩溶作用发育的最佳场所，通常发育侵蚀-溶蚀谷地，在岩溶学中称为“岩溶边缘谷地”。边缘谷地地貌形态上表现为沿岩性接触界面形成的长条形负地形，在碎屑岩一侧地形平缓，而在碳酸盐岩一侧通常地形陡峻，多有陡崖，并发育一个或多个落水洞。谷地中有来源于碎屑岩山区的沟溪汇入，并通过落水洞集中补给岩溶含水层，这是本地区地表水—地下水的主要转换形式，或者说是地表水补给地下水的主要方式。地下水运移管道(地下河或地下水集中径流带)也通常沿此岩性接触界面或附近地区发育。典型的如锰矿厂地下河主管道沿千里居—春山坡北—干海子岩溶边缘谷地附近发育。研究区具有此类岩溶空间发育规律的还有马厂东甸边缘谷地、剑川东甸岩溶边缘谷地(长条形洼地)、剑川黄蜂厂谷地、清水江谷地、汝南河谷地、白汉场—九河谷地、河底—白土坡谷地、马厂堆煤场谷地、田房谷地、寒敬落谷地等。由于岩溶作用强烈,在谷地中甚至局部形成峰林地貌,典型的如在汝南河谷地公路边中可见灰质角砾岩形成的孤立石峰。在千里居—春山坡北岩溶边缘谷地、剑川东甸岩溶边缘谷地接触界面靠近岩溶区一边,还形成串珠状岩溶洼地或塌坑。

沿碳酸盐岩与非碳酸盐岩接触界面发育的另一种比较普遍的岩溶现象是呈线状排列的岩溶泉、地下河或溶洞。此类岩溶现象形成的原因通常是地下水从碳酸盐岩分布区向碎屑岩分布区运移,遇碎屑岩阻水后出露地表,并形成规模较大的溶洞。比较典型的如鹤庆东山的古近系石灰质砾岩含水层中的地下水在向盆地排泄运移的过程中,遭遇盆地边缘的碎屑岩隔水层阻挡后出露地表,形成一系列岩溶泉、溶洞,如五峰中排沟源泉、北排沟源泉、梅所沟老龙洞泉等。

(2)盆地边缘碳酸盐岩岩溶发育。与广西、贵州等岩溶山区明显不同的是,在云南省境内发育众多的断陷盆地。断陷盆地地形低洼、平坦,第四系冲湖积沉积物深厚,如鹤庆盆地内第四系湖泊、沼泽和河流冲积物厚达数百米(XLDZK2孔300m深未见基岩)。山区岩溶地下水运移至盆地边缘后,受第四系堆积物阻挡,除极少部分补给孔隙含水层外,其余地下水受阻而出露地表,形成沿盆地边缘发育的岩溶陡崖、众多岩溶泉(泉群)、大型水平溶洞、地下河天窗等岩溶景观。典型的如鹤庆西山边缘的新民村泉、大龙潭、小龙潭、仕庄龙潭、黑龙潭、白龙潭、西龙潭、黄龙潭及其上分布的仙人洞、清玄洞、大龙洞等以及沿大龙潭近北方向的串珠状塌陷坑,均是盆地边缘排泄带的岩溶景观。

3. 地下水动力条件对岩溶发育的控制作用

鹤庆西山、剑川东山位于澜沧江与金沙江分水岭地带,岩溶发育深度、强度和地表水、地下水运移也受其影响或控制,但影响程度不同。可以分为三级控制:以澜沧江和金沙江河床为最终侵蚀基准面,以位于鹤庆盆地的漾弓江和位于剑川盆地的剑湖水系为二级基准面,以清水江河床、汝南河河床为局部侵蚀基准面。

二、岩溶发育规律

1. 岩溶垂直分带特征明显

研究区的岩溶在垂向上具有较明显的分带特征,岩溶化程度随着深度增加而降低,且多受控于地层岩性、地质构造及地下水径流强度等因素。溶蚀发育程度总体表现为强溶蚀风化带岩体>弱溶蚀风化带岩体>微风化岩体。表层岩体溶蚀发育主要受风化作用控制,且风化裂隙、卸荷裂隙发育,随着深度增加,裂隙逐渐闭合,渗透性也逐渐减小。

研究区共完成了多个超深钻孔,除钻孔XLZK16处于强烈水平溶蚀带中,其全孔揭露岩溶均较发育外,其他超深钻孔均揭示研究区岩溶在垂向上随着孔深增加有减弱甚至不发育的趋势,局部地段钻孔已揭露到非岩溶化地层。据钻孔揭示的岩溶情况,随埋深增大,钻孔线溶率逐步减小,岩体电阻率及RQD等指标逐渐增大。

2. 地下分水岭部位岩溶相对不发育,随着埋深的加大,岩溶逐步减弱

鹤庆西山分布有南北向金沙江和黑惠江流域地下分水岭,分水岭地带岩溶不发育。靠近分水岭部位钻孔(XLZK12、XLZK13、XLZK18等)揭露的岩溶发育强度普遍弱于远离分水岭地带钻孔(XLZK11、

XLZK16)揭露的岩溶发育强度。分水岭地带钻孔揭露的强烈溶蚀带普遍埋深不大(如钻孔 XLZK18 孔深 681.1m,强烈溶蚀带埋深 107m),远离分水岭地带钻孔揭露的强烈溶蚀带埋深较大(如钻孔 XLZK16 孔深 950.43m,全孔均为强烈溶蚀带)。

3. 岩溶发育的不均一性

岩溶的发育受到岩性、地质构造和岩溶水循环交替的控制,岩溶的空间分布和发育程度通常是极不均一的。这种不均一性,主要是由于可溶岩体内部构造的不均一、透水性的不均一所造成的。

岩溶发育的不均一性是一个相对概念。当岩溶发育处于十分强烈的阶段,各种溶隙、管道密布,并成网络状,此时整个岩溶化岩体可视为相对均一。在其他情况下,均可视为岩溶不均一。这种不均一性表现在岩体的透水性上,强岩溶化和弱岩溶化岩体的渗透系数可相差数倍乃至数十倍。岩溶发育的不均一性在时间上和空间上都不是一成不变的(邹成杰,1994)。

4. 岩溶发育的阶段性与多代性

在长期稳定的条件下,岩溶的发育要经过幼年、青年、中年、老年期,才能完成一个发育旋回。每个阶段都有相应的岩溶形态类型。岩溶的发育大多是多旋回的,且有些旋回在时间上有重叠(张倬元等,2009)。

鹤庆盆地为一断陷型构造盆地,盆地的沉降可追溯到始新世。早更新世以来,断块盆地持续、快速下降,堆积了一套巨厚的内陆盆地碎屑岩——河湖相砂砾石和黏土沉积。根据钻孔岩芯的岩性描述和粒度分析,沉积物从老到新历经了至少 3 次砾石层→泥夹砂、砾石→泥夹细砂→湖泊相黏土(泥)的沉积旋回,反映了周边山区曾经历至少 3 次较大规模的构造抬升过程,其时间分别为距今 2.78Ma、1.55Ma、0.99Ma,伴随着碳酸盐含量的突然增加→持续上升并达到峰值→减弱的规律性变化。

以岩芯沉积物中碳酸盐含量来表征岩溶发育强度,将周边岩溶山区的岩溶发育划分为以下 3 个阶段。

1)阶段 A(737.72~382.10m,2.78~1.55Ma)(山原期岩溶,喜马拉雅一幕)

岩芯 720.71m 以下为砾石层,从 720.71m 向上变为泥夹砂砾,含较多炭屑。在 694.03m(2.66Ma)附近,碳酸盐含量突然增高,在 694.03~689.33m 之间有大量螺壳,显示鹤庆盆地开始积水成湖。向上碳酸盐含量继续波动升高,中值粒径逐渐变小,并以灰绿色泥为主,指示湖水不断加深的过程。中部 632.81~489.30m 岩芯以青灰、灰黑色泥为主,中间夹一些中、细砂层,发育水平层理构造,有机质含量高,富含炭屑。此段中值粒径大多 7~12μm,是岩芯相对较稳定和粒度偏小的层段,推测此时期水深较大。碳酸盐含量多 45%~65%,属于全岩芯的高值段,形成时间为 2.2~2.15Ma,应对应于周边的较高层状地貌或溶洞。上部 489.3~382.1m 岩芯以青灰色泥为主,夹多层粉砂和炭屑,水平层理发育,中值粒径多 8~14μm,向上呈微弱增大的趋势,碳酸盐含量一般 30%~55%,向上趋于减小。

此阶段中间还有几次规模较小、持续时间较短的构造抬升。

2)阶段 B(382.10~195.65m,1.55~0.99Ma)(三峡期岩溶)

底界突变为红褐色砾石层,向上为红褐色和青灰色泥夹砂砾,沉积物粒径粗,沉积速率突然增大,表明周边山地发生了一次规模较大的快速抬升,其时间是 1.70~1.60Ma。应是受青藏高原整体强烈隆升的影响,盆地周边断裂差异升降加剧,进而引起山盆高差加大。这一构造活动也导致了黄河(宁夏东山古湖被切穿排干)、金沙江水系(切穿连通昔格达各古湖)的形成。

本阶段往上(358.58~195.65m 亚段,1.55~0.99Ma)沉积物颗粒变细,为青灰、灰黑、黄灰色泥,中间夹多层粉砂,中值粒径一般是 5~15μm,碳酸盐含量大多为 15%~56%,属于全芯的中值水平。碳酸盐含量的周期性旋回波动特点较明显,表明处于一种微震荡式的相对稳定阶段。

3)阶段 C(195.65~0m,0.99~0Ma)(三峡期岩溶)

本段底部 195.65~189.64m 为红褐色砂砾混杂堆积,夹杂一些大砾石。189.64~184.27m 是红褐色粗砂和泥互层,沉积颗粒粗,碳酸盐含量低(处于曲线谷值段),表明发生了一次规模较大的盆地与断块山地之间的差异升降运动，大致相当于加速青藏高原隆升的昆黄运动。向上沉积颗粒变细，为泥加细砂，孔深150m以上以青灰色泥为主，碳酸盐含量为40%～50%，趋于稳定，表明这一阶段(0.78～0.12 Ma)地壳稳定，岩溶发育相对强烈，可能形成一个或多个较新的层状岩溶地貌(溶洞、台地或岩溶夷平面)。本段上部26m以上，碳酸盐波动幅度再次增大，出现最大峰值，或许相当于当前岩溶发育期(地下河、岩溶泉形成阶段)。

需要指出的是，由于钻孔位于盆地中央，距离盆地边缘的物源地较远，钻孔所揭示的3次新构造抬升活动均对应规模较大的构造抬升活动。对于一些规模稍小的构造抬升(或更详细的新构造活动记录)，可通过盆地边缘的钻孔中沉积物颗粒粒度及碳酸盐岩含量来进行分析。

工程沿线主要分布有三级剥夷面，它们各自的岩溶特征见表3-14。

表3-14　研究区主要剥夷面统计表

剥夷面	高程/m	分布位置	岩溶特征	备注
Ⅰ	3100～3400	鲁秃、老凹山、九顶山、东甸、背马厂	位于地表分水岭附近，洼地较发育，洼地底部多发育落水洞或漏斗	补给区
Ⅱ	2800～3000	黄蜂厂、马厂、汝南哨、安乐坝、下马塘、沙子坪	以洼地为主，洼地规模一般较大，地形宽缓，面积1～5km^2，多见落水洞、溶沟溶槽等，岩溶洼地呈南北向串珠状展布	补给区、径流区
Ⅲ	2500～2700	李坪哨、青岩山	以洼地、漏斗为主，东西向发育多条地下暗河	补给区、径流区

5. 岩溶发育的成层性

地壳在上升—稳定—再上升的交替变化过程中，河流地质作用相应地产生下蚀—旁蚀—再下蚀的交替变化，由此岩溶水的运动发生垂直—水平—再垂直的变化，导致垂直的管道和水平的溶洞交互出现，从而形成相互叠置的成层溶洞。

研究区属于典型的高原断块岩溶山地与断块盆地区。两者在岩溶发育与地貌演化上具有明显的差异。其中，层状地貌或岩溶现象(如岩溶高原夷平地面、层状溶洞、河流阶地等)主要见于断块岩溶山地(即剑川-鹤庆岩溶断块山地、鹤庆东山岩溶山地)区，而以鹤庆盆地、剑川盆地为代表的断块盆地区则主要表现为内陆河湖相沉积。

层状溶洞是在地壳相对稳定时期于地下潜水面附近经过充分的水岩交互作用后发育的洞底相对平缓的溶洞。在地壳稳定时期，岩溶地区一般均发育有相应的水平溶洞。而在地壳快速抬升时期，地表水、地下水快速下切，多形成峡谷式地沟谷或地下垂直溶洞。总体上看，在同一地区相同岩溶环境下，地壳稳定时间越长，所形成的溶洞规模越大。但早期的溶洞随着地壳的抬升，经后期侵蚀、剥蚀后很难保存。研究区发育并保存的溶洞成层性明显，可辨的层状溶洞至少有5层。目前调查发现的溶洞在大龙潭—西龙潭鹤庆西山边缘最为集中(图3-46)，分布高程2200～2700m，但2500m以上保存的溶洞极为少见(表3-15)。大多数溶洞后期被侵蚀、破坏而完整性极差，溶洞中沉积物保留极少，并且风化极为严重，给岩溶发育演化的研究带来了较大的困难。在目前的调查中，尚未发现高程2700m以上、规模较大的水平溶洞。但是，据访问，在西龙潭西的仙人洞坡应该有洞穴存在，推测高程为3100m左右。

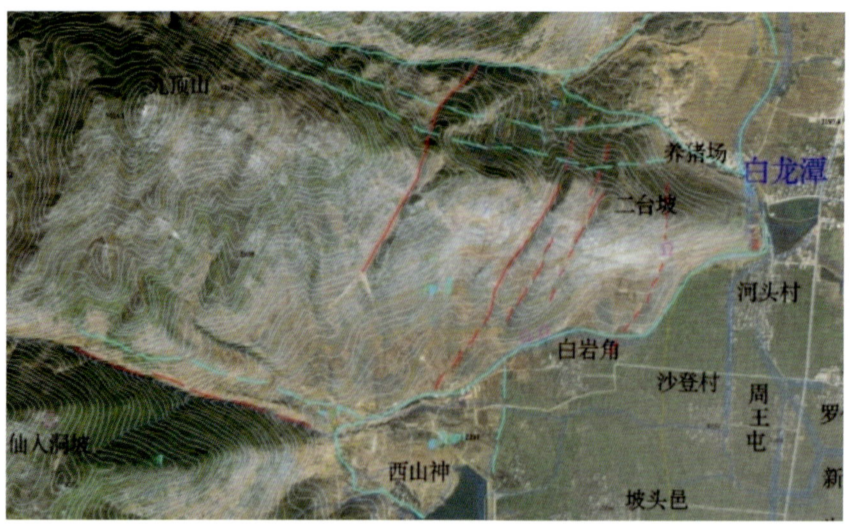

图 3-46　西龙潭—白龙潭地质结构与洞穴分布示意图

表 3-15　鹤庆西山边缘层状溶洞分层一览表

岩溶发育分期	高程/m	代表性溶洞	溶洞特征	沉积物测年(Ma)
坡顶层溶洞	2680	打鹰坡洞	规模大，不完整，有红色钙屑灰岩(钙华板)沉积	E_2(约 50～23.3)
高层溶洞	2300～2500	羊龙潭地下河、河头村半山腰溶洞	廊道式溶洞，洞体保存完整，规模大，洞体长，持续时间长(如羊龙潭地下河持续到现在)，洞内有多层洞体，沉积物较丰富	N-Qp_1(经 U 系测年推测>0.2)
中层溶洞	2260～2300	清玄洞、新华村仙人洞、大龙潭西山腰新石洞等	峡谷式与廊道式洞穴并存。如清玄洞以廊道式溶洞为主，并有规模较大洞厅，溶洞保存完整、溶洞规模大，新华村附近洞穴数量多，规模较小，并多呈峡谷式，如仙人洞等	Qp_2(经 U 系测年推测>0.2)
低层溶洞	2210～2240	白岩角溶洞、大龙潭泉群上方溶洞、剑川涌泉上方洞、剑川东山寺洞等	溶洞保存完整，溶洞规模一般较小，数量较多	Qp_3
现代发育期溶洞	2200～2220	盆地边缘各岩溶泉、锰矿沟黑龙潭等	以岩溶泉或地下河出口为主，多位于水下或地下(钻孔揭露的溶洞)，局部出露地表(如蝙蝠洞)	Qh(推测<0.01)

注：羊龙潭、清玄洞和河头村半山腰溶洞的洞穴沉积物 U 系测年结果均>0.2Ma。

从表 3-15 可以看出，分布于鹤庆西山边缘陡坡上的溶洞具有明显的分层性，并且以海拔 2280m 为分界点，其上溶洞的规模明显较大，反映当时地壳有较长时间处于相对稳定状态，岩溶作用充分；而海拔 2280m 以下的溶洞数量多，规模小，多峡谷式洞穴，表明地壳稳定的时间相对较短，应为峡谷岩溶期(大致相当于上新世末至今)形成，各层溶洞规模小，一般长 2～10m，宽 1～3m，高 1～2m，仅白岩角溶洞长度较长，达 180m。

(1)现代发育期溶洞。目前仍然在发育中，包括现代地下河和岩溶大泉出水口溶洞和地下河管道。在研究区内主要分布于鹤庆盆地与剑川盆地边缘，从鹤庆县温水龙潭—西关黄龙潭、剑川盆地东山脚均有分布，表现为沿盆地边缘线状排列的现代岩溶泉或地下河出口，出露高程在2200～2220m之间不等，但在盆地南北边缘的蝙蝠洞和西关黄龙潭，出露高程较大，为2240～2250m。在泉口伴随有规模在几米至十几米的水平溶洞。如位于松桂铁路与鹤大公路交会处的蝙蝠洞，洞口高程2254m，发育于北衙组灰岩中，洞口溶蚀强烈，溶洞宽3m，高2m，为蝙蝠洞地下河出口溶洞。锰矿沟黑龙潭为构造悬挂泉，泉口高程2350m，也应属于此时期的产物。

此外，鹤庆盆地边缘的钻孔也揭示，由于地下水深部循环作用，在当前地表以下几十米到100余米的深度仍然发育溶洞，这也是现代岩溶发育期的产物。

(2)低层溶洞。此层溶洞多分布于当前地下水排出口的上方或附近稍高处，一般高于现代地下水位(泉口高程)约15m，为附近泉或地下河的早期出口。如白岩角溶洞，洞口高程约2220m，高于附近的西龙潭泉5m，高于白龙潭泉群约20m，溶洞全长180m左右，宽5m左右，高2～4m，洞内平坦，为干溶洞，总体沿岩层走向顺层面发育或顺构造裂隙发育。

类似的低层溶洞还有仕庄龙潭出口上方的岩溶天坑(塌陷坑，坑口高程2240～2260m)所揭示的下伏溶洞、大龙潭泉群上方溶洞(高于泉口2～5m)，以及西关黄龙潭泉口上方的低层溶洞、剑川涌泉上方洞、剑川东山寺洞等。

(3)中层溶洞。此层溶洞分布较普遍，在鹤庆西山的分布高程为2260～2300m，高于鹤庆盆地40～60m。代表性溶洞有黑龙潭、仙人洞(新华村山腰溶洞群)，小龙潭上方的天子庙清玄洞、大龙潭西山腰的新石洞下层洞及上层洞(岩房)、仕庄龙潭上方洞和白岩角溶洞等。

位于小龙潭附近的清玄洞，洞长300～400m，多顺岩溶裂隙、层面发育，洞穴形态以廊道式为主，有较大的厅堂式溶洞。洞穴规模大，沉积物丰富。此外，大龙潭西山坡的新石洞规模也较大，主要顺洱源-鹤庆大断裂带发育。其余洞穴，如新华村仙人洞等的规模均较小，洞穴形态以峡谷式为主。

(4)高层溶洞。洞口高程2300～2500m，高于盆地100～300m。代表性的溶洞有羊龙潭地下河、河头村半山腰溶洞等。

羊龙潭地下河溶位于鹤庆盆地西南边缘的羊龙潭仙人洞菁采石场附近，羊龙潭以西约1km，其洞口高程约2345m。洞口位于洞穴中段左岸，朝向东(羊龙潭方向)。整个洞穴为一典型廊道式单一管道地下河，可测洞穴总长度约250m。洞穴横断面形态为拱形或峡谷形，顺层或沿断层(裂隙)发育。洞总体延伸方向为北东30°～60°。上、中段有地下河在洞底穿行，流量10～20L/s，自西南向北东方向径流，在洞口附近渗入地下(推测地下有下层溶洞发育，洞口附近为溯源侵蚀裂点)。洞口下游洞穴为干溶洞，可见至少2层。

河头村西半山腰溶洞洞口高程约2318m，洞口朝向南，溶洞为单一峡谷式管道，沿近南北向构造破碎带(洱源-鹤庆大断裂带的次级断裂)发育。洞宽2～15m，洞长约50m，洞底向北倾斜。中段有大量的崩塌石块填埋，东侧洞壁多见钙华沉积。

(5)坡顶层溶洞。本次调查发现的最高层溶洞仅见于鹤庆县辛屯新村附近(仕庄—小龙潭一段)的西山陡壁打鹰坡，洞口高程2680m。该溶洞保存不完整，大部分洞穴被后期切割、破坏，仅存洞穴后半段尾部，呈现岩房形态。前半段顶部虽然坍塌，两侧洞壁保存完整。洞穴残存洞道约35m，大致沿北西向裂隙发育，洞底平缓，洞穴尾部见有厚度3m左右的砂屑灰岩(红色古钙华板)。由于该洞长期成为鸟类、蝙蝠栖息地，洞底堆积较厚的鸟类粪便，为植物提供了良好的生长环境，洞穴顶部坍塌段生长有茂密的植物。

6. 研究区不存在深部古岩溶

根据研究区层状地貌(夷平面、阶地)和层状洞穴分布高程、测年资料(表3-16)，与区域岩溶发育特征对比(表3-17)，将本地区岩溶发育演化历史综合分析如下(由于缺少洞穴沉积物年龄数据，分析结果还需要进一步证实)。

表 3-16　沉积物样品年龄测定结果

样品编号	样品类型	高程/m	采样位置	测年单位	测年结果/a	备注
YLTL-1	测年岩样	2360	羊龙潭溶洞地下河(洞口向内右支洞洞末石室内石笋)	西安交通大学	＞200 000	U 系测年法
YLTL-2	测年岩样	2345	羊龙潭溶洞地下河(洞口向内分叉出石笋)	西安交通大学	＞200 000	U 系测年法
BYJ-1	测年岩样	2215	河头村白岩角溶洞	西安交通大学	送样样品风化太强,不能测年	U 系测年法
QXD-1(C3)	测年岩样	2255	天子庙清玄洞洞口钙化板(其中碎块为 C3,系 2013 年 11 月 13 日马祖陆取样);QXD-1 为 2014 年 11 月 25 日胡兆鑫等取样)	西安交通大学	＞200 000	U 系测年法
ZLZK02-10	^{14}C 测年土样岩芯	2200	ZLZK02 钻孔岩芯 10m 处泥炭层	BETA ANALYTIC INC(美国)	40 410±470	^{14}C 测年
ZLZK02-132	^{14}C 测年土样岩芯	2200	ZLZK02 钻孔岩芯 132m 处灰色黏土层	BETA ANALYTIC INC(美国)	37 790±380	^{14}C 测年
YLT－02(G82)	测年土样	2200	羊龙潭砖厂第四系剖面下层灰色黏土层(湖积层)	BETA ANALYTIC INC(美国)	＞43 500	^{14}C 测年

(1)本地区在三叠纪(距今大约 250Ma)为浅海环境,沉积了一套巨厚的浅海碳酸盐岩(北衙组、中窝组)、海滨相碎屑岩与含煤碎屑岩(青天堡组、松桂组)。三叠纪末期的燕山运动使整个区域整体抬升成陆,标志着本区岩溶作用的开始,之后地壳缓慢整体抬升并持续到中生代末,致使研究区及周边地区缺失了侏罗系、白垩系地层。其间可能存在两个短暂的稳定时期,形成了高程在 3200m 以上的两级夷平面,但岩溶保留不完整,夷平面只保存了山峰顶,没有发现沉积物。

(2)自古新世开始,印度板块向欧亚板块靠近并逐渐向下俯冲,即喜马拉雅运动一幕造成本区地壳的断块分异,内陆盆地逐步形成(鹤庆盆地、丽江盆地均是这一时期的产物,剑川盆地形成可能稍晚)。在喜马拉雅运动一幕、二幕之间,地壳也有较长的稳定时期,岩溶作用发育强烈,形成了高程在 3000m 左右的夷平面。

对应于喜马拉雅运动一幕的构造抬升及其后的地壳稳定,在夷平面低洼山间谷地或盆地内均沉积了一套砂砾岩-粉细砂-湖积黏土,如分布在鹤庆盆地东山斜坡、汝南河谷两侧始新统丽江组红色钙质砾岩(E*l*)。鹤庆东山斜坡丽江组分布面积较大,表明鹤庆盆地东山斜坡是当时鹤庆盆地内陆沉积的一部分。沉积丽江组砾岩后,发生自东向西的构造掀斜作用,形成现今的向盆地倾斜的单斜地层,推测盆地下部也应有丽江组沉积(钻孔未揭示)。

在这一时期,保留有少量该时期的岩溶现象,如鲁秃—寒敬落的"U"形岩溶谷地、高程在 3100m 左右的西龙潭仙人洞坡的仙人洞(未查实)等。

(3)新近纪:距今 2.78Ma 左右,印度板块进一步向欧亚板块俯冲,即喜马拉雅运动二幕导致研究区地壳运动加剧,断块山地与盆地分异显著。之后地壳逐渐稳定,岩溶作用发育,形成了高程为 2500～2700m的夷平地面。

表 3-17　层状岩溶地貌区域对比表

断块岩溶山地									鹤庆盆地			
夷平面			溶洞发育情况		阶地(台地)发育情况		地质事件或测年成果		分层	钻孔深/m	古地磁(Ma)	沉积物粒度及碳酸盐含量
分期	分级	高程/m	分层	高程/m	分级	高程/m						
～～～～～～～～～～～燕山运动～～～～～～～～～～～							250Ma(T_1)研究区成陆		缺失			
高原期	Ⅰ	3500～4000	无				J—K					
～～～～～～～～～～燕山运动末期震荡～～～～～～～～～～												
	Ⅱ	3200～3400	无	3000～3100?			J—K					
～～～～～～～～～～～喜马拉雅运动一幕～～～～～～～～～～～							海水退出，青藏高原成陆					
山原期	Ⅲ	2800～3000	极高溶洞(如西龙潭仙人洞?)				E_2l丽江组红色角砾岩		丽江组	推测钻孔岩芯底部以下		推测有丽江组红色灰质角砾岩
	～～～～～～～～～～～喜马拉雅运动二幕～～～～～～～～～～～						断块分异，山区盆地成型	老	A层	737.72～700.00	2.78～2.65	底砾岩
	Ⅳ	2500～2700	坡顶洞	2682	高侵蚀台地	2420～2480	E_{2-3}溶洞砂屑灰岩、N含褐煤之河湖相沉积	↓		720.71～388.24	2.65～1.60	①含炭屑泥夹砂砾→粉砂岩→灰绿色泥→灰黑色泥→粉砂；②碳酸盐含量由低→高→低；③中间夹多层中细砂层，表明还有几次小规模时间较短的构造抬升
	～～～～喜马拉雅运动三幕(青藏高原隆升最后一幕)～～～～						黄河、金沙江贯通形成、断块盆地升降加剧	↓	B层	388.24～382.10	1.60～1.55	红褐色砾石层(粗粒)
峡谷期	Ⅴ	2200～2400	高层洞	2350～2500	四级阶地	2280～2320	＞0.2Ma	新		382.10～195.65	1.55～0.99	①红褐色和青灰色泥夹砂砾→杂色泥夹多层粉砂(细粒)；②碳酸盐含量中等(15%～56%)，呈微震荡式的周期性旋回波动
			～～～～～喜马拉雅运动三幕(昆黄运动)～～～～～				青藏高原隆升加速		C层	195.65～189.64	0.99～0.95?	红褐色砂砾混杂堆积，夹杂一些大砾石
			中层洞	2260～2320	三级阶地	2260～2280	＞0.2Ma			189.64～0.00		红褐色粗砂和泥互层→泥加细砂→青灰色泥，表明经过多次快速的构造变动；碳酸盐含量低→中等稳定(40%～50%，岩溶发育相对强烈)→波动增大并出现最大峰值
			～～～～～～～喜马拉雅运动小震荡～～～～～～～									
			低层洞	2210～2240	二级阶地	2220～2240	Q					
					～喜马拉雅运动小震荡～							
					一级阶地	2210～2220						
			～～～～～～～喜马拉雅运动小震荡～～～～～～～									
			现代岩溶发育层	2200～2220	河床与漫滩	2200～2210						

对应于这一时期的构造抬升与稳定，在鹤庆盆地边缘斜坡顶发育了以老鹰洞（高程 2682m）为代表的水平溶洞。洞内有红色钙屑灰岩沉积——钙华板，可能代表新近纪地下水岩溶作用的产物。

鹤庆盆地底部（大陆钻孔深 737.72～720.71m）的一套粗大砾石层为喜马拉雅运动二幕地壳强烈抬升的产物。之后（2.6～2.1Ma）随着地壳逐步稳定，鹤庆盆地逐渐积水成湖，湖水不断加深，沉积物由粗→细→粗，厚度达 300 余米，沉积物中碳酸盐岩含量也由低→高→低，形成了有几个小旋回的湖泊相沉积韵律，反映了这一时期气候温和、降雨量大、岩溶发育较为强烈。

这一时期在其他一些小的山间盆地（大型溶蚀洼地）内也沉积了一套含褐煤的砂砾-黏土沉积物。典型的如吉子村—汝南村河谷河湖相砂砾石和黏土沉积、沙子坪湖泊相沉积、清水江河谷的砂砾石与褐煤沉积等。

（4）第四纪（大致 1.6～1.7Ma）以来，即青藏运动的最后一幕（喜马拉雅运动三幕），青藏高原整体强烈隆升，导致盆地周边断裂差异升降加剧，进而引起山、盆高差加大，金沙江水系贯通。之后，地壳在稳定—震荡中开始进入峡谷岩溶发育期，盆地周边斜坡形成高层溶洞（2300～2500m，如羊龙潭地下河、河头村半山腰溶洞）、中层溶洞（2600～2800m，如清玄洞）、低层溶洞（2210～2240m，如白岩角溶洞）和现代岩溶发育层，各高程溶洞规模、持续时间长短不一，岩溶发育强烈程度各异。相对应的地文期地貌有一、二级阶地及三、四级盆地边缘台地（羊龙潭砖厂、洗马塘台地）。

鹤庆盆地继续下降，沉积了一套河湖相砂砾-黏土（相当于大陆钻孔 C 层）。其中，底部在构造抬升时沉积了一套红褐色砾石层（大陆钻岩芯 382m 附近），之后地壳总体稳定，沉积了一套湖泊相黏土。由底部往上，碳酸盐含量从低到高，反映了岩溶作用逐渐增强。

根据上述分析，本研究区岩溶发育总体表现为，山区因地壳持续稳定—抬升过程，形成自高向低、由老至新的多级夷平地面和溶洞、阶地（图 3-47）；而盆地因持续下降，接受沉积，形成由砾石、砂、粉砂、黏土、泥炭组成的多个河湖相沉积旋回，湖泊沉积物中的碳酸盐含量变化规律可以与山区不同高程岩溶发育强度进行对比。钻孔和地面调查均未见有充填型溶洞、古岩溶发育，表明鹤庆西山—剑川东山地区中新世以来地壳处于持续抬升过程，不存在深部埋藏型古岩溶。

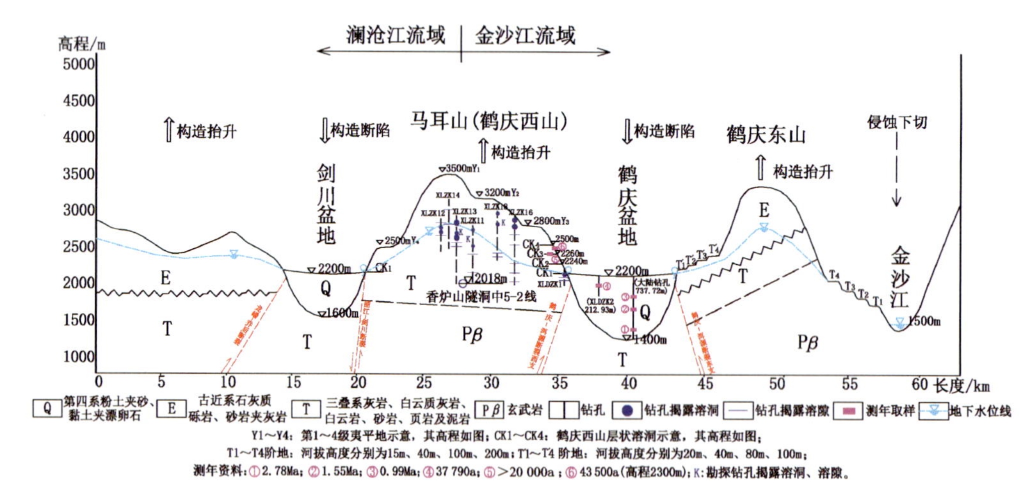

图 3-47　研究区构造与岩溶演化示意略图

第四章　岩溶水文地质条件研究

第一节　地表水系及排泄基准面

研究区地表水分为金沙江流域及澜沧江流域两大地表水系，主要河流水系自西向东依次有属于澜沧江流域的剑湖水系及其所属支流清水江、汝南河、金龙河，属于金沙江流域的冲江河、打锣箐、漾弓江、东山河及其支流银河、锰矿沟、枫木河等(图 4-1)。研究区沿线主要河流、沟谷及地表水体见表 4-1 及表 4-2。

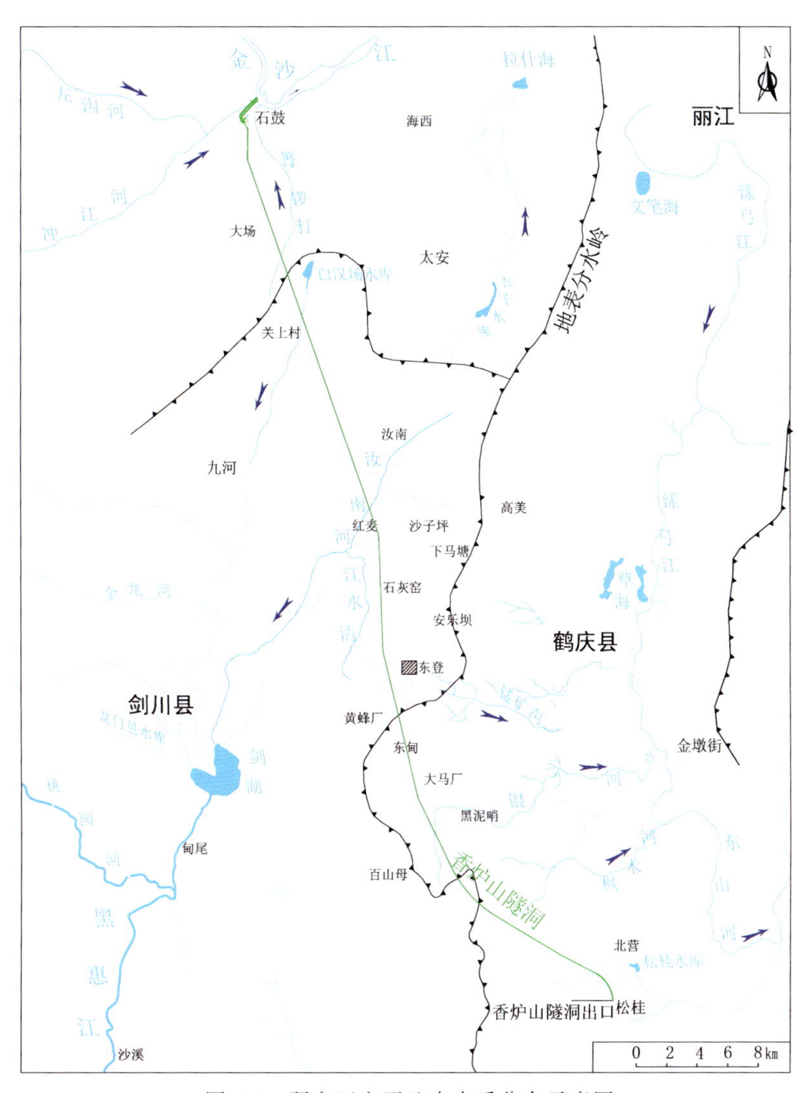

图 4-1　研究区主要地表水系分布示意图

表 4-1 研究区沿线主要河流、沟谷

序号	河流或沟谷名称	长度/km	沟床宽/m	切割深度/m	勘察期水量/($m^3 \cdot s^{-1}$)
01	打锣箐	12.11	50～200	50～100	0.3～0.5
02	白汉场槽谷	7.27	200～700	350～650	0.05～0.1
03	汝南河	23.53	10～30	30～50	1.5
04	清水江	10.28	10～20	200～300	1
05	锰矿沟	6.03	15～25	100～150	0.1
06	银河	25.81	20～35	100～200	0.5～1
07	枫木河	16.31	15～25	200～300	0.5
08	漾弓江	46.83	20～45	40～60	1.5～2
09	金龙河	16.99	10～20	30～50	0.3～0.5

表 4-2 研究区沿线主要地表水体

序号	地表水体名称	水面高程/m	水域面积/km^2	储水量/m^3
01	白汉场水库	2390	0.5	7.48×10^5
02	拉什海	2437	9	1.8×10^8
03	文笔海	2380	3	1×10^6
04	草海	2194	5	2.5×10^7
05	大龙潭	2210	0.2	5×10^5
06	小龙潭	2200	0.1	1×10^5
07	黑龙潭	2202	0.1	1×10^5
08	白龙潭	2195	0.05	5×10^4
09	西龙潭	2230	0.3	3×10^5
10	黄龙潭	2220	0.2	5×10^5
11	洗马池	2250	0.12	6×10^5
12	羊龙潭	2235	0.1	1×10^6
13	剑湖	2180	6	1.64×10^7

研究区地表水系与排泄基准面主要为西北部冲江河与金沙江(研究区高程 1820～1828m),北部拉什盆地及拉什海(高程 2437～2500m)、丽江盆地及文笔海(高程 2360～3000m),东部鹤庆盆地及草海、漾弓江(高程 2193～2240m),西部剑川盆地及剑湖(高程 2180～2240m),西南部的三营-洱源盆地(高程 2052～2115m)、右所盆地及弥苴河(高程 1970～2000m)。主要盆地的水文地质结构如下(长江勘测规划设计研究院有限责任公司,2015f)。

1. 拉什盆地

拉什盆地位于丽江盆地之西,南北长 12km,东西宽 6km,面积 $58km^2$,高程 2437～2500m,呈菱形,为封闭盆地。盆地外围汇水面积 $140km^2$,清水溪等小溪自南和北流入盆地,沟口发育小型洪积扇。地下水补给来源为大气降水,北缘和东缘的地下水分别向南和向西运移,集中排泄。盆地中的拉什海湖面高程 2437m,为断层构造湖,同时受石灰岩溶蚀作用,湖面季节变化显著。雨季水位高,最大蓄水量 1.8 亿 m^3,水面面积 $9km^2$,水深可达 9m;旱季水位下降,甚至干涸。20 世纪 80 年代以来,先后兴修水利,在落水洞前筑起了一个高大的堤坝，海水从海东黄山哨打通的输水隧洞流入丽江城区，使拉什海由季节湖变成了保持一定水位的高原湖泊(图 4-2)。

图 4-2　拉什盆地及拉什海全景

盆地的形成可追溯到更新世初期，地面因断陷而大幅度沉降，堆积厚达 700 余米的蛇山组河湖相及湖相沉积，岩性为粉砂岩、泥岩及砂质黏土。之后，受构造运动影响，局部岩层有褶皱现象，多数倾向北或北西，倾角 5°～40°。上叠晚更新世冰水堆积砂质黏土砾石层，厚 61～200m。全新世在湖泊的北部和南部沉积了洪积的含黏土的砾石层，在中部沉积了湖积黏土及淤泥，厚 12～36m。洪积扇的顶锥部位可达 200 余米，如图 4-3 所示。

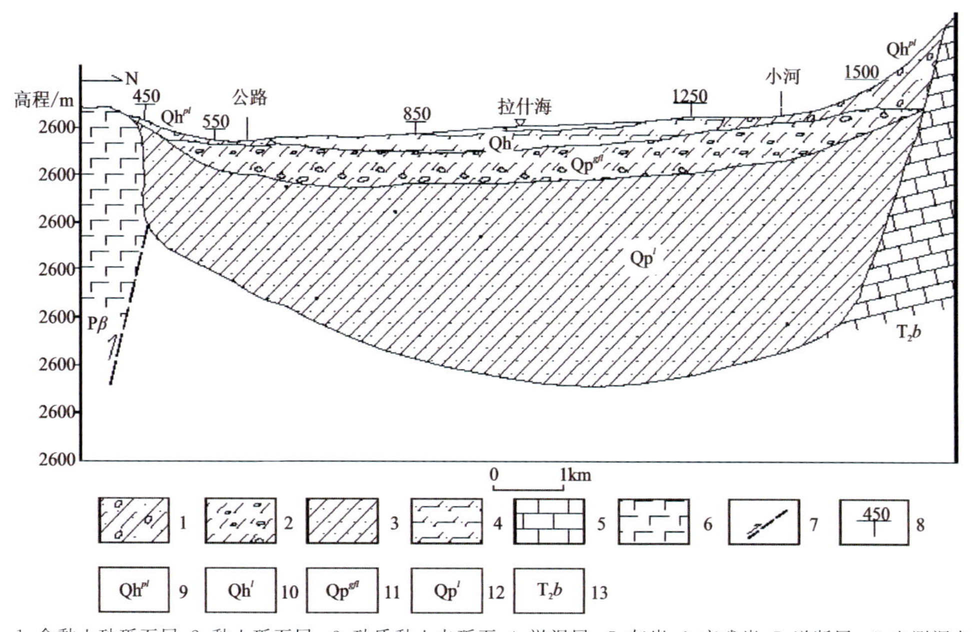

1. 含黏土砂砾石层；2. 黏土砾石层；3. 砂质黏土夹砾石；4. 淤泥层；5. 灰岩；6. 玄武岩；7. 逆断层；8. 电测深点；9. 全新统洪积层；10. 全新统湖积层；11. 更新统冰水堆积层；12. 更新统湖积层；13. 中三叠统北衙组。

图 4-3　拉什盆地物探推断地质剖面

2. 丽江盆地

丽江盆地位于玉龙雪山东侧溶蚀高原区，高程 2360～3000m，盆地呈狭长形，南北长 40km，东西宽

3～11km，面积 225km^2，外围汇水面积大约 370km^2。丽江盆地南西边缘汇水面积 20km^2，以大气降水补给为主。地下水由南向北运移，在文笔附近集中排泄。盆地中的漾弓江发源于玉龙雪山东麓，上游分为 3 个支流，即玉龙河、清溪河、青龙河。汇流后，经盆地的唯一缺口——关坡流入七河盆地，枯季平均流量 3.69m^3/s。盆地外围出露泥盆系至新近系地层。南北向的玉龙雪山东侧断裂带、北东向的丽江-文化断裂、文笔山断裂和北西向的汝南古西断裂控制了盆地的边界。

文笔海位于丽江盆地西南面的文笔山下，距丽江城区约 8km。湖面似椭圆形，面积约 3km^2。主要补给源为大气降水和西南侧岩溶泉，主要以地表水的方式向漾弓江排泄(图 4-4)。

图 4-4　丽江盆地及文笔海全景

盆地自第四系以后连续沉积，堆积了巨厚的新生界地层，厚度达 1200 余米。地层划分如下。

三营组(N_2s)：岩性为灰色、灰白色、紫色泥岩、粉砂岩，局部夹砂岩、砂砾岩。

蛇山组(Qps)：出露高程 2100～2500m。岩性为灰色、黄灰色、黑灰色砾岩、砂砾岩、砂岩、粉砂岩、泥岩、砂质黏土。

冰碛层(Qp^{gl})：分布于丽江白沙以北、高程 3000m 以上的山麓地带，岩性为灰白色巨砾、砂砾及岩屑。

冰水堆积层(Qp^{gfl})：分布于白沙一带的终碛的外缘，呈扇形，砾石成分以灰岩为主，次为玄武岩。

全新统湖积层(Qh^l)：主要分布于丽江盆地中部和南部，岩性为黄褐色、灰色、灰黑色淤泥、砂质黏土、黏土及砾石。

上述地层为上迭式或内迭式堆积。物探证实堆积厚度 700～1200m，大部分为蛇山组，主要分布于文宇以南，堆积厚度可达 187～1150m。蛇山组之上主要为冰水堆积层和全新统湖相沉积层，如图 4-5 所示。

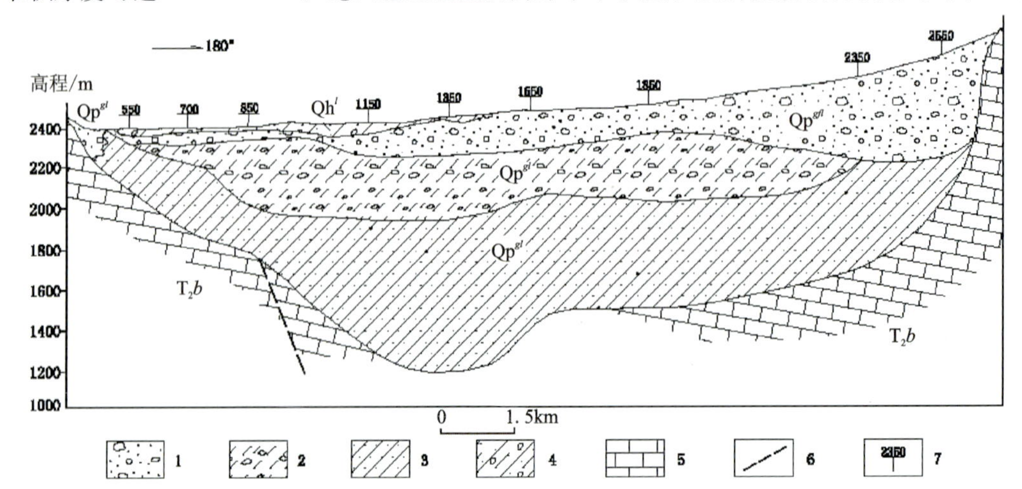

1.砂砾石；2.黏土砾石层；3.粉砂质黏土夹砂层；4.粉砂质黏土夹黏土质砂砾；5.灰岩；6.推测断层；7.电测深点。

图 4-5　丽江盆地物探推断地质剖面

3. 鹤庆盆地

鹤庆盆地为一山间断陷盆地，呈南北向长条形，东西宽6～10km，南北长22km，面积144km²，高程2193～2240m，北高南低。盆地的西侧为西山岩溶水系统之山岭，主要为北衙组碳酸盐岩分布，并且顺盆地边缘出露大量岩溶泉，盆地的东侧为新近系石灰质砾岩组成的山体，岩溶发育程度中等。盆地中部的漾弓江与下游的东山河是地表水、地下水的排泄出口，多年平均流量19.22m³/s(图4-6)。

图4-6　鹤庆盆地全景

草海为盆地内最大的湿地，位于鹤庆县城北部的银都水乡—新华村，距鹤庆县城约5km，呈南北走向，湿地面积约12km²，水面面积约5km²，主要补给源为黑龙潭、白龙潭等鹤庆西山岩溶泉，主要以地表水的方式向漾弓江排泄。

据《鹤庆幅G－47－17 1∶20万区域水文地质普查报告》，鹤庆盆地形成于喜马拉雅运动后期，接受了巨厚的物质堆积，覆盖层最厚约700m(据物探)。盆地内覆盖层的结构自上而下大致可分为以下两层。

全新统冲湖积层(Qh^{all})及洪积层(Qh^{pl})：厚20～40m。岩性为黏土，夹有砾砂和泥炭，是区内主要含水层，但水量不丰。

更新统湖积层(Qp^{l})：由钻孔揭示，上部为灰绿色黏土夹透镜状砂，下部为深灰色黏土，呈半胶结状。厚度大于245m，钻孔未见底。该层较稳定，《鹤庆幅G－47－17 1∶20万区域水文地质普查报告》中的5个钻孔均有揭示，如图4-7所示。

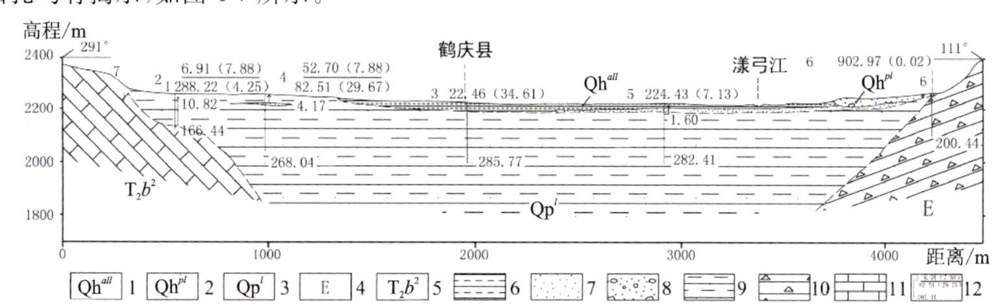

1.全新统冲湖积层；2.全新统洪积层；3.更新统湖积层；4.古近系；5.中三叠统北衙组上段；6.半成岩粉质黏土；7.砂；8.砂卵砾石；9.亚黏土；10.角砾岩；11.灰岩；12.左侧为钻孔及编号，右侧分子为上层涌水量(m³/d)及降深(m)，分母为下层涌水量(m³/d)及降深(m)，下方为承压水位埋深(m)。

图4-7　鹤庆盆地水文地质结构图

4. 剑川盆地

剑川盆地呈北东向展布，似长方形，长约 14.5km，宽约 6.5km，面积约 93km^2，地面高程 2180～2240m。剑湖位于盆地的东南部，湖面面积约 6km^2，平均水深 0.5～2m，最深 8.6m。盆地汇水范围内之地表水、地下水均向该湖汇集和排泄，蓄水量 0.164 亿 m^3，枯季排水量为 0.4～0.6m^3/s，向南注入黑惠江(图 4-8)。

图 4-8　剑川盆地及剑湖全景

剑川盆地东侧为马耳山脉。盆地东缘与碳酸盐岩山体交接的部位发育 2 个暗河系统，出露 3 个大的岩溶泉，总流量约 2.583m^3/s。

盆地覆盖层厚度变化较大，最厚处 400～500m(据物探)，在剑湖一带厚 50～200m，据《兰坪幅 G-47-16 1：20 万区域水文地质普查报告》中的钻探资料，覆盖层自上而下大致可分为以下两层。

冲湖积层(Qh^{all})：厚 30～50m，下部为砂砾石、细砂，向上变细，黏土含量增加。该层为主要含水层，分布范围广，与周边山体地下水有水力联系，水量丰富。由于上部黏土覆盖，该层地下水具承压性。在剑湖中，上部黏性土变薄，承压地下水击穿黏土，形成剑湖涌泉，其流量可达 0.46m^3/s。

湖积层(Qp_3^l)：厚约 200m，主要为砂质黏土、黏土，夹有砂砾石、砂及草煤层，为相对隔水层，如图 4-9 所示。

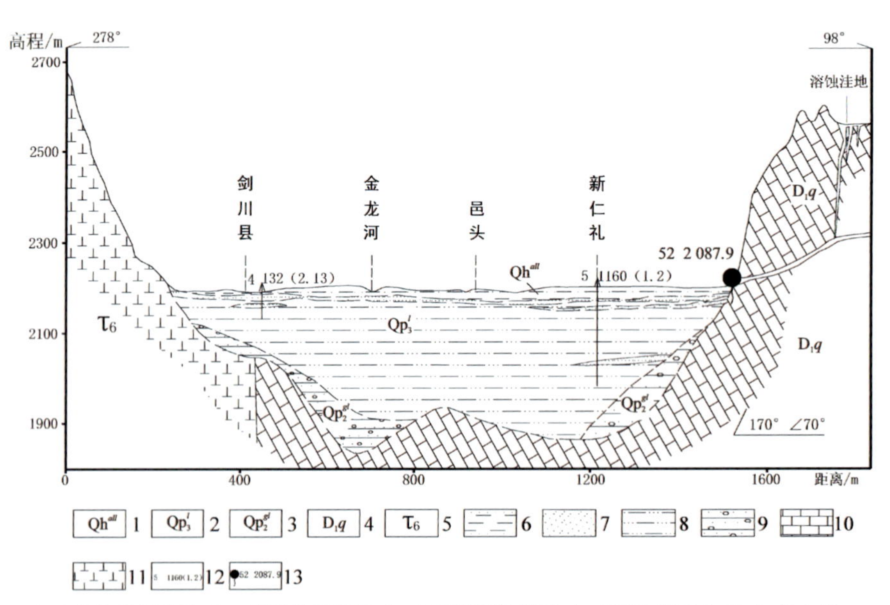

1. 全新统冲湖积层；2. 上更新统湖积层；3. 中更新统冰碛层；4. 下泥盆统青山组；5. 侵入岩脉；6. 粉土夹砂；7. 砂；8. 砂壤土；9. 砂黏土夹漂卵石；10. 灰岩；11. 闪长岩；12. 钻孔编号、涌水量(m^3/d)及降深(m)；13. 泉点及编号、流量(L/s)。

图 4-9　剑川盆地水文地质结构图

5. 三营-洱源盆地

三营-洱源盆地北窄南宽，南北长约 31km，东西宽 1.5～9km，面积约 $121km^2$，地面高程 2052～2115m。盆地周围山区，特别是西部、北部和东部碳酸盐广布，岩溶发育，山前地带多形成岩溶水排泄带。盆地内井泉较多，在北部和南部分布有孔隙自流水富水地段，总流量约 $0.87m^3/s$。盆地北部牛街—三营、西南部洱源—炼城还有丰富的高温热水出露，温度 46～88℃。

茨碧湖位于盆地西南部（图 4-10），呈北西向至南东向伸展，长约 6km，宽 1.2～2.3km，面积约 $7.8km^2$，汇水面积 $994km^2$。周围岩溶水也沿山脚或湖区溢出补给湖水，年平均径流量 4.15 亿 m^3。该湖于 1957 年被改建为水库，水深一般 10m，最深在东部，达 32m，总库容为 0.7 亿 m^3，调节库容 0.56 亿 m^3，湖水经茨苴河向南东方向注入洱海，多年平均流出量达 2.78 亿 m^3。

图 4-10　洱源盆地及茨碧湖全景

该盆地地质构造复杂，属断陷—侵蚀堆积盆地。盆地边缘第四系覆盖层厚度一般小于 200m，中心地带厚度在 250m 以上，由全新统冲积层和上更新统冲湖积层组成，具明显的双层结构（图 4-11）。

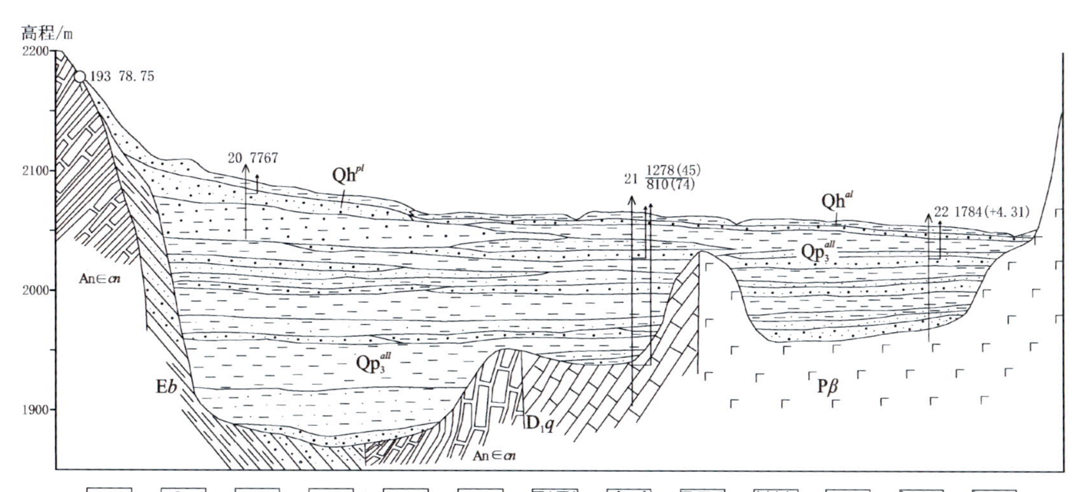

1. 全新统；2. 上更新统；3. 古近系宝相寺组；4. 二叠系玄武岩；5. 下泥盆统青山组；6. 苍山群；7. 砂质土；8. 砂砾石层；9. 黏土；10. 砂泥岩；11. 泉点及编号、流量（）L/s；12. 钻孔及编号，分子为孔隙自流水涌水量（m^3/d）及水温（℃），分母为下层灰岩自流水涌水量（m^3/d）及水温（℃）；13. 钻孔及编号，涌水量（m^3/d）及水位（m）。

图 4-11　洱源盆地水文地质结构图

冲积层（Qh^{al}）：厚 10～16m，主要为砂质黏土、黏质砂土、砂夹砂砾石层，结构较紧密，水量贫乏。

冲湖积层（Qp_3^{all}）：厚 50～300m，厚度变化大，主要为砂砾石、砂、黏质砂土夹草煤、淤泥等，总体结构疏松，孔隙度大，透水性良好，为主要含水层。

6. 右所盆地

右所盆地总体呈北北西向展布，南北长 6～9km，东西宽 5～8km，面积约 $70km^2$，地面高程 1970～2000m。弥苴河自茨碧湖经下山口进入盆地，纵贯盆地中部流入大理盆地，经弥苴河流入右所盆地流量约 $1.86m^3/s$，流出盆地流量约 $2.05m^3/s$(图 4-12)。

图 4-12　弥苴河

盆地四周玄武岩广泛分布，有少量碳酸盐岩地层。盆地边缘为基岩裂隙水和岩溶水的排泄带，有少量泉水出露。西北部有温热泉(井)集中分布。

新生界堆积物厚度达 800m，全新统冲湖积层广泛分布于盆地中部，主要为黏土与砂砾石互层，其中砂砾石层为主要含水层(图 4-13)。

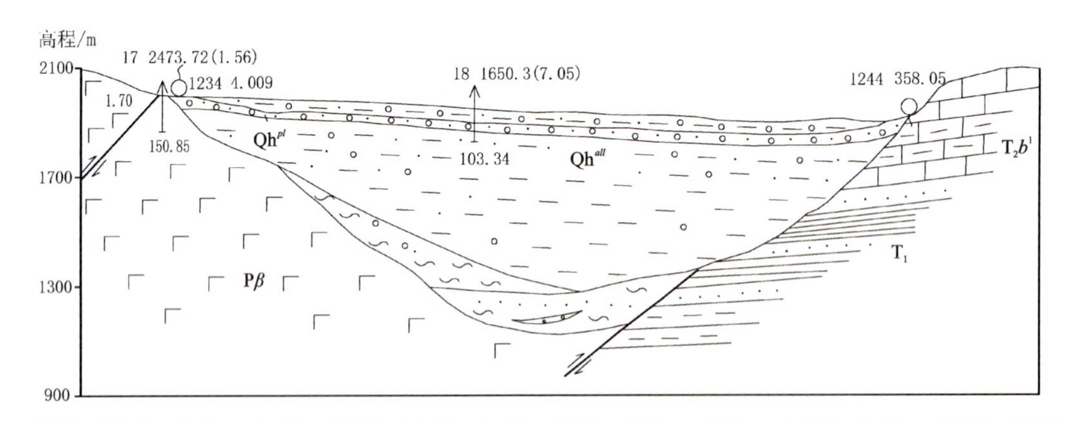

1. 全新统洪积层；2. 全新统冲湖积层；3. 中三叠统北衙组下段；4. 下三叠统；5. 二叠系玄武岩；6. 砂质土；7. 砂砾石层；8. 淤泥；9. 灰岩及泥质灰岩；10. 砂泥岩；11. 玄武岩；12 断层；13. 泉点及编号、流量(L/s)；14. 钻孔及编号，上层为涌水量(m^3/d)及降深(m)，下层为钻孔孔深(m)。

图 4-13　右所盆地水文地质结构图

冲湖积层(Qh^{all})：分布于盆地中部，具多层结构，是承压含水层。岩性主要为黏土夹砂砾石，砂砾石层埋深为 43～54m 和 82～87m，是主要的承压含水层，水量丰富。

洪积层 (Qh^{pl})：分布于盆地东西两侧，厚度小于 15m，岩性为黏土夹砾卵石及碎块石，水量贫乏。

第二节 地下水类型及埋藏特征

一、地下水类型

地下水的赋存特征对其水量、水质的时空分布有决定意义，其中最重要的是赋存条件和含水介质类型。地下水的赋存条件是指含水层在地质剖面中所处的部位及受隔水层限制的情况，据此可将地下水分为包气带水、潜水和承压水。另外，按含水介质类型，可将地下水分为孔隙水、裂隙水及岩溶水。研究区主要地下水类型为潜水、承压水、裂隙水和岩溶水。

1. 潜水

潜水赋存于研究区内各类第四系松散堆积层、裸露于地表的各类裂隙岩层及岩溶化岩层中，特别是鹤庆、剑川、丽江等盆地及白汉场、汝南河等槽谷中的冲积层及山麓冲沟口处堆积的洪积层，含水较为丰富。研究区潜水主要由降水补给，流量随季节变化明显。丰水季节或年份补给量大于排泄量，潜水面上升，含水层厚度增大；枯水季节排泄量大于补给量，潜水面下降，含水层厚度变小，埋藏深度变大。工程区潜水排泄主要是径流到盆地和山间沟谷等地形低洼处，以泉、泄流等形式向地表或地表水体排泄。鹤庆西山和剑川东山的潜水主要是以泉的形式向两侧盆地排泄。

2. 承压水

承压水是赋存于两个隔水层(弱透水层)之间的含水层中的水，具承压性是承压水的一个重要特征。它主要接受大气降水与地表水的入渗补给，当顶板隔水性能良好时，主要通过含水层出露于地表的补给区获得补给，并通过范围有限的排泄区，以泉或其他径流方式向地表或地表水体泄出；当顶底板为弱透水层时，除了可以从含水层出露补给区获得补给外，还可以从上下部含水层获得越流补给，也可向上下部含水层进行越流排泄。承压水受气象、水文等因素影响小，水循环缓慢，比较稳定。

研究区断裂、褶皱以及裂隙发育，且地层多样，砂岩、灰岩等含水岩组和泥岩、页岩、片岩等隔水岩组均有大量分布，为承压水提供了良好的赋存空间和条件。特别是线路区的向斜核部、隔水断层的下盘等部位更利于承压水赋存。一般对称式向斜两翼富水性差异不大，而不对称式向斜则缓翼富水性强，陡翼较差。剑湖涌泉流量约460L/s，具典型的承压水特征，它主要由槽谷地表水系的入渗补给，赋存于冲湖积层下部的砂砾石、细砂层中。由于上部黏土层压覆，该层地下水具承压性，在剑湖中上部黏性土变薄。在上覆第四系黏土隔水层破碎地段，承压地下水击穿黏土，形成剑湖涌泉。研究区多个钻孔揭露有承压水(钻孔XLZK2、TSZK54、XLP4ZK2、XLZK19、XLZK21、XLZK22、XLZK23、JFZK9)，但各承压水的地质结构不同，下面分析主要钻孔揭露的承压水的地质结构(长江勘测规划设计研究院有限责任公司，2017a)。

1)钻孔XLZK2承压水

钻孔XLZK2位于丽江市玉龙县石鼓镇大场村，孔口高程2 407.32m，孔深410.20m，揭露地层岩性主要为中三叠统(T_2^a)板岩、片岩和砂岩。区域上位于石鼓向斜的东翼，打锣箐背斜的西翼，承压水上部和下部主要为板岩和片岩(相对隔水层)，承压水位于砂岩中(含水层)。地质结构见图4-14。含水层厚度约70m，主要接受大气降水补给，勘探过程中在钻进至117m砂岩地层时孔口涌水，初期涌水量较大，为80L/min(2013年4月3日)，随后几天逐渐减小至趋于稳定(20L/min左右)。2014年3月19日测得涌水量为 18L/min，涌水未间断，且变化不大（雨季涌水量 30L/min 左右，枯季涌水量 20L/min 左右）。2017 年 1 月 19 日涌水量为 22.1L/min（图 4-15）。该承压水动态比较稳定。

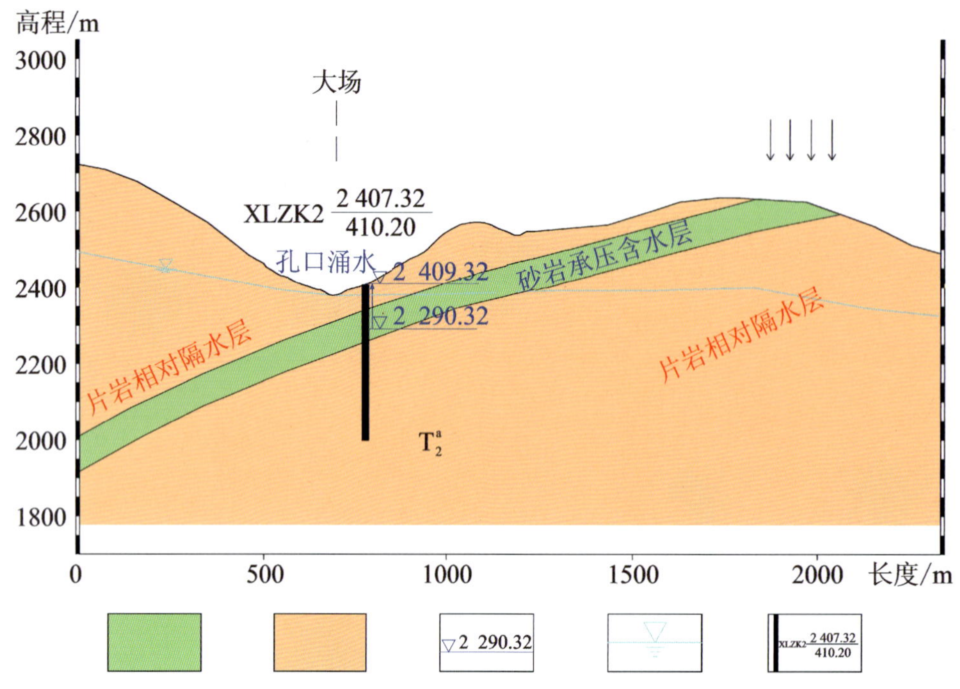

1.砂岩承压含水层；2.片岩相对隔水层；3.承压水水头；4.地下水位线；5.钻孔及编号，分子为高程（m），分母为孔深（m）。

图 4-14　XLZK2 钻孔揭露承压水地质结构示意图

稳定水流　　自动监测

图 4-15　钻孔 XLZK2 孔涌水情况

2）钻孔 XLZK19 承压水

钻孔 XLZK19 位于鹤庆县松桂镇大板箐，孔口高程 2 272.14m，孔深 293.51m，揭露地层岩性主要为松桂组（T_3sn）砂岩、泥页岩夹煤层。区域上位于后本箐向斜的东翼，狮子山背斜的西翼。承压水上部和下部主要为泥、页岩（相对隔水层），承压水位于砂岩中（含水层）。地质结构见图 4-16。含水层厚度约

80m，主要接受大气降水补给，勘探过程中在钻进至 71m 砂岩地层时孔口涌水，初期涌水量较小，为 5.2L/min(2013 年 4 月 29 日)，随着钻探的推进，涌水量逐渐增大，然后趋于稳定(10L/min 左右，图 4-17)。2014 年 3 月 25 日测得涌水量为 11L/min，2016 年 1 月 16 日涌水量为 20.5L/min。该承压水动态变化不大，在枯、丰期水量有所变化。

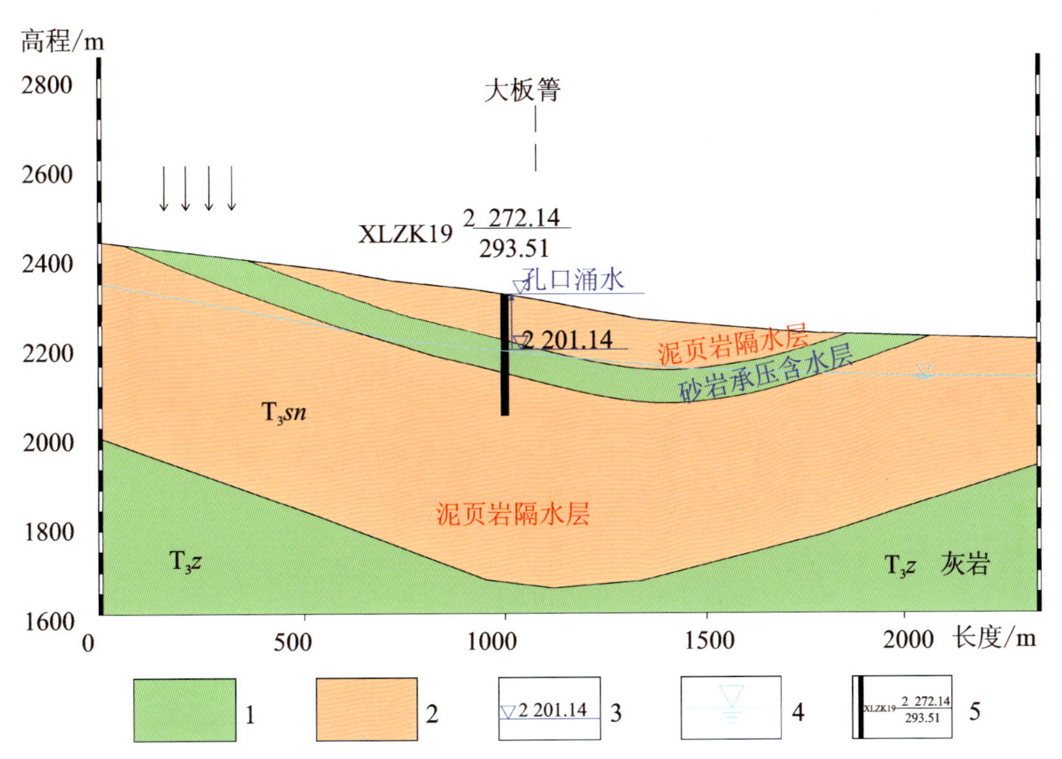

1.砂岩承压含水层；2.片岩相对隔水层；3.承压水水头；4.地下水位线；5.钻孔及编号，分子为高程(m)，分母为孔深(m)。

图 4-16　XLZK19 钻孔揭露承压水地质结构示意图

图 4-17　钻孔 XLZK19 涌水情况

3)钻孔 XLZK21 承压水

钻孔 XLZK21 处于鹤庆县草海镇马厂村黑泥哨煤矿内，距黑泥哨村直线距离约 2km，孔口高程 3 130.50m，孔深 124.30m。该孔 2017 年 2 月底开钻，3 月 6 日钻进至孔深 48.90m 时，孔口出现涌水，高度约 20cm，涌水量 34L/min，随着勘探推进，涌水量不断增大，3 月中旬最大达到 692L/min。随后下套管跟管钻进至出水点以下，隔离涌水段地层，涌水量稍减小，但 3 月 30 日涌水量突然变大，达到 1500L/min，涌水量较稳定（1500L/min 左右）。

钻孔施工区上部地层岩性为中二叠统黑泥哨组（P_2h）砂、泥页岩夹煤层，下部为玄武岩（$P\beta$），其中孔深 50.6m 以下为砂岩含水地层，含水层厚度约 195m，顶部和底部为泥页岩和煤层隔水层，东西两侧南北向断层阻水，且地层产状总体倾北，在钻孔所处的山坡部位形成承压水结构。地质结构见图 4-18。当钻孔揭穿黑泥哨组地层（P_2h）中的煤层或页岩（相当于隔板）时，因承压而出水（图 4-19），该承压水主要接受大气降水和银河水补给，动态比较稳定。

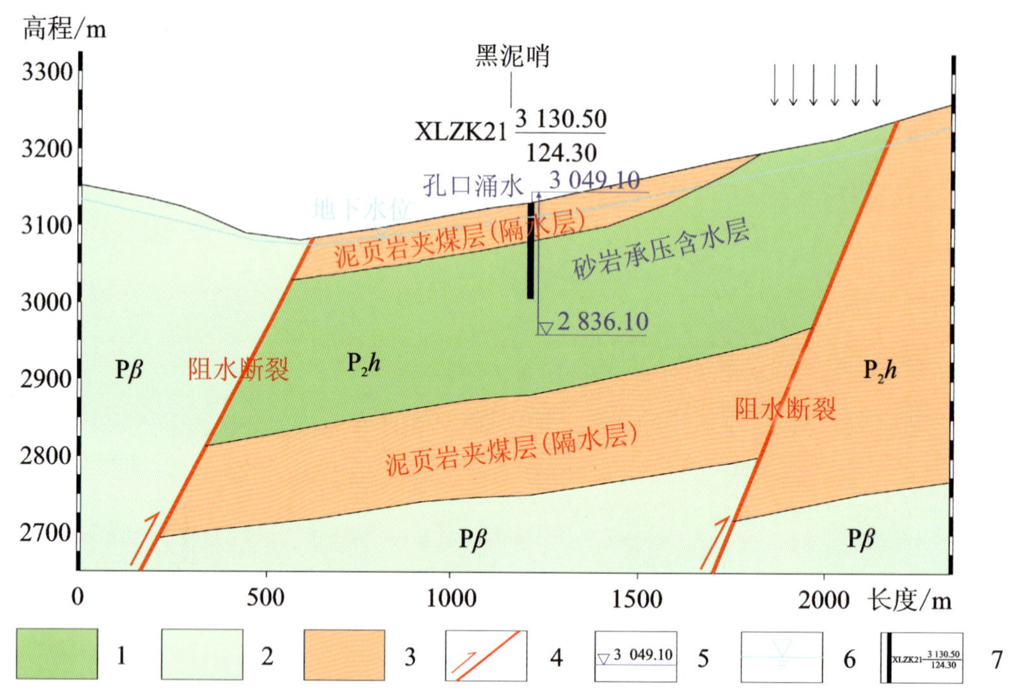

1.砂岩承压含水层；2.裂隙性中等含水层；3.泥页岩夹煤层（隔水层）；4.阻水断裂；5.承压水水头；6.地下水位线；7.钻孔及编号，分子为高程（m），分母为孔深（m）。

图 4-18　钻孔 XLZK21 地质结构示意图

开始涌水量　　　　稳定涌水量

图 4-19　钻孔 XLZK21 涌水情况

4）钻孔 XLZK22 承压水

钻孔 XLZK22 处于鹤庆县草海镇大马厂村，孔口高程 3 039.10m，孔深 411.90m，揭露地层岩性主要为青石崖逆冲断裂角砾岩、碎粉岩及断层泥及上二叠统黑泥哨组（P_2h）砂岩、泥页岩夹煤层，局部夹灰岩。含水层顶部和底部均为青石崖隔水断裂（碎粉岩、断层泥），承压含水层为砂岩、灰岩等，含水层厚度约 140m，主要接受大气降水补给。该地质结构具备承压水的赋存条件，地质结构见图 4-20。钻探过程中，揭穿顶部断层时（钻进至 176m），孔口出现涌水，初期涌水量较大，为 80L/min（2016 年 11 月 9 日），出水压力为 0.1MPa。随着钻探的推进，涌水量逐渐减小然后趋于稳定，2016 年 12 月 31 日测得涌水量为 49.3L/min（图 4-21）。该承压水动态比较稳定。

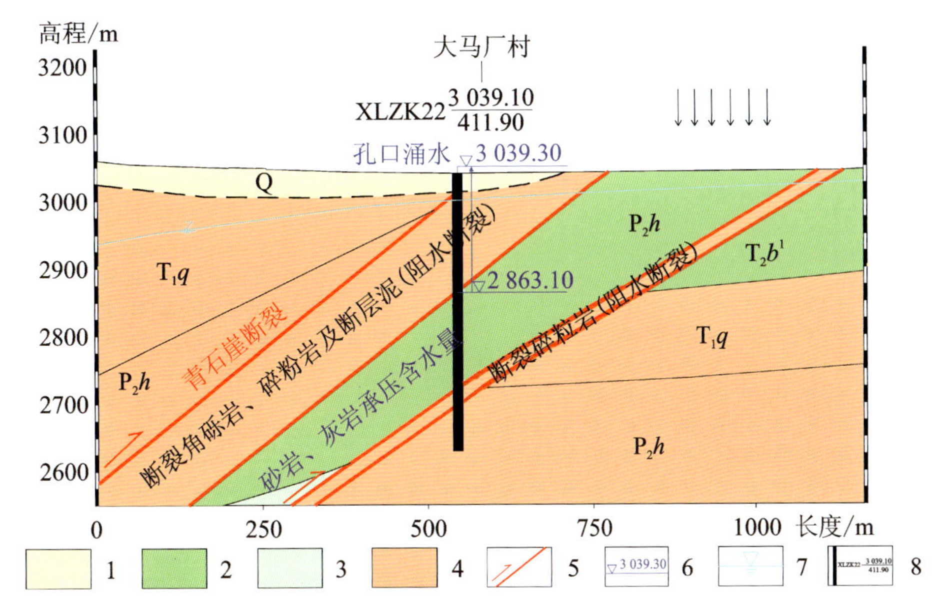

1. 第四系；2. 砂岩、灰岩承压含水层；3. 裂隙性中等含水层；4. 隔水层；5. 阻水断裂；6. 承压水水头；7. 地下水位线；8. 钻孔及编号，分子为高程（m），分母为孔深（m）。

图 4-20　钻孔 XLZK22 地质结构示意图

图 4-21　钻孔 XLZK22 涌水情况

5)钻孔 XLZK23 承压水

钻孔 XLZK23 位于剑川县庆华镇新华村,孔口高程 3 005.19m,孔深 607.30m,揭露地层岩性上部主要为下三叠统青天堡组(T_1q)砂、泥岩,汝南哨逆冲断裂角砾岩、碎粉岩、安山质玄武岩($N\beta$)以及中三叠统北衙组上段(T_2b^2)白云质灰岩、灰岩,下部主要为上三叠统松桂组(T_3sn)砂岩、泥页岩夹煤线等。承压水顶部隔水边界为青天堡组砂、泥岩及汝南哨断裂,底部隔水边界为松桂组泥页岩夹煤线及汝南哨断裂。承压含水层为北衙组白云质灰岩、灰岩和松桂组砂岩,含水层厚度约 400m,主要接受大气降水补给。该地质结构具备承压水的赋存条件,地质结构见图 4-22。勘探钻进至153.6m揭穿顶部断层时孔口涌水,涌水量为 102L/min(2016 年 9 月 26 日)。随着钻探的推进,涌水量逐渐减小并趋于稳定,2017 年 1 月 21 日测得涌水量为 38.7L/min(图 4-23)。

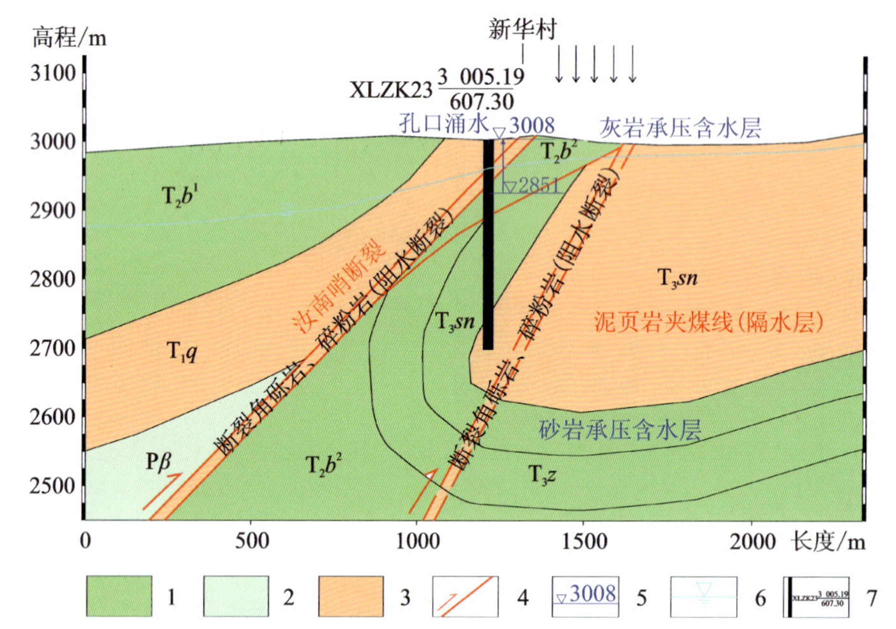

1.灰岩、砂岩承压含水层;2.裂隙性中等含水层;3.隔水层;4.阻水断裂;5.承压水水头;6.地下水位线;7.钻孔及编号,分子为高程(m),分母为孔深(m)。

图 4-22　钻孔 XLZK23 地质结构示意图

初期涌水量　　稳定涌水量

图 4-23　钻孔 XLZK23 涌水情况

3. 裂隙水

裂隙岩层一般不形成具有统一水力联系、水量分布均匀的含水层，而通常由部分裂隙在岩层中局部范围内连通构成若干带状或脉状裂隙含水系统。岩层中各裂隙含水系统内部具有统一的水力联系，水位受该系统最低出露点控制。各个系统之间没有或仅有微弱的水力联系，各有自己的补给范围、排泄点及动态特征，其水量的大小取决于自身规模。规模大的系统贮容能力大，补给范围广，水量丰富，动态比较稳定；规模小的系统贮存和补给有限，水量小而动态不稳定。带状或脉状裂隙含水系统一般是以一条或几条大的导水通道为骨干，汇集周围的中小裂隙而形成的。这些大的导水通道在空间上的分布往往表现出随机性，而且在不同方向上的延展长度存在很大差别，这就使得裂隙水表现出强烈的不均匀性和各向异性。

研究区裂隙水主要赋存于砂岩、泥岩、页岩及各类碎屑变质岩以及岩浆岩的节理裂隙之中，含水贫乏，径流不畅，与深部的水力联系差，常见排泄泉流量 0.1～0.4L/s。但区域断裂和褶皱附近的玄武岩中裂隙发育，含水丰富，沟谷低洼处均可见裂隙泉出露，这些裂隙泉是山顶居民的生产生活及饮用泉。

研究区基岩裂隙水主要受大气降水补给，向沟谷排泄。由于地形坡度较陡，补给条件差，降水多为地表径流，仅少量渗入地下，亦因水力坡度大，流径短，排泄迅速，导致雨季遍地是泉，枯季则流量剧减，甚至断流，地下水多以渗出方式在低洼处排泄。

另外，区内较大断层破碎带亦赋存一定规模的断层脉状水，特别是区域性的大断裂，因破碎带构造岩成分复杂，如角砾岩、碎粉岩、断层泥等，其富水及透水性差异大，同一条断层的纵向与横向透水性差异巨大。

4. 岩溶水

赋存并运移于岩溶化岩层中的水称为岩溶水。由于介质的可溶性以及水对介质的差异性溶蚀，岩溶水在流动过程中不断扩展介质的空隙，改变其形状，改造着自己的赋存与运移环境，从而改造着自身的补给、径流、排泄与动态特征。岩溶水系统是一个能够通过水与介质相互作用不断自我演化的动力系统。岩溶水空间分布极不均一，时间上变化强烈，流动迅速，排泄集中。

研究区地表碳酸盐分布较广，主要分布于白汉场、鹤庆西山、剑川东山以及长木箐、核桃箐一带，各种岩溶形态均有发育。

研究区岩溶水主要赋存于区内各类碳酸盐岩地层中，具有流量大、分布极不均一的特征，常汇流为地下暗河和岩溶泉。溶洞暗河强烈发育的地层主要为下泥盆统青山组(D_1q)、石炭系(C)、下二叠统(P_1)及中三叠统北衙组(T_2b)等碳酸盐岩地层。特别是鹤庆西山和剑川东山北衙组(T_2b)和青山组(D_1q)灰岩中，沿东西向断层带及可溶岩和非可溶岩接触带部位，地下岩溶管道极为发育，在盆地边缘出露大量的岩溶大泉。

二、地下水埋藏特征

研究区地下水埋深一般受地貌和排泄基准面影响，在非岩溶区地下水位随地形变化较明显。线路通过河流、沟谷、盆地地带，地势较低，地下水埋深浅。隧洞区地下水位埋深多在地表以下 100～400m 范围内，河流、沟谷、盆地地带地下水位埋深一般在 20m 左右，部分地段地下水位接近地表。研究区完成了大量勘探钻孔，对终孔稳定水位进行了观测(表 4-3)，并对重要钻孔的动态水位进行了自动化观测，在自然和交通条件允许的情况下，还对其他具备观测条件的钻孔不定期进行人工动态观测。除少量钻孔在丰水期和枯水期水位变幅较大外，大部分水位变幅小于 15m。

表 4-3　研究区钻孔地下水位观测表

钻孔编号	孔口高程/m	孔深/m	地下水观测			备注
			地下水埋深/m 或钻孔涌水情况	地下水位/m 或涌水量	观测日期	
XLP1-1ZK2	2 495.13	310.90	104.27	2 390.86	2016.04.14	
XLZK8	2 625.25	626.20	495.50	2 129.75	2017.02.10	
XLP3-1ZK3	2 574.95	406.90	38.00	2 536.95	2017.01.02	
XLP4ZK2	2 572.28	315.26	11.80	2 560.48	2016.09.13	长观
			11.65	2 560.63	2017.01.20	
XLP5ZK4	2 571.35	223.20	75.30	2 496.05	2017.01.02	长观
			76.00	2 495.35	2017.03.04	
XLZK25	2 456.21	485.94	460.03	1 996.18	2016.09.21	
			449.47	2 006.74	2016.09.29	
XLZK2	2 407.32	410.20	涌水	Q=28L/min	2014.08.25	长观
			涌水	Q=37.5L/min	2015.09.04	
			涌水	Q=20L/min	2016.01.15	
			涌水	Q=22.1L/min	2017.01.19	
XLZK4	2 382.42	385.10	38.50	2 343.92	2013.06.28	长观
			34.00	351.10	2017.03.03	
XLZK7	3 020.91	596.30	170.50	2 850.41	2014.05.03	长观
			167.80	2 853.11	2016.01.18	
			165.25	2 855.66	2017.01.20	
XLZK10	2 571.61	590.50	80.00	2 491.61	2013.11.05	长观
			78.00	2 493.61	2014.05.03	
XLZK11	2 784.43	781.50	389.60	2 394.83	2013.07.11	长观
			379.50	2 404.93	2014.08.26	
XLZK12	2 905.6	460.10	175.70	2 729.90	2014.05.02	长观
			171.70	2 733.90	2017.01.21	
			171.70	2 733.90	2017.01.21	
XLZK17	2 554.25	600.56	165.00	2 389.25	2014.03.17	长观
			162.50	2 391.75	2016.01.16	
			160.80	2 393.49	2017.01.22	
XLZK18	2 992.10	681.10	433.00	2 559.10	2013.06.25	长观
			409.50	2 582.60	2014.05.02	
			413.40	2 578.70	2016.01.17	

表 4-3(续)

钻孔编号	孔口高程/m	孔深/m	地下水观测			备注
			地下水埋深/m或钻孔涌水情况	地下水位/m或涌水量	观测日期	
XLZK19	2 272.14	293.51	涌水	Q=11.3L/min	2014.05.04	长观
			涌水	Q=20.5L/min	2016.01.16	
P2ZK2	2 442.12	250.10	13.80	2 428.32	2015.09.04	长观
			15.60	2 408.49	2016.01.15	
			14.50	2 427.62	2017.03.03	
XLZK20	2 128.00	150.10	87.32	2 040.68	2013.04.03	

注:Q 为流量。

勘察期间,研究区南端钻孔 XLZK25(孔口高程 2 456.21m,孔深 485.94m)揭露地下水埋深 449.47m,对应高程 2 006.74m,但孔深 145m 左右(对应高程 2 311.21m)钻孔录像显示,溶蚀裂隙中有明显水流,在钻孔中形成跌水。另外,在该孔附近的 XLP7ZK2 孔地下水埋深 99.70m,对应高程为 2 221.20m。据此分析 XLZK25 孔附近存在双层地下水,其中上层地下水位高程为 2220~2300m,下层地下水位高程为 2000m 左右,两层地下水位高差 220~300m。通过分析认为,该区域深部可能存在岩溶洞穴甚至岩溶管道,因此形成了深部地下水位。

第三节　鹤庆西山岩溶地下水分水岭示踪连通试验研究

地下水示踪试验是在地下水系统的某个部位投放能随地下水运移的物源,在预期能到达的部位对其进行接收检测,根据检测结果,来获取系统天然流场水动力属性的探测方法(陈长生等,2015)。地下水示踪试验因为结论明确,能够直观地反映地下水系统的运动状态,受到许多生产和科研部门的重视。它甚至成为检验其他研究成果的一种手段,被广泛应用于地下河来龙去脉的判断,地下水分水岭的划分,地下水补给、径流、排泄条件的分析等诸多领域。鹤庆西山一带的地下分水岭为金沙江和黑惠江流域分水岭。对大量水文地质调查、勘探成果进行分析研究后,我们认为,其分水岭位于沙子坪以西、安乐坝及汝南哨以东的马厂西山一线。为了对地下分水岭划分的合理性进行空间上的验证,并为岩溶水系统的划分提供合理的判断,同时查明鹤庆西山地下水运动途径、地下岩溶通道(暗河)的连通、延展与分布情况,在鹤庆西山一带进行了示踪连通试验。

通过岩溶水文地质调查,选取马厂、东甸、大塘子等具备做示踪连通试验条件的地方,进行了大型示踪连通试验。示踪连通试验主要通过在有流水的大型落水洞投放食用盐,在可能有水力联系的泉点取水样,对水中氯离子(Cl^-)浓度进行检测,测定方法采用硝酸银滴定法。

1. 马厂落水洞示踪连通试验

马厂落水洞位于鹤庆县草海镇马厂村洼地与北岩坡坡脚交会处,高程约 2990m,落水洞直径 1.5~2.0m,深未见底,雨季落水量一般大于 200L/s(图 4-24)。2013 年 8 月 27 日 13 时—14 时 30 分在该落水洞投放食盐600kg(图 4-25),启动示踪连通试验。投放食盐后分别在锰矿沟黑龙潭(图 4-26)、西登村泉、清水江源泉(图 4-27)、剑川各门江龙潭(图 4-28)等处取水样,其中锰矿沟黑龙潭为重点监测点。在锰矿沟黑龙潭每 2~3h 取一次水样,在西登村泉、清水江源泉、各门江龙潭每天取一次水样,并根据检测结果动态调整取样时间。

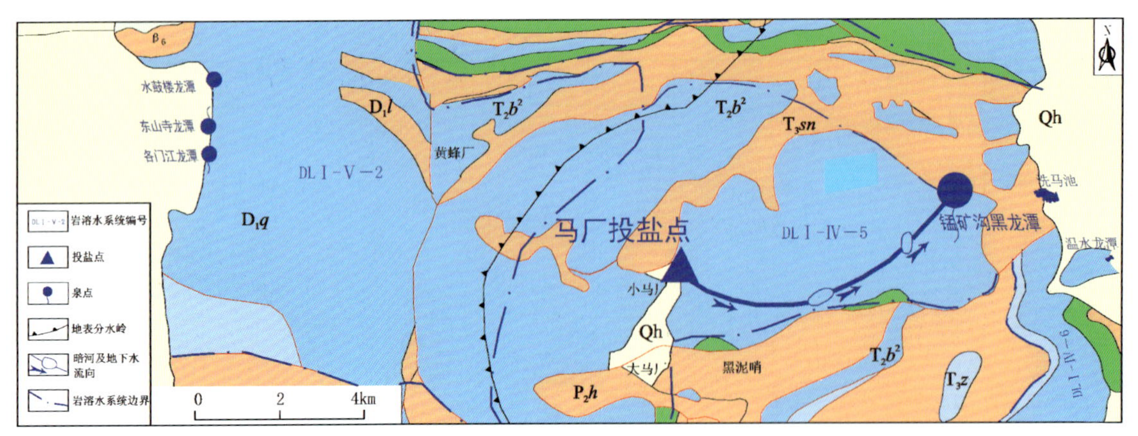

图 4-24　马厂示踪连通试验示意图

图 4-25　在马厂落水洞投放食盐

图 4-26　锰矿沟黑龙潭

图 4-27　清水江源泉

图 4-28　各门江龙潭

根据上述泉点取样检测结果，在西登村泉、各门江龙潭（2 处泉点）投盐后 7 日内泉水中 Cl^- 含量均未变化，其中西登村泉 Cl^- 含量为 11.8mg/L，各门江龙潭 1 号泉点 Cl^- 含量为 9.8mg/L，各门江龙潭 2 号泉点 Cl^- 含量为 11.15mg/L。在锰矿沟黑龙潭投盐当日（8 月 27 日），Cl^- 含量背景样值为 11.15mg/L，投盐后第 3 日（8 月 29 日）14 时 Cl^- 含量增大至 12.46mg/L，第 7 日（9 月 2 日）9 时 30 分 Cl^- 含量达到峰值 14.03mg/L，后逐日降低。至第 11 日（9 月 6 日）14 时 30 分 Cl^- 含量降至背景样值 11.15mg/L。清水江源泉 Cl^- 含量背景样值为 10.49mg/L，投盐后第 3 日（8 月 29 日）10 时 50 分 Cl^- 含量增大至 11.15mg/L，第 4 日（8 月30 日）10 时 50 分达到峰值 13.12mg/L，后逐日降低，至第 7 日（9 月 2 日）11 时 20 分 Cl^- 含量降至背景样值 10.49 mg/L，锰矿沟黑龙潭泉点检测结果如图 4-29 所示。

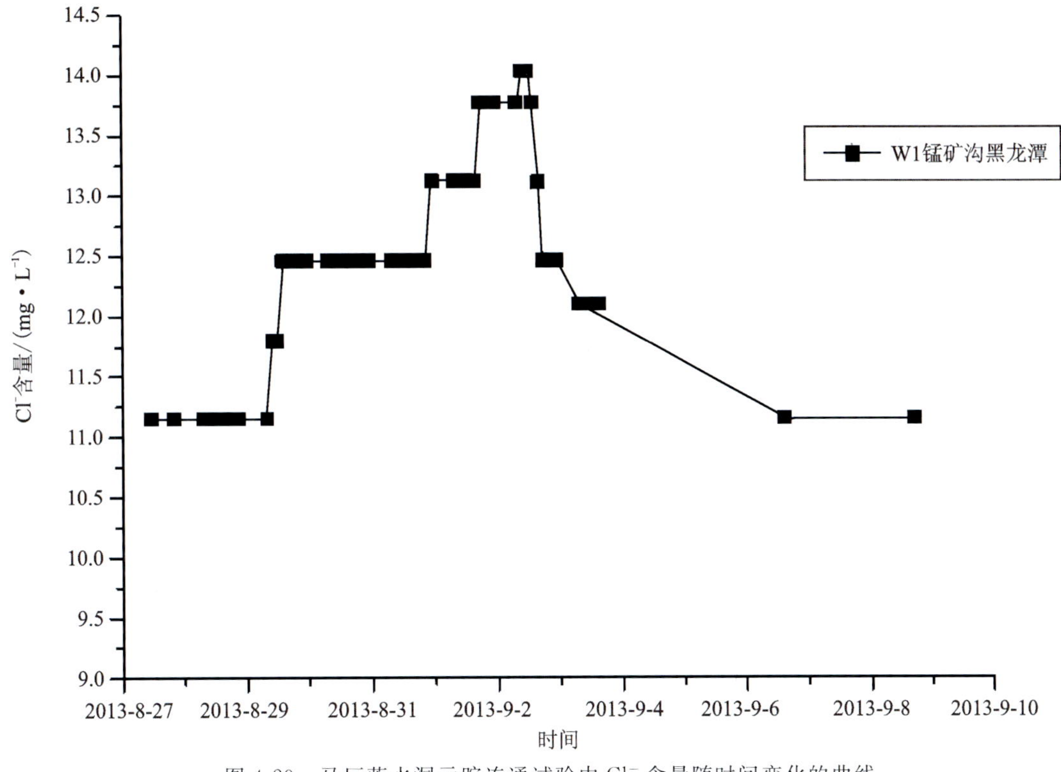

图 4-29　马厂落水洞示踪连通试验中 Cl^- 含量随时间变化的曲线

马厂落水洞示踪连通试验结果表明：①马厂岩溶洼地的落水洞与锰矿沟黑龙潭连通。示踪剂离子浓度变化明显，第 3 天即有示踪剂出现，峰值出现在示踪剂投放后的第 7 天。估算该岩溶水系统的地下水流速为 1000～2300m/d。②清水江源头泉的 Cl^- 含量也有变化，考虑到检测样本仅有 3 个检出高值，同时该泉与马厂岩溶水系统有数层隔水岩体分布，故暂不认为它与马厂岩溶水系统相通，但可作为一个疑点留待下一阶段工作进一步验证。

2. 东甸落水洞示踪连通试验

东甸落水洞位于剑川县金华镇庆华村甸心村山坡坡脚与洼地交会处，该落水洞直径 1.0m，深 1.0m 左右。2013 年 9 月和 2014 年 9 月在同一位置分别进行了 2 次示踪试验(图 4-30)。

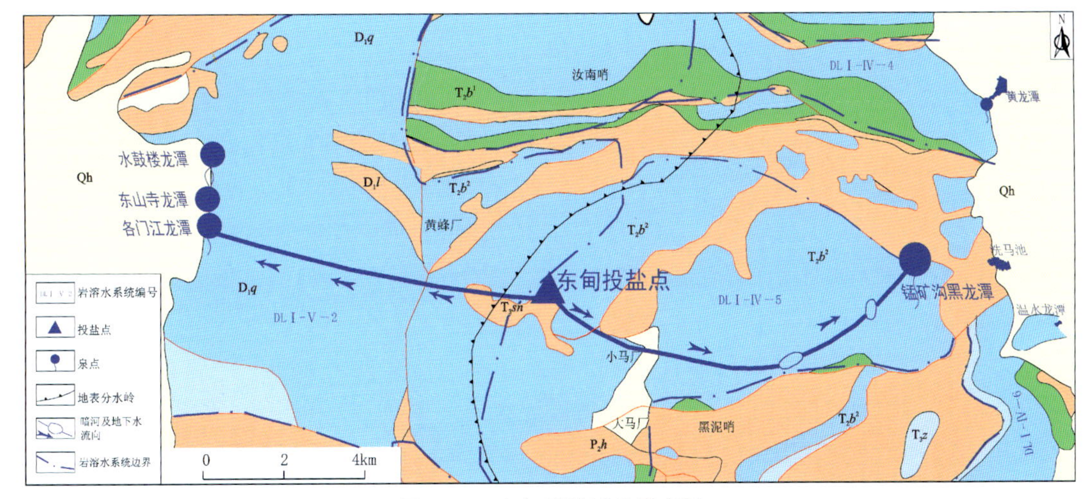

图 4-30　东甸示踪试验示意图

1)第一次示踪试验

2013 年 9 月 11 日 12 时—13 时 30 分在落水洞投放食盐 1.5t(图 4-31),启动东甸落水洞示踪连通试验,试验前估算进水量 20～30L/s。投放食盐后分别在锰矿沟黑龙潭、黄龙潭(图 4-32)、清水江源泉、各门江龙潭、水鼓楼龙潭(图 4-33)、东山寺龙潭(图 4-34)等处泉点取水样。重点监测了除清水江源泉以外的其他泉点。在清水江源泉每天取一组水样,其余泉点每隔 3～4h 取一组水样,并根据检测结果动态调整取样时间。

图 4-31　东甸落水洞

图 4-32　黄龙潭

图 4-33　水鼓楼龙潭

图 4-34　东山寺龙潭

根据上述泉点取样检测结果,在东山寺龙潭、水鼓楼龙潭、清水江源泉、各门江龙潭等泉点投盐后,6 日内泉水中 Cl^- 含量未变化,均为背景样值。其中清水江源泉为 11.8mg/L,其余为 11.15mg/L。各门江龙潭 1 号泉点投盐当日(9 月 11 日)Cl^- 含量背景样值为 9.8mg/L,投盐后第 3 日(9 月 13 日)20 时 Cl^- 含量增大至10.5mg/L,当日 23 时至第 4 日(9 月 14 日)14 时达到峰值 11.15mg/L,后逐渐降低,至第 5 日(9 月15 日)23 时 Cl^- 含量降至背景样值 9.8mg/L。锰矿沟黑龙潭泉点投盐当日(9 月 11 日)Cl^- 含量背景样值为11.8mg/L,投盐后第 4 日(9 月 14 日)8 时 40 分 Cl^- 含量增大至 13.12mg/L,且达到峰值,至第 5 日(9 月 15 日)19 时 Cl^- 含量降至背景样值 11.8mg/L。具体检测结果如图 4-35 所示。

2)第二次示踪试验

为验证第一次示踪试验成果的可靠性,2014 年 9 月 10 日 12 时～13 时 30 分在落水洞投放食盐 3.0t,启动东甸落水洞验证性示踪试验。试验前估算进水量为 10～20L/s。

投放食盐后分别在锰矿沟黑龙潭、锰矿沟监测站、黄龙潭、清水江源泉、各门江龙潭、水鼓楼龙潭、东山寺龙潭等处泉点取水样。除清水江源泉点外,其余均为重点监测点,在清水江源泉每天取 3 组水样,其余泉点每隔 3～4h 取 1 组水样,并根据检测结果动态调整取样时间。

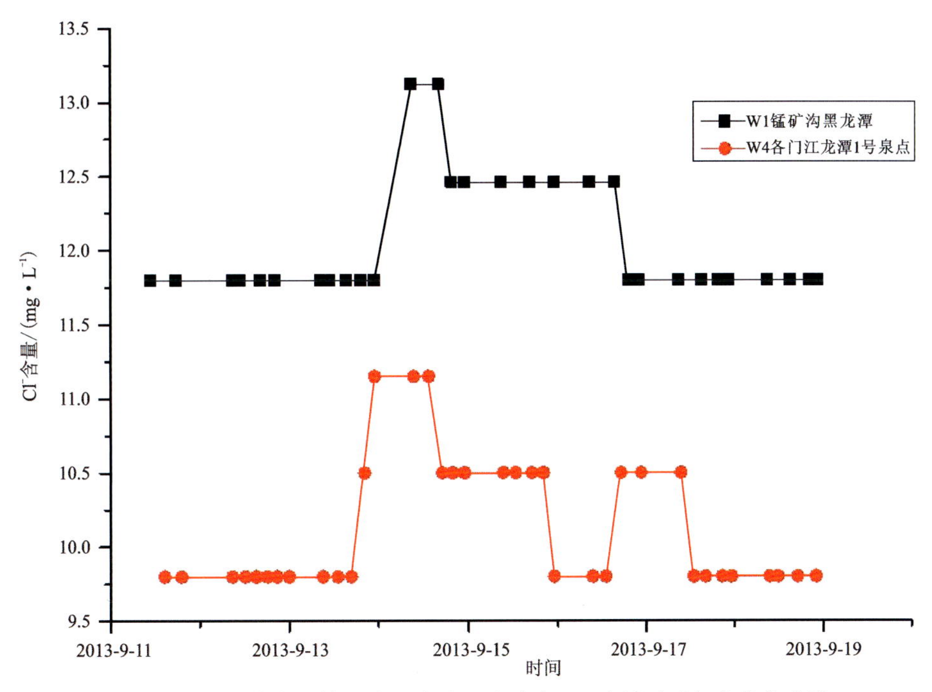

图 4-35　东甸落水洞第一次示踪连通试验中 Cl^- 含量随时间变化的曲线

在上述泉点取样后分别委托长江三峡勘测研究院有限公司(武汉)(简称“三峡院”)及中国地质大学(武汉)分析测试中心(简称“地大”)对水样进行检测,两家单位的检测结果基本吻合,现分述如下。

(1)三峡院检测结果。

黄龙潭、清水江源泉、东山寺龙潭、水鼓楼龙潭、各门江龙潭等泉点在试验期间(约 1 个月)Cl^- 含量未变化,均为背景样值,仅有锰矿沟黑龙潭及锰矿沟监测站泉点有变化。其中黄龙潭、清水江源泉与各门江龙潭 1 号泉点 Cl^- 含量均为 1.87mg/L,东山寺龙潭、水鼓楼龙潭与各门江龙潭 2 号泉点 Cl^- 含量均为 1.62mg/L。

锰矿沟黑龙潭泉点投盐当日(9 月 10 日)背景样值为 1.87mg/L,投盐后第 11 日(9 月 20 日)6 时30 分 Cl^- 含量增大至 3.12mg/L,当日 18 时至第 12 日(9 月 21 日)11 时 20 分达到峰值4.99mg/L,后逐渐降低,至第 24 日(10 月 3 日)9 时 20 分 Cl^- 含量降至背景样值 1.87mg/L。锰矿沟监测站泉点投盐当日(9 月 10 日)背景样值为 1.87mg/L,投盐后第 11 日(9 月 20 日)8 时 40 分 Cl^- 含量增大至3.74mg/L,当日 18 时至第 12 日(9 月 21 日)11 时 20 分达到峰值 4.99mg/L,后逐渐降低,至第 24 日(10 月 3 日)9 时 20 分 Cl^- 含量降至背景样值 1.87mg/L。具体检测结果如图 4-36 所示。

(2)地大检测结果。

黄龙潭、清水江源泉、东山寺龙潭、水鼓楼龙潭、各门江龙潭等泉点在试验期间(约 1 个月)Cl^- 含量未变化,均为背景样值,其中黄龙潭 3.4mg/L、清水江源泉 3.7mg/L、各门江龙潭 3.3mg/L、东山寺龙潭 3.2mg/L、水鼓楼龙潭 3.6mg/L,仅有锰矿沟黑龙潭及锰矿沟监测站泉点有变化。

锰矿沟黑龙潭泉点投盐当日(9 月 10 日)背景样值为 4.2mg/L,投盐后第 11 日(9 月 20 日)6 时 30 分 Cl^- 含量增大至 4.6mg/L,当日 18 时至第 12 日(9 月 21 日)11 时 20 分达到峰值 5.1mg/L,后逐渐降低,至第 24 日(10 月 3 日)9 时 20 分 Cl^- 含量降至背景样值 4.2mg/L。锰矿沟监测站泉点投盐当日(9 月 10 日)背景样值为 4.3mg/L,投盐后第 11 日(9 月 20 日)8 时 40 分 Cl^- 含量增大至4.7mg/L,当日 18 时至第 12 日(9 月 21 日)11 时 20 分达到峰值 5.0mg/L,后逐渐降低,至第 24 日(10 月 3 日)9 时 20 分 Cl^- 含量降至背景样值 4.2mg/L。具体检测结果见图 4-36。

东甸落水洞示踪连通试验结果表明如下两点。

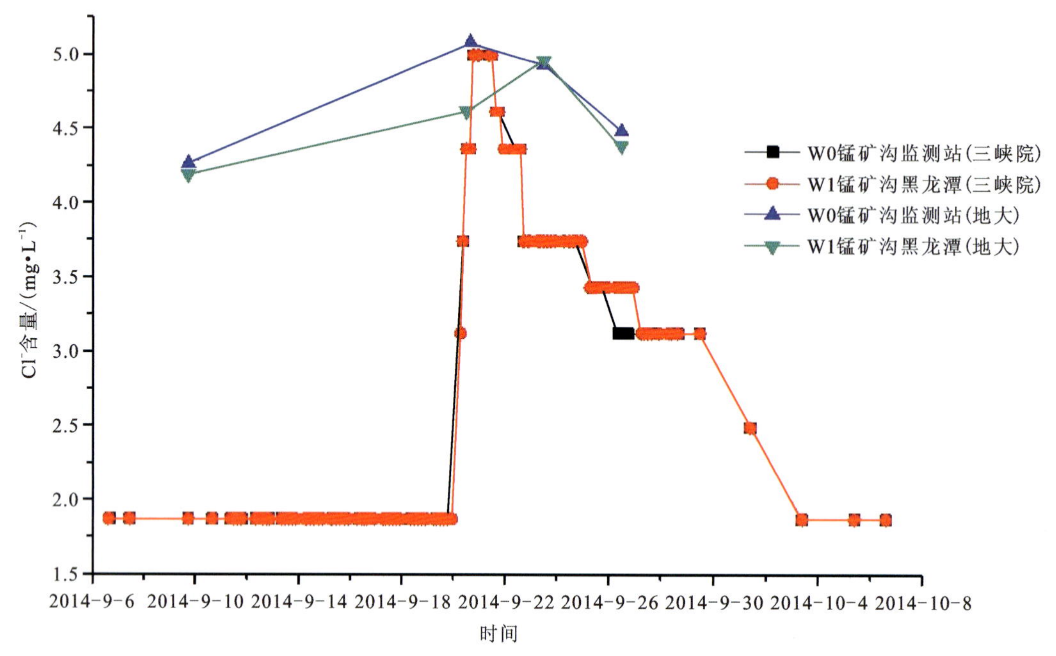

图 4-36　东甸落水洞第一次示踪连通试验中 Cl^- 含量随时间变化的曲线

(1)在第一次示踪试验中,西边山脚各门江龙潭与东边山脚锰矿沟黑龙潭的泉水中均检测出明显的示踪剂含量变化,说明该处地下水向东西两侧分流,峰值出现在 4 天后,估算两侧流速均为 2000m/d;在第二次示踪试验中,西边山脚各门江龙潭的泉水中示踪剂含量无变化,只在东边山脚锰矿沟黑龙潭中检测出明显的示踪剂含量变化,峰值出现在第 10 天后,估算流速均为 800m/d。

(2)东甸岩溶洼地及其落水洞位于流域地下分水岭(与地形分水岭一致)附近。该分水岭为可变分水岭,当流量较大时,地下水向东西两侧分流,当流量较小时,地下水只流向东侧锰矿沟黑龙潭。马厂、东甸示踪试验结果显示,马厂洼地的水流向鹤庆盆地,东甸洼地的水既流向鹤庆盆地,也流向剑川盆地,因此地下分水岭位于马厂洼地的西侧、东甸洼地附近。剑川东山岩溶泉总流量较大,若地下分水岭以清水江断裂为界,则汇水面积和排泄泉流量明显不匹配,所以地下分水岭应该越过清水江断裂,位于清水江断裂与东甸洼地之间。综上分析,初步判断地下分水岭与地表分水岭基本一致,位于东甸洼地附近。

3. 大塘子落水洞示踪连通试验

大塘子落水洞位于鹤庆县草海镇安乐村安乐洼地南部,该落水洞直径 20m,深 5~8m,试验前估算进水量为 80~100L/s(图 4-37)。2013 年 9 月 29 日 12—13 时在该落水洞投放食盐 2.0t(图 4-38),启动示踪连通试验。投放食盐后分别在黄龙潭、西龙潭、黑龙潭、白龙潭、清水江村泉(图 4-39)上下游各 500m 清水江中、清水江出口处及红麦村附近地表水渠处取水样。重点监测点为清水江村泉,在该泉点每天取样多于 3 组,其余泉点每天取 2 组水样,并根据检测结果动态调整取样时间。

根据上述泉点取样检测结果,在黄龙潭、西龙潭、黑龙潭、白龙潭等泉点投盐后,11 日内泉水中 Cl^- 含量未变化,其中黄龙潭、黑龙潭背景值为 10.96mg/L,西龙潭、白龙潭背景值为 10.31mg/L。清水江村泉 1(水样编号 W35)背景值为 9.02mg/L,投盐当日(9 月 29 日)15 时 Cl^- 含量增大至 10.31mg/L,在投盐后第 3 日(10 月 1 日)13 时 30 分降至背景值,第 6 日(10 月 4 日)12 时 Cl^- 含量又增大至 10.31mg/L,第 7 日(10 月 5 日)12 时 10 分达到峰值 10.96mg/L,第 8 日(10 月 6 日)15 时50 分回落至背景值。清水江村泉 2(水样编号 W36)背景值为 9.02mg/L,投盐当日(9 月 29 日)15 时增大至 11.6mg/L,

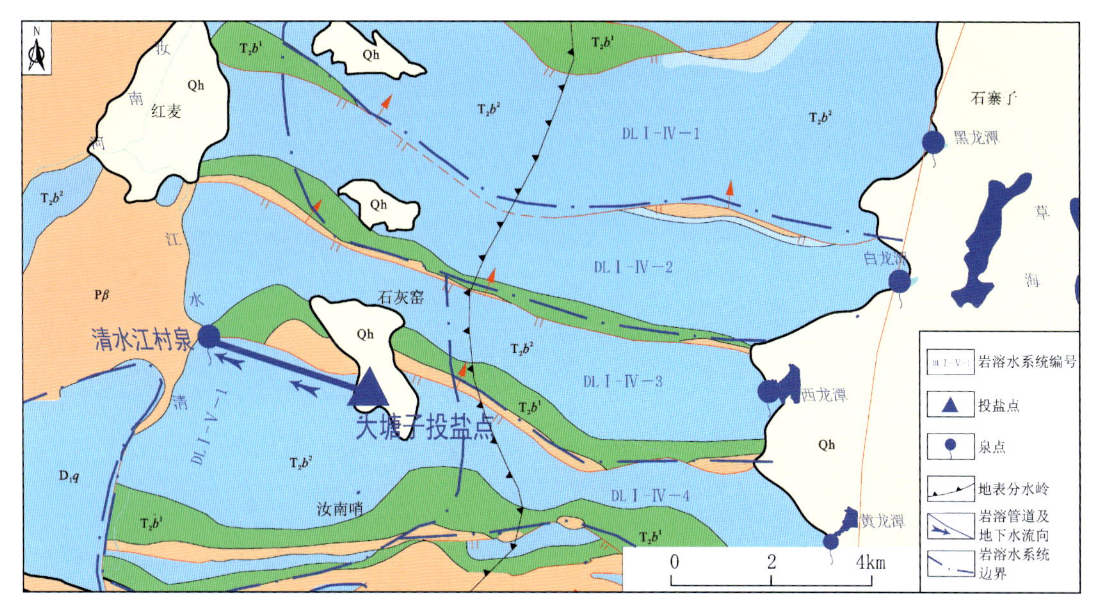

图 4-37　大塘子示踪试验示意图

图 4-38　大塘子落水洞

图 4-39　清水江村泉(水样编号 W36)

在投盐后第 2 日(9 月 30 日)上午 11 时 10 分降至背景值,第 6 日(10 月 4 日)11 时 50 分 Cl^- 含量增大至 10.31mg/L,13 时 50 分回落至背景值,第 8 日(10 月 6 日)14 时15 分又增大至 10.31mg/L,当日 16 时即回落至背景值。清水江村泉上下游各 500m 江水(水样编号 W37、W38)投盐当日(9 月 29 日)背景样值均为 10.31mg/L,泉点下游约 500m 处江水(W37)在投盐后第 5 日(10 月 3 日)13 时 Cl^- 含量增大至 10.96mg/L,第 6 日(10 月 4 日)12 时回落至背景值 10.31mg/L,第 7 日(10 月 5 日)16 时 Cl^- 含量又增大至 11.6mg/L,第 8 日(10 月 6 日)12 时又回落至背景值 10.31mg/L;泉点上游约 500m 处江水(W38)在投盐后第 3 日(10 月 1 日)11 时 20 分 Cl^- 含量增大至 12.89mg/L,第 4 日(10 月 2 日)15 时 20 分回落至背景值 10.31mg/L,第 8 日(10 月 6 日)12 时 Cl^- 含量又增大至 12.89mg/L,第 9 日(10 月 7 日)11 时 40 分又回落至背景值 10.31mg/L。具体检测结果如图 4-40 所示。

大塘子落水洞示踪连通试验结果表明如下三点。

(1)安乐岩溶洼地的落水洞与清水江村泉连通中 Cl^- 含量变化曲线。示踪剂离子浓度变化明显,特别是在水样编号 W35 的泉点和该泉点上游水样编号 W38 的清水江水中,Cl^- 含量变化曲线出现了明显的双峰,且持续了一定的时间。该处水样编号 W36 的泉水和清水江水样编号 W37 的江水,虽然也出现了双峰或多峰现象,但是 Cl^- 浓度增加不大,且持续时间极短,可能是受雨季地表水及其他外因干扰。

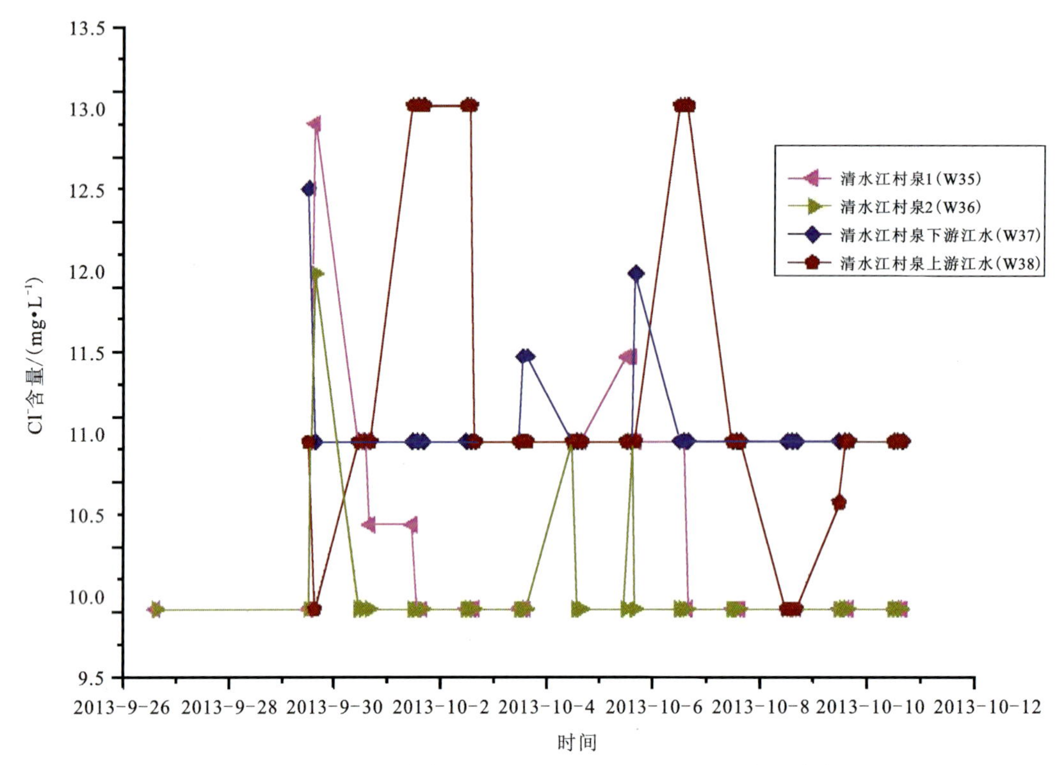

图 4-40　大塘子落水洞示踪试验 Cl^- 含量随时间变化的曲线

(2)图 4-40 中出现明显的双峰,说明安乐岩溶洼地至清水江可能有多个岩溶通道,地下岩溶可能较发育。

(3)地下分水岭位于安乐岩溶洼地东侧,与地表分水岭基本一致(图 4-41)。

另外,根据上述示踪连通试验结果,研究区存在多个岩溶管道系统:①东甸-马厂-洗马池(锰矿沟黑龙潭)岩溶管道系统;②东甸-各门江龙潭岩溶管道系统;③安乐坝-清水江村泉岩溶管道系统。

第四节　地下水化学及同位素

一、地下水化学分析

地下水在循环过程中,时刻与周围环境发生物质和能量的交换。在从补给区到径流区再到排泄区的整个循环过程中,地下水参与了各种不同的物理化学反应,如溶滤作用、阳离子交换反应、氧化还原反应、脱硫酸、蒸发浓缩作用等,从而使地下水化学组分的类型和含量不停地发生变化。而这些反应同时又受地层岩性、地形地貌、气候条件、循环深度和循环路径的影响。

鹤庆盆地西部边缘和剑川盆地东部边缘沿山脚连续分布大大小小几十个水点,为鹤庆西山地下水和剑川东山地下水排泄区。分布的地层岩性主要为灰岩、白云岩等碳酸盐岩类,部分地区有砂岩、页岩、泥岩等碎屑岩分布,中间夹有铁锰矿体及煤线。此外,研究区内地质构造复杂,发育大量的近南北向区域性大断裂和近东西向断裂。因此,该地区地下水既具有岩溶区地下水的一些化学特征,也具有一定的特殊性。为研究该地区地下水特征及动态变化,在地下水系统的补给区、径流区和排泄区按丰水期、平水期和枯水期分别取样,采样水点共 51 个,水点类型主要为下降泉,少数为上升泉。野外用便携式多参

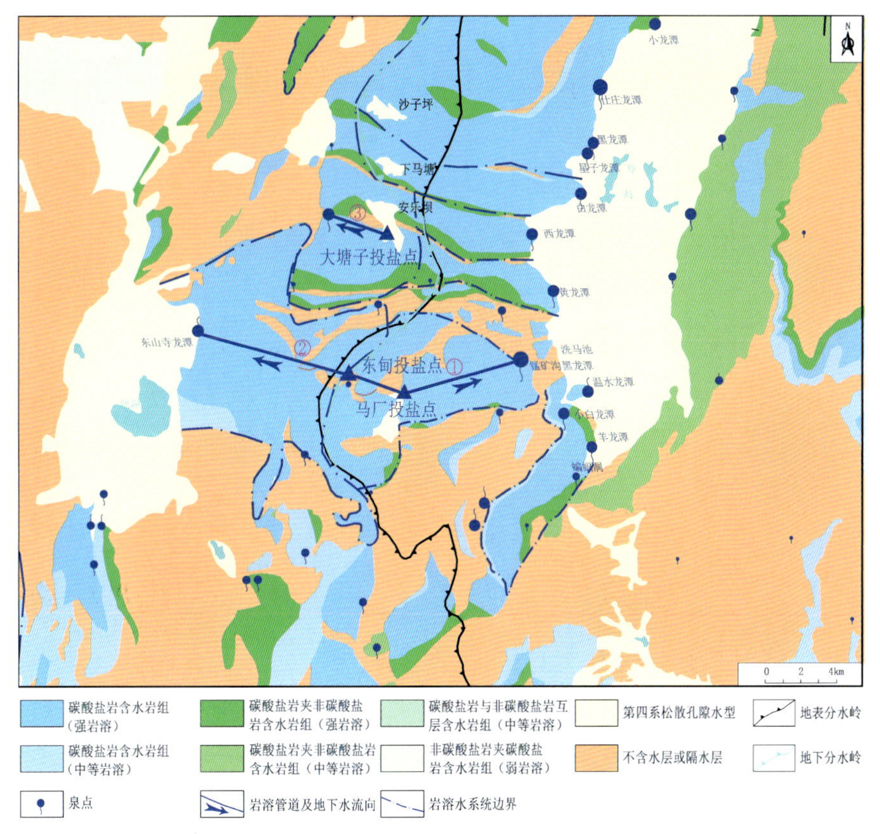

图 4-41 鹤庆西山示踪连通试验验证地下分水岭分布图

数水质仪进行现场测定，测定的主要指标有 pH 值、电导率、温度、NO_3^-、NH_4^+ 等。此外，用聚乙烯塑料瓶取样送实验室做水质简分析，部分做水质全分析。

1. pH 值及主要离子特征

研究区主要水点野外现场测定结果和室内分析结果见表 4-4～表 4-6。水点 pH 值一般在 6.96～9.34之间，最大的为中排村山中泉，pH 值达 9.34，为典型的岩溶区偏碱性水，主要受地层岩性控制。地下水中的阳离子主要为 Ca^{2+}、Mg^{2+}、Na^+、K^+，含量(2013 年 8 月，丰水期)分别为 32.5～50.45mg/L、9.38～15.12mg/L、2.32～12.67mg/L 和 0.02～1.14mg/L，平均值分别为 38.60mg/L、11.90mg/L、4.27mg/L、0.22mg/L，占阳离子总量百分比分别为 70.17%、21.63%、7.76%和 0.39%。此外，温水龙潭中 Na^+ 和 K^+ 含量异常，分别达到了 12.67mg/L 和 1.14mg/L(2013 年 4 月)，分别占阳离子总量的 20.9%和 1.8%，大大超过平均水平。小渼龙潭中 Na^+ 含量也达到了 10.34mg/L(2013 年 4 月)，占阳离子含量百分比为 14.5%，为平均值的两倍。泉水中主要阴离子为 HCO_3^-、SO_4^{2-}、Cl^-，2013 年 4 月含量分别为 152.13～226.14mg/L、2.82～14.43mg/L、0.87～2.38mg/L，平均值为 177.71mg/L、4.50mg/L、1.09mg/L，分别占阴离子总量的 94.65%、2.39%、0.58%。温水龙潭和小渼龙潭 SO_4^{2-} 含量较大，分别约为平均值的 1.6 倍和 3 倍。寒龙潭 Cl^- 含量最高，为 2.38mg/L；NO_3^- 含量也较高，平均 4.35mg/L，占总量的 2.31%。

表 4-4　2013 年 7—11 月研究区主要水点水文特征指标野外测试分析结果表

编号	水点名称	水温/℃	pH 值	ORP 值/mv	溶解氧/(mg·L^{-1})	氧分压/%	电导率/(us·cm^{-1})	HCO_3^-/(mmol·L^{-1})	Ca^{2+}/(mg·L^{-1})	NO_3^-/(mg·L^{-1})	NH_4^+/(mg·L^{-1})	叶绿素/(μg·L^{-1})	流量/(L·s^{-1})
S-01	文笔海泉群	19.2	8.70	147	8.01	83.4	250.4	3.0			0.2	9.60	
		13.7	8.34	73	3.84	38.3	322.6	2.9	54		0.2	11.64	
S-02	满中村饮用泉	14.0	7.82	120	8.89	80.0	149.6	1.8	32	1.3	0	2.41	3
		9.1	8.26	86	7.51	65.7	245.5	3.1	48	86.2	0	2.22	1
S-03	神庙泉	10.7	8.43	156	9.19	84.7	243.3	5.4	42	2.2	0.1	2.32	15
		10.8	8.48	74	9.79	91.1	242.0	3.1	50		0	1.41	49
S-04	西关黄龙潭	16.3	7.73	193	6.70	68.3	247.1	4.0	64	1.5	0.2	109.9	3
		15.8	7.92	57	7.16	72.5	319.4	3.5	66		0	1.31	204
S-05	新民上村岩溶泉群	14.8	7.94	90	7.76	76.9	288.4	2.5	60		0	1.31	246
S-06	大龙潭	15.1	8.10	154	8.64	80.1	241.5	3.3	44	1.4	0.1	1.32	1000
		17.6	8.76	50	9.03	57.3	236.6	2.9	48			2.65	
S-07	小龙潭清水泉	15.4	8.10	174	7.60	75.2	230.6	3.2	45	1.0	0	1.3	
		15.3	8.29	66	7.86	81.0	222.2	2.8	48		0	1.45	
S-08	小龙潭浑水泉	15.5	8.20	170	7.60	78.2	226.4	2.8	54	1.3	0	1.3	1275
		15.4	8.29	66	8.12	83.4	218.9	2.7	45		0	1.32	800
S-09	仕庄龙潭	11.8	8.10	185	9.90	93.5	243.9	2.9	52	0.9	0.1	1.4	
		12.7	8.12	72	4.80	97.7	241.7	2.9	54	0	0	1.33	
S-10	黑龙潭	15.1	8.30	177	8.00	81.6	232.0	2.8	54	1.0	0.1	1.3	
		15.1	8.31	61	8.19	81.9	230.0	2.6	44		0	1.30	796
S-11	新华村源泉	14.7	8.30	173	8.60	88.0	213.3	2.7	48	0.6	0.1	1.3	67.5
S-12	星子龙潭	17.8	8.40	159	9.80	103.7	217.0	2.5	52	0.8	0.2	1.5	36
		15.0	8.36	26	9.27	93.7	209.5	2.5	46	21.3	0	1.32	126
S-13	白龙潭	14.8	8.30	168	7.75		450.0	2.5	34	0.4	0.1	1.36	
		14.6	8.36	59	9.69	96.3	210.7	2.8	42		0	1.44	830

表 4-4(续)

编号	水点名称	水温/℃	pH 值	ORP 值/mv	溶解氧/($mg\cdot L^{-1}$)	氧分压/%	电导率/($us\cdot cm^{-1}$)	HCO_3^-/($mmol\cdot L^{-1}$)	Ca^{2+}/($mg\cdot L^{-1}$)	NO_3^-/($mg\cdot L^{-1}$)	NH_4^+/($mg\cdot L^{-1}$)	叶绿素/($\mu g\cdot L^{-1}$)	流量/($L\cdot s^{-1}$)
S-14	西龙潭	24.0	8.80	161	8.19		194.7	2.5	34	0.2	0.1	31.7	2
		17.0	8.55	42	8.10	84.9	256.0	2.4	42		0	2.51	
S-15	黄龙潭	15.3	8.40	168	8.80	79.8	217.3	2.5	42	1.2	0.1	1.5	275
		14.9	8.40	51	8.63	84.3	212.7	2.4	44		0	1.43	
S-16	锰矿沟黑龙潭	13.2	8.50	179	9.51	90.0	339.0	2.5	60	4.1	0.5	1.69	1122
		12.6	8.35	61	9.77	95.7	262.2	2.5	56		0.1	1.37	1206
S-17	锰矿沟清水泉	13.9	8.50	14.3	9.20	89.6	284.9	3.0	56	2.3	0.2	1.70	60
S-18	温水龙潭	30.2	7.90	165	2.30	28.1	270.4	2.7	34	0.2	0.5	1.3	
		30.3	7.83	76	6.10	75.8	280.1	2.8	42		0.2	1.31	
S-19	羊龙潭	15.2	7.99	107	7.47	76.0	228.3	2.0	52	2.1	0	3.47	190
S-20	蝙蝠洞	12.8	8.30	175	10.50	100	211.2	2.5	38	0.7	0.1	1.5	760
		14.6	8.06	51	10.88	95.3	226.2	2.8	43		0	10.5	96
S-21	蝙蝠泉	15.4	8.36	144	8.13	83.1	218.6	2.6	58	1.3	0	1.34	
S-22	银河水库	10.8	8.84	91	11.74	97.0	222.7	1.8	42	2.6	0.1	1.59	750
S-23	马厂煤矿沟	12.7	8.53	134	9.33	89.8	150.9	0.6	28	0.8	0	50.81	144
S-24	马厂煤矿泉	9.0	8.88	148	10.24	90.8	159.3	1.8	34	1.6	0	159.3	400
S-25	汝南河源泉	11.1	9.11	141	10.12	94.7	251.1	3.1	50	1.4	0	218	144
S-26	清水江泉群	11.1	8.38	151	9.54	84.3	228.3	2.6	34	0.9	0.2	7.05	89.25
		11.1	8.54	114	7.91	91.1	211.1	2.7	46	3.4	0	2.4	400
S-27	清水江上游左岸泉	13.3	8.73	133	9.32	90.6	280.9	2.3	56	2.6	0.3	1.89	15
		10.6	9.18	83	9.83	90.6	266.1	2.8	56	9.6	0.1	1.59	30
S-28	清水江上游饮水泉	10.9	8.16	149	9.02	80.8	273.1	3.0	44	1.1	0.2	1.79	5
		10.6	8.58	58	5.22	85.1	241.1	2.8	50	5.6	0.1	1.47	15

表 4-4(续)

编号	水点名称	水温/℃	pH 值	ORP 值/mv	溶解氧/(mg·L^{-1})	氧分压/%	电导率/(us·cm^{-1})	HCO_3^-/(mmol·L^{-1})	Ca^{2+}/(mg·L^{-1})	NO_3^-/(mg·L^{-1})	NH_4^+/(mg·L^{-1})	叶绿素/(μg·L^{-1})	流量/(L·s^{-1})
S-29	剑川秀水村泉	16.4	8.03	174	8.59	88.5	274.9	3.2	56	0.8	0.2	1.63	
		16.6	8.23	105	8.57	89.8	275.1	3.2	60	3	0	1.31	63
S-30	剑川东山寺龙潭	13.8	8.09	174	8.85	86.2	240.8	2.7	50	0.4	0.2	1.41	
		13.8	8.14	102	8.29	81.6	237.1	3.0	56	3.4	0	1.33	210
S-31	剑川各门江龙潭	12.1	8.25	179.0	10.71	97.8	210.5	2.4	34	0.5	0.1	1.31	400
		12.1	8.35	96	9.42	89.3	209.7	2.6	52	3.8	0	1.3	645
S-32	班登村泉	14.5	6.96	150	6.00	60.4	129.8	1.4	26	3.5	0	1.40	10
S-33	火车站旁水库	17.2	8.37	127	9.16	97.8	293.2	3.6	56	4.4	0	4.73	
S-34	渼龙泉	12.5	8.00	193	9.90	92.7	270.7	3.3	63	1.1	0.2	1.3	
		12.4	8.09	111	9.83	94.8	247.3	3.5	52	4.7	0	1.31	215
S-35	渼龙潭	16.5	8.10	177	8.20	83.5	251.2	3.2	44	0.6	0.2	1.9	410
		14.6	8.36	106.0	9.05	90.7	270.4	3.4	52	2.0	0	1.6	220
S-36	寒龙潭	12.5	8.36	105	9.72	94.3	245.5	3.3	48	3.1	0	402.9	160
S-37	南河村龙潭	14.2	7.48	64	5.07	49.3	536.2	6	66	0.9	0.8	13.15	8
S-38	将军庙水库	13.2	8.19	123	9.51	93.4	248.5	3	48	1.2	0	402.8	80
S-39	小渼龙潭	18.0	8.36	121	6.88	73.9	290.2	3.6	58	0.9	0.1	4.15	
S-40	中排村山中泉	12.5	9.34	123	10.09	97.2	270.0		60	1	0	53.74	56
S-41	五峰中排村上游泉	10.9	8.16	147	10.14	93.8	256.9	3.2	54	1.6	0	1.31	61
S-42	梅索大龙洞	11.9	9.21	123	10.25	95.6	254.6	3.1	50	1.4	0	2.52	30
S-46	寒敬落落水洞	19.0	7.75	156	5.22	55.3	125.8	1.3	20	0.5	0.8	3.68	10
S-47	安乐坝南落水洞 1	15.3	8.24	163	8.5	86.9	187.2	1.9	28	2.9	0.2	6.27	32.4
S-48	安乐坝南落水洞 2	16.6	8.51	135	8.62	84.4	67.0	1	10	0.5	0.4	30.76	6
S-49	马厂西南落水洞	15.4	7.56	217	7.78	78.1	424.5	2.2	52	10.8	2.3	4.47	10—15

表 4-5　2013 年 4 月主要水点水质简分析成果统计表

编号	水点名称	阳离子含量						阴离子含量						
		K^+	Na^+	Ca^{2+}	Mg^{2+}	NH_4^+	TFe	Cl^-	SO_4^{2-}	HCO_3^-	F^-	NO_3^-	NO_2^-	ΣA
		$\rho(B^{z\pm})/(mg\cdot L^{-1})$	$\rho(B^{z\pm})/(mg\cdot L^{-1})$	$\rho(B^{z\pm})/(mg\cdot L^{-1})$	$\rho(B^{z\pm})/(mg\cdot L^{-1})$	$\rho(B^{z\pm})/(mg\cdot L^{-1})$	$\rho(B^{z\pm})/(mg\cdot L^{-1})$	$\rho(B^{z\pm})/(mg\cdot L^{-1})$	$\rho(B^{z\pm})/(mg\cdot L^{-1})$	$\rho(B^{z\pm})/(mg\cdot L^{-1})$	$\rho(B^{z\pm})/(mg\cdot L^{-1})$	$\rho(B^{z\pm})/(mg\cdot L^{-1})$	$\rho(B^{z\pm})/(mg\cdot L^{-1})$	$\rho(B^{z\pm})/(mg\cdot L^{-1})$
S-50	马厂落水洞	19.42	7.44	144	7.57	83	902	1.3	92	10.9	1.32	1.29		2013/8/15
S-51	沙子坪西落水洞	19.2	7.82	167	8.82	93.5	22.9	0.7	2	0.3	0.3	4.25		2013/8/11
S-06	大龙潭	0.07	3.30	39.24	10.11	<0.02	0.014	1.11	3.12	172.69	0.039	3.55	0.10	180.61
S-07	小龙潭清水泉	0.21	3.18	38.06	10.80	<0.02	0.009 6	0.95	3.37	176.80	0.042	4.02	<0.002	185.18
S-09	仕庄龙潭	0.17	3.24	38.07	13.56	<0.02	0.027	0.98	3.45	180.91	0.034	4.07	0.053	189.50
S-10	黑龙潭	0.03	3.26	32.50	10.53	<0.02	0.006 8	0.90	4.30	148.02	0.050	3.92	0.016	157.21
S-12	星子龙潭	<0.02	3.15	35.77	10.01	0.03	0.006 3	0.99	3.40	160.35	0.056	4.08	0.033	168.91
S-13	白龙潭	0.40	2.32	34.88	9.99	<0.02	0.004 6	0.90	3.32	156.24	0.052	4.09	0.039	164.64
S-14	西龙潭	0.05	2.93	36.06	12.15	<0.02	0.018	0.92	3.25	172.69	0.044	3.72	<0.002	180.62
S-15	黄龙潭	0.08	3.32	35.75	11.54	<0.02	0.021	1.05	3.78	168.58	0.054	4.75	0.004	178.22
S-16	锰矿沟黑龙潭	0.17	3.12	36.87	12.16	<0.02	0.011	1.03	3.77	172.69	0.048	4.26	0.039	181.84
S-18	温水龙潭	1.14	12.67	34.99	11.65	<0.02	0.006 1	0.98	7.10	174.74	0.57	3.70	<0.002	187.09
S-19	羊龙潭	0.04	3.46	40.06	13.23	<0.02	0.037	0.99	5.83	185.02	0.067	3.76	<0.002	195.67
S-20	蝙蝠洞	0.12	2.60	33.81	12.69	<0.02	0.006 8	0.87	3.35	164.46	0.043	3.78	0.010	172.51
S-21	蝙蝠泉	0.06	2.89	36.76	10.26	<0.02	0.022	1.10	6.63	152.13	0.040	5.39	0.008	165.30
S-52	小白龙潭	0.02	3.76	50.45	12.46	<0.02	0.012	1.08	2.82	209.69	0.076	5.60	<0.002	219.27
S-34	渼龙泉	0.06	3.20	45.57	9.38	<0.02	0.010	0.99	3.20	189.13	0.034	4.10	0.06	197.46
S-36	寒龙潭	0.16	4.36	35.41	13.87	<0.02	0.048	2.38	3.39	174.74	0.054	5.64	<0.002	186.20
S-37	南河村龙潭	0.11	5.76	45.54	14.70	<0.02	0.042	1.20	3.52	213.80	0.076	5.96	<0.002	224.56
S-39	小渼龙潭	0.77	10.34	45.12	15.12	<0.02	0.061	1.33	13.43	226.14	0.082	3.94	<0.002	244.92

表 4-6　2013 年 8 月主要水点水质简分析成果统计表

编号	水点名称	阳离子含量						阴离子含量						
		K^+	Na^+	Ca^{2+}	Mg^{2+}	NH_4^+	TFe	Cl^-	SO_4^{2-}	HCO_3^-	F^-	NO_3^-	NO_2^-	ΣA
		$\rho(B^{z\pm})$/(mg·L^{-1})	$\rho(B^{z\pm})$/(mg·L^{-1})	$\rho(B^{z\pm})$/(mg·L^{-1})	$\rho(B^{z\pm})$/(mg·L^{-1})	$\rho(B^{z\pm})$/(mg·L^{-1})	$\rho(B^{z\pm})$/(mg·L^{-1})	$\rho(B^{z\pm})$/(mg·L^{-1})	$\rho(B^{z\pm})$/(mg·L^{-1})	$\rho(B^{z\pm})$/(mg·L^{-1})	$\rho(B^{z\pm})$/(mg·L^{-1})	$\rho(B^{z\pm})$/(mg·L^{-1})	$\rho(B^{z\pm})$/(mg·L^{-1})	$\rho(B^{z\pm})$/(mg·L^{-1})
S-02	满中村饮用泉	0.19	2.14	19.04	7.64	0.02	0.065	0.76	2.56	100.97	0.047	1.98	<0.002	106.32
S-03	神庙泉	0.54	2.25	30.63	16.17	<0.02	0.016	1.18	4.84	175.71	0.073	3.05	<0.002	184.85
S-04	西关黄龙潭	0.51	5.00	54.00	14.94	<0.02	0.007 4	5.58	6.66	228.82	0.055	8.27	<0.002	249.39
S-06	大龙潭	0.30	1.21	39.52	10.30	<0.02	0.037	0.89	2.96	175.71	0.039	2.19	<0.002	181.79
S-07	小龙潭清水泉	0.33	1.10	37.36	10.29	<0.02	0.016	1.02	3.27	159.98	0.040	3.62	<0.002	167.93
S-08	小龙潭浑水泉	0.32	1.07	37.34	9.88	<0.02	0.051	0.99	3.34	159.98	0.041	3.88	<0.002	168.23
S-09	仕庄龙潭	0.44	0.79	42.20	9.40	0.24	0.13	0.99	3.48	170.47	0.024	3.33	<0.002	178.29
S-10	黑龙潭	0.29	1.18	35.28	11.82	<0.02	0.010	1.07	3.65	163.91	0.039	2.80	<0.002	171.47
S-11	新华村源泉	0.22	0.85	32.33	10.89	<0.02	0.006 9	0.98	3.67	150.08	0.056	2.60	0.004	157.39
S-12	星子龙潭	0.30	0.92	34.36	9.74	<0.02	0.017	0.98	3.66	149.49	0.054	2.63	<0.002	156.81
S-13	白龙潭	0.18	0.54	34.17	10.04	<0.02	0.005 4	0.85	3.22	150.80	0.050	2.60	0.002	157.52
S-14	西龙潭	0.49	0.50	27.78	10.67	<0.02	0.011	0.83	3.66	131.13	0.045	1.95	2.22	139.84
S-15	黄龙潭	0.36	0.99	30.88	11.83	<0.02	0.009 1	1.03	3.88	148.18	0.054	3.35	<0.002	156.49
S-16	锰矿沟黑龙潭	2.53	3.01	44.91	16.66	0.02	0.051	5.39	65.65	120.64	0.047	11.00	<0.002	202.73
S-17	锰矿沟清水泉	0.65	1.45	39.60	15.09	<0.02	0.026	1.27	34.57	152.11	0.044	0.026	<0.002	194.25
S-18	温水龙潭	1.48	11.06	31.80	11.72	<0.02	0.019	1.12	7.26	180.96	0.640	2.18	<0.002	192.16
S-20	蝙蝠洞	0.31	0.44	33.63	11.82	<0.02	0.012	1.02	4.73	162.39	0.043	2.96	0.002	171.15
S-26	清水江泉群	0.52	1.08	32.66	13.47	0.03	0.006 9	0.98	4.22	167.85	0.034	2.86	<0.002	175.94
S-27	清水江上游左岸泉	0.75	1.49	39.92	14.31	<0.02	0.009 5	1.04	6.29	175.71	0.032	2.91	<0.002	185.98
S-30	剑川东山寺龙潭	0.39	1.40	45.28	7.19	<0.02	0.006 1	0.87	3.27	173.09	0.037	2.42	<0.002	179.69
S-31	剑川各门江龙潭	0.31	0.84	36.83	8.18	<0.02	0.006 3	0.84	2.90	150.80	0.028	2.43	<0.002	157.00
S-34	渼龙泉	0.40	0.97	49.38	8.90	<0.02	0.007 9	1.02	3.14	188.83	0.032	4.14	<0.002	197.16
S-35	渼龙潭	0.41	1.74	39.42	10.20	<0.02	0.015	0.82	3.06	177.02	0.040	2.18	<0.002	183.12
S-45	安乐坝落水洞	4.62	1.74	16.89	4.46	0.16	0.14	2.85	5.06	78.81	0.060	3.21	<0.002	84.99
S-46	寒敬落落水洞	0.96	1.02	17.24	4.60	0.10	0.044	0.89	7.70	62.74	0.032	2.29	<0.002	73.65
S-47	安乐坝南落水洞 1	1.25	0.79	24.68	9.93	<0.02	0.038	1.36	7.44	109.49	0.081	7.35	<0.002	125.72
S-49	马厂西南落水洞	10.93	9.71	55.85	11.00	0.04	0.047	14.75	68.43	130.40	0.045	24.62	<0.002	238.25
S-50	马厂落水洞	4.66	5.44	75.82	54.02	0.04	0.038	12.80	259.19	91.03	0.068	16.08	<0.002	415.17

2. 地下水化学类型

根据2013年8月水质分析成果，采用舒卡列夫法和Piper三线图解法对地下水化学类型进行划分。研究区水点主要水化学类型为HCO_3^- Ca · Mg型，受碳酸盐岩的溶滤作用影响，且主要发生在补给区。地下水化学组分主要受补给区的位置、地层岩性、植被覆盖、补给方式和补给强度影响，在径流过程中不断与围岩接触，可能发生阳离子交换、溶解沉淀和吸附-解吸反应，还可能与外源水发生混合作用。这些作用过程，导致各个水点水化学组分存在差异。比如锰矿沟黑龙潭、锰矿沟清水泉的水化学类型为$HCO_3 \cdot SO_4^{2-}$ - Ca · Mg · SO_4^{2-}，其主要原因为泉水点的补给区地层岩性为中三叠统北衙组上段（T_2b^2）的灰岩、白云岩和松桂组（T_3sn）的砂岩、页岩等碎屑岩，碎屑岩中含有大量的煤层，在补给区发生了岩溶水和碎屑岩中裂隙水的混合作用，导致SO_4^{2-}、K^+、Na^+含量高，HCO_3^-含量相对较低。

3. 水化学产出地层岩性特征

从研究区Na^+、K^+含量来看，Na^+含量基本在1mg/L左右，K^+含量为0.5mg/L，属典型岩溶水。但少数水点中这两种离子含量比较高，如锰矿沟黑龙潭K^+含量为2.53mg/L，Na^+含量为3.01mg/L。较高的K^+、Na^+含量来自松桂组（T_3sn）地层砂岩中长石的溶解。再加上SO_4^{2-}含量较高，更证明了锰矿沟黑龙潭的水来自松桂组和北衙组（T_2b^2）地层水的混合。从整个研究区来看，各水点Mg^{2+}含量均较高，为7.19～16.66mg/L，Mg^{2+}、Ca^{2+}含量比值介于15.8%～52.8%之间，平均为31.3%，说明研究区中白云岩、白云质灰岩或灰质白云岩广泛分布，大多数水点的补给来源于这些地层。少量水点虽然Mg^{2+}、Ca^{2+}含量比值高，如满中村饮用泉为40.4，但Ca^{2+}含量低，为典型的碎屑岩裂隙水。

4. 地下水腐蚀性评价

根据研究区水质简分析结果，按《水利水电工程地质勘察规范》（GB 50487—2008）附录L中关于环境水腐蚀性判别标准，松子园地下水、猴子箐井水（地下水T_3sn锰矿富集层位中）对混凝土具有重碳酸型（HCO_3^-）弱腐蚀性；马厂3矿坑及2矿坑（P_2h煤系地层）地表水对混凝土具有硫酸盐型（SO_4^{2-}）强腐蚀性；堂上井矿（P_2h）地下水对混凝土具有硫酸盐型（SO_4^{2-}）弱腐蚀性。地表水和地下水对钢筋混凝土结构中钢筋均无腐蚀性，上述涉矿部位地下水对钢结构大多具有弱腐蚀性，其中大马厂3矿坑地表水及大马厂2矿坑（黑泥哨煤系地层部位）地表水对钢结构具有中等腐蚀性，其余地表、地下水对钢结构均有弱腐蚀性。

二、地下水同位素特征分析

1. 同位素特征

同位素被广泛应用于地下水循环研究中，用于查明补给来源、“三水”转化及地下水测年。研究区水文地质调查中采用了δD、$\delta^{18}O$、^3H同位素方法。在研究区共采集了16个水点做同位素分析，测试结果见表4-7。为分析地下水补给来源，作$\delta D - \delta^{18}O$的关系曲线并与全国降雨线进行了对比，如图4-42所示，其中全国降雨$\delta D - \delta^{18}O$关系（1988年测得）为$\delta D(‰) = 7.83\delta^{18}O(‰) + 8.16$。

表 4-7　2013 年 8 月研究区同位素测试结果统计表

编号	水点名称	特殊项目												同位素		
		二氧化硅 SiO_2/($\mu g \cdot L^{-1}$)	固形物/($mg \cdot L^{-1}$)	固定 CO_2/($mg \cdot L^{-1}$)	游离 CO_2/($mg \cdot L^{-1}$)	耗氧量 COD_{Mn}/($mg \cdot L^{-1}$)	磷酸根 PO_4^{3-}/($mg \cdot L^{-1}$)	总硬度($CaCO_3$)	总碱度($CaCO_3$)	总酸度($CaCO_3$)	永久硬度($CaCO_3$)	暂时硬度($CaCO_3$)	负硬度($CaCO_3$)	$\delta D_{(V\text{-}SMOW)}$‰	$\delta^{18}O_{(V\text{-}SMOW)}$‰	^3H(TU)
S-02	满中村饮用泉	13.81	98.75	36.43	3.94	2.55	0.03	79.02	82.87	4.48	0	79.02	3.85	−157.5	−13.62	5.03
S-03	神庙泉	8.30	154.91	63.40	3.94	1.48	<0.02	143.08	144.23	4.48	0	143.08	1.15	−103.3	−14.14	3.36
S-04	西关黄龙潭													−101.8	−13.36	4.06
S-06	大龙潭	5.57	150.88	63.40	3.94	1.28	<0.02	141.13	144.23	4.48	0	141.13	3.10	−107.7	−14.47	2.40
S-07	小龙潭清水泉	5.88	142.92	57.73	3.94	2.15	<0.02	135.67	131.32	4.48	4.35	131.32	0	−105.5	−14.34	<2
S-08	小龙潭浑水泉	5.73	142.63	57.73	2.63	1.34	<0.02	133.92	131.32	2.99	2.60	131.32	0			
S-09	仕庄龙潭	4.18	150.44	61.51	2.63	1.21	<0.02	144.13	139.93	2.99	4.20	139.93	0	−108.1	−14.64	3.71
S-10	黑龙潭	5.21	143.31	59.14	3.94	1.21	<0.02	136.77	134.52	4.48	2.25	134.52	0			
S-11	新华村源泉	3.52	130.17	54.14	5.62	<0.5	<0.02	125.56	123.16	6.39	2.40	123.16	0	−108.6	−14.59	2.74
S-12	星子龙潭	3.41	129.71	54.14	5.62	<0.5	<0.02	123.11	123.16	6.39	0	123.11	0.05			
S-13	白龙潭	3.36	130.42	54.41	2.63	1.21	<0.02	126.66	123.76	2.99	2.90	123.76	0	−107.2	−14.57	2.62
S-14	西龙潭	5.26	118.99	47.32	3.94	1.48	0.08	113.30	107.65	4.48	5.65	107.65	0	−109.3	−14.29	<2
S-15	黄龙潭	4.85	131.32	53.46	2.63	1.08	<0.02	125.86	121.61	2.99	4.25	121.61	0			
S-16	锰矿沟黑龙潭	4.75	214.34	43.52	3.94	1.81	<0.02	180.76	98.99	4.48	81.77	98.99	0	−108.8	−14.90	4.26
S-17	锰矿沟清水泉	4.44	179.46	54.89	2.63	1.34	<0.02	161.04	124.86	2.99	36.18	124.86	0			
S-18	温水龙潭	14.94	172.70	65.30	3.94	1.21	<0.02	127.71	148.53	4.48	0	127.71	20.82	−117.1	−15.84	<2
S-20	蝙蝠洞	3.85	140.02	58.59	5.62	<0.5	<0.02	132.67	133.27	6.39	0	132.67	0.6			

表 4-7(续)

编号	水点名称	特殊项目												同位素		
		二氧化硅 SiO_2/($\mu g \cdot L^{-1}$)	固形物/($mg \cdot L^{-1}$)	固定 CO_2/($mg \cdot L^{-1}$)	游离 CO_2/($mg \cdot L^{-1}$)	耗氧量 COD_{Mn}/($mg \cdot L^{-1}$)	磷酸根 PO_4^{3-}/($mg \cdot L^{-1}$)	总硬度($CaCO_3$)	总碱度($CaCO_3$)	总酸度($CaCO_3$)	永久硬度($CaCO_3$)	暂时硬度($CaCO_3$)	负硬度($CaCO_3$)	δD (V-SMOW)‰	$\delta^{18}O$ (V-SMOW)‰	^3H (TU)
S-26	清水江泉群	6.45	146.24	60.57	2.63	1.28	<0.02	137.07	137.77	2.99	0	137.07	0.7	-107.3	-14.54	3.07
S-27	清水江上游左岸泉	7.73	162.34	63.40	2.63	1.01	<0.02	158.64	144.23	2.99	14.41	144.23	0			
S-29	剑川秀水村泉	5.06	214.50	82.57	3.94	1.14	<0.02	196.43	187.82	4.48	8.61	187.82	0			
S-30	剑川东山寺龙潭	5.98	153.40	62.46	2.63	1.14	<0.02	142.68	142.08	2.99	0.60	142.08	0	-106.0	-14.56	4.56
S-31	剑川各门江龙潭	7.99	135.76	54.41	2.63	0.87	<0.02	125.66	123.76	2.99	1.90	123.76	0	-109.3	-14.70	4.43
S-34	渼龙泉	6.29	168.70	68.13	3.94	1.14	<0.02	159.94	154.99	4.48	4.95	154.99	0			
S-35	渼龙潭	6.81	153.22	63.87	3.94	1.48	<0.02	140.43	145.28	4.48	0	140.43	4.85			
S-45	安乐坝落水洞	3.16	79.26	26.62	5.62	1.55	<0.02	60.55	60.55	6.39	0	60.55	0			
S-46	寒敬落落水洞	5.98	72.22	2.64	5.62	1.88	0.03	62.01	51.50	6.39	10.51	51.50	0			
S-47	安乐坝南落水洞 1	3.09	110.76	39.51	5.62	1.08	<0.02	102.54	89.88	6.39	12.66	89.88	0			
S-48	安乐坝南落水洞 2													-102.5	-13.54	4.67
S-49	马厂西南落水洞	4.50	265.13	47.06	5.62	1.75	0.03	184.77	107.05	6.39	77.72	107.05	0			
S-50	马厂落水洞	3.99	513.67	32.85	5.62	1.14	<0.02	411.82	74.72	6.39	337.10	74.72	0	-105.3	-14.07	

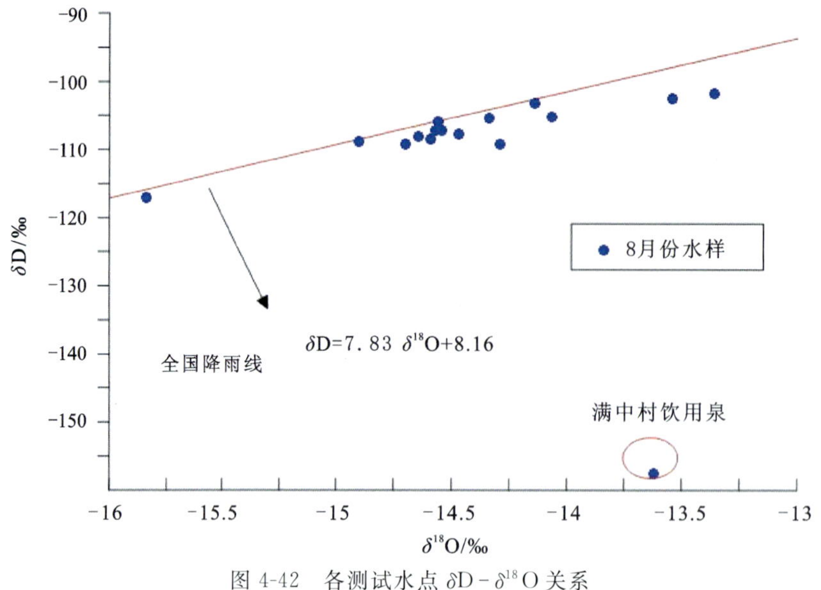

图 4-42　各测试水点 $\delta D-\delta^{18}O$ 关系

由图可知，除满中村饮用泉个别水点外，各水点的 $\delta D-\delta^{18}O$ 之间呈明显的线性关系且靠近全国降雨线，并都位于降雨线的下方。其中西关黄龙潭、清水江泉群偏离全国降雨线相对较大。由此可知，这些水点的补给来源都为降雨。此外，这些水点与全国降雨线很接近，说明由于蒸发作用导致的同位素分馏很小，这与高海拔的气候特征相吻合。只是在循环过程中各水点地下水径流深度、长度及化学反应的不同，导致了同位素分馏。如温水龙潭处于鹤庆-洱源断裂上，它的 δD、$\delta^{18}O$ 是所有水点中最高的，分别达－117.1‰和－15.84‰。这主要由于温水龙潭泉群是位于断层上的上升泉群，水温常年维持在 31℃左右，地下水进入深部循环，经加热再出露地表，温度是导致同位素分馏的主要因素。

2. 地下水年龄

地下水的化学成分除受控于岩石的矿物成分和化学特征外，还受其循环深度、水岩作用时间的影响。利用水中放射性同位素的变化计算地下水的年龄，其主要依据是放射性衰变定律(式 4-1)。

$$N = N_0 e^{\lambda t} \tag{4-1}$$

式中：N_0 为放射性同位素的初始($t=0$)活度浓度；N 为放射性同位素在时间 t 时的活度浓度；t 为时间(a)；λ 为衰变常数，与半衰期 T 存在以下关系：

$$\lambda = \frac{\ln 2}{T} = \frac{0.693}{T} \tag{4-2}$$

由上两式得，$t = \frac{T}{0.693}\ln\left(\frac{N_0}{N}\right)$ (4-3)

目前，比较成熟且常用来定年的放射性同位素有 ^3H 和 ^{14}C。^3H 主要用于测定近 50 年以来的“年轻”或“现代”地下水，^{14}C 常用于测定距今 2000～40 000 年的古地下水年龄。鉴于鹤庆西山地区地下水循环较快，地下水年龄不是很大，故采用 ^3H 来测年，据此分析地下水的循环过程。^3H 的半衰期 $T=12.32a$，其中地下水的初始浓度取降雨的 ^3H 浓度，因野外没有做降雨的同位素测定，故采用安乐坝南落水洞洞口的积水的同位素值，近似为初始值 $N_0=4.67$，将 T 和 N_0 代入公式可得到各水点的地下水年龄，结果如表 4-8 所示。

表 4-8　地下水年龄统计表

水点名称	地下水年龄/a
神庙泉	5.85
西关黄龙潭	2.48
大龙潭	11.83
仕庄龙潭	4.09
新华村源泉	9.47
白龙潭	10.27
锰矿沟黑龙潭	1.63
清水江泉群	7.45
剑川东山寺龙潭	0.42
剑川各门江龙潭	0.93

由表可知，各水点地下水年龄都较小，说明地下水循环较迅速，更新较快，水岩作用时间较短，从而造成了各水点水化学差异。其中，剑川东山寺龙潭和各门江龙潭地下水循环周期只有 150～300d，也说明其循环路径短，循环深度较浅。而大龙潭、黑龙潭和白龙潭地下水年龄较大，说明其循环路径较长，补给面积较大。

第五节　地下水监测及动态特征

为了查明研究区地下水活动特征，根据工程区的水文地质条件，共设置了 16 个地下水长期监测点（图 4-43），其中泉点 8 个，包括锰矿沟黑龙潭、蝙蝠洞、清水江村泉（上、下游）、水鼓楼龙潭、东山寺龙潭和各门江龙潭（南、北）；观测钻孔 7 个，包括 XLZK2、XLZK7、XLZK12、XLZK17、XLZK25、XLP4ZK2 和 XLP3－1ZK3。采用流速仪、量水堰浮标法和自动测流槽方法监测泉水点地下水的流量，采用水位自动记录仪记录钻孔水位（河海大学，2020）。

2017 年 4 月监测点建设完成，并开始采集数据，动态监测泉水点流量和观测孔水位。监测期间虽然因部分监测点被破坏或者数据采集失败，部分时段数据缺失，但是监测数据总体可以反映研究区地下水的动态特征。泉点和观测孔的监测情况统计见表 4-9 和表 4-10，主要泉点和观测孔的监测情况动态图见图 4-44 和图 4-45。

图 4-43　研究区地下水长期监测点分布图

表 4-9　研究区泉点监测流量统计分析表

监测点名称	监测设备	监测频次	监测时间	监测期流量/（L·s^{-1}）	动态分析
锰矿沟黑龙潭	流速仪	12h/次	2017.8—2021.4	40～2445	流量变化与降雨量变化基本一致，6—10月期间流量较大，其余监测时段流量基本稳定
水鼓楼龙潭	流速仪	12h/次	2017.6—2021.4	150～200	监测时段内流量基本稳定
各门江龙潭北	流速仪	12h/次	2017.8—2021.4	100～230	3—7月流量小，其余时段流量相对稳定，因监测点未布置在泉点，流量变化与农业灌溉水渠分流有关
各门江龙潭南	流速仪	12h/次	2019.11—2021.4	17～269	监测期间流量波动较大，因监测点未布置在泉点，流量与渔场养殖关系较大，渔场根据需求调节入口流量
清水江村泉下游	流速仪	12h/次	2017.8—2021.4	500～1500	7—9月流量大，其余监测时段内流量基本稳定
东山寺龙潭	量水堰	4h/次	2017.5—2021.4	100～240	9—12月流量较大，其余时段流量相对较小。流量变化与该泉进行农业灌溉有一定的关系
清水江村泉上游	量水堰	4h/次	2017.6—2021.4	40～400	流量变化与降雨量变化基本一致，7—10月流量最大，其余时段流量基本稳定在40L/s左右
蝙蝠洞	量水堰	4h/次	2017.5—2021.4	3～80	8—9月流量大，流量40～80L/s，其余时段流量小，流量约3L/s，流量受雨季影响较大

表 4-10　研究区观测孔监测水位统计分析表

观测孔名称	监测设备	监测频次	监测数据时间	动态分析
XLZK2	量水堰	4h/次	2017.5—2019.2	该观测孔涌水，流量总体稳定在0.3～0.5L/s之间，7—10月流量略大
XLP3-1	水位计	12h/次	2017.8—2019.1	地下水水位埋深基本稳定，一般埋深约40m，2018年12月后埋深约47m
XLP4ZK2	水位计	12h/次	2017.4—2019.1	地下水水位埋深基本稳定，为11.3～12.5m，每年8—10月地下水位略有上升，变化幅度有限
XLZK7	水位计	12h/次	2017.8—2019.1	监测期间，地下水水位埋深稳定，为160m
XLZK12	水位计	24h/次	2017.8—2019.1	监测期间，地下水水位埋深稳定，为170m
XLZK17	水位计	24h/次	2017.8—2019.1	监测期间地下水水位埋深基本稳定，为130～160m，每年8—10月地下水位上升10～20m
XLZK25	水位计	24h/次	2017.4—2017.8	监测期间地下水水位变幅较大，为450～510m

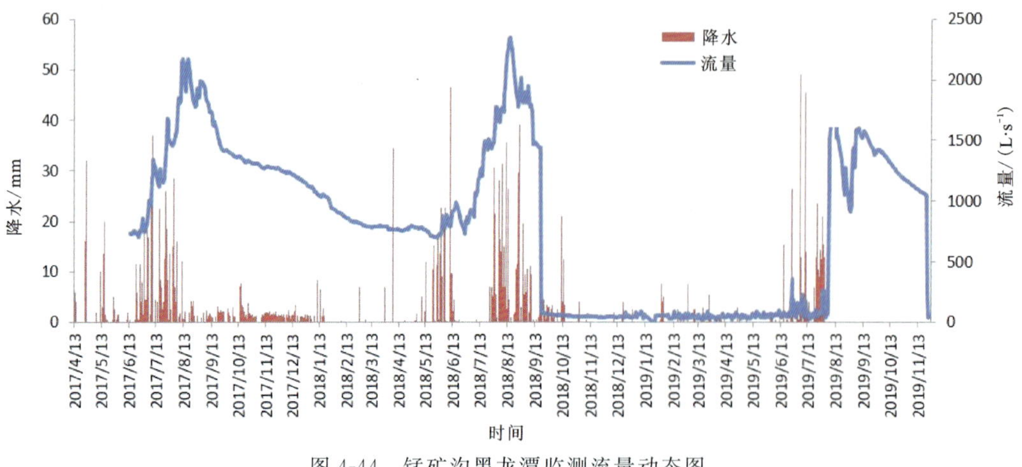

图 4-44　锰矿沟黑龙潭监测流量动态图

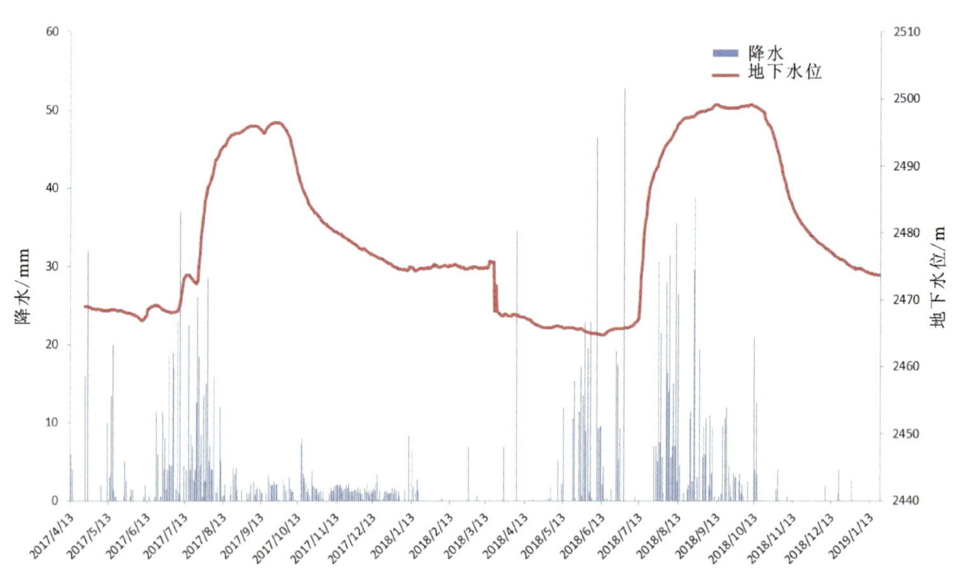

图 4-45　XLZK17 监测水位动态图

根据主要泉点和观测孔地下水动态特征统计分析，泉点总体呈现出雨季流量增大、旱季流量减小的规律。但不同的泉点与降水的同步性不同，东山寺龙潭、锰矿沟黑龙潭、清水江村泉滞后时间长，蝙蝠洞滞后时间最短，从一定程度上反映了补给到排泄路径的长短。观测孔水位总体随时间变化较为平缓，其中观测孔 XLZK17 和 XLZK25 变幅较大，XLZK17 从 7 月到 8 月涨幅约 20m，XLZK25 从 5 月到 8 月涨幅约 60m，降水对地下水位影响较大。

第六节　地下水补给、径流、排泄特征

地下水不断获得外界水(大气降水、地表水体等)的补给，通过其径流输送到排泄区排出，构成地下水补给、径流、排泄的循环系统。地下水的补给与排泄是含水层或含水系统与外界进行水量和能量交换的环节，地下水的径流是含水层或含水系统内部进行水量和能量交换的环节，这 3 个环节决定了地下水水量、水质及水温在时间和空间上的变化。

研究区岩溶地层分布广泛,大气降水以分散或集中补给的方式进入岩溶含水层。地下水主要赋存在地下岩溶管道、裂隙中,并在水动力驱动下沿岩溶管道、裂隙运移,在适宜地点排出地表,有的区段岩溶水可能经过地表水—地下水多次循环转化。岩溶水循环不同部位的岩溶发育特征也有较大差异。一般补给区地下水深埋,地表多洼地、漏斗、落水洞或竖井,以峰丛(峰脊、峰丘)洼地为主,地下水流分散,含水介质以网状、脉状溶蚀裂隙为主,地下水文动态变化大;径流区多峰丛(峰脊、峰丘)谷地和集中径流,以管道流为主;排泄区地下水位埋深浅(如果有埋藏型,地下水位甚至高于地表),多以暗河、大泉形式于盆地边缘及沟谷底集中排泄(甚至有上升自流泉),流量大而稳定,地下多洞穴、管道。研究区岩溶地下水的补给方式以相对集中补给为主,地下水在空间上分布不均匀,并主要沿构造面(断层或破碎带、褶皱轴部或转折端)运移,在盆地边缘或沟谷中出露地表,泉水的水文动态变化大。

一、地下水的补给

研究区的地下水补给主要源于大气降水。补给方式可以划分为分散补给、集中补给和越流补给,以集中补给为主。

1. 分散补给

研究区碳酸盐岩分布广泛,大部分碳酸盐岩分布区植被覆盖程度低、土壤厚度小并且分布不连续,形成大面积分布的岩溶石漠化区。典型的如鹤庆西山和剑川东山岩溶区,石漠化面积占碳酸盐岩分布区的60%以上。石漠化区,尤其是岩石裸露、破碎的石漠化分布区,岩溶作用发育,地表分布众多的溶蚀裂隙、溶孔、溶沟、石芽、岩溶塌坑、漏斗等,大气降水通过溶蚀裂隙、孔洞、塌陷坑等直接渗入含水层,或暴雨时在地表形成短距离的坡面流,于地形低洼的岩溶塌陷坑或漏斗底部渗漏通道等进入地下岩溶含水层,成为本区典型的岩溶水补给方式之一。研究区碎屑岩类地下水补给多为大气降水通过地表风化裂隙下渗补给。

2. 集中补给

研究区内岩溶发育,洼地、落水洞密集,尤其是鹤庆西山的北衙组和剑川东山的青山组,地表大型岩溶洼地、谷地和落水洞星罗棋布,平均每平方公里分布几个至几十个不等。大气降水在地表汇集形成季节性或永久性地表沟谷,经地形低洼的岩溶洼地或谷地底部落水洞集中补给地下岩溶含水层,或地表河流在岩溶发育强烈的区段通过河床渗漏的方式线状补给地下水,这是工程区地下水最主要的补给方式。集中补给主要分布在鹤庆与剑川、丽江交界的岩溶山区地表分水岭地带。一般在大型溶蚀洼地、谷地的底部,均存在地表水集中补给(表4-11,图4-46),汇水区面积一般11.67～24.23km²。典型的如马厂大型洼地底部,位于大马厂与小马厂之间公路两边的多个落水洞,雨季渗漏量达100L/s以上(图4-47)。安乐坝大型溶蚀洼地底部存在两条地下河,地表水通过西北、北部和南部的多个落水洞渗入地下(图4-48),补给地下含水层。此外,庆华、新峰、石灰窑、下马塘、沙子坪、鲁秃、南溪一带的大型岩溶洼地或溶蚀谷地、边缘谷地均存在这种地下水的补给方式。

表4-11　研究区主要地下水集中补给点统计表

<table>
<tr><th>编号</th><th>补给水源名称</th><th>地层</th><th>汇水区面积/km²</th><th>集中补给点位置</th></tr>
<tr><td>1</td><td>大马厂沟</td><td rowspan="2">T_3sn、P_2h、T_2b^2</td><td rowspan="2">21.63</td><td>大马厂与小马厂之间,洼地东部边缘(马厂落水洞、东甸落水洞群)</td></tr>
<tr><td>2</td><td>小马厂沟</td><td>小马厂南部,洼地西部边缘(小马厂落水洞群)</td></tr>
</table>

表 4-11(续)

编号	补给水源名称	地层	汇水区面积(km^2)	集中补给点位置
3	安乐坝南沟	T_1、T_2b^1、T_2b^2	16.20	安乐坝南坝子中部(安乐坝南落水洞2个)
4	安乐坝沟			安乐坝北坝子洼地北缘、西北落水洞各1个(安乐坝落水洞群)
5	下马塘沟(季节性)	T_1、T_2b^1、T_2b^2	14.30	下马塘岩溶洼地中央底部(下马塘岩溶漏斗)
6	沙子坪(季节性)	T_2b^1、T_2b^2	11.67	沙子坪洼地西北和西部(沙子坪落水洞群,5个)
7	寒敬落沟(含高美)	T_3sn、T_2b^1、T_2b^2、T_2b^3	24.23	寒敬落边缘谷地中部和南部(寒敬落落水洞群,落水洞2个以上)
8	田房(虎头菁)沟(季节性)	T_3sn、T_3z、T_2b^2	14.50	田房岩溶洼地底部(田房落水洞群)
9	南溪沟溪	T_1、T_2b^1、T_2b^2、El	21.40	南溪谷地东谷(南缘)、西谷(担谷)中部
10	鲁秃湖	P_2h、T_2b^1、T_2b^2、T_2b^3	16.9	鲁秃湖(边缘谷地)湖边落水洞群

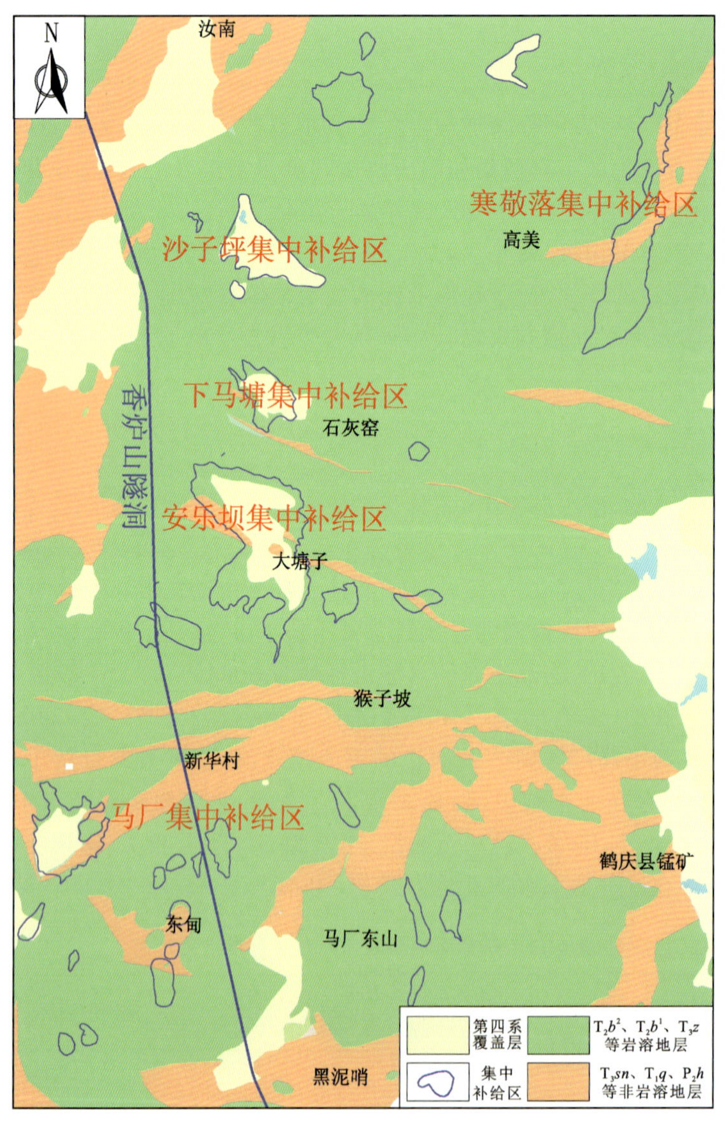

图 4-46　研究区主要地下水集中补给区示意图

图 4-47 马厂落水洞

图 4-48 安乐坝落水洞

上述集中补给的地表水多发源于非碳酸盐岩分布区。如马厂落水洞集中补给的地表水源自马厂南部的青天堡组(T_1q)碎屑岩和黑泥哨组(P_2h)煤系地层;安乐坝落水洞地下水集中补给水源来自南部新峰村北衙组下段(T_2b^1)、青天堡组和松桂组(T_3sn)的碎屑岩分布区,寒敬落南部落水洞地表水源自东部的松桂组的碎屑岩分布区。这些地表水水量相对稳定,其水化学性质处于不饱和状态,溶蚀能力强,在进入碳酸盐岩与碎屑岩接触界面处或附近进入含水层后,对岩溶发育影响较大。少量集中补给水源自碳酸盐岩分布区,一般仅在雨季有明流水补给地下,而枯水季节多断流,如下马塘、沙子坪落水洞。

3. 越流补给

越流补给是指不同地下水系统之间通过特殊的通道所形成的地下水交换方式。岩溶地下水之间的越流补给通常反映了岩溶地下水之间水流格局的改变或地下水袭夺。研究区内鹤庆西山岩溶地下水通过第四系孔隙含水介质补给鹤庆盆地地下水系统。丽江盆地—文笔海地下水通过盆地南部边缘的落水洞或裂隙向南部鹤庆西山的岩溶水补给。此外,马厂煤矿黑泥哨电站泉通过银河在河底村一带入渗补给羊龙潭一带的地下含水层。

二、地下水的径流

地下水径流的空间骨架就是矿物和颗粒组成的岩石,空隙空间则包括孔隙、裂隙、溶洞等。倾向、倾角不同的裂隙组相互交切,可在一定空间区域范围内构成导水网络,从而为地下水接受补给及径流排泄提供有效通道。在岩溶集中的地区,碳酸盐岩溶、溶洞、溶孔一起组成网络状地下水径流系统,分布在地下空间。

研究区北部石鼓—白汉场—太安一带,地下水总体由南向北往拉什盆地、金沙江运移。鹤庆—剑川一带地形整体以沿线峰顶组成的马耳山山脉主山脊为界,中间高,东、西两边低,地下水自鹤庆—剑川之间的地下分水岭分别向东、西方向运移,并在鹤庆、剑川盆地中排出地表。地下水由高水位向低水位流动,因此可以根据水位变化来判断地下水的流向。根据研究区钻孔地下水位绘制出了鹤庆西山、剑川东山地下水等水位线及流向矢量图(图 4-49)。马耳山东西两侧的剑川盆地和鹤庆盆地边缘的岩溶大泉组成了排泄区,地下水自地下分水岭分别向东、西两侧径流。鹤庆西山的构造以断裂为主,近东西向的断裂将区内岩溶化岩层分隔成多个独立的岩溶水系统,各条块间以断层和非岩溶化的青天堡组(T_1q)砂泥岩或侵入岩分隔,使得岩溶化地层的条块之间的水力联系变弱。钻孔地下水位显示,不同岩溶条块中地下水的水位相差大。岩溶发育的方向性十分明显,均为近东西向。地下水的运移主要受构造控制,沿断层或破碎带、岩性接触界面径流,规律性十分明显。

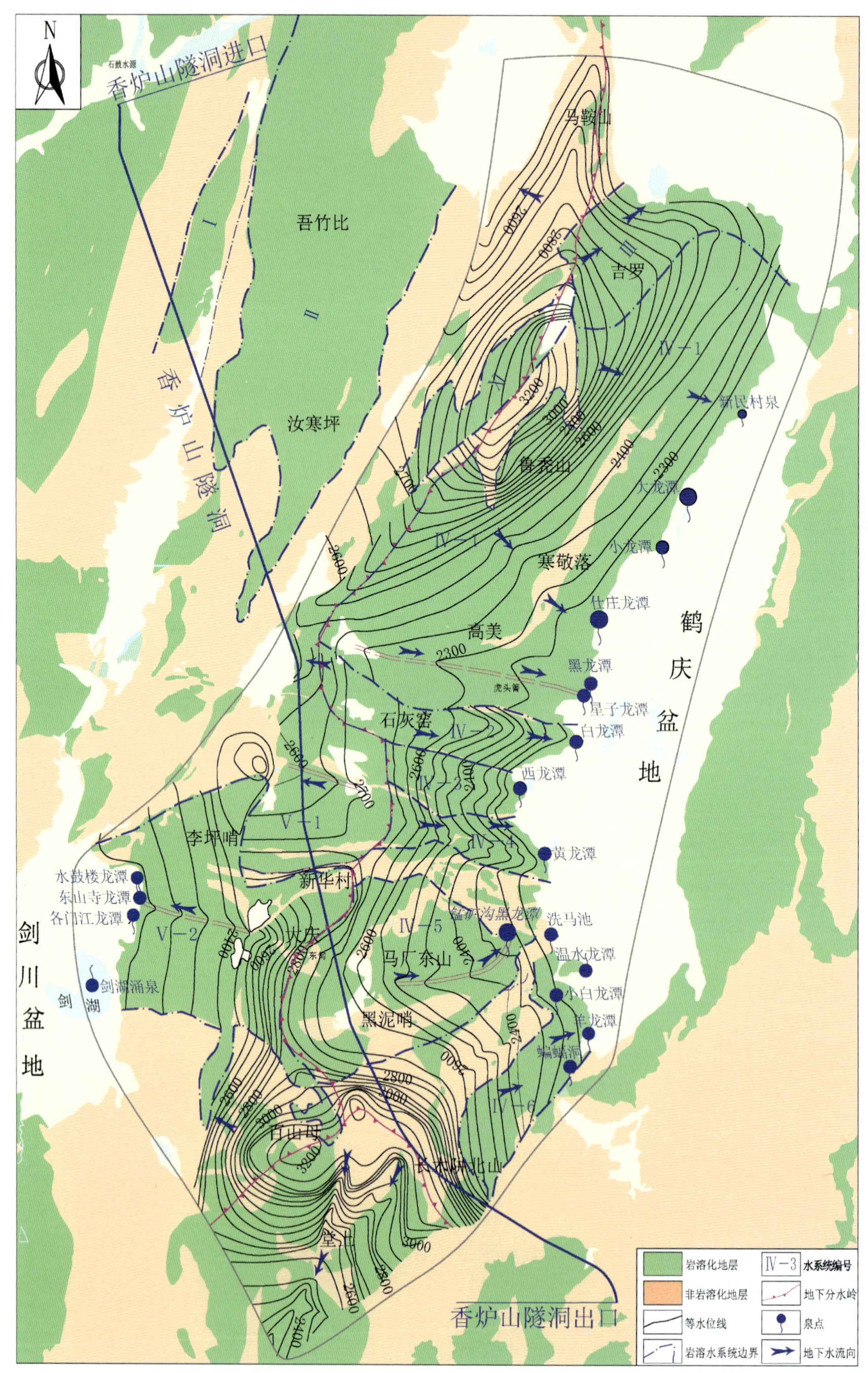

图 4-49　鹤庆西山、剑川东山地下水等水位线及流向矢量图

根据研究区钻孔地下水位高程和其对应排泄区的水位高程或径流方向上的地下水位高程，统计了研究区地下水的水力坡度(表4-12)。统计结果显示，研究区地下水水力坡度为1.13%～17.85%，水力坡度跨度较大。其中鹤庆西山和剑川东山岩溶地层中地下水水力坡度相对较小，一般1.13%～4.09%，最大为6.79%，位于剑川东山青山组(D_1q)条带状灰岩中。研究区北部及南端非岩溶化地层中，地下水水力坡度相对较大，一般为11.45%～17.85%。地层主要为碎屑岩(如T_3z、T_3sn砂泥岩)、变质岩(如T_2^a片岩)和不纯碳酸盐岩(如D_2c灰岩夹片岩)。总体来说，在研究区岩溶发育地层中，由溶隙、溶孔、溶洞等构成的地下水径流通道发达，渗透性好，水力坡度小，地下水径流速度快，岩溶水循环周期短。特别是鹤庆西山一带发育有以北东向断裂为主体的构造，伴有近东西向断裂，且区内节理极其发育，岩溶作用多对构造裂隙进行改造，构成溶隙网络。部分部位可能存在有汇流作用的岩溶管道，含水介质以岩溶管道为主，地下水径流通畅，水动力条件好。经示踪连通试验验证，典型的有大塘子—清水江岩溶管道，东甸—剑川盆地(东山寺龙潭)岩溶管道，马厂—鹤庆盆地(锰矿沟黑龙潭)岩溶管道，沙子坪—鹤庆盆地(黑龙潭)岩溶管道。在研究区岩溶不发育或者碎屑岩地层中，地下水径流通道主要为岩体中的风化裂隙，由风化裂隙提供的径流通道不发育，渗透性差，水力坡度大，地下水径流速度缓慢，地下水交替迟缓，循环周期长。

表4-12　研究区地下水水力坡度统计表

孔号	位置	出露地层	孔口高程/m	孔深/m	地下水埋深/m	地下水位高程/m	代表性排泄点高程或径流方向水位高程/m	水力坡度/%
XLZK11	沙子坪洼地	T_2b^2灰岩类	2784	782	380	2405	黑龙潭(2202)	1.72
XLZK12-1	下马塘-石灰窑	T_2b^2灰岩类	2953	226	205	2748	白龙潭(2198)	5.66
XLZK14	东甸北侧	T_2b^2灰岩类	3178	681	335	2843	东山寺龙潭(2240)	6.79
XLZK16	大陡山	T_2b^2灰岩类	2952	950	587	2364	锰矿沟(2318)	2.63
XLZK18	马厂东山	T_2b^2灰岩类	2992	681	413	2579	锰矿沟(2318)	3.91
XLZK17	牛头山	T_2b^2灰岩类	2554	601	161	2393	羊龙潭(2259)	4.09
XLZK12	清水江—岩子山	T_2b^2灰岩类	2906	460	172	2734	清水江(2700)	1.52
XLZK13	火把山	T_2b^2灰岩类	2943	943	416	2527	清水江(2500)	1.41
XLZK10	红麦	T_2b^2灰岩类	2572	591	78	2494	汝南河(2480)	1.13
XLP5ZK2	红麦	T_2b^2灰岩类	2598	281	99	2499	XLP5ZK4(2496)	1.36
XLP1ZK2	打锣箐	D_2c灰岩夹片岩	2159	141	47	2112	打锣箐(2030)	12.46
XLP1-1ZK2	大麦地	T_2^a片岩类	2495	311	104	2391	XLP1-1ZK1(2352)	12.67
XLP3ZK2	汝大美	T_3z砂泥岩	2477	321	46	2430	XLP3-1ZK1(2367)	11.45
XLP4ZK2	汝南	$P\beta$玄武岩	2572	315	12	2560	XLP4ZK1(2506)	12.86
XLP7ZK2	人字山	T_3sn砂泥岩	2321	289	100	2221	XLP7ZK3(2140)	16.20
XLZK15	岩刺曹	$P\beta$玄武岩	2994	410	49	2946	堂上(2660)	17.85

三、地下水的排泄

研究区地下水主要以岩溶大泉(下降泉、上升泉、温泉)、泉群或地下暗河的方式排出地表。区内地下水出露点高程受区域地下水侵蚀基准面的控制,以在盆地边缘排泄最为常见,主要分布于鹤庆盆地、剑川盆地、丽江盆地和拉什海盆地周缘。其中鹤庆盆地排泄高程一般2210~2250m,鹤庆西山泉水总流量约6280L/s。剑川盆地主要沿剑川东山山脚分布一系列岩溶泉和地下暗河,排泄高程2200m左右,总流量约2983L/s。拉什海和文笔海盆地附近较大泉点不多,拉什海盆地泉水排泄高程2100~2440m,总流量约1 207.23L/s,文笔海盆地泉水排泄高程2400m,总流量约675L/s。清水江—汝南河谷岩溶地下水出露高程为2500~2700m,主要受汝南河和清水江局部排泄基准面控制,总流量797L/s。

研究区主要排泄泉点统计见表4-13。

表4-13 研究区主要排泄泉点统计表

编号	位置(地名)	高程/m	所在地层	流量/(L·s^{-1})	泉水性质
W57	大厂村	2367	T_2^a	100	下降泉
XLW48	关上村	2455	T_2^b	1.5	下降泉
W17	阿昌村	2286	Qh	2~3	下降泉
W34	花音村	2888	T_1q	1~2	裂隙水
W97	文峰寺神泉	2714	T_2b^2	300~500	下降泉
W95	文笔海	2401	E_2l^3	100	下降泉
W11	大龙潭	2212	Qh	1200~1500	下降泉
W10	小龙潭	2206	T_2b^1	264.6	下降泉
Wq3	仕庄龙潭	2240	Qh	540	下降泉
W9	黑龙潭	2202	T_2b^2	300	下降泉
Wq5	星子龙潭	2240	Qh	100	下降泉
W103	新民村泉	2214	T_2b^2	150~180	下降泉
W101	观音峡泉群	2244	T_2b^2	500	下降泉
W100	观音峡泉群	2246	Q	15	下降泉
XLZK1	西坡脚村	2748	Qh	0.08~0.1	下降泉
W8	白龙潭	2198	T_2b^2	300	下降泉
Wq7	西龙潭	2222	T_2b^2	350	下降泉
W6	黄龙潭	2213	T_2b^2	100	下降泉
W81	锰矿沟内	2362	T_2b^2	80~100	下降泉
W82	锰矿沟黑龙潭	2365	T_2b^2	1000	下降泉
Wq35	马厂煤矿	2750	T_2b^2	70	下降泉
W105	东甸	3243	T_3sn	20~30	上升泉
W69	马厂村	3130	T_1q	2~3	岩溶水
XLW92	新峰村	3205	T_2b^2	1	上升泉

表 4-13(续)

编号	位置(地名)	高程/m	所在地层	流量/(L·s^{-1})	泉水性质
W59	温水龙潭	2229	T_2b^2	151.6	上升泉
W63	羊龙潭	2259	T_2b^2	290	下降泉
W65	蝙蝠洞	2254	T_2b^2	39.5	下降泉
W67	北场	2471	T_2b^1	4.5	下降泉
W107	小白龙潭	2285	T_2b^2	500	下降泉
W38	上登村	2479	T_2b^2	2~5	下降泉
W40	清水江旁	2634	T_2b^2	20~50	下降泉
W42	清水江旁	2669	T_2b^2	80~100	下降泉
W46	上登村	2657	T_2b^2	0.8~1	裂隙水
Wq1	清水江旁	2560	T_2b^2	9.4	下降泉
Wq2	清水江村泉	2720	T_2b^1	309.8	下降泉
W106	清水江源泉	2783	T_2b^1	15~20	上升泉
XLZK13	上登村	2641	T_2b^2	10~15	下降泉
XLZK14	上登村	2640	T_2b^2	15~20	下降泉
XLZK16	甸头村	2535	T_2b^2	100	下降泉
XLZK26	放马村	2501	Qh	0.4~0.5	上升泉
XLZK27	放马村	2576	T_2b^2	0.15~0.2	下降泉
XLZK28	放马村	2625	T_2b^2	0.1~0.15	下降泉
W1	禄寿村	2193	D_1q	0.2	上升泉
W2	新仁村	2193	D_2q	0.3	下降泉
W7	化龙村	2231	Qh	0.3	下降泉
W8	化龙村	2224	Qh	2~3	下降泉
W9	后营村	2204	Qh	2~3	下降泉
W11	营头村	2265	T_2b^1	10	下降泉
Wq50	水鼓楼龙潭	2240	D_1q	272	下降泉
Wq51	东山寺龙潭	2240	D_1q	203.4	上升泉
Wq52	各门江龙潭	2240	D_1q	2 087.9	下降泉
XLW96	马厂村	3523	T_2b^2	0.5	下降泉
XLW97	马厂村	3513	T_2b^2	1	下降泉
W104	汝南河源泉	2673	N	300	上升泉

研究区出露泉点的成因主要有以下 4 点。

(1)地下水受隔水岩层或隔水岩层及断层联合阻挡而出露地表。地下水在运移过程中,受到岩溶发育较差的不纯碳酸盐岩或非碳酸盐岩阻挡,或受压扭性断层与隔水岩层的联合阻挡后出露地表。单纯受断层或岩层接触界面阻水而出露地表的情况较少见,大多数泉点受隔水断层和隔水岩层组合隔水边界阻挡而出露地表。这类泉点主要为岩溶泉点,在鹤庆西山出露较多。典型的如鹤庆锰矿沟黑龙潭岩溶泉,出露地层为北衙组(T_2b^2),地下水自西(马厂附近)向东运移至鹤庆县锰矿附近,受松桂组碎屑岩与马厂断裂组成的隔水边界阻挡后出露地表。此外，清水江岩溶泉群、清水江上游及左岸岩溶泉、汝南河源泉、黑泥哨电站泉、蝙蝠洞等均属于此类。

(2)受阻于透水性差的第四系黏土层而出露地表。新构造活动的不均匀差异升降导致鹤庆、剑川和丽江盆地沉积了巨厚的第四系河湖、沼泽相黏土、泥炭、粉砂土和亚砂土、砂砾石层。岩溶地下水自山区向盆地运移至盆地边缘，受透水性极差的湖泊沼泽相黏土层阻水而出露地表，是研究区地下水的最主要的排泄方式。分布于盆地边缘的各岩溶大泉，包括鹤庆盆地西山脚、剑川盆地东山脚及丽江盆地南部山脚，均属于此类。典型的有剑川各门江龙潭、剑川东山寺龙潭、鹤庆黑龙潭、西龙潭、白龙潭、仕庄龙潭、大龙潭、新民岩溶泉群等。

(3)地形揭露承压水隔水顶板而出露地表。区内出露的上升泉大部分接受砂岩裂隙承压水的补给。典型的如大场一带的承压上升泉和钻孔 XLZK2 的涌水、马厂黑泥哨一带钻孔 XLZK21 的涌水、牛头山一带的东坡村泉 XLW120、XLW121 等。大场一带的中三叠统下段(T_2^a)、马厂黑泥哨一带的黑泥哨组(P_2h)和牛头山一带的松桂组(T_3sn)中均有砂岩分布，相对于中三叠统下段中的片岩和黑泥哨组、松桂组中的泥页岩，砂岩为相对富水含水层，在片岩和泥页岩等相对隔水岩层的压覆下，砂岩裂隙中的水具有一定承压性。

(4)地表沟谷地形下切至地下水面而出露。如打锣箐和清水江支流冲沟，由于沟谷深切揭露地下含水层，在冲沟周边出露较多泉点。拉什海复向斜岩溶地下水的排泄点均位于金沙江右岸边，与金沙江地形下切至地下水位以下有关。

对研究区主要泉点丰水期和枯水期流量动态变化的长期水文观测资料进行整理分析，可以得出主要泉点流量变幅比(表 4-14)，其值一般为 2～8，平均值为 3。研究区泉点总体接受大气降水补给，枯水期流量较为稳定，丰水期流量动态变化多较为缓慢，动态变化类型大多属于降雨渐变型。

表 4-14　研究区主要岩溶泉点丰水期、枯水期流量

泉点名称	地层代号	泉点性质	流量/($L \cdot s^{-1}$)		流量变幅比
			丰水期	枯水期	
西龙潭	T_2b^2	下降泉	350	116	3
黄龙潭	T_2b^2	下降泉	100	50	2
锰矿沟黑龙潭	T_2b^2	下降泉	1000	167	6
羊龙潭	T_2b^2	下降泉	290	145	2
小白龙潭	T_2b^2	下降泉	500	170	3
温水龙潭	T_2b^2	上升泉	151.62	50	3
蝙蝠洞	T_2b^2	下降泉	312	39.51	8
水鼓楼龙潭	D_1q	下降泉	272.04	136	2
东山寺龙潭	D_1q	上升泉	203.38	101.7	2
各门江龙潭	D_1q	下降泉	2 087.9	1 043.5	2

第七节　岩体渗透性与水文地质结构分类

一、岩体渗透性

渗透系数是表征岩土体渗透性的重要指标，其大小取决于岩石中空隙和裂隙的数量、规模及连通情况等。根据《水利水电工程地质勘察规范》(GB50487—2008)，岩土体渗透性分级标准如表4-15所示。

表4-15　岩土体渗透性分级

渗透性等级	标准	
	渗透系数 $k/(\mathrm{cm \cdot s^{-1}})$	透水率 q/Lu
极微透水	$k<10^{-6}$	$q<0.1$
微透水	$10^{-6}\leqslant k<10^{-5}$	$0.1\leqslant q<1$
弱透水	$10^{-5}\leqslant k<10^{-4}$	$1\leqslant q<10$
中等透水	$10^{-4}\leqslant k<10^{-2}$	$10\leqslant q<100$
强透水	$10^{-2}\leqslant k<1$	$q\geqslant 100$
极强透水	$k\leqslant 1$	

为了获取研究区岩体的渗透性参数，勘察期间开展了大量试验研究工作，除了常规的压水、注水试验外，还进行了高压压水试验及微水试验等现场水文试验，同时研发了一种深孔压水试验装置和一种钻孔压水试验多通道转换快速卸压装置，两者均获得了实用新型专利，并在工程区深孔压水试验中成功使用。

1.常规压水、注水试验

研究区在钻孔内进行了大量常规压水、注水试验，对47个钻孔的常规压水、注水试验数据按地层岩性及风化状态进行统计分析(表4-16)。其中压水试验387段，注水试验617段。试验结果统计表明，研究区岩层渗透性总体为弱透水性($1\leqslant q<10$Lu、$10^{-5}\leqslant k<10^{-4}$ cm/s)，部分为中等透水，其中岩溶化地层的透水性强于非岩溶化地层。中等透水主要集中在岩溶化地层(北衙组上段T_2b^2、中窝组T_3z、北衙组下段上部T_2b^{1-2})灰岩、白云质灰岩、泥质灰岩的注水试验段和松桂组(T_3sn)砂岩的注水试验段。压水试验段多集中在灰岩类地层中，透水率$1.82\leqslant q<6.45$Lu，为弱透水性。青天堡组(T_1q)、北衙组下段下部(T_2b^{1-1})泥岩、砂泥岩地层渗透性总体为微—极微透水性($10^{-7}\leqslant k<10^{-6}$ cm/s)。

表 4-16　研究区压水、注水试验结果分析统计表

地层和断裂代号	岩性	风化分带	压水试验			注水试验		
			段数	透水率 q/Lu		段数	渗透系数 k/(cm · s^{-1})	
				范围值	平均值		范围值	平均值
Q^{alp}	碎块石土、卵砾石土					17	$1.03\times10^{-5}\sim8.73\times10^{-4}$	2.48×10^{-4}
T_2^b	角砾灰岩	强	23	2.1～17.6	6.45	19	$4.14\times10^{-5}\sim1.76\times10^{-4}$	7.23×10^{-5}
		弱				6	$3.71\times10^{-5}\sim5.2\times10^{-5}$	4.12×10^{-5}
T_2^a	绿帘石片岩、绢云母片岩	强				3	$1.04\times10^{-3}\sim1.66\times10^{-3}$	1.27×10^{-3}
		弱	39	0.31～5.12	2.25			
		微	24	0.87～3.33	1.42			
T_3sn	砂岩、泥质粉砂岩	强	1	38.3	38.3	3	$2.94\times10^{-5}\sim3.68\times10^{-5}$	3.25×10^{-5}
		弱	28	0.86～15.4	2.31	6	$4.88\times10^{-5}\sim1.12\times10^{-4}$	8.45×10^{-5}
		微	60	0.43～8.57	1.26	26	$8.43\times10^{-5}\sim2.93\times10^{-4}$	1.25×10^{-4}
T_3z	泥质灰岩	强				4	$3.36\times10^{-5}\sim1.53\times10^{-4}$	6.81×10^{-5}
		弱	15	0.49～11.65	3.81	35	$1.17\times10^{-5}\sim6.54\times10^{-4}$	2.65×10^{-4}
		微	33	2.14～9.27	5.54	2	$2.42\times10^{-5}\sim1.68\times10^{-4}$	9.64×10^{-5}
T_3?	泥质粉砂岩、砂质泥岩	强				18	$5.33\times10^{-6}\sim7.39\times10^{-5}$	1.83×10^{-5}
		弱				25	$1.10\times10^{-5}\sim6.50\times10^{-5}$	4.06×10^{-5}
		微				17	$3.31\times10^{-5}\sim3.48\times10^{-4}$	5.92×10^{-5}
T_2b^2	灰岩、白云质灰岩	强	37	0.29～10.53	2.58	75	$5.2\times10^{-7}\sim7.38\times10^{-4}$	2.20×10^{-5}
		弱	36	1.04～3.22	1.82	36	$1.06\times10^{-6}\sim8.2\times10^{-4}$	1.94×10^{-5}
		微	25	19.53～30.07	24.35	97	$3.72\times10^{-7}\sim4.1\times10^{-4}$	2.29×10^{-5}
T_2b^{1-2}	条带灰岩、泥质灰岩	强				5	$9.44\times10^{-5}\sim2.19\times10^{-4}$	1.38×10^{-4}
		弱	29	1.13～5.31	2.37	98	$3.93\times10^{-7}\sim9.7\times10^{-5}$	3.51×10^{-5}
T_2b^{1-1}	砂泥岩与泥质灰岩互层	微				29	$1.32\times10^{-7}\sim3.95\times10^{-6}$	6.25×10^{-7}

表 4-16(续)

地层和断裂代号	岩性	风化分带	压水试验			注水试验		
			段数	透水率 q/Lu		段数	渗透系数 k/(cm·s^{-1})	
				范围值	平均值		范围值	平均值
T_1q	泥岩、泥质粉砂岩	强				3	$4.43\times10^{-5}\sim9.34\times10^{-5}$	6.66×10^{-5}
		弱				4	$1.60\times10^{-5}\sim1.65\times10^{-5}$	1.62×10^{-5}
		微				16	$7.03\times10^{-8}\sim8.29\times10^{-6}$	1.17×10^{-6}
$P\beta$	玄武岩	强				1	2.73×10^{-4}	2.73×10^{-4}
		弱				14	$2.96\times10^{-6}\sim1.59\times10^{-5}$	1.43×10^{-5}
$N\beta$	辉绿岩	强				18	$7.65\times10^{-6}\sim7.43\times10^{-4}$	7.21×10^{-5}
		弱	5	1.27～1.88	1.58			
		微	14	1.05～1.58	1.3			
D_2q	石英片岩夹绢云石英片岩	弱	11	2.39～9.43	4.63			
F_{11}	角砾岩夹碎粉岩		7	7.32～13.41	10.67	16	$1.87\times10^{-3}\sim7.17\times10^{-2}$	2.28×10^{-2}
F_{II-4}	碎裂岩夹碎粉、碎粒岩					24	$1.59\times10^{-5}\sim1.28\times10^{-3}$	5.35×10^{-5}

2. 高压压水试验

在研究区钻孔 XLZK17 中进行了高压压水试验工作，试验结果见表 4-17。

表 4-17 钻孔 XLZK17 高压压水试验结果表

序号	试验起止深度/m	试验段长/m	P－Q 曲线类型	透水率 q/Lu	备注
1	500～495	5	E(充填)型	6.78	孔口压力 0.6MPa
2	486.5～481.5	5	E(充填)型	4.89	孔口压力 1.35MPa
3	476～471	5		10.51	孔口压力 0.3MPa
4	457.4～462.4	5		7.61	孔口压力 0.15MPa
5	435.2～430.2	5		11.44	孔口压力 0.14MPa
6	408～403	5	E(充填)型	4.46	
7	391～396	5	E(充填)型	4.26	
8	360～365	5	E(充填)型	1.09	孔口压力 1.5MPa
9	341.5～346.5	5	D(冲蚀)型	0.23	孔口压力 1.5MPa
10	328～333	5	E(充填)型	2.44	
11	312～317	5	E(充填)型	3.57	
12	298.4～303.4	5		10.84	孔口压力 0.1MPa
13	298.4～303.4	5		4.91	孔口压力 0.1MPa
14	271.4～276.4	5	E(充填)型	4.57	
15	260～265	5	E(充填)型	4.85	
16	244.2～249.2	5		11.81	孔口压力 0.1MPa

注：①孔内稳定水位 185m；②压力试验合计 16 段，在不同试段根据试验最大压力计算透水率。

试验结果表明，钻孔 XLZK17 的 P－Q 曲线多为充填型，少量为层流、紊流或冲蚀型。钻孔的计算透水率多在 1～10Lu 之间，属弱透水。有 4 个试段渗透率大于 10Lu，属中等透水。

3. 微水试验

微水试验是一种现场快速测定岩土体渗透性参数的方法。试验通过瞬间井孔内微小水量的增加(或减少)，如瞬间抽水、瞬间注水、固体棒瞬间落入井水中或从井水中取出、密闭井孔中充(吸)气(气压式)等，引起孔水位随时间的变化，进而确定含水层水文地质参数。勘察期间采用 Kipp 模型和 CPB 模型对现场试验结果进行了计算分析。钻孔中各试验方法的渗透系数计算结果列于表4-18、表 4-19。

表 4-18 微水试验 Kipp 模型渗透性参数计算结果

试验点	试验编号	α	$S/10^{-6}$	$\hat{t}$	t	$T/(\mathrm{cm^2 \cdot s^{-1}})$	$k/(10^{-4}\mathrm{cm \cdot s^{-1}})$	$k/(\mathrm{m \cdot d^{-1}})$
松子园	XLZK7-1	399 523	1.09	1	155	0.031	0.26	0.023
	XLZK7-2	299 642	145	1	185	0.035	0.29	0.025
白汉场	XLZK4-1	199 761	4.05	1	210	0.185	0.35	0.030
	XLZK4-2	499 404	1.62	1	135	0.115	0.22	0.019

表 4-18(续)

试验点	试验编号	α	S/10^{-6}	$\hat{t}$	t	$T/(cm^2 \cdot s^{-1})$	$k/(10^{-4}cm \cdot s^{-1})$	$k/(m \cdot d^{-1})$
石头村	XLZK19-1	199 761	3.57	1	5.5	3.460	28.80	2.49
	XLZK19-2	199 761	3.57	1	5.8	3.280	27.30	2.36
	XLZK19-3	199 761	3.57	1	5.9	3.220	26.80	2.32
	XLZK19-4	199 761	3.57	1	6.5	2.920	24.40	2.11
	XLZK19-5	199 761	3.57	1	6.2	3.070	25.5	2.21
	XLZK19-6	149 821	4.77	1	7.1	3.570	29.70	2.57
南营村	NYZK3-1	99 881	7.82	1	398	0.099	0.40	0.034 4
	NYZK3-2	99 881	7.82	1	405	0.098	0.39	0.034
羊龙潭北	XLZK17-1	199 761	4.05	1	120	0.185	0.40	0.032
	XLZK17-2	499 404	1.62	1	110	0.115	0.37	0.035
大场村	XLZK2-1	69 917	8.16	1	8.1	4.250	66.40	5.73
	XLZK2-2	69 917	8.16	1	8	4.300	67.20	5.80
	XLZK2-3	69 917	8.16	1	9.2	3.740	58.40	5.05
	XLZK2-4	69 917	8.16	1	8.9	3.860	60.40	5.22
	XLZK2-5	69 917	8.16	1	9	3.820	59.70	5.16
	XLZK2-6	69 917	8.16	1	9.1	3.780	59.10	5.10
下登村	NYZK4	499 404	1	1	2300	0.004	0.01	0.001
2# 支洞	XLS-1	49 940	10.01	1	110	0.049	0.726	0.063
	XLS-2	69 917	7.15	1	3	1.275	31.1	2.69

表 4-19　微水试验 CBP 模型渗透性参数计算结果

试验点	试验编号	α/10^{-5}	t	$T/(cm^2 \cdot s^{-1})$	$k/(10^{-5}cm \cdot s^{-1})$	$k/(m \cdot d^{-1})$
松子园	XLZK7-1	10	550	0.022	1.86	0.016
	XLZK7-2	1	400	0.031	2.55	0.022
白汉场	XLZK4-1	1	620	0.079	1.49	0.013
	XLZK4-2	1	410	0.119	2.25	0.020
石头村	XLZK19-1	1	7.6	3.160	263.0	2.270
	XLZK19-2	1	6.2	3.870	323.0	2.790
	XLZK19-3	1	8.1	2.960	247.0	2.130
	XLZK19-4	1	8	3.0	250.0	2.160
	XLZK19-5	1	7.1	3.38	282.0	2.430
	XLZK19-6	1	7.7	3.11	260.0	2.250
南营村	NYZK3-1	1	270	0.093	3.70	0.032
	NYZK3-2	1	265	0.094	3.77	0.033

表 4-19(续)

试验点	试验编号	$\alpha/10^{-5}$	t	$T/(cm^2 \cdot s^{-1})$	$k/(10^{-5}cm \cdot s^{-1})$	$k/(m \cdot d^{-1})$
羊龙潭水北	XLZK17-1	1	380	0.079	3.49	0.032
	XLZK17-2	1	400	0.119	3.25	0.030
大场村	XLZK2-1	1	4.8	3.17	495.0	4.280
	XLZK2-2	1	5	3.07	480.0	4.150
	XLZK2-3	1	4.3	3.53	553.0	4.780
	XLZK2-4	1	5.1	2.98	466.0	4.030
	XLZK2-5	1	4.9	3.10	485.0	4.190
	XLZK2-6	1	5.2	2.930	457.0	3.950
下登村	NYZK4	1	9100	0.003	0.08	0.001

在研究区钻孔 XLZK4、XLZK7、XLZK19 中选取相同或接近的试段，对压水试验获得的渗透系数与微水试验获得的渗透系数进行对比，见表 4-20。

表 4-20　压水试验与微水试验结果对比表

钻孔号	岩性描述	压水试验 K 值/$(m \cdot d^{-1})$		微水试验 K 值/$(m \cdot d^{-1})$		
		试验段/m	建议值	Kipp 模型	CBP 模型	试验段/m
XLZK4	灰白色角砾岩	109.2～126.5	0.02	0.022	0.016	105.8～158.0
	浅灰色角砾灰岩	126.5～176.9	0.072			
XLZK7	青灰色灰岩	190.8～210.6	0.021	0.023	0.019	190.8～468.9
	灰白色灰岩	210.6～343.8	0.001 1			
	砂岩、泥岩	343.8～446.2	1.4×10^{-4}			
XLZK19	粉砂质泥岩	73.9～84.2	0.032	2.34	2.34	74.05～86.60

在钻孔 XLZK4 的 105.8～158.0m 段和钻孔 XLZK7 的 190.8～468.9m 段，微水试验和压水试验的计算结果基本一致。在钻孔 XLZK19 中二者相差较大，原因是该孔为承压水自溢孔，在此条件下进行的微水试验结果有较大的误差。通过分析对比可以发现，微水试验在非自溢孔中的计算结果比较合理，可以为渗透参数提供参考。

在香炉山隧洞勘察试验性工程 2# 施工支洞中，采用相同或接近的试段，对注水试验获得的渗透系数与微水试验获得的渗透系数进行对比，对比结果见表 4-21，微水试验拟合曲线见图 4-50。

表 4-21　常水头注水试验与微水试验结果对比表

钻孔编号	试验编号	试验段/m	常水头注水试验 K 值/$(10^{-3}cm \cdot s^{-1})$	Kipp 模型振荡试验 K 值/$(10^{-3}cm \cdot s^{-1})$
XLS-1	XLS-1-1	0～4.5	0.101	0.072 6
XLS-2	XLS-2-1	0～4.05	5.96	3.11

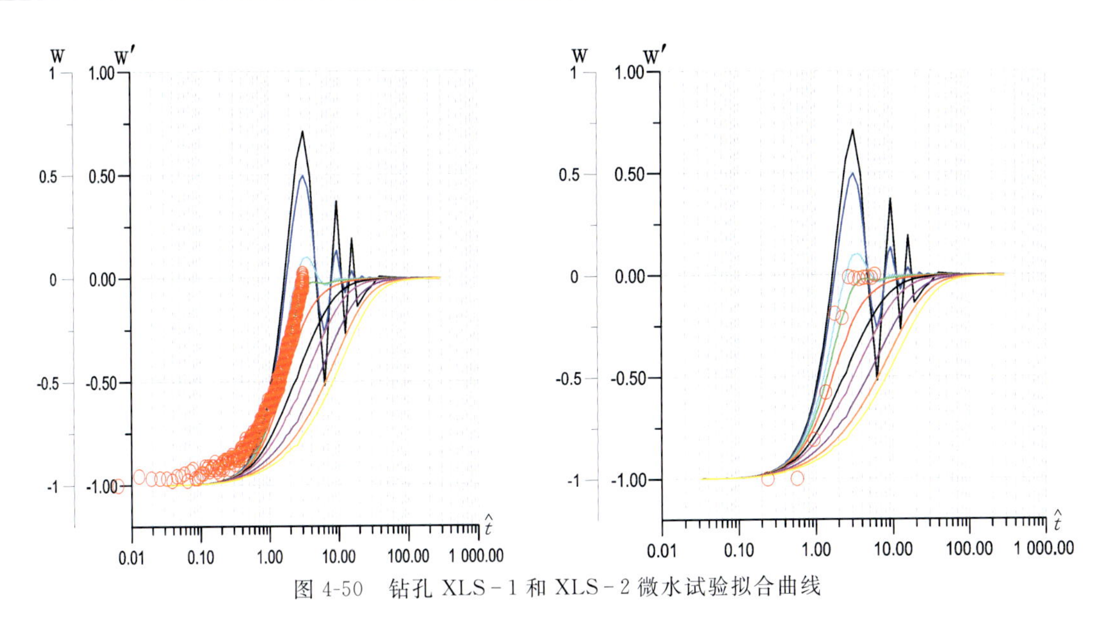

图 4-50 钻孔 XLS-1 和 XLS-2 微水试验拟合曲线

从钻孔 XLS-1 和 XLS-2 试验结果可以看出，常水头注水试验结果与微水试验结果基本一致，只是 XLS-2 钻孔的渗透系数偏大。结合钻孔实际情况分析，可能是由 XLS-2 钻孔上部施工铺设的块石垫层所引起的。

二、水文地质结构分类

水文地质结构是一定要素在空间上的组合形态。这些要素包括地质构造、含水介质类型以及岩性组合方式等。宏观上，不同的岩体组合类型可以形成不同程度的隔水层(体)和透水层(体)，再配合微观上岩石颗粒与空隙的组合，就能形成不同级别和不同类型的水文地质结构。水文地质结构包括宏观的隔水层(体)和透水层(体)的组合和微观的颗粒与空隙的组合。不同级别与类型的水文地质结构为地下水的赋存提供空间，为地下水的运移和排泄提供相应的场所及管道。

总结和分析水文地质结构已有的研究，结合隧洞区域的水文地质特征及施工设计，按照隧洞穿越区径流特性将隧洞岩体水文地质结构分为强径流带、弱径流带和微径流带，按照地层岩性分为可溶性岩和非可溶性岩，按照地质构造分为断裂构造、背斜核部、向斜核部、单斜构造和侵入岩蚀变岩带，按照含水岩组类型分为潜水和承压水，按照渗透结构特性分为层状渗透结构、带状渗透结构、网络状渗透结构、管道状渗透结构和脉状渗透结构。基于隧洞区水文地质结构特点，划分了隧洞区岩体水文地质结构类型(表 4-22)，总结了相应的水文地质结构的鉴别特征(表 4-23)。

表 4-22 隧洞岩体水文地质结构类型分类表

<table>
<tr><td>径流特性 R</td><td colspan="2">强径流带 R_1</td><td colspan="2">弱径流带 R_2</td><td>微径流带 R_3</td></tr>
<tr><td>地层岩性 L</td><td colspan="3">可溶性岩 L_1</td><td colspan="2">非可溶性岩 L_2</td></tr>
<tr><td>地质构造 G</td><td>断裂构造 G_1</td><td>背斜核部 G_2</td><td>向斜核部 G_3</td><td>单斜构造 G_4</td><td>侵入岩蚀变岩带 G_5</td></tr>
<tr><td>含水岩组类型 A</td><td colspan="3">潜水 A_1</td><td colspan="2">承压水 A_2</td></tr>
<tr><td>渗透结构特性 P</td><td>层状渗透结构 P①</td><td>带状渗透结构 P②</td><td>网络状渗透结构 P③</td><td>管道状渗透结构 P④</td><td>脉状渗透结构 P⑤</td></tr>
</table>

表 4-23　不同水文地质结构的鉴别特征

<table>
<tr><th>类别</th><th>分类</th><th colspan="2">鉴别特征</th></tr>
<tr><td rowspan="3">径流特性</td><td>强径流带</td><td rowspan="3">地下水径流强度指单位时间通过单位面积含水层断面的流量。由于介质的渗透性不均匀，存在沿某一条带的径流强度明显大于其附近的径流强度的情形。径流强度明显增大的条带称为强径流带。在洪冲积平原区，古河道有可能构成强径流带。在基岩山区，沿断层破碎带和岩溶管道发育带常形成强径流带。强径流带有时对地下水的区域径流方向和径流强度起决定作用</td><td>岩体透水性强，地下水水力坡度大，径流强度大</td></tr>
<tr><td>弱径流带</td><td>岩体透水性中等，径流强度中等</td></tr>
<tr><td>微径流带</td><td>岩体透水性弱，径流强度小</td></tr>
<tr><td rowspan="2">地层岩性</td><td>可溶性岩</td><td colspan="2">岩溶发育，地下水主要赋存于岩溶管道、溶孔和较大溶蚀裂隙中，属于管道岩溶水，富水性强但分布不均匀，一般发育岩溶泉</td></tr>
<tr><td>非可溶性岩</td><td colspan="2">岩溶不发育，地下水主要赋存于构造裂隙和风化裂隙中，可能发育裂隙泉</td></tr>
<tr><td rowspan="5">地质构造</td><td>断裂构造</td><td colspan="2">断裂带透水性强，能使不同含水层发生水力联系；构造岩或充填的岩脉透水性差，使两盘含水层无水力联系；断层断距大，使两盘含水层与隔水层接触</td></tr>
<tr><td>背斜核部</td><td colspan="2">背斜储水构造往往由圈闭的隔水层及地下分水岭组成边界。地下水的补给、径流、排泄特征与向斜储水构造相似。往往沿轴部、转折端张应力集中带断层和裂隙发育，地表侵蚀形成谷地，常常形成富水段</td></tr>
<tr><td>向斜核部</td><td colspan="2">向斜构造中分布有透水岩层，存在储水的空隙条件。在透水岩层之下分布有隔水岩层，或隔水层与透水层互层，存在阻滞地下水的边界条件。透水岩层有出露地表接受补给的裸露区，存在形成含水层的补给条件</td></tr>
<tr><td>单斜构造</td><td colspan="2">由含水层与隔水层互层构成的单斜构造，当含水层的倾伏端具备阻水条件时，在适宜的补给条件下即形成单斜储水构造。单斜储水构造的形成，在很大程度上取决于岩层产状与地形的组合关系，看其是否形成了地下水补给区(带)和含水层倾伏端的隔水边界</td></tr>
<tr><td>侵入岩蚀变岩带</td><td colspan="2">蚀变岩导水性一般，地下水主要储存在风化裂隙中，但是，遇水后强度变化大</td></tr>
<tr><td rowspan="2">含水岩组类型</td><td>潜水</td><td colspan="2">饱水带中第一个具有自由表面的含水层中蕴藏的水，与包气带直接连通，和大气圈、地表水圈联系密切，积极参与水循环</td></tr>
<tr><td>承压水</td><td colspan="2">赋存于两个隔水层之间的含水层中的地下水</td></tr>
<tr><td rowspan="5">渗透结构特性</td><td>层状渗透结构</td><td colspan="2">含水层以组合形式存在，并呈层状分布</td></tr>
<tr><td>带状渗透结构</td><td colspan="2">含水层呈条带状分布</td></tr>
<tr><td>网络状渗透结构</td><td colspan="2">含水层呈裂隙网状分布</td></tr>
<tr><td>管道状渗透结构</td><td colspan="2">含水层呈岩溶管道状分布</td></tr>
<tr><td>脉状渗透结构</td><td colspan="2">含水层呈树枝式脉状分布</td></tr>
</table>

根据表 4-22，最多可组合为 300 种水文地质结构(如强径流带可溶性岩向斜核部承压水网络状渗透结构，可以用水文地质结构类型符号 $R_1-L_1-G_3-A_2-P$③表示)，基本涵盖了隧洞区水文地质结构类型。因此，隧洞区水文地质结构类型可以按照上述标准进行划分，隧洞区水文地质结构类型分类见表 4-24，水文地质结构对涌水量分级情况的影响见表 4-25。

表 4-24　隧洞区水文地质结构类型分类表

序号	地层或断裂代号	埋深/m	地质构造(岩性)	洞长/m	水文地质结构类型
1	D_2q	330	灰岩夹片岩	223	$R_2-L_1-G_1-P$②
2	D_2q	576	片岩夹灰岩	1224	$R_2-L_1-G_4-P$①
3	D_2q	716	大理岩夹片岩(石鼓向斜)	1591	$R_2-L_1-G_3-P$①
4	D_2q	525	片岩、大理岩	874	$R_2-L_2-G_1-P$②
5	D_1r	760	绢云母片岩	199	$R_2-L_2-G_1-P$②
6	F_9	789	大栗树断裂破碎带及影响带	260	R_1-G_1-P②
7	T_2^a	504	板岩、片岩夹灰岩	4725	$R_2-L_1-G_2-P$①
8	T_2^a	632	板岩、片岩夹灰岩(扶仲向斜)	1965	$R_1-L_1-G_3-P$④
9	T_2^a	423	板岩、片岩夹灰岩	652	$R_1-L_2-G_1-P$④
10	F_{10-1}	401	龙蟠-乔后断裂破碎带及影响带	404	R_1-G_1-P②
11	T_2^a	354	板岩、片岩夹灰岩(断层影响带)	590	$R_1-L_1-G_1-P$②
12	F_{10-2}	312	龙蟠-乔后断裂破碎带及影响带	263	$R_1-L_1-G_1-P$②
13	T_3	523	砂、泥岩夹片岩、薄层条带灰岩、炭质泥岩(断层影响带)	2080	$R_2-L_2-G_2-P$①
14	F_{10-3}	580	龙蟠-乔后断裂破碎带	40	R_2-G_1-P①
15	T_2b^{1-2}	620	灰岩(吾竹比向斜)	241	$R_2-L_1-G_3-P$①
16	T_2b^{1-2}、T_1q	611	砂岩、泥岩(吾竹比向斜)	1109	$R_2-L_2-G_3-P$①
17	$P\beta$	904	玄武岩	4321	$R_2-L_2-G_2-P$①
18	$P\beta$	1102	玄武岩(汝寒坪向斜)	2303	$R_2-L_2-G_3-P$④
19	$P\beta$	665	玄武岩	952	$R_2-L_2-G_3-P$③
20	F_{11-2}、F_{11-3}	540	丽江-剑川断裂及影响带	1133	R_1-G_1-P②
21	T_1q	497	砂岩、粉砂岩、泥岩、页岩互层(F_{11}断层影响带)	380	$R_1-L_2-G_1-P$②
22	$N\beta$	524	安山质玄武岩	114	$R_2-L_2-G_1-P$②
23	F_{11-4}	541	丽江-剑川断裂	33	R_1-G_1-P②
24	$N\beta$	523	安山质玄武岩	1953	$R_1-L_2-G_1-P$②
25	T_1q	586	砂岩、粉砂岩、泥岩、页岩互层(断层影响带)	110	$R_1-L_2-G_1-P$②
26	F_{II-4}	648	石灰窑断裂及影响带	754	R_1-G_1-P②
27	T_2b^2、T_2b^{1-2}	876	灰岩(清水江-剑川岩溶区)	2167	$R_1-L_1-G_4-P$④
28	T_2b^{1-1}、T_1q	1064	砂、泥岩与灰岩互层	367	$R_2-L_1-G_1-P$②
29	$P\beta$	955	玄武岩	859	$R_1-L_2-G_1-P$②
30	F_{II-5}	956	马场逆断裂	59	R_2-G_1-P④
31	T_2b^{1-1}、T_1q	941	砂、泥岩与灰岩互层	502	$R_2-L_1-G_4-P$④
32	$P\beta$、$N\beta$	889	玄武岩	2621	$R_2-L_2-G_4-P$①
33	F_{II-6}	861	汝南哨断裂	46	R_1-G_1-P①
34	$P\beta$、$N\beta$	938	玄武岩	488	$R_2-L_2-G_4-P$①

表 4-24(续)

序号	地层或断裂代号	埋深/m	地质构造(岩性)	洞长/m	水文地质结构类型
35	$F_{Ⅱ-7}$	898	汝南哨断裂	67	R_1-G_1-P②
36	T_2b^2	929	灰岩	686	$R_2-L_1-G_4-P$④
37	$F_{Ⅱ-7}$	990	汝南哨断裂	42	R_1-G_1-P②
38	T_3z	996	灰岩、泥灰岩(清水江-剑川岩溶区)	891	$R_1-L_1-G_1-P$④
39	T_2b^2	1104	灰岩(清水江-剑川岩溶区)	1923	$R_2-L_1-G_1-P$④
40	T_2b^2	1244	灰岩(鹤庆-西山岩溶区)	1391	$R_2-L_1-G_4-P$④
41	$F_{Ⅱ-35}$	1364	断层破碎带	44	R_2-G_1-P②
42	T_2b^2、T_2b^{1-2}	1237	灰岩(鹤庆-西山岩溶区)	774	$R_2-L_1-G_4-P$④
43	T_2b^{1-1}、P_2h	1221	砂、泥岩与灰岩互层	482	$R_2-L_1-G_4-P$④
44	$F_{Ⅱ-9(1)}$	1224	青石崖断裂	48	R_2-G_1-P②
45	$P\beta$	1222	玄武岩(断层影响带)	442	$R_2-L_2-G_4-P$①
46	$F_{Ⅱ-9(2)}$、$F_{Ⅱ-9(3)}$	1122	青石崖断裂及影响带	490	R_2-G_1-P②
47	$P\beta$	1095	玄武岩	2333	$R_2-L_2-G_4-P$①
48	$F_{Ⅱ-32(1)}$	1163	下马塘-黑泥哨断裂影响带	171	R_2-G_1-P②
49	$P\beta$	1119	玄武岩	2858	$R_2-L_2-G_4-P$①
50	$F_{Ⅱ-32(2)}$	1256	下马塘-黑泥哨断裂影响带	220	R_2-G_1-P②
51	$P\beta$	1280	玄武岩	1987	$R_2-L_2-G_4-P$①
52	$F_{Ⅱ-37}$	1389	断层破碎带	86	R_2-G_1-P②
53	T_1q、P_2h	1322	砂岩、泥岩	2668	$R_2-L_2-G_1-P$②
54	$P\beta$	1139	玄武岩	492	$R_2-L_2-G_1-P$②
55	F_{12}	1201	鹤庆-洱源断裂及影响带	264	R_2-G_1-P②
56	T_2b^2	989	灰岩	1744	$R_2-L_1-G_1-P$④
57	$F_{Ⅱ-10}$	915	芹菜塘断裂及影响带	192	R_2-G_1-P②
58	T_2b^2	610	灰岩(后本箐向斜)	2129	$R_1-L_1-G_3-P$④
59	T_2b^2	375	灰岩	776	$R_1-L_1-G_2-P$④
60	F_6	251	核桃箐断裂	36	R_1-G_1-P④
61	T_2b^2	247	灰岩(狮子山背斜)	1095	$R_1-L_1-G_2-P$④
62	T_3z	113	灰岩	322	$R_1-L_1-G_1-P$②
63	T_3sn	77	砂、泥岩	131	$R_1-L_1-G_2-P$④
64	Q	65	第四系覆盖层	156	$R_2-L_2-G_2-P$③
65	T_3z	95	灰岩	829	$R_1-L_1-G_4-P$④
66	T_3sn	25	砂、泥岩	311	$R_1-L_2-G_4-P$④
67	T_3z	53	灰岩	914	$R_1-L_1-G_4-P$④

表 4-25　水文地质结构对涌水量分级情况的影响

涌水量 Q/ ($m^3 \cdot d^{-1} \cdot m^{-1}$)	地质构造(岩性)	洞长/m	水文地质结构类型
$Q>10$	龙蟠-乔后断裂 F_{10-2} 破碎带	263	$R_1-L_1-G_1-P$②
	龙蟠-乔后断裂 F_{10-3} 破碎带	40	R_2-G_1-P①
	吾竹比向斜(灰岩)	241	$R_2-L_1-G_3-P$①
	丽江-剑川断裂 F_{11-2}、F_{11-3} 及影响带	1133	R_1-G_1-P②
	丽江-剑川断裂 F_{11-4}	33	R_1-G_1-P②
	砂岩、粉砂岩、泥岩、页岩互层(断层影响带)	110	$R_1-L_2-G_1-P$②
	石灰窑断裂 $F_{Ⅱ-4}$ 及影响带	754	R_1-G_1-P②
	清水江-剑川岩溶水系统(灰岩)	1351	$R_1-L_1-G_4-P$④
	马场逆断裂 $F_{Ⅱ-5}$	59	R_2-G_1-P④
	清水江-剑川岩溶水系统(灰岩)	816	$R_1-L_1-G_4-P$④
	汝南哨断裂 1 $F_{Ⅱ-6}$	46	R_1-G_1-P①
	汝南哨断裂 2 $F_{Ⅱ-7}$	67	R_2-G_1-P②
	灰岩	686	$R_2-L_1-G_4-P$④
	汝南哨断裂 3 $F_{Ⅱ-7}$	42	R_1-G_1-P②
	清水江-剑川岩溶系统(灰岩、泥灰岩)	891	$R_1-L_1-G_1-P$④
	清水江-剑川岩溶水系统(灰岩)	1923	$R_2-L_1-G_1-P$④
	鹤庆-西山岩溶系统(灰岩)	1391	$R_2-L_1-G_4-P$④
	断层破碎带 $F_{Ⅱ-35}$	44	R_2-G_1-P②
	鹤庆-西山岩溶系统(灰岩)	774	$R_2-L_1-G_4-P$④
	青石崖断裂 $F_{Ⅱ-9(1)}$	48	R_2-G_1-P②
$5<Q\leqslant10$	龙蟠-乔后断裂 F_{10-1} 破碎带	404	R_1-G_1-P②
	板岩、片岩夹灰岩(断层影响带)	590	$R_1-L_1-G_1-P$②
	砂、泥岩夹片岩、薄层条带灰岩、炭质泥岩(断层影响带)	2080	$R_2-L_2-G_2-P$①
	汝寒坪向斜(玄武岩)	2303	$R_2-L_2-G_3-P$④
	砂岩、粉砂岩、泥岩、页岩互层(F_{11} 断层影响带)	380	$R_1-L_2-G_1-P$②
	安山质玄武岩	1953	$R_1-L_2-G_1-P$②
	玄武岩	859	$R_1-L_2-G_1-P$②
	玄武岩	2621	$R_2-L_2-G_4-P$①
	玄武岩(断层影响带)	442	$R_2-L_2-G_4-P$①
	青石崖断裂 $F_{Ⅱ-9(2)}$、$F_{Ⅱ-9(3)}$ 及影响带	490	R_2-G_1-P②
	玄武岩	2333	$R_2-L_2-G_4-P$①
	下马塘-黑泥哨断裂 $F_{Ⅱ-32(1)}$ 影响带	171	R_2-G_1-P②
	断层破碎带 $F_{Ⅱ-37}$	86	R_1-G_1-P②

表 4-25(续)

涌水量 Q/($m^3 \cdot d^{-1} \cdot m^{-1}$)	地质构造(岩性)	洞长/m	水文地质结构类型
$3<Q\leqslant 5$	吾竹比向斜(砂岩、泥岩)	1109	$R_2-L_2-G_3-P$①
	玄武岩	4321	$R_2-L_2-G_2-P$①
	玄武岩	952	$R_2-L_2-G_3-P$③
	安山质玄武岩	114	$R_2-L_2-G_1-P$②
	砂、泥岩与灰岩互层	367	$R_2-L_1-G_1-P$②
	砂、泥岩与灰岩互层	502	$R_2-L_1-G_4-P$④
	玄武岩	488	$R_2-L_2-G_4-P$①
	砂、泥岩与灰岩互层	482	$R_2-L_1-G_4-P$④
	玄武岩	2858	$R_2-L_2-G_4-P$①
	下马塘-黑泥哨断裂 $F_{Ⅱ-32(2)}$ 影响带	220	R_2-G_1-P②
	鹤庆-洱源断裂 F_{12} 及影响带	264	R_2-G_1-P②
	灰岩	1744	$R_2-L_1-G_1-P$④
$1<Q\leqslant 3$	板岩、片岩夹灰岩	4725	$R_2-L_1-G_2-P$①
	扶仲向斜(板岩、片岩夹灰岩)	1965	$R_1-L_1-G_3-P$④
	板岩、片岩夹灰岩	652	$R_1-L_2-G_1-P$④
	玄武岩	1987	$R_2-L_2-G_4-P$①
	砂岩、泥岩	2668	$R_2-L_2-G_1-P$②
	玄武岩	492	$R_2-L_2-G_1-P$②
	芹菜塘断裂 $F_{Ⅱ-10}$ 及影响带	192	R_2-G_1-P②
	后本箐向斜(灰岩)	2129	$R_1-L_1-G_3-P$④
	灰岩	776	$R_1-L_1-G_2-P$④
	核桃箐断裂	36	R_1-G_1-P④
	狮子山背斜(灰岩)	1095	$R_1-L_1-G_2-P$④
	灰岩	322	$R_1-L_1-G_1-P$②
	第四系覆盖层	156	$R_2-L_2-G_2-P$③
	灰岩	829	$R_1-L_1-G_4-P$④
	灰岩	914	$R_1-L_1-G_4-P$④
$Q\leqslant 1$	灰岩夹片岩	223	$R_2-L_1-G_1-P$②
	片岩夹灰岩	1224	$R_2-L_1-G_4-P$①
	石鼓向斜(大理岩夹片岩)	1591	$R_2-L_2-G_3-P$①
	片岩、大理岩	874	$R_2-L_2-G_1-P$②
	绢云母片岩	199	$R_2-L_2-G_1-P$②
	大栗树断裂(F_9)破碎带及影响带	260	R_1-G_1-P②
	砂、泥岩	131	$R_1-L_1-G_2-P$④
	砂、泥岩	311	$R_1-L_2-G_4-P$④

结合隧洞区水文地质结构分类可知，隧洞施工在穿越不同水文地质结构的边界时，一定要注意施工对整个水文地质单元的影响。如龙蟠-乔后断裂东支(F_{10-3})在横向上为阻水断层，断层两侧地下水位相差400m，断层西盘砂、泥岩与东盘灰岩对接，西盘为非岩溶浅变质岩地层，东盘为岩溶地层，断层成为东盘含水地层的隔水边界，从而使两侧的水力联系中断，水文地质条件产生较大的差异。断层两盘基本没有水力联系，垂直断层方向具有很好的隔水作用。若施工时导通了该断层带，可能会改变整个区域的地下水流场，因而在该段施工时要进行超前灌浆封堵。另外，根据水文地质结构对涌水量分级情况的影响，断层破碎带、岩溶发育区域、向斜构造区域地下水涌水量较大。除了断层带涌水外，香炉山隧洞分段涌水量最大值出现在鹤庆西山岩溶水系统和清水江-剑川岩溶水系统中。因此，通过水文地质结构类型的分段研究，可以较好地指导隧洞施工，同时为同类型隧洞施工设计提供技术支撑。

第八节 地下水温度场

一、地下水温度的平面分布特征

地下水温度在平面上因补给高程、覆盖程度、含水介质结构、地下水径流长度和埋深等的不同而有所差异。研究区各泉点的野外现场测量温度见表4-26。

表4-26 研究区鹤庆西山和剑川东山采样水点温度统计表 单位：℃

地区	泉点名称	采样日期		
		2013年6月	2013年10月	2014年4月
鹤庆西山	大龙潭泉群	20.5	15.1	15.7
	仕庄龙潭	12.9	11.8	14.2
	黑龙潭	15.4	15.1	15.1
	星子龙潭	15.7	17.8	15.4
	西龙潭	13.3	24	14.3
	白龙潭	14.8	14.8	14.8
	锰矿沟黑龙潭	13.2	13.2	12.6
	羊龙潭			15.1
	小白龙潭	17.1		16.7
	蝙蝠洞	14.9	12.8	14.4
	温水龙潭	30.5	30.2	30.2
	黄龙潭	19.9	15.3	15.2
	马厂山谷山坡泉		12.4	
剑川东山	清水江泉群	11.2	11.1	11.1
	清水江饮用泉	11.4	10.9	10.7
	各门江龙潭		12.1	13.2
	东山寺龙潭	14	13.8	13.8
	水鼓楼龙潭		16.4	15.3
	剑川庆华村南部落水洞	13.4		

从表中可知，2014 年 4 月所测鹤庆西山各泉点（温水龙潭除外）的水温相似，为 12.6～15.7℃，平均温度约为14.9℃。最高为大龙潭 15.7℃，最低为锰矿沟黑龙潭 12.6℃。4 月测量的剑川东山 3 个泉点温度分别为各门江龙潭 13.2℃、东山寺龙潭 13.8℃、水鼓楼龙潭 15.3℃。从测量温度看，水鼓楼龙潭温度高于东山寺龙潭温度，主要是因为水鼓楼龙潭出口位置被淹没，所测水体为蓄水池水。泉水温度与泉点出露高程关系密切，如清水江饮用泉和高程稍低点的清水江下游泉群，2013 年 6 月测量温度分别为 11.4℃和 11.2℃，而剑川盆地东山边缘高程更低的东山寺龙潭水温为 14℃，相比前两者温度分别升高了2.6℃和2.8℃。其他两个时段测量的泉水温度表现出相似的特点。2013 年 10 月各门江龙潭与东山寺龙潭和清水江饮用泉的温差分别为 1.7℃和 1.2℃；2014 年 4 月温差分别为 0.6℃和 2.5℃。考虑到测温的时间点，实际温差可能有些差异，但这种高程与水温的相关性十分明显。此外，位于鹤庆西山补给区的马厂山谷北山坡泉 2013 年 10 月所测温度为 12.4℃，位于径流区的锰矿沟黑龙潭温度为13.2℃，位于排泄区的黄龙潭水温为 15.3℃，也表现出随泉点出露高程降低，水温增加的趋势。

大多数泉点温度较稳定，少数动态变化较大。其中黑龙潭、白龙潭、锰矿沟黑龙潭、清水江泉群、小龙潭清水泉、神庙泉、东山寺龙潭等在 3 个时期测量的温度几乎不变。有些泉点受季节变化较显著，典型的有大龙潭、西龙潭、仕庄龙潭、蝙蝠洞和各门江龙潭等。其中，西龙潭、大龙潭皆因为泉水出露点被水库淹没，所测水体为水库水，所以水温受气候影响明显。水温变化较大的有仕庄龙潭和各门江龙潭、蝙蝠洞，皆具有夏季高、冬季低的特点，季节变化效应显著，具有地表水的特征，可能由地表水集中补给较多且径流时间较短所致。其中，仕庄龙潭水温变化应与鲁秃、寒敬落的地表水集中补给有关；蝙蝠洞的水温变化推测与羊龙潭有关；各门江龙潭 2013 年 10 月测的温度与 2014 年 4 月所测温度相差1.1℃，而相距约 200m 的东山寺龙潭温度不变，说明这两泉的补给与循环条件不一样，推测其分属两个不同的岩溶水系统。

鹤庆西山泉点的温度普遍比剑川东山泉点的温度高，水温动态变化小，但它们的补给区高程相近且均为裸露型岩溶分布区，岩溶发育情况相似，可能是由于鹤庆西山岩溶水径流路径比剑川岩溶水径流路径长，地下水分水岭更靠近剑川一侧。温水龙潭水温比较稳定，始终保持在 30.2℃左右，因其位于鹤庆-洱源深大断裂上，为一承压上升泉群。此外，位于鹤庆盆地北缘的观音峡慧泉和石榴泉的温度比中部泉点的水温稍高，可能是由于其地下水历经丽江盆地的长距离径流，或与地表水的混合有关。

二、地下水温度的垂向变化特征

大地地温场资料表明，对于非（弱）含水层（有明显热异常区域除外），浅层增温梯度一般在 3℃/100m 左右。对于含水层，由于地下水垂向、侧向的流动和混合，其增温梯度常常小于或远小于非（弱）含水层，有时会出现负增温即增温梯度小于零的情况。一般情况下，垂向上增温梯度大小反映了含水层的地下水径流强弱程度，增温梯度愈偏离正常梯度，其地下径流愈强；愈接近正常梯度，则表示地下水迁流愈弱。含水层增温梯度的大小可以作为判断地下水径流强弱的有效参考。对研究区 17 个钻孔进行了地温测试，其测试结果见表 4-27。根据测试结果，TSZK53、TSZK55、XLZK18、XLZK23、XLP7ZK2、XLP7ZK3、XLZK25 这 7 个钻孔的实测地温随深度增加呈递减趋势，其他钻孔实测地温随深度增加呈逐渐上升趋势，深度 0～600m 范围内实测温度 9.5～24.8℃，增温梯度一般为 0.45～2.37℃/100m，总体地温水平较正常。

以钻孔 XLZK18 为例分析含水介质情况及地下水径流强度。该钻孔位于马场岩溶洼地，孔口高程 2992m，钻孔深度 681m，终孔水位高程 2559m，比盆地高 300 多米，测温时间为 2013 年 7 月 5 日，测试结果见表 4-28 和图 4-51。

表 4-27　研究区钻孔地温测试结果统计表

测试钻孔				测试孔位隧洞埋深/m	测试范围/m	测点数	测试值/℃	梯度	大气温度/℃
钻孔编号	孔口高程/m	钻孔深度/m	地层岩性					℃/100m	
TSZK53	2 400.71	412.30	白云质灰岩	385.71	0～390	78	24.4～18.0	−1.67	24.4
TSZK54	2 526.40	545.00	玄武岩	514.40	0～545	91	12.0～24.8	2.35	12.0
TSZK55	2 384.25	420.00	砂泥岩、灰岩	379.25	0～210	42	10.0～9.6	−0.19	12.0
TSZK56	2 214.58	245.00	灰岩、砂页岩	209.58	0～245	49	15.8～18.5	1.38	24.0
XLZK2	2 407.32	410.20	板岩、片岩	389.32	0～309	17	16.7～18.1	0.45	16.7
P2ZK3	2 396.33	421.00	片岩、角砾岩、碎粒岩	370.00	10～380	75	16.5～21.2	1.27	16.5
XLZK7	3 020.90	596.30	灰岩、砂岩	1 008.91	0～590	30	13.0～19.0	0.80	15.5
XLZK16	2 951.70	950.43	白云质灰岩	943.69	2～600	30	14.0～22.0	1.18	16.5
XLZK18	2 992.10	681.10	灰岩	984.10	0～395	21	17.7～14.5	−0.81	17.7
XLZK23	3 005.19	607.30	砂岩夹煤层及泥岩	920.10	0～420	84	10.5～8.8	−0.40	10.2
XLP3ZK2	2 476.50	320.80	砂页岩夹灰岩	601.70	0～295	59	13.8～20.1	2.14	13.8
XLP3－1ZK2	2 495.19	290.50	粉砂质泥岩、页岩	614.10	0～195	39	13.2～14.2	0.91	15.9
XLP3－1ZK3	2 574.95	406.90	粉砂岩、细砂岩	614.10	0～400	80	9.5～19.0	2.37	9.5
XLP7ZK2	2 320.90	289.48	泥岩、粉砂岩、石英砂岩、灰岩	453.50	0～290	58	23.3～15.4	−2.72	23.3
XLP7ZK3	2 250.47	210.20	砂质泥岩、砂岩、泥质灰岩	453.50	0～210	42	19.9～15.4	−2.14	19.9
XLZK25	2 456.21	485.94	灰岩，白云质灰岩	453.50	0～465	93	17.4～13.7	−0.79	17.4

表 4-28　钻孔 XLZK18 的孔深及温度统计表

序号	孔深/m	温度/℃	序号	孔深/m	温度/℃
1	0	17.7	12	220	15.2
2	20	17.1	13	240	15.1
3	40	16.7	14	260	14.9
4	60	16.5	15	280	14.7
5	80	16.3	16	300	14.6
6	100	16.1	17	320	14.6
7	120	15.9	18	340	14.5
8	140	15.7	19	360	14.5
9	160	15.6	20	380	14.5
10	180	15.4	21	395	14.5
11	200	15.3			

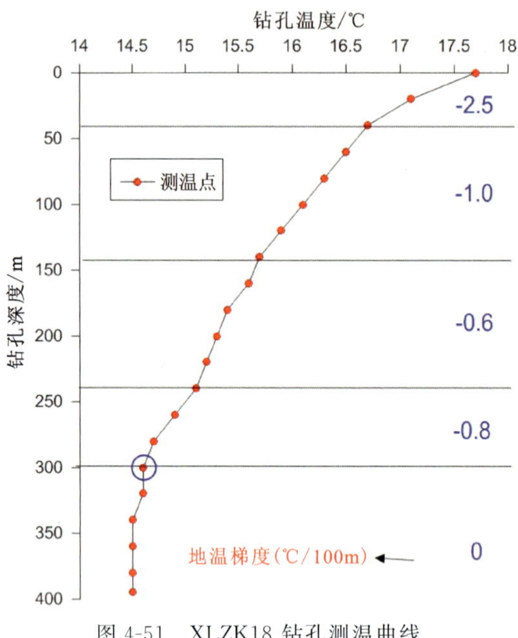

图 4-51　XLZK18 钻孔测温曲线

可以看出，随深度的增加，地温逐渐降低，从地表的 17.7℃减小到 395 m 处的 14.5℃。地温梯度表现为负值，且不同深度处差异较大。0～40m、40～140m、140～240m、240～300m、300～395m 的地温梯度分别为－2.5℃/100m、－1.0℃/100m、－0.6℃/100m、－0.8℃/100m、0℃/100m。地温梯度为负值说明地温受地下热流的影响较小，300m 深范围内基本不受影响，主要受地表温度的控制。因测温时间为7 月，处于夏季，热量往下传导，且越靠近地表升温越快，因此出现负的地温梯度。越靠近地表地温梯度越大，往下地温梯度变小。但 240～300m 范围内的地温梯度比 140～240m 范围内的地温梯度大，且300m 深处地温出现一个转折，说明 240～300m 范围内地下径流较活跃，可能在钻孔附近侧向有较大的地表水补给通道，地温受地表水影响较大。而 340m 以深，地温曲线垂直，地温梯度为 0℃/100m，表明地下水进入地温的恒温带。

三、地温高值区特征

研究区内主要分布有牛街—三营、洱源—炼城、下山口—西湖温水村(图 4-52)，以及鹤庆西山温水龙潭等地温高值区。高地热对西线方案存在较大影响，对其他线路方案影响较小。

1. 牛街—三营带

牛街—三营带内热泉(井)分布范围北至牛街乡练渡村文化展示馆，南至三营街火焰山，东至牛街盆地东侧缘，南北长约 3.5km，东西宽约 0.8km。带内共调查 18 个热泉(井)点(图 4-53)，其中热泉7 个，热井 11 个，均表现为承压性质，部分热井还表现为强承压。泉点地表量测水温一般 60～75℃，最高80℃。当井深小于 20m 时，井口量测水温为 62～72℃。当井深为 20～80m 时，井口量测水温为 72～86℃。

地下热水水量丰裕，目前多用来洗浴。热井及泉点多有气泡溢出，具轻微刺激性气味，井壁及泉点周边均有钙华。地热水对铁质水阀、管材腐蚀严重。据 1∶20 万兰坪幅水文地质普查报告，带内地下热水多属 $HCO_3 \cdot SO_4$－Na · Ga、HCO_3－Na · Ga 型，水中含 F、Mn 等。

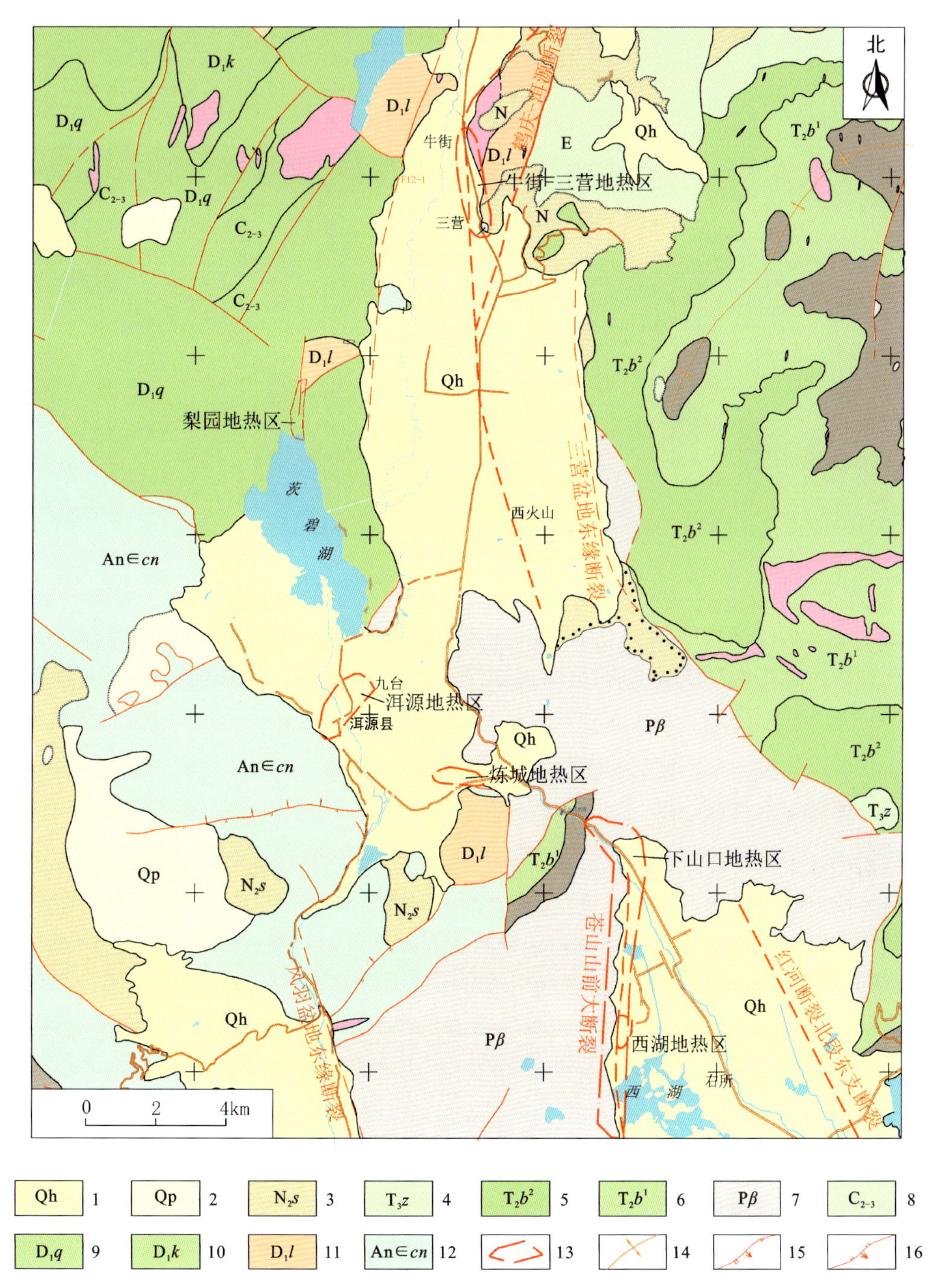

1.全新统黏土、砂砾石层；2.更新统黏土、粉砂层；3.上新统砂岩、泥岩夹褐煤；4.上三叠统中窝组灰岩、泥质灰岩；5.中三叠统北衙组二段灰岩、白云质灰岩、白云岩；6.中三叠统北衙组下段条带灰岩夹泥质灰岩；7.二叠系峨眉山玄武岩组；8.石炭系黄龙组、马平组并层灰岩；9.下泥盆统青山组灰岩、条带灰岩夹生物礁灰岩；10.下泥盆统康廊组块状白云质灰岩；11.下泥盆统莲花曲组页岩夹燧石结核灰岩、生物灰岩；12.苍山群大理岩、片岩、白云质灰岩；13.地热异常区范围线；14.背斜；15.正断层；16.逆断层。

图 4-52　洱源地热异常区分布图

2.洱源—炼城带

洱源—炼城带内热泉(井)分布范围北至洱源县江干，南东至洱源县炼城村，西至洱源盆地西侧缘凤羽河西侧温泉澡塘，整体呈北西向条带状展布，长约 5km，宽 0.5～1.5km。带内共调查 13 个热泉(井)

点(图 4-54),其中热泉 2 个,热井 11 个。泉点地表量测水温一般 65℃。当井深小于 20m 时,井口量测水温为 63～70℃。当井深为 60～250m 时,井口量测水温为 46～65℃。大理地热国高地热井深达 300m,出水口量测水温达 88℃。

图 4-53　牛街—三营火焰山热泉(86℃)

图 4-54　下山口弥苴河河床热泉天然露头(94℃)

地下热水水量丰裕,目前多用来洗浴。热井及泉点多有气泡溢出,具刺激性气味,含 H_2S。井壁及泉点周边均有钙华。地热水对铁质水阀、管材腐蚀严重。据 1∶20 万兰坪幅水文地质普查报告,带内地下热水多属 $HCO_3 \cdot SO_4$ - Na · Ga 及 HCO_3 - Na · Ga 型,水中含 F、Mn。在江干村一带温泉中产气磺,九气台温泉中产芒硝。

3. 下山口—西湖温水村带

下山口—西湖温水村带内热泉(井)分布范围北至 G214 里程 K2291+500 公路外侧弥苴河左岸,经下山口、坡头村,向南至洱源县右所镇温水村南,北东至大丽高速下山口隧洞东侧一带,西至右所盆地西侧缘,整体呈近南北向条带状展布,长约 10km,宽约 1.8km。带内共调查 28 个热泉(井)点(图 4-55),其中热泉 1 个,热井 27 个。热泉(井)集中分布在下山口、坡头村、温水村一带,其中下山口共调查 22 个热泉(井),坡头村 3 个热井,温水村 3 个热井。随着地下水开采量急增,地下水水位有所下降。热泉点位于 G214 里程 K2291+500 处,地表量测水温 93.5℃。下山口一带热井均不具承压性质,井深多在 20m 以内,井内水温 36～60℃。坡头村一带井深 6～8m,井内水温 41～45℃。温水村一带井深 4～5m。下山口南至坡头村北、坡头村南至温水村北地带为农田及地表水域,无水井及温(热)泉露头,据访该地段靠近右所盆地西侧缘地势低洼处在雨季有少量温泉溢出。

该区地下热水水量较丰裕,目前多用来洗浴。热井及泉点中无气泡溢出,水清澈,井壁及泉点周边仅见少量钙华。该带内地热水中含 Sr、Li,属偏硅酸性水。

4. 鹤庆西山温水龙潭

温水龙潭位于鹤庆盆地南端西部化龙村(图 4-56),出露于盆地边缘基岩与第四系的接触部位。地层为三叠系北衙组(T_2b^2)灰岩、白云质灰岩,出口高程 2240m,以上升泉形式呈片状涌出,伴随有气泡,流量 151.6L/s,水温 30.5℃,无色、有 H_2S 臭味、透明,可见少量黑色沉淀物。

四、地温高值区热源与导热、控热构造分析

研究区处于青、藏、滇、缅、印尼巨型“歹”字形构造体系与南北向构造体系复合部位。区内主干断裂

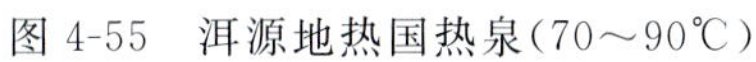

图 4-55 洱源地热国热泉(70～90℃)

图 4-56 温水龙潭(30.5℃)

有鹤庆洱源断裂、龙蟠-乔后断裂、苍山山前断裂、三营-相国寺山断裂、洱海深大断裂等，多属地壳断裂，切穿地壳，达到莫霍面，断裂纵横交织。晋宁期—喜马拉雅期的多期岩浆活动和变质作用强烈。

1. 牛街—洱源地热区

牛街—洱源地热区处于南北向、北北西向“歹”字形和东西向等多种构造体系的复合部位。北部三营一带南北向和东西向构造体系截接复合。洱源—九台—炼城及下山口、坡头村、温水村一带，南北向和北北西向“歹”字形构造体系斜接复合，同时该区也是喜马拉雅期岩浆活动最频繁的地段之一。于复合部位形成了牛街—三营、洱源—炼城、下山口—温水村 3 个地热中心。火焰山热水井井深 70m 处水温 82℃、洱源九台温泉孔深 160m 处水温 96℃、下山口 G214 里程 K2291+500 处地表温泉水温93.5℃，表明该区深部有均匀而稳定的地热流体存在，为该区高地温的热源。三营—洱源区内地热水中 Rn 含量一般 2～6 埃曼，最高 60.79 埃曼，具 H_2S 气味，洱源江干温泉产气磺、九台温泉产芒硝，亦表明该区温泉的形成与岩浆活动联系密切。

区内温泉及地温高值区展布受断裂控制明显。据 1∶20 万兰坪幅水文地质普查报告及地质调查报告等资料，牛街—三营地温高值区导热、控热构造为牛街盆地东侧缘隐伏断裂，断裂东侧双龙寺一带为喜马拉雅期橄榄玄武岩，该断裂属鹤庆-洱源断裂南段。洱源—九台—炼城地温高值区导热、控热构造为洱源盆地西侧缘北西向及东西向隐伏断裂，与三营-相国寺山断裂、苍山山前断裂隐伏于右所盆地西侧缘，断层三角面清晰，断裂西侧为二叠系玄武岩。三营-相国寺断裂经洱海穿越下山口进入三营盆地。

2. 鹤庆西山温水龙潭

温水龙潭的补给区为鹤庆西山等区域，大气降水通过断裂、裂隙及岩溶洼地等进入地下水循环系统，经过近东西向断裂带、裂隙及岩溶裂隙管道等向东地势低洼处径流排泄，最终在西山山脚鹤庆-洱源断裂(F_{12})破碎带处径流受阻，顺 F_{12} 断裂带及其破碎带上涌，在上涌至近地表过程中与中间水流、局部水流混合后，出露地表形成泉。

随着埋深的增加，地下水中矿物质溶解度低者先沉积，出现 HCO_3^-—SO_4^{2-}—Cl^- 的沉积序列，即近地表为低矿化度的 HCO_3^- 型水，水流活跃；向下为中矿化度的 SO_4^{2-} 型水，水流不活跃；再深为高矿化度的 Cl^- 型水，水流趋缓。温水龙潭泉水取样分析结果显示，SO_4^{2-} 含量为 7.26mg/L，普遍高于鹤庆西山其他岩溶泉点 2 倍以上，其余如 K^+、Na^+、Hg、Zn 等指标也偏高，其中 Na^+ 高达11.06mg/L。温水龙潭泉水中 SO_4^{2-}、Na^+ 含量高，说明它来源于深部循环水，水流不活跃，且根据水样分析结果，温水龙潭泉水具有典型的煤系水化学特征，表明地下水与深部的黑泥哨砂泥岩、$P\beta$ 玄武岩等含煤系地层有一定的联系，存在着深部的水循环。

综上所述，鹤庆温水龙潭(温泉)温度高，推测存在从百山母、岩刺槽、黑泥哨等区域途经银河向斜底部向温水龙潭的深部水循环。上伏隔水岩层有增温作用，且地下水经深循环加热形成热水，而非新构造活动断层导致。另外温水龙潭泉水的δD、$\delta^{18}O$是所有泉点中最高的，分别达$-117.1‰$和$-15.84‰$，这主要是由于地下水进入深部循环经加热再出露地表，温度导致了同位素分馏。

第九节 大地电磁探测分析

研究区沿线地表大范围出露北衙组灰岩和白云岩，碳酸盐岩广泛分布，地表岩溶类型齐全，地表溶沟、溶槽、落水洞、岩溶漏斗、岩溶洼地，地下岩溶管道、洞穴等较发育。在可溶岩分布地段，地下水丰富，开挖时可能遇到涌水、涌沙、溶洞、地下岩溶塌陷等地质问题。因此查清隧洞区地下岩溶发育位置及程度、与地表水系的连通情况，是隧洞工程勘察的首要任务，这对于保证隧洞安全施工、避免环境地质灾害的发生特别必要。目前对于长大深埋隧洞的勘探，主要采用地质测绘、地质钻探的方法来控制地层和断层。对于深部岩溶，目前比较成熟的研究方法有地震反射波法和大地电磁探测。根据工程区地形条件、地质特征和勘探目的，本次工作选用了大地电磁探测作为地面勘探的主要方法。大地电磁探测主要是通过观测、研究地下岩石电阻率的分布规律，根据岩体与岩溶洞穴的电阻率差异，推测岩溶发育的空间位置。

研究区共布置大地电磁测线381.36km，主要集中在鹤庆西山和剑川东山。根据大地电磁结果，共有101处低阻异常区，下面就重点大范围低阻异常区进行分析。

2号物探纵剖面大地电磁测线总长55.95km，电阻率低阻异常区主要集中在汝南河以南，说明岩溶发育区主要在鹤庆西山汝南河以南，与水文地质调查和水文遥感结果是一致的。大地电磁电阻率剖面图出现6段电阻率等值线横向不连续、错段现象。该6段整体电阻率呈低阻特征，推测存在断层，与地质测绘、勘探成果和区域构造资料所反映的水井村断裂、石灰窑断裂、马场逆断裂、汝南哨断裂等断裂构造的位置和特征是相吻合的。该区域还出现了12处闭合低阻异常区，表现为电阻率等值线分布紊乱，局部形成多个相对低阻闭合圈，主要集中在断裂构造影响带附近，推测为岩溶裂隙水顺断层不断侵蚀下伏灰岩，使得岩溶发育所致。在沙子坪附近，电阻率等值线发生较大畸变，低阻异常区顶部埋深约90m，底部埋深约450m，视电阻率100～200Ω·m，推测存在较大的岩溶地质现象。沙子坪XLZK11钻孔揭露强溶蚀带埋深437m，对应高程2 347.4m，钻探揭露的岩溶发育情况与大地电磁结果是基本吻合的。另据水文地质测绘资料，此处地表发育大型岩溶洼地—沙子坪岩溶洼地，呈三角形，规模较大，面积1.78km^2，洼地内发育多个落水洞。2号物探纵剖面在下马塘附近也出现了较大的闭合式低阻异常区，视电阻率150～630Ω·m，判定该处可能岩溶较发育。水文地质测绘资料显示，该处地表为下马塘岩溶洼地，地形宽缓，规模较大，面积10.55km^2。大地电磁探测结果与钻探、测绘结果是基本一致的。

物探2-2号横剖面大地电磁测线长21.85km，大地电磁电阻率剖面图出现18处低阻异常区。大范围的低阻异常区有4处，3处分别位于黄蜂厂-清水江断裂、马场逆断裂和石灰窑断裂附近，为断裂破碎带形成的低阻区。另外一处为闭合低阻异常区，异常区顶部埋深243m，底部埋深745m，视电阻率630Ω·m，推测为岩溶发育导致的低阻异常区，如图4-57所示。此处地表发育一大型岩溶洼地—安乐村岩溶洼地，顺南北向大断裂发育，洼地面积5.78km^2，规模巨大，岩溶漏斗、落水洞呈串珠状展布于洼地内。

物探4-4号横剖面大地电磁测线长22.05km，大地电磁电阻率剖面图出现19处低阻异常区。大范围的低阻异常区有3处，一处位于清水江断裂附近，为断裂破碎带形成的低阻区。另外两处视电阻率均小于400Ω·m，电阻率等值线出现分离现象，推测为岩溶发育导致的低阻异常区，见图4-58。从地表到探测高程下限，地下岩溶管道发育。大地电磁探测成果得到了水文地质测绘的验证。两处地表分别为东

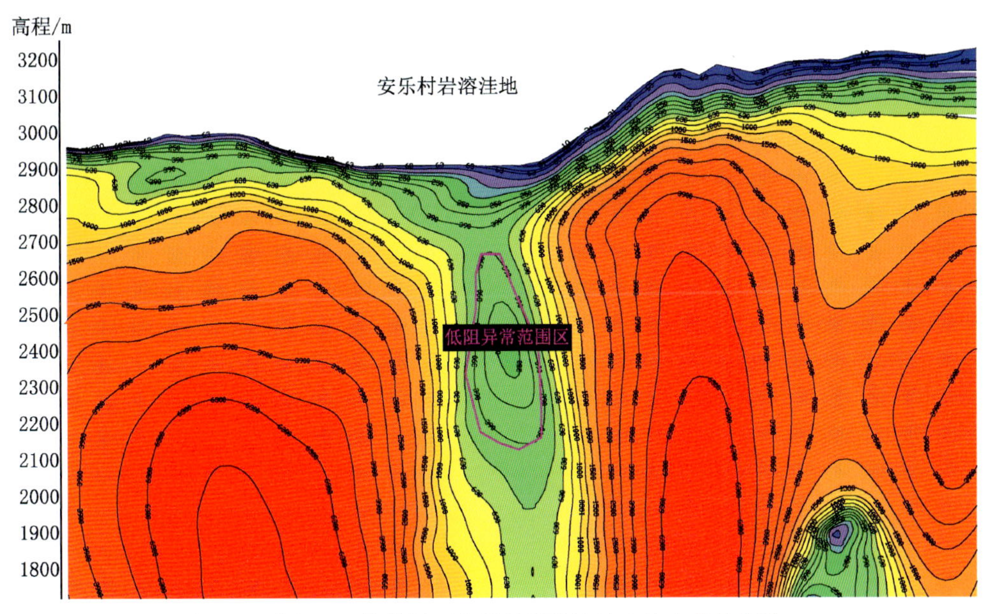

图 4-57　物探 2-2 号横剖面安乐村岩溶洼地大地电磁异常图

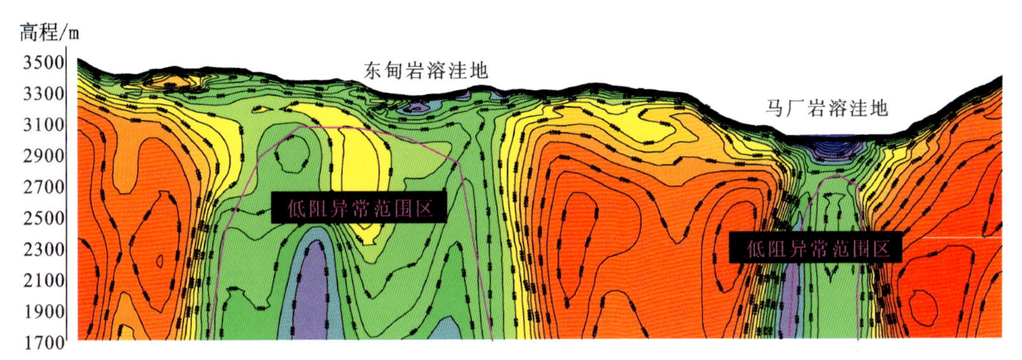

图 4-58　物探 4-4 号横剖面东甸、马厂岩溶洼地大地电磁异常图

甸岩溶洼地和马厂岩溶洼地，均为规模较大洼地。

通过对工程区采用大地电磁探测进行地面勘探，有效控制了大的岩溶发育位置及程度。水文地质测绘、钻探和水文遥感结果所揭示的岩溶现象基本都位于大地电磁的异常范围内。

第五章 岩溶水系统研究

第一节 岩溶水系统概念

岩溶水系统既是地球表层水圈的一部分，又是水循环系统在可溶岩分布地区的一个子系统（韩行瑞，2015）。岩溶地下水系统通常接受来自非岩溶区的外源水，与岩溶系统中不同形式的补给水源汇合，经过系统内部的调蓄，又以不同形式流出岩溶系统，进入到水圈循环的其他系统中。其中一部分以泉的形式流出地表，另一部分以潜流形式流入非岩溶地区。岩溶水系统是指主要分布于岩溶地区，具有稳定的水文地质边界条件，通常穿越（连通）不同性质的岩溶含水层，使不同岩溶含水层之间发生密切的水力联系的完整岩溶地下水单元。通常将多个具有潜在水文联系的岩溶水系统归并为一个水文地质单元（袁道先，2002）。

滇中引水工程研究区岩溶地下水系统包括开放型岩溶水系统和相对封闭岩溶水系统两种类型。开放型岩溶水系统多为潜流型岩溶地下河（下降泉），无承压，流域边界以自然分水岭为主，无隔水边界或结构封闭，含水层的导水性强而储（蓄）水条件较差，地下水具有不均匀性，动态变化大。相对封闭岩溶水系统多受非碳酸盐岩阻隔，流域边界受非碳酸盐岩或结构面（如压扭性断层）控制，含水层之上时有非碳酸盐岩覆盖（形成以侧向岩溶水补给为主的覆盖、埋藏型岩溶水系统），或局部管道上的碳酸盐岩岩溶不发育，有较稳定的边界封闭条件，地下水汇流、径流和排泄受特殊的隔水层或阻水构造控制，多具有深部循环而承压，形成上升泉，岩溶地下水储存条件较好。

第二节 岩溶水系统划分

一、岩溶水系统边界条件

岩溶水系统是一个相对独立、封闭、稳定的系统，具有明确的水文地质边界。岩溶水系统的边界由隔水或相对隔水的岩层组成。边界条件受碳酸盐岩与非碳酸盐岩组合、地质构造（断裂、褶皱）、地下水动力学等控制。

研究区地表分水岭为金沙江与澜沧江两大地表水系的分水岭，主要沿虎头山—高美—石灰窑—猴子坡—东甸—百山母—长木阱北山一线峰顶组成的马耳山山脉主山脊展布，一般高程在3200m以上。岩溶水自该分水岭分别向东、西鹤庆盆地及丽江盆地、剑川盆地、拉什盆地方向运移。其西侧地表水系属澜沧江流域的黑惠江（剑湖）流域，其东侧的地表水系属金沙江流域的漾弓江流域。研究区内岩溶地下水分水岭与地表分水岭大致重合，但在沙子坪一带有越过地表分水岭向西袭夺的趋势，总体位于沙子坪以西、安乐坝、汝南哨以东、马厂西山一线。

研究区隔水边界主要包括隔水岩层和隔水断裂。研究区内岩溶发育较弱的不纯碳酸盐岩和碎屑岩可以认为是隔水岩层，比如上三叠统松桂组(T_3sn)砂岩、泥岩、页岩夹煤线，上三叠统(T_3)砂岩、泥岩、页岩夹灰岩，中三叠统北衙组下段下部(T_2b^{1-1})泥质灰岩、条带灰岩与砂泥岩互层，下三叠统青天堡组(T_1q)砂岩、泥岩，上二叠统黑泥哨组(P_2h)砂岩、页岩夹灰岩及煤线等隔水岩层，对地下水运移具有阻挡或控制的作用。研究区内规模较大的压扭性断层由于断层带结构紧密，也同样具有阻水作用，比如区内鹤庆盆地以西、清水江以东，高美-黑泥哨区域内分布的多条近东西向的断裂(金棉-七河断裂、水井村断裂、石灰窑断裂、马场逆断裂、汝南哨断裂组、马场断裂、青石崖断裂、龙蟠-乔后断裂、丽江-剑川断裂、鹤庆-洱源断裂等)，以逆冲、逆掩断裂为主，在垂直断层方向上具有阻水作用。区内近东西向压扭性阻水断层与隔水岩层联合形成隔水边界，比如鹤庆西山一带水井村断裂和松桂组砂泥岩组成隔水边界，石灰窑断裂、马场逆断裂和青天堡组泥页岩组成隔水边界，汝南哨断裂和松桂组砂泥岩、侵入岩组成隔水边界，马厂断裂和松桂组砂泥岩组成隔水边界，青石崖断裂和青天堡组泥页岩组成隔水边界等。这些隔水边界将地下水控制在其间的近东西走向的窄长条带状碳酸盐岩强含水层中，自西向东或自东向西运移，并分别在盆地边缘排出地表。

研究区岩溶地层分布广泛，主要为北衙组(T_2b^2、T_2b^{1-2})、中窝组(T_3z)白云质灰岩、灰岩、条带状灰岩以及剑川东山一侧青山组(D_1q)条带状灰岩、珊瑚礁灰岩等，大气降水以分散或集中(包括从碎屑岩分布区汇入岩溶区)补给的方式进入岩溶含水层，地下水集中富集并主要赋存在地下岩溶管道、裂隙中，并在水动力驱动下沿岩溶管道、裂隙运移，在适宜地点排出地表。研究区岩溶泉水主要排泄于鹤庆盆地、剑川盆地、拉什海和文笔海盆地、清水江和红麦盆地等盆地边缘。①鹤庆盆地：该盆地是研究区岩溶大泉分布最密集的地区，沿鹤庆西山和东山山脚分布一系列岩溶泉，排泄高程一般2210～2250m，其中鹤庆西山泉水流量一般100～500L/s，总流量约6280L/s，最大流量1500L/s(大龙潭W11)，鹤庆东山泉水流量一般27.17～54.07L/s，总流量约361.22L/s，最大约216L/s(渼龙潭泉Wq11)，泉水最终排入漾弓江。②剑川盆地：该盆地西山泉水较少，东山山脚分布一系列岩溶泉和地下暗河，排泄高程2200m左右，总流量2983L/s，主要大的岩溶泉和暗河有水鼓楼龙潭(Wq50，流量为272L/s)、东山寺龙潭(Wq51，流量为203.38L/s)、各门江龙潭(Wq52，流量为2087.90L/s)。③拉什海和文笔海盆地：这两个盆地线路附近较大岩溶泉不多，拉什海盆地泉水排泄高程2100～2440m，总流量1 207.23L/s，主要岩溶大泉为新文北泉，流量1200L/s。文笔海盆地泉水排泄高程2400m，总流量675L/s，主要岩溶大泉为文峰寺神泉，流量300～500L/s。④清水江和红麦盆地：泉水排泄高程2479～2783m，主要排泄泉为清水江源泉和清水江村泉，总流量约497L/s。

二、岩溶水系统确定

根据水文地质结构、地形分水岭的分布、岩溶化地层和隔水层的分布、地下水排泄点和泉群的位置，将研究区划分为11个规模较大的岩溶水系统(表5-1)，分别为白汉场岩溶水系统(Ⅰ)、拉什海岩溶水系统(Ⅱ)、文笔海岩溶水系统(Ⅲ)、鹤庆西山岩溶水系统(Ⅳ)、清水江-剑川岩溶水系统(Ⅴ)、鹤庆东山岩溶水系统(Ⅵ)、三河岩溶水系统(Ⅶ)、石宝山隐伏岩溶水系统(Ⅷ)、洱源苍山岩溶水系统(Ⅸ)、芹河-北衙岩溶水系统(Ⅹ)、南溪-拉郎岩溶水系统(Ⅺ)。其中，鹤庆西山岩溶水系统(Ⅳ)分为6个岩溶水子系统，分别为鲁秃-仕庄龙潭岩溶水子系统(Ⅳ-1)、黑龙潭-白龙潭岩溶水子系统(Ⅳ-2)、西龙潭岩溶水子系统(Ⅳ-3)、黄龙潭岩溶水子系统(Ⅳ-4)、马厂-锰矿沟黑龙潭岩溶水子系统(Ⅳ-5)、蝙蝠洞岩溶水子系统(Ⅳ-6)；清水江-剑川岩溶水系统(Ⅴ)分为2个岩溶水子系统，分别为清水江岩溶水子系统(Ⅴ-1)、剑川东山岩溶水子系统(Ⅴ-2)。

表 5-1　研究区岩溶水系统划分

<table>
<tr><th colspan="2">岩溶地下水系统</th><th>系统编号</th></tr>
<tr><td colspan="2">白汉场岩溶水系统</td><td>Ⅰ</td></tr>
<tr><td colspan="2">拉什海岩溶水系统</td><td>Ⅱ</td></tr>
<tr><td colspan="2">文笔海岩溶水系统</td><td>Ⅲ</td></tr>
<tr><td rowspan="6">鹤庆西山岩溶水系统</td><td>鲁秃-仕庄龙潭岩溶水子系统</td><td>Ⅳ-1</td></tr>
<tr><td>黑龙潭-白龙潭岩溶水子系统</td><td>Ⅳ-2</td></tr>
<tr><td>西龙潭岩溶水子系统</td><td>Ⅳ-3</td></tr>
<tr><td>黄龙潭岩溶水子系统</td><td>Ⅳ-4</td></tr>
<tr><td>马厂-锰矿沟黑龙潭岩溶水子系统</td><td>Ⅳ-5</td></tr>
<tr><td>蝙蝠洞岩溶水子系统</td><td>Ⅳ-6</td></tr>
<tr><td rowspan="2">清水江-剑川岩溶水系统</td><td>清水江岩溶水子系统</td><td>Ⅴ-1</td></tr>
<tr><td>剑川东山岩溶水子系统</td><td>Ⅴ-2</td></tr>
<tr><td colspan="2">鹤庆东山岩溶水系统</td><td>Ⅵ</td></tr>
<tr><td colspan="2">三河岩溶水系统</td><td>Ⅶ</td></tr>
<tr><td colspan="2">石宝山隐伏岩溶水系统</td><td>Ⅷ</td></tr>
<tr><td colspan="2">洱源苍山岩溶水系统</td><td>Ⅸ</td></tr>
<tr><td colspan="2">芹河-北衙岩溶水系统</td><td>Ⅹ</td></tr>
<tr><td colspan="2">南溪-拉郎岩溶水系统</td><td>Ⅺ</td></tr>
</table>

第三节　岩溶水系统特征

研究区分布的11个岩溶水系统中，拉什海岩溶水系统(Ⅱ)、鹤庆西山岩溶水系统(Ⅳ)与清水江-剑川岩溶水系统(Ⅴ)规模大，对线路隧洞穿越影响大，也是线路比选研究的重点，本书予以重点阐述，其他岩溶系统作简要介绍。

一、白汉场岩溶水系统(Ⅰ)

白汉场岩溶水系统分布在北东向的白汉场槽谷地带，南东侧边界为龙蟠-乔后断裂和上三叠统(T_3)泥岩、砂岩，其北西边界为中三叠统(T_2^a)板岩夹灰岩，主要岩溶地层为中三叠统北衙组(T_2b)白云质灰岩、灰岩等，岩溶水系统边界走向与地层、断裂带走向基本一致(图 5-1)。该岩溶水系统分布面积约26km^2，地面高程2400～2700m。

在该岩溶槽谷内，大致在白汉场水库一带，为金沙江流域和澜沧江流域的地形分水岭，向两侧槽谷渐低，该岩溶水系统亦随之向两边排泄。由于白汉场—九河槽谷表层巨厚湖积相的隔水作用，无明显泉水点露头。在该系统西侧大厂村见裂隙泉水，流量约100L/s，排泄高程约2400m。

白汉场槽谷北西侧山坡上可见溶沟溶槽，但未发现较大岩溶洞穴。白汉场水库修建在槽谷内分水岭附近靠近剑川一侧，未发现水库有渗漏迹象。

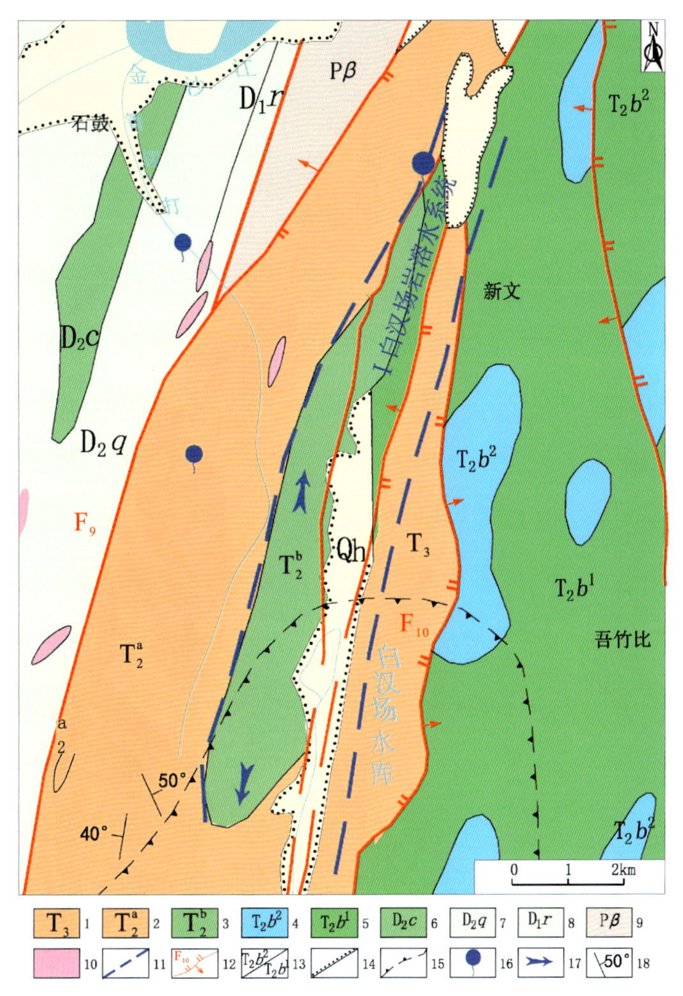

1. 上三叠统：泥岩、页岩、砂岩夹薄层灰岩；2. 中三叠统：片岩、板岩；3. 中三叠统：灰岩、白云质灰岩及白云岩；4. 北衙组上段：灰岩、白云质灰岩、白云岩；5. 北衙组下段：泥质灰岩、泥质条带灰岩夹砂岩等；6. 苍纳组：以灰岩为主；7. 穷错组：片岩及灰岩；8. 冉家湾组：片岩夹灰岩；9. 峨眉山玄武岩组；10. 侵入岩；11. 岩溶水系统边界；12. 逆断层及编号；13. 地层分界线；14. 第四系与基岩分界线；15. 地表分水岭；16. 泉点；17. 地下水大致流向；18. 岩层及产状。

图 5-1　白汉场岩溶水系统

白汉场水库边上的勘察钻孔 TSZK53 在孔深 370m（相应高程 2030m）附近揭示溶孔，泥质充填，规模不大。钻孔 XLZK4 揭示湖积堆积层 105.4m，下伏基岩为中三叠统北衙组（T_2b）灰质白云岩、角砾灰岩，溶蚀现象总体较弱，地下水位埋深为 38.5～39.7m。总体来看，白汉场岩溶水系统流域汇水面积小，地下水不太丰沛，岩溶发育强度较弱，深部仍有一定规模的岩溶洞穴发育。

二、拉什海岩溶水系统（Ⅱ）

1. 岩溶水系统概述

拉什海岩溶水系统位于金沙江和澜沧江流域分水岭——马耳山北东侧，其边界特征较明显，北侧毗邻金沙江，东侧为拉什盆地，西侧紧邻九河-白汉场槽谷，南侧边界自中螳螂，经汝寒坪、太安延伸至拉什盆地。在研究区范围内，分布面积约 158km²（图 5-2、图 5-3），地面高程 2600～3200m。

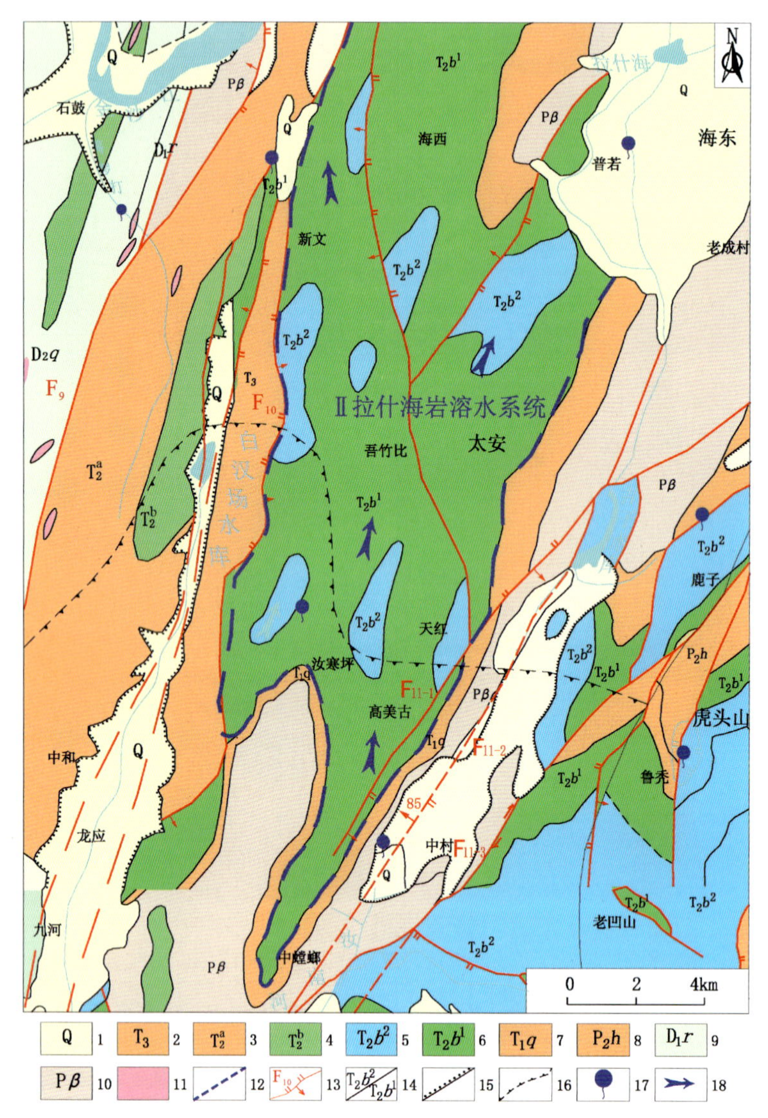

1.第四系覆盖层；2.上三叠统：泥岩、页岩、砂岩夹薄层灰岩；3.中三叠统：片岩、板岩；4.中三叠统：灰岩、白云质灰岩及白云岩；5.北衙组上段：灰岩、白云质灰岩、白云岩；6.北衙组下段：泥质灰岩、泥质条带灰岩夹砂岩等；7.青天堡组：泥岩及砂岩；8.黑泥哨组：砂岩、页岩夹灰岩及煤线；9.冉家湾组：片岩夹灰岩；10.峨眉山玄武岩组；11.侵入岩；12.岩溶水系统边界；13.逆断层及编号；14.地层分界线；15.第四系与基岩分界线；16.地表分水岭；17.泉点；18.地下水大致流向。

图 5-2　拉什海岩溶水系统平面图

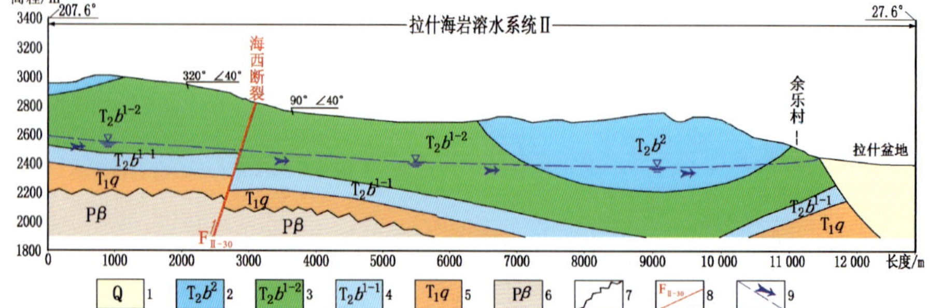

1.第四系覆盖层；2.北衙组上段：灰岩、白云质灰岩、白云岩；3.北衙组下段上部：泥质条带灰岩、泥质灰岩；4.北衙组下段下部：泥质灰岩与砂岩互层；5.青天堡组：泥岩及砂岩；6.玄武岩组；7.地层不整合界线；8.断裂及编号；9.地下水大致流向。

图 5-3　拉什海岩溶水系统概化剖面示意图

该岩溶水系统的主要岩溶地层为中三叠统北衙组下段(T_2b^1)泥质条带灰岩，少量为北衙组上段(T_2b^2)白云岩夹灰岩。非岩溶化地层为下三叠统青天堡组(T_1q)及二叠系玄武岩组($P\beta$)，是岩溶系统东侧与南侧的主要隔水边界，西侧隔水边界为龙蟠-乔后断裂和T_3砂岩、泥岩。

该区位于拉什海复向斜轴部，构造以褶皱为主，轴迹总体呈北北东向，主要表现为由两向斜夹一背斜的复式褶皱，这些褶皱都向拉什海方向倾伏，褶皱核部均为岩溶地层T_2b^1和T_2b^2。区内断裂构造发育相对较少，主要断裂有海西断裂($F_{Ⅱ-30}$)、古上都断裂($F_{Ⅱ-31}$)、丽江-剑川断裂西支(F_{11-1})。

主要岩溶迹象：在岩溶系统分布区地表落水洞非常发育，表现为成片的岩溶漏斗，伴随有岩溶洼地、坡立谷等。

主要排泄点：拉什海盆地因覆盖层厚度大，周边未见明显排泄点。系统北侧金沙江右岸见有较大岩溶泉——阿喜龙潭，流量约1200L/s(图5-4)。

图5-4　阿喜龙潭

2. 岩溶发育规律

1)岩溶形态与岩溶现象

该区地表碳酸盐岩分布较广，岩溶发育较强烈，主要发育于三叠系北衙组下段(T_2b^1)泥质条带灰岩中，岩溶形态类型主要有石芽、岩溶洼地、溶沟、溶槽、漏斗等地表岩溶形态以及落水洞等地下岩溶形态。

岩溶洼地：该区岩溶洼地较发育，主要岩溶洼地共7个，分布于老比落南、松子园、海西、海西南侧、干海子一带，多呈不规则椭圆状，是区内岩溶水的主要补给通道，分布高程2650～3000m，洼地面积一般0.02～0.7km^2，最大者约6km^2，主要发育于北衙组下段(T_2b^1)泥质条带灰岩中，相对较少发育于北衙组上段(T_2b^2)灰岩、白云岩中。

落水洞：研究区地表岩溶漏斗、落水洞十分发育，每平方千米分布1个至数十个，大致呈圆形或椭圆形、竖井状。落水洞一般直径10～20m，大者30～50m，可见深度一般为8～15m。岩溶漏斗直径一般15～30m，最大者约500m，深8～50m，分布高程为2700～3150m。落水洞、岩溶漏斗是区内岩溶水的主要补给通道。单个零星分布的落水洞一般规模较小(图5-5)，主要出露于北衙组下段(T_2b^1)泥质条带灰岩中，少量出露于北衙组上段(T_2b^2)灰岩、白云岩中。根据野外水文地质调查，研究区落水洞主要分布于太安乡至汝寒坪的雄厚山体上，发育于地下岩溶管道的上方，呈线状不等距排列，部分沿某一断裂呈串珠状展布(图5-6)。汝大美沟西北侧，发育两处规模较大的落水洞，直径近600m，深度约350m，坡面地表植被丰富，洞底植被较少，多杂草，有积水痕迹。

图 5-5　松子园单个落水洞

图 5-6　太安落水洞

2)构造对岩溶发育的控制作用

研究区位于拉什海复向斜轴部,该区褶皱对岩溶发育的控制较明显。褶皱对岩溶发育的影响主要表现在沿褶皱轴部或在褶皱转折端岩溶较发育。野外调查发现,呈串珠状或线性排列的岩溶塌坑、漏斗(落水洞)和大型岩溶洼地主要分布于复向斜的次级褶皱轴部。同时,褶皱对该区地下水运移具有较强的控制作用。该系统岩溶泉多分布于北侧金沙江右岸,此类岩溶泉系因金沙江下切至岩溶地下水位附近而出露,推测岩溶水系统中部有沿褶皱轴部分布的地下岩溶管道(地下水自南向北运移)。

该区断裂不甚发育,断裂对岩溶发育的控制作用不明显。但在断裂的交叉部位,发育最大规模的岩溶洼地(R30),分布面积约 6km²,其东西两侧边界为海西断裂($F_{Ⅱ-30}$)与古上都断裂($F_{Ⅱ-31}$)。

3. 岩溶地下水动力学特征

该区地表岩溶以小型洼地、漏斗、落水洞为主,岩溶地下水的补给方式以集中补给为主,地下水在空间上分布不均匀,并主要沿构造面(褶皱轴部或转折端)运移,在金沙江边出露地表。

1)补给区

该区地表(高美古、汝寒坪、天红、太安及吾竹比一带)岩溶发育,岩溶洼地、漏斗、落水洞密集,大气降水在地表汇集后,经地形低洼的岩溶洼地或谷地底部落水洞集中补给地下岩溶含水层,这是本区地下水最主要的补给方式。该区地表河流、沟谷不发育,局部见地表水,集中补给水源源自碳酸盐岩分布区。一般仅在雨季有明流水补给地下,而枯水季节多断流。

该区除了集中补给外,还存在分散补给和越流补给。地表(如汝寒坪一带)分布众多的溶蚀裂隙、溶沟、石芽、岩溶塌坑、漏斗等,大气降水通过溶蚀裂隙、孔洞、塌陷坑等直接渗入含水层,或暴雨时在地表形成短距离的坡面流,于地形低洼的岩溶塌陷坑或漏斗底部的渗漏通道等进入地下岩溶含水层。越流补给主要表现在系统内岩溶地下水通过第四系孔隙含水介质补给拉什盆地地下水系统。

2)径流区

该区地下水运移主要受褶皱(拉什海复向斜)控制,受系统中部隐伏背斜的分割。该系统岩溶地下水径流存在以下两种方式:①地表水、地下水总体自北向南、自南向北沿向斜核部径流,在复向斜鞍部(吾竹比、太安、海西附近)汇集后继续沿海西向斜核部向北径流,在石鼓北东的铺子村附近受金沙江河谷下切,以管道—岩溶裂隙方式出露地表。该系统补给区与排泄区地形高差达 1000m 以上,岩溶地下水垂直下渗的深度大,具有浅部和深部循环两种运移方式。②受系统东侧的次级向斜控制影响,局部地段的岩溶地下水有可能沿深部岩溶通道流向东侧拉什盆地。

3)排泄区

因该系统北侧金沙江下切至该岩溶地下水位附近，故该区范围内大规模排泄泉点均在金沙江右岸出露。金沙江右岸的阿喜龙潭为该区出露的最大排泄泉点，高程约2000m，流量约1200L/s。目前金沙江边出露的泉点流量有减小趋势，此迹象与金沙江下切并袭夺岩溶地下水有关。此外，虽然在拉什盆地周边未见明显排泄点，但由于拉什盆地覆盖层深厚，勘探揭露拉什海覆盖层中地下水具有承压性质，说明有岩溶地下水的补给。综上所述，该区岩溶地下水除了向金沙江排泄外，还有部分排泄至拉什盆地，排泄高程一般2100～2440m，总流量约1207L/s。

三、文笔海岩溶水系统(Ⅲ)

文笔海位于丽江盆地西南侧文笔山山脚，是盆地内的最大地表水体，其补给源为山边岩溶泉水。

该岩溶水系统大致呈北东向，西侧、南西侧分别以下三叠统砂泥岩和二叠系玄武岩为界，东南部在吉罗洼地东侧与鹤庆西山岩溶水系统Ⅳ-1子系统分界(图5-7)，平面面积约34km²，地面高程2400～3500m。主要岩溶地层为北衙组(T_2b)灰岩、白云岩等。

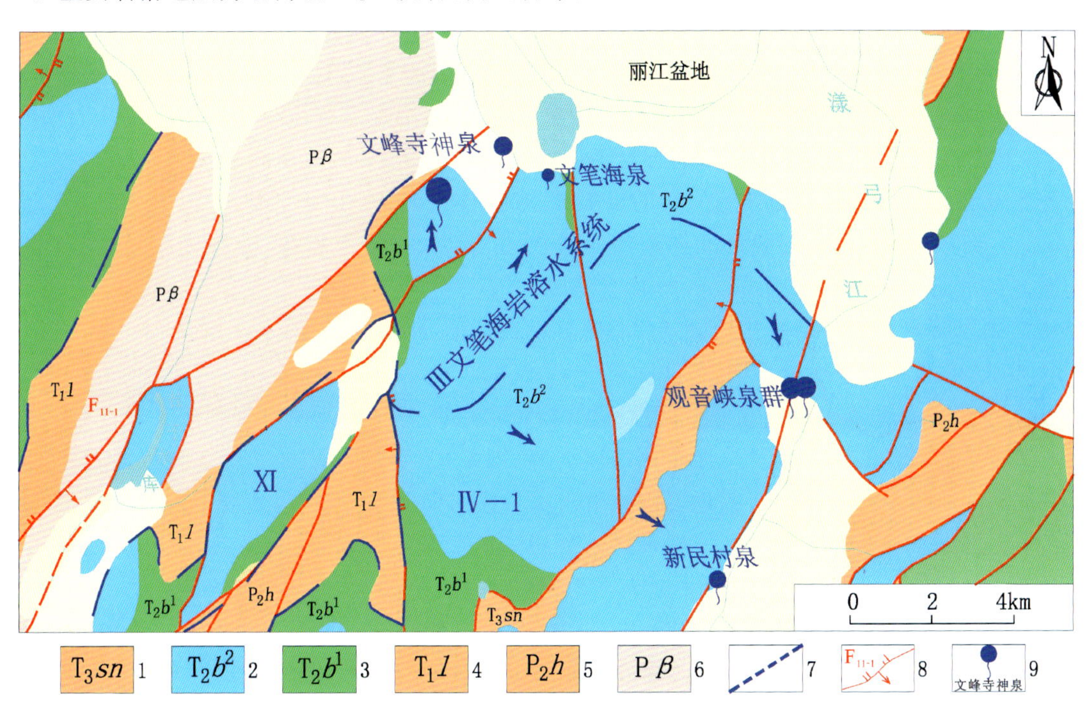

1. 松桂组：泥岩、砂岩、页岩夹煤线；2. 北衙组上段：灰岩、白云质灰岩、白云岩；3. 北衙组下段：泥质条带灰岩、泥质灰岩夹砂岩等；4. 腊美组：泥岩、砂岩等；5. 黑泥哨组：砂岩、页岩夹灰岩及煤线；6. 玄武岩组；7. 岩溶水系统界线；8. 逆断层及编号；9. 泉点及名称。

图5-7　文笔海岩溶水系统平面图

该岩溶水系统地表岩溶发育，吉罗一带见有溶蚀洼地、落水洞分布。排泄泉多沿丽江-剑川断裂出露，地下水向文笔海排泄。

主要排泄泉点为文笔海边的W95、W97(文峰寺神泉)，流量分别为100L/s、300～500L/s，排泄高程分别约为2400m、2714m。

四、鹤庆西山岩溶水系统(Ⅳ)与清水江-剑川岩溶水系统(Ⅴ)

鹤庆西山岩溶水系统(Ⅳ)与清水江-剑川岩溶水系统(Ⅴ)是在马耳山东、西方向上以鹤庆西山和剑川东山的地下分水岭为界,划分出的两个岩溶水系统。它们没有绝对的隔水边界,岩溶地层均为北衙组地层,补给、径流、排泄条件类似。

1.岩溶水系统概述

马耳山是金沙江与澜沧江的地形分水岭,西侧剑川盆地属澜沧江流域的黑惠江水系,东侧的鹤庆盆地属金沙江流域的漾弓江水系。两侧盆地边缘均出露大量岩溶泉点,是当地生产、生活最主要的水源(长江勘测规划设计研究院有限责任公司,2018)。鹤庆西山、剑川东山的地下水分水岭与地形分水岭大致一致。以地下分水岭为界,可把鹤庆西山和剑川东山划分为两个岩溶水系统,即东边为鹤庆西山岩溶水系统、西边为清水江-剑川岩溶水系统(图 5-8)。

鹤庆西山岩溶水系统西北侧大致以地下水分水岭为界,南侧主要以 T_3 砂泥岩为界。鹤庆西山岩溶地下水系统的分布面积约 355km^2,地面高程一般 2200~3500m,主要排泄点为鹤庆盆地西缘的岩溶泉(主要有观音峡泉群、大龙潭、小龙潭、黑龙潭、白龙潭、西龙潭、黄龙潭、锰矿沟黑龙潭、小白龙潭、羊龙潭等),排泄高程 2200~2318m,总流量 6280L/s。清水江-剑川岩溶水系统位于鹤庆西山南北向山岭的剑川一侧,其南北向界线主要以非岩溶化地层为界,分布面积约 138km^2,地面高程 2200~3600m,主要排泄点为清水江流域泉及剑川盆地东缘一线的岩溶泉(水鼓楼龙潭、东山寺龙潭、各门江龙潭等),总流量 3.2m^3/s。主要岩溶地层为中三叠统北衙组白云质灰岩、灰岩、条带灰岩等,分布较广泛。非岩溶化地层为三叠系砂泥岩和侵入岩脉。

鹤庆西山岩溶水系统按岩溶化地层条块将该岩溶系统细分为 6 个岩溶水子系统。

1)鲁秃-仕庄龙潭岩溶水子系统(Ⅳ-1)

Ⅳ-1 子系统分布于鹤庆盆地北部(草海以北)的西山,呈北东—东西向不规则条带状。系统北西侧以 T_1、P_2 砂泥岩分隔,北侧以吉罗洼地东侧山体为界(图 5-9),西侧位于沙子坪洼地以西,平面面积约 213km^2,地面高程 2200~3500m。盆地西山坡脚出露一系列泉水,从北至南主要有观音峡泉群、仕庄龙潭、新民村泉、大龙潭、小龙潭、黑龙潭(图 5-10),高程一般 2210~2250m,枯季泉水总流量约3.5m^3/s,雨季总流量为 8~9m^3/s。

该岩溶水子系统的岩溶化地层为 T_2b^2、$T_2b^{1\text{-}2}$ 灰岩、白云岩,沿金棉-七河断裂有中窝组灰岩和泥质灰岩出露,岩溶发育,地表岩溶形态多样,遍布大型洼地和落水洞,主要洼地有鲁秃、寒敬落—田房、放牛坪、沙子坪等,大的溶洞主要有小龙潭西边山坡的清玄洞(图 5-11),洞口高程 2256m,呈北北西向水平延伸,长约 400m,可见直径 5~10m,洞顶零星滴水,洞底为黏土,潮湿。

2)黑龙潭-白龙潭岩溶水子系统(Ⅳ-2)

Ⅳ-2 子系统位于白龙潭以西,呈近东西向条带状,南北两侧均被断层和非岩溶化的 T_3sn、T_1 砂泥岩(但地表分布不连续)分隔,西侧为下马塘洼地以西山岭,平面面积约 27km^2,地面高程 2200~3400m。地下水从西至东向鹤庆盆地排泄,排泄点主要为盆地西山坡脚的白龙潭(图 5-12),高程约 2200m,流量约 0.3m^3/s。

该岩溶子系统的岩溶化地层为 T_2b^2、T_2b^1 灰岩、白云岩(图 5-13),岩溶发育,地表岩溶形态多样,大的溶洞主要为河头村附近的白岩角溶洞(图 5-14),洞口高程 2209m,总体呈近南北向水平延伸,长约 180m,可见直径 3~5m,无地下水活动痕迹。

图 5-8　鹤庆西山与清水江-剑川岩溶水系统平面图

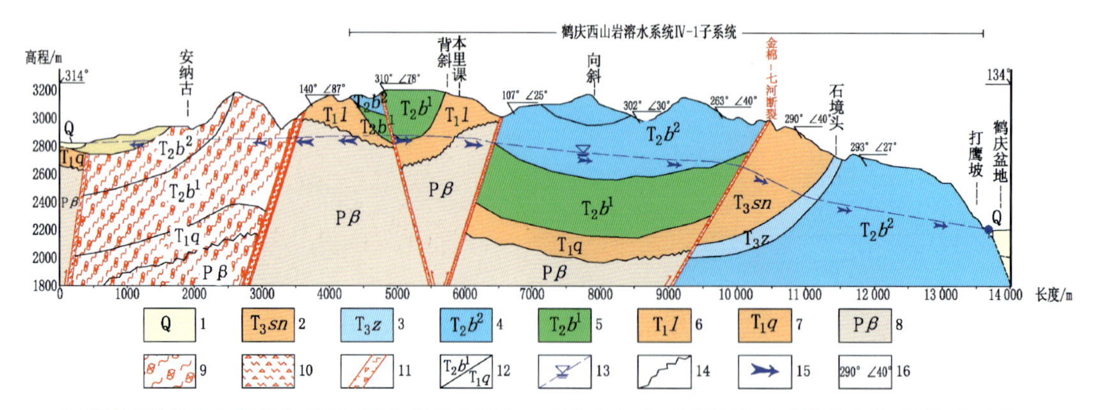

1.第四系覆盖层；2.松桂组：砂岩、泥岩、页岩夹煤线；3.中窝组：灰岩、泥质灰岩；4.北衙组上段：灰岩、白云质灰岩、白云岩；5.北衙组下段：泥质条带灰岩、泥质灰岩夹砂岩等；6.腊美组：泥岩、砂岩等；7.青天堡组：泥岩及砂岩；8.玄武岩组；9.断层影响带；10.断层构造岩；11.断层主断带；12.地层分界线；13.地下水位线；14.地层不整合界线；15.地下水大致流向；16.岩层产状。

图 5-9　鹤庆西山岩溶水系统Ⅳ-1子系统概化剖面示意图

图 5-10　黑龙潭

图 5-11　清玄洞

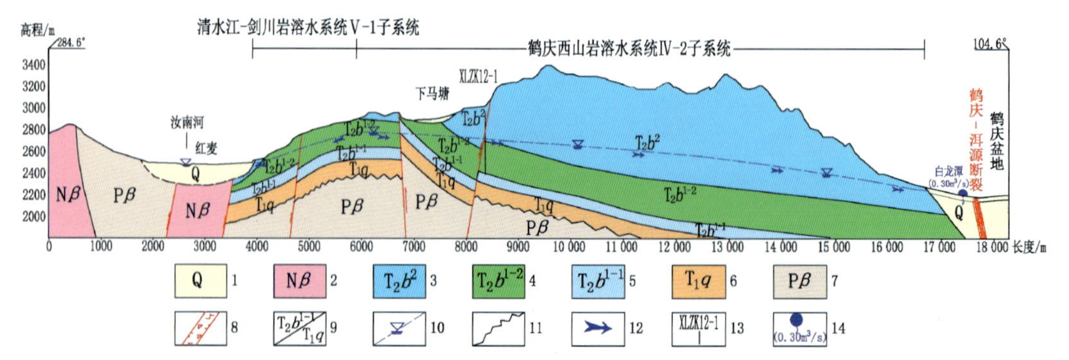

1.第四系覆盖层；2.侵入岩；3.北衙组上段：灰岩、白云质灰岩、白云岩；4.北衙组下段上部：泥质条带灰岩、泥质灰岩；5.北衙组下段下部：泥质灰岩与砂岩等互层；6.青天堡组：泥岩及砂岩；7.玄武岩组；8.断层主断带；9.地层分界线；10.地下水位线；11.地层不整合界线；12.地下水大致流向；13.钻孔及编号；14.泉点及流量。

图 5-12　鹤庆西山岩溶水系统Ⅳ-2子系统概化剖面示意图

图 5-13　白龙潭

图 5-14　白岩角溶洞

3)西龙潭岩溶水子系统(Ⅳ-3)

Ⅳ-3 子系统位于西龙潭以西，呈近东西向条带状，南北两侧均被断层和非岩溶化的 T_1 砂泥岩及侵入岩分隔(图 5-15)，南侧 T_1、$N\beta$ 连续，沿断层展布，西侧为地形分水岭，平面面积约 16km²，地面高程 2200～3300m。该子系统的岩溶化地层为 T_2b^2、T_2b^1 灰岩、白云岩，岩溶发育，地表岩溶形态多样，区内分布有溶蚀洼地、谷地、岩溶峡谷等。地下水从西至东向鹤庆盆地排泄。排泄点主要为盆地西山坡脚的西龙潭(图 5-16)，高程约 2220m，流量约 0.35m³/s。

图 5-15　T_1 砂泥岩与 T_2b 灰岩的分界

图 5-16　西龙潭

4)黄龙潭岩溶水子系统(Ⅳ-4)

Ⅳ-4 子系统位于黄龙潭以西，呈近东西向条带状，南北两侧均被断层和非岩溶化的 T_1 砂泥岩及侵入岩分隔，西侧为地形分水岭，平面面积约 15km²，地面高程 2200～3200m。该子系统的岩溶化地层为 T_2b^2、T_2b^1 灰岩、白云岩，岩溶发育，地表岩溶形态多样，区内分布有溶蚀洼地、谷地、岩溶峡谷和陡壁，地下水从西至东向鹤庆盆地排泄，排泄点主要为盆地西山坡脚的黄龙潭，高程约 2210m，流量约 0.1m³/s。

5)马厂-锰矿沟黑龙潭岩溶水子系统(Ⅳ-5)

Ⅳ-5 子系统位于东甸、马厂东山及大庆村一带，南北侧被断层切割，边界为 T_3、T_1 非岩溶化地层，西侧为地形分水岭，平面面积约 57km²，地面高程 2200～3500m(图 5-17)。岩溶化地层为 T_2b^2、T_2b^1，地表岩溶发育，落水洞及岩溶洼地遍布，地下水自西向东排泄于锰矿沟，后汇集于洗马池(图 5-18)，形成了马厂—洗马池大型岩溶管道系统。主要排泄点为锰矿沟黑龙潭，高程约 2318m，流量约 1m³/s。

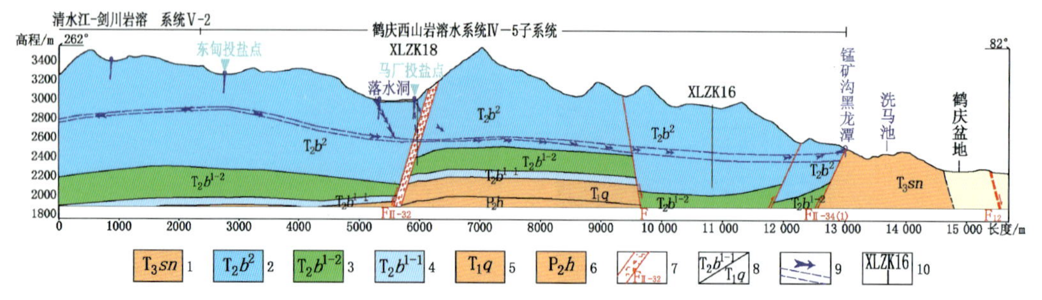

1. 松桂组：泥岩、砂岩、页岩夹煤线；2. 北衙组上段：灰岩、白云质灰岩、白云岩；3. 北衙组下段上部：泥质条带灰岩、泥质灰岩；4. 北衙组下段下部：泥质灰岩与砂岩等互层；5. 青天堡组：泥岩及砂岩；6. 黑泥哨组：砂岩、页岩夹灰岩及煤线；7. 断裂破碎带及编号；8. 地层分界线；9. 地下水大致流向；10. 钻孔及编号。

图 5-17　鹤庆西山岩溶水系统Ⅳ-5子系统概化剖面示意图

图 5-18　洗马池

6）蝙蝠洞岩溶水子系统（Ⅳ-6）

Ⅳ-6子系统位于鹤庆盆地南端羊龙潭、蝙蝠洞以西，西北侧为非岩溶化的 T_3sn 砂泥岩，南东侧为鹤庆-洱源断裂及 T_3sn。该子系统呈北东向条带状，平面面积约 27km²，地面高程 2200～3300m，岩溶化地层为 T_2b^2、T_2b^{1-2}、T_3z 灰岩、白云岩、泥质灰岩（图 5-19），地表溶沟、溶槽发育，但大的溶蚀洼地和落水洞发育较少，地下水自南西向北东方向运移至鹤庆盆地边缘，主要排泄点为小白龙潭、羊龙潭（图 5-20）和蝙蝠洞，排泄高程一般 2230～2285m，排泄流量约 0.93m³/s。

该系统内还分布一温泉（温水龙潭），流量 151.6L/s，温度 28℃，为沿鹤庆-洱源断裂（F_{12}）运移的深层地下水。

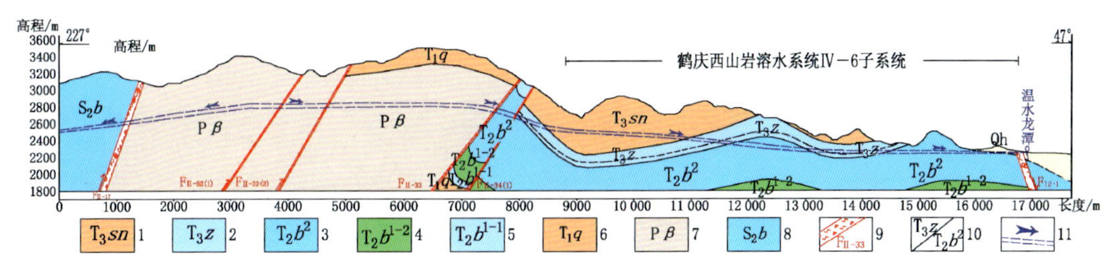

1. 松桂组:泥岩、砂岩、页岩夹煤线;2. 中窝组:灰岩、泥质灰岩;3. 北衙组上段:灰岩、白云质灰岩、白云岩;4. 北衙组下段上部:泥质条带灰岩、泥质灰岩;5. 北衙组下段下部:泥质灰岩与砂岩等互层;6. 青天堡组:泥岩及砂岩;7. 玄武岩组;8. 宾川组:泥灰岩及生物灰岩、灰岩;9. 断裂破碎带及编号;10. 地层分界线;11. 地下水大致流向。

图 5-19 鹤庆西山岩溶水系统Ⅳ-6 子系统概化剖面示意图

图 5-20 羊龙潭

清水江-剑川岩溶水系统,根据排泄点位置的不同,分为两个子系统。

1)清水江岩溶水子系统(Ⅴ-1)

该岩溶水子系统因东西向压性断层和下三叠统砂泥岩隔水层及侵入岩的分隔,呈 4 个条块区域,平面面积 53km²,地面高程 2600~3000m。岩溶化地层为 T_2b^{1-2}、T_2b^2 灰岩、白云质灰岩、白云岩和泥质灰岩,分布于不完整的吉子背斜两翼。地下水总体自东向西径流,主要排泄点为清水江村泉(Wq2)(图 5-21),排泄高程 2720m,总排泄流量约 600L/s。

2)剑川东岩溶水子系统(Ⅴ-2)

该岩溶水子系统北侧和南侧隔水边界分别为下三叠统砂泥岩和二叠系玄武岩地层。东侧以地下分水岭为界,西部为剑川盆地,平面面积 85km²,地面高程 2200~3600m。岩溶化地层主要为 T_2b 和 D_1q 灰岩、白云质灰岩、白云岩、条带灰岩等(图 5-22),岩溶发育较强烈,表现为岩溶斜坡沟谷(剑川东山坡)和平缓起伏的溶蚀丘峰、丘岗和宽缓的溶蚀浅洼地或谷地(剑川东山顶)。地下水自东向西运移至剑川盆地,主要排泄点为水鼓楼龙潭(Wq50,图 5-23)、东山寺龙潭(Wq51)及各门江龙潭(Wq52)。排泄高程一般 2240m,总排泄流量约 2.6m³/s。另外,在剑湖湖心可见一涌泉(Wq185),流量约 0.5m³/s。这些泉点是当地生产生活的主要水源。

图 5-21　清水江村泉

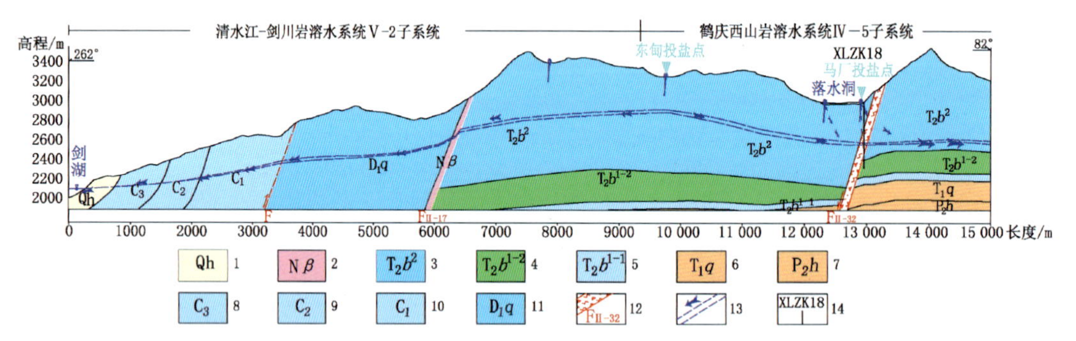

1. 第四系覆盖层；2. 侵入岩；3. 北衙组上段：灰岩、白云质灰岩、白云岩；4. 北衙组下段上部：泥质条带灰岩、泥质灰岩；5. 北衙组下段下部：泥质灰岩与砂岩等互层；6. 青天堡组：泥岩及砂岩；7. 黑泥哨组：页岩及砂岩夹灰岩及煤线；8. 灰岩夹少量生物灰岩；9. 灰岩夹鲕状灰岩；10. 灰岩夹生物碎屑灰岩及鲕状灰岩等；11. 青山组：条带状灰岩及灰岩；12. 断层破碎带及编号；13. 地下水径流方向；14. 钻孔及编号。

图 5-22　清水江-剑川岩溶水系统Ⅴ-2 剑川东山子系统概化剖面示意图

图 5-23　水鼓楼龙潭

2. 岩溶发育规律

1)岩溶形态与岩溶现象

研究区地表碳酸盐岩分布较广,地表岩溶发育较强烈,主要发育于三叠系北衙组灰岩、白云岩、泥盆系青山组灰岩等,主要岩溶形态类型有石峰(丘)、石林、石芽、溶蚀洼地、溶沟、溶槽、漏斗和槽谷等地表岩溶形态,以及落水洞、溶洞、地下管道系统等地下岩溶形态。特别是在强岩溶化地层北衙组灰岩中该类岩溶形态发育较为齐全。

(1)溶蚀剥夷面。

研究区由于新构造运动强烈,发育有多级剥夷面,昭示岩溶发育的阶段性。工程沿线主要分布有三级剥夷面(高程分别为 3100～3400m、2800～3000m、2500～2700m)。

(2)岩溶洼地。

研究区岩溶洼地发育,洼地形态多样,每平方千米有 1 个至数个。洼地底部多发育落水洞或漏斗,大致呈圆形或椭圆形、竖井状,是区内岩溶水的主要补给通道。它们主要呈线状分布于鹤庆西山汝南河以南,安乐坝—黄蜂厂—大马厂西侧一带,包括马厂洼地、下马塘洼地、沙子坪洼地、寒敬落一田房、安乐坝等典型洼地,主要分布高程 2700～3300m,洼地面积大者一般 1～5km^2,小者 0.03～0.8km^2,主要位于北衙组上段(T_2b^2)灰岩、白云岩中,少量位于北衙组下段(T_2b^1)泥质条带灰岩中。

(3)落水洞。

研究区地表岩溶漏斗、落水洞发育,每平方千米有 1 个至数十个,大致呈圆形或椭圆形、竖井状,落水洞直径一般 1～5m,大者 10～15m,可见深 10～30m,漏斗直径一般 30～200m,深 5～30m,分布高程主要为 2700～3100m。大型落水洞整体呈北东向,直径大于 50m 的落水洞有十几处之多。马厂东山可见 2 处大型落水洞,洞顶可见角砾岩夹泥,胶结较强;上有竖直向溶蚀孔洞,内充填砾岩及红土,已胶结,自坡顶渗水，在洞顶冻成冰锥。

(4)水平溶洞和暗河。

研究区地表水平岩溶洞穴不发育，分布无明显规律，且规模不大，洞径一般2～5m，深度一般不详。洞口主要呈圆形，多为干洞，部分洞内常年有流水(生活饮用水)，分布高程2000～2200m，主要分布于鹤庆西山、剑川东山周边，较典型的岩溶洞穴有鹤庆西山的清玄洞、白岩角洞、秀水山庄洞。

(5)温(热)水岩溶泉。

研究区仅发现1处温泉(温水龙潭)，位于鹤庆盆地南端西部(化龙村)边缘基岩与第四系的接触部位。据物探资料，深部可能有一条南北向的大断裂切割东西向断裂，导致温泉在此出露。温泉出露在北衙组灰岩、白云质灰岩中，泉出口处高程2229m，泉以上升泉形式呈片状涌出地表，并向上冒泡，流量151.6L/s，水温28℃，无色、有H_2S臭味、透明，见有少量黑色沉淀物。

2)区域断块差异运动对岩溶发育的控制作用

新构造活动以来，马耳山隆起，鹤庆槽谷产生断陷，并逐步堆积500～1000m巨厚堆积物。该堆积物多由淤积层、黏土或半成岩粉细砂组成，为相对隔水层，其底界面甚至比区域侵蚀基准面金沙江还低。受深槽式隔水堆积槽谷的切割，本区域地下水不具备向远处金沙江排泄的深层循环，即不存在由金沙江控制的岩溶发育。

通过分析鹤庆断陷堆积槽谷的演化，认为新构造运动以来，断陷与堆积过程基本同步。也就是在某一时期内，槽谷产生的下陷量与山间湖盆堆积的厚度相当。在此过程中，槽谷的高程大致保持不变。

因此，本区地下水循环和岩溶发育深度受控于槽谷边缘现今地下水排泄基准面。

3)断裂构造对岩溶发育的控制作用

断裂带岩石破碎，为地表水、地下水的溶蚀作用提供了良好的条件，是水—岩交互作用的良好场所，造成沿断层带岩溶更为发育，多形成断层溶蚀或侵蚀溶蚀谷地。

研究区地质构造极为复杂，近东西向断裂极为发育，包括金棉-七河断裂、水井村断裂、石灰窑断裂、汝南哨断裂、马厂断裂、青石崖断裂等。这些断裂近平行展布，倾向北，断裂长度一般10～15km，断裂倾角50°～80°，为压性逆冲断裂。断裂破碎带宽度一般2～10m，带内构造岩多为断层角砾岩，上盘岩层受挤压、揉皱及拖拽现象明显，岩体较破碎。鹤庆盆地西缘各断裂带上盘分布有一系列的泉水，说明各断裂带沿其走向具有较强的导(透)水性。断层上盘T_1q砂泥岩的阻水作用明显，把研究区岩溶化地层分隔成多个岩溶断块，各断块之间相互独立，岩溶水文联系不明显。另外，压性或压扭性断裂一侧或两侧，岩溶漏斗、洼地等呈串珠状分布，地下河发育。

研究区近南北向断裂包括清水江-黄蜂厂、黑泥哨-下马塘等张性断裂，具有正断层性质，倾向西，规模一般较大，长度10～15km，卫星影像上有明显显示，对岩溶地貌有部分的控制作用。例如，黑泥哨-下马塘断裂西侧山地平均海拔低于东侧，垂直断裂方向形成台坎地貌，岩溶发育强烈，通常形成典型的岩溶负地形。沿断裂发育有沙子坪、下马塘、马厂—黑泥哨等岩溶洼地，此类洼地规模一般较大，通常底部平缓，发育有筛珠状塌坑或漏斗及1个或多个落水洞。

4)可溶岩与隔水岩组界面附近岩溶发育

研究区可溶岩与非可溶岩接触界面附近，不仅是软硬岩性界面，而且也是水-岩交互作用强烈的地区，尤其是在可溶岩与非可溶岩断层接触界面附近，由于岩体破碎，水-岩交互作用尤其活跃，是岩溶作用发育的最佳场所，通常发育侵蚀—溶蚀谷地，在岩溶学中称为"岩溶边缘谷地"。边缘谷地地貌形态上表现为沿岩性接触界面形成的长条形负地形，在非可溶岩一侧地形平缓，而在可溶岩一侧通常地形陡峻，多有陡崖，并发育有落水洞。谷地中有来源于碎屑岩山区的沟溪汇入并通过落水洞集中补给岩溶含水层，是本地区地表水—地下水的主要转换形式或者说是地表水补给地下水的主要方式，地下水运移管道(地下河或地下水集中径流带)也通常沿此岩性接触界面或附近地区发育。研究区中此类岩溶空间发育,分布规律的有千里居—春山坡北岩溶边缘谷地、马厂东面的东甸边缘谷地、马厂堆煤场谷地、田房谷地、寒敬落谷地等。在千里居—春山坡北岩溶边缘谷地接触界面靠近岩溶区一边还形成串珠状岩溶洼地或塌坑。

沿可溶岩与非可溶岩接触界面发育的另一种比较普遍的岩溶现象是岩溶泉、地下河或溶洞。研究区大多数东西向断裂在鹤庆盆地边缘均有岩溶泉和地下暗河发育。

5)地下分水岭地带岩溶相对不发育,随埋深加大岩溶逐步减弱

受地下水循环的水动力条件控制,在分水岭地带岩溶相对不发育,随着埋深的加大,岩溶逐步减弱,这是岩溶发育的一般规律。研究区(鹤庆西山)南北向分布有金沙江和黑惠江流域地下分水岭,分水岭地带岩溶不发育,通过深孔钻探得到了充分证明。

3. 岩溶地下水动力学特征

岩溶水循环包括岩溶地下水补给、径流、赋存和排泄的整个过程。研究区地表岩溶以大型溶蚀洼地、漏斗、落水洞为主,岩溶地下水的补给方式以集中补给为主,地下水在空间上分布不均匀,并主要沿构造面(断层或破碎带、褶皱轴部或转折端)运移,在盆地边缘或沟谷中出露地表,泉水的水文动态变化大。

1)补给区

研究区的岩溶水补给主要为大气降水,以集中补给为主要方式。

研究区内岩溶发育,洼地、落水洞密集,鹤庆西山北衙组地表大型岩溶洼地、谷地和落水洞星罗棋布,每平方千米有数个至数十个。大气降水在地表汇集形成季节性或永久性地表沟谷,经地形低洼的岩溶洼地或谷地底部落水洞集中补给地下岩溶含水层,或地表河流在岩溶发育强烈的岩溶区段通过河床渗漏的方式线状补给地下水,这在整个研究区均十分普遍,也是本区地下水最主要的补给方式。集中补给主要分布在鹤庆与剑川、丽江三县(市)交界的岩溶山区地表分水岭地带,一般在大型溶蚀洼地、谷地的底部,均存在地表水集中补给,集中补给区主要有寒敬落集中补给区、沙子坪集中补给区、下马塘集中补给区、安乐坝集中补给区、马厂集中补给区等。典型的如马厂大型洼地底部位于大马厂与小马厂之间、公路两边的多个落水洞,雨季渗漏量达100L/s以上。安乐坝-大塘子大型溶蚀洼地底部存在两条常年地下河,地表水通过西北、北部和南部的多个落水洞渗入地下,补给地下含水层。此外,石灰窑、下马塘、沙子坪、田房、鲁秃一带的大型岩溶洼地或溶蚀谷地、边缘谷地均存在这种地下水的补给方式。

需要指出的是,上述许多集中补给的地表水发源于非碳酸盐岩分布区。如马厂落水洞集中补给的地表水源自马厂南部的T_1碎屑岩和P_2h煤系地层;寒敬落南部落水洞地表水源自东部的T_3sn的碎屑岩分布区(小泉水)。这些地表水水量相对稳定,其水化学性质处于不饱和状态,溶蚀能力强,一般在进入碳酸盐岩与碎屑岩接触界面处或附近进入含水层后,对岩溶发育影响较大;而集中补给水源源自碳酸盐岩分布区的,一般仅在雨季有明流水补给地下,而枯水季节多断流,典型的如下马塘、沙子坪落水洞。

研究区除了集中补给外,还存在分散补给和越流补给,分散补给存在于鹤庆西山和剑川东山岩溶区,地表分布众多的溶蚀裂隙、溶孔、溶沟、石芽、岩溶塌坑、漏斗等,大气降水通过溶蚀裂隙、孔洞、塌陷坑等直接入渗进入含水层,或暴雨时在地表形成短距离的坡面流,于地形低洼的岩溶塌陷坑或漏斗底部渗漏通道等进入地下岩溶含水层,成为本区典型的岩溶水补给方式之一;越流补给典型的有鹤庆西山、剑川东山,其岩溶地下水通过第四系孔隙含水介质补给鹤庆盆地、剑川盆地地下水系统,以及马厂煤矿黑泥哨电站泉通过银河在河底村一带入渗补给羊龙潭一带的地下含水层。

2)径流区

鹤庆-剑川一带地形整体以沿线峰顶组成的马耳山山脉主山脊为界,中间高,东、西两边低,研究区

地下水自鹤庆—剑川之间的地下分水岭向东侧径流，并在鹤庆盆地边缘的岩溶大泉组成了排泄区。鹤庆西山构造以断裂为主，近东西向的断裂将区内岩溶化岩层分隔成多个独立的岩溶水系统，各条块间以断层和非岩溶化的 T_1 砂泥岩或侵入岩分隔，使得岩溶化地层的条块之间的水力联系变弱，钻孔地下水位显示，各个不同岩溶水子系统中地下水水位相差大。岩溶发育的方向性十分明显，均为近东西向。地下水运移主要受构造控制，尤其沿断层或破碎带、岩性接触界面径流，规律性十分明显。

根据研究区钻孔地下水位高程和其对应排泄区的水位高程或径流方向上的地下水位高程，统计了研究区地下水的水力坡度。统计成果显示，研究区地下水水力坡度较小，一般 1.13%～4.09%，最大为6.79%。总体来说，研究区岩溶发育地层中，由溶隙、溶孔、溶洞等构成的地下水径流通道发达，渗透性好，水力坡度小，地下水径流速度快，岩溶水循环周期短。鹤庆西山一带以北东向断裂为主体构造，伴有近东西向断层，造成区内断层、节理及其发育，岩溶作用多对构造裂隙改造且扩大，构成溶隙网络径流系统发达，部分部位可能存在有汇流作用的岩溶管道，含水介质以岩溶管道为主，地下水径流通畅，水动力条件好。典型的有马厂-鹤庆盆地（锰矿沟黑龙潭）岩溶管道、沙子坪-鹤庆盆地（黑龙潭）岩溶管道、大塘子-清水江岩溶管道、东甸-剑川盆地（东山寺龙潭）岩溶管道。

3）排泄区

鹤庆西山岩溶水系统地下水排泄主要以岩溶大泉（下降泉、上升泉、温泉）、泉群或地下暗河的方式排出地表。区内地下水出露点高程受区域地下水侵蚀基准面的控制，以在盆地边缘排泄最为常见，鹤庆盆地排泄高程一般 2210～2250m，泉水总流量约 6280L/s；清水江—剑川岩溶水系统排泄区主要分布于剑川盆地边缘、清水江—汝南河谷一带，其中，剑川盆地主要沿剑川东山山脚分布一系列岩溶泉和地下暗河，排泄高程 2200m 左右，总流量约 2983L/s。清水江—汝南河谷岩溶地下水出露高程为 2479～2783m，主要受汝南河和清水江局部排泄基准面的控制，总流量约 797L/s。

五、鹤庆东山岩溶水系统（Ⅵ）

鹤庆东山岩溶水系统分布在鹤庆盆地东侧东山区域，呈南北向长条形，北侧和南侧的隔水边界为 T_1、T_3 的泥岩、页岩等，东侧大体以地表分水岭为界（图 5-24）。岩溶地层为古近系石灰质角砾岩，地层走向大体和岩溶水系统东侧地表分水岭一致。鹤庆东山岩溶水系统的分布面积约 $69km^2$，地面高程 2200～2800m。

该岩溶水系统地表岩溶中等发育，赋存岩溶裂隙水，分水岭地带发育有较多的岩溶漏斗、落水洞，在侵蚀基准面附近发育有小型溶洞及溶孔，在缓坡地带发育有溶沟及石芽等。

主要排泄点是在鹤庆盆地东侧边缘的泉水，高程 2240m 左右，大泉流量一般 27～54L/s，最大约216L/s，总流量 361L/s，泉水最终排入漾弓江。

六、三河岩溶水系统（Ⅶ）

三河岩溶水系统分布于白汉场-剑川槽谷西侧，沿三河两岸展布（图 5-25）。该系统分布区主要为古近系丽江组（E*l*）地层，中上部为砂岩、泥岩夹砾岩，见灰岩夹层，下部为石灰质角砾岩。三河以北发育有较多的漏斗、落水洞，在侵蚀基准面附近发育有小型溶洞及溶孔，在缓坡地带发育有溶沟及石芽等，三河以南被新近系砂泥岩覆盖。三河岩溶水系统分布面积约 $100km^2$，地面高程 2700～2900m。

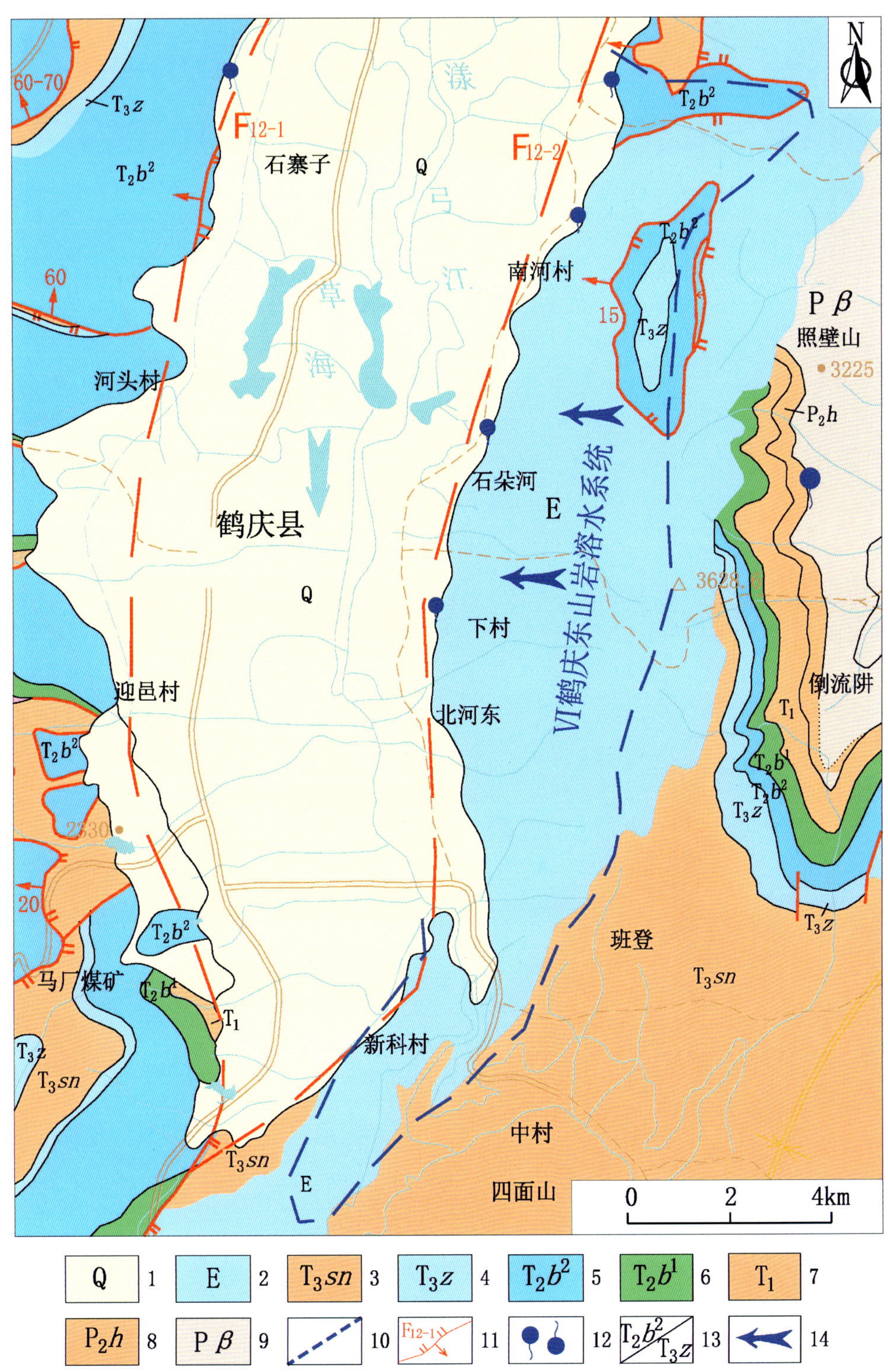

1. 第四系覆盖层；2. 石灰质角砾岩；3. 松桂组：砂岩、泥岩、页岩夹煤线；4. 中窝组：灰岩、泥质灰岩；5. 北衙组上段：灰岩、白云质灰岩、白云岩；6. 北衙组下段：泥质灰岩、泥质条带灰岩夹砂岩等；7. 泥岩、页岩及砂岩；8. 黑泥哨组：砂岩、页岩夹灰岩及煤线；9. 玄武岩组；10. 岩溶水系统界线；11. 逆断层及编号；12. 左为下降泉，右为上升泉；13. 地层分界线；14. 地下水大致流向。

图 5-24　鹤庆东山岩溶水系统平面图

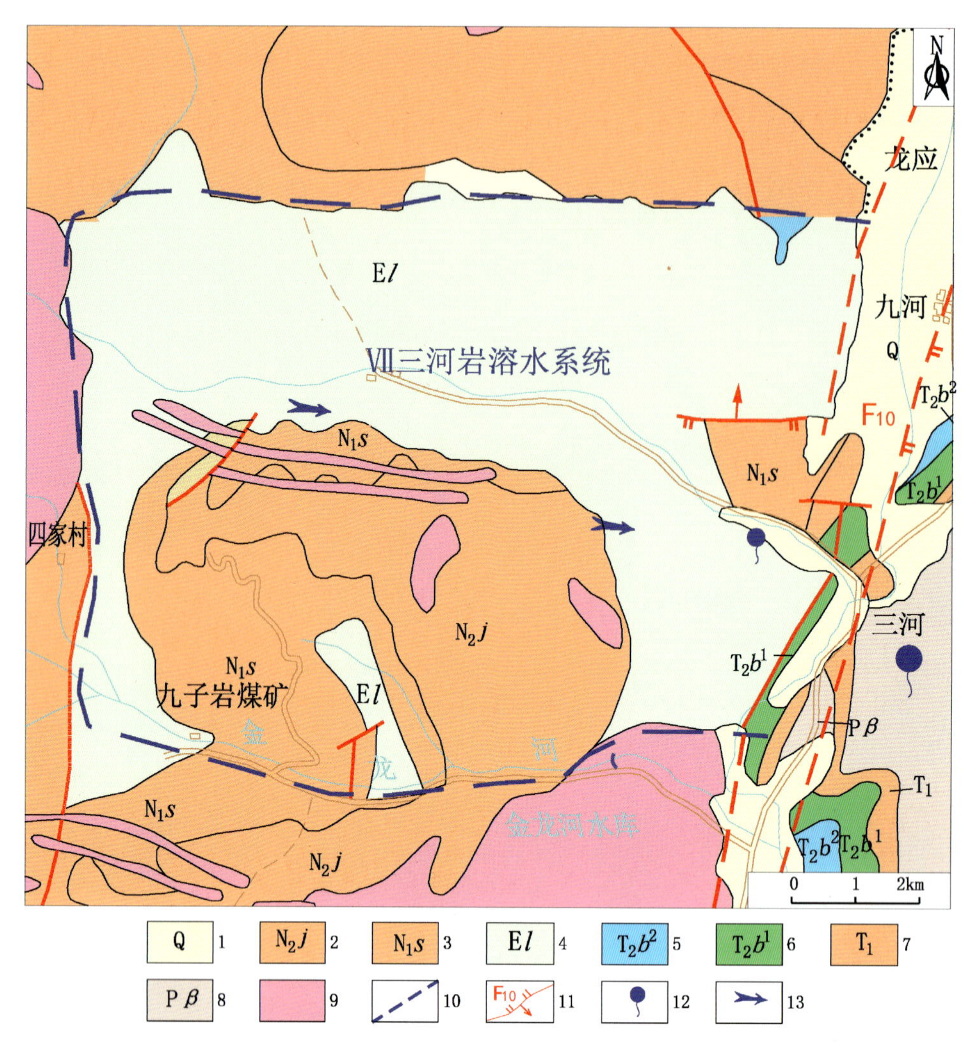

1.第四系覆盖层;2.剑川组:凝灰质砂砾岩、火山角砾岩;3.双河组:粉砂岩、泥岩夹长石石英砂岩及煤;4.丽江组:中上部为砂岩、泥岩夹砾岩,见灰岩夹层,下部为石灰质角砾岩;5.北衙组上段:灰岩、白云质灰岩、白云岩;6.北衙组下段:泥质灰岩、泥质条带灰岩夹砂岩等;7.泥岩、页岩及砂岩等;8.玄武岩组;9.侵入岩;10.岩溶水系统界线;11.逆断层及编号;12泉点;13.地下水大致流向。

图 5-25　三河岩溶水系统平面图

三河岩溶水系统地下水总体不太丰沛,岩溶发育较弱。地表水及地下水均向东排向白汉场-剑川槽谷,地表无明显泉水点露头。

七、石宝山隐伏岩溶水系统(Ⅷ)

石宝山隐伏岩溶水系统分布于剑川以南石宝山风景区(图 5-26)。该区域地表主要为古近系宝相寺组(E*b*)砂、砾岩地层,砂岩内夹泥岩,是老君山丹霞地貌的代表性地层,岩溶不发育。在石宝山西侧分布有泥盆系康廊组(D_1k)灰岩地层,岩溶中等发育。通过分析我们认为,石宝山以下可能分布有隐伏的岩溶地层,可能有古岩溶发育。石宝山隐伏岩溶水系统分布面积约 50km²,地面高程 2450～3000m。

该岩溶水系统地表水及地下水均往东排向黑惠江,地表无明显泉点露头。

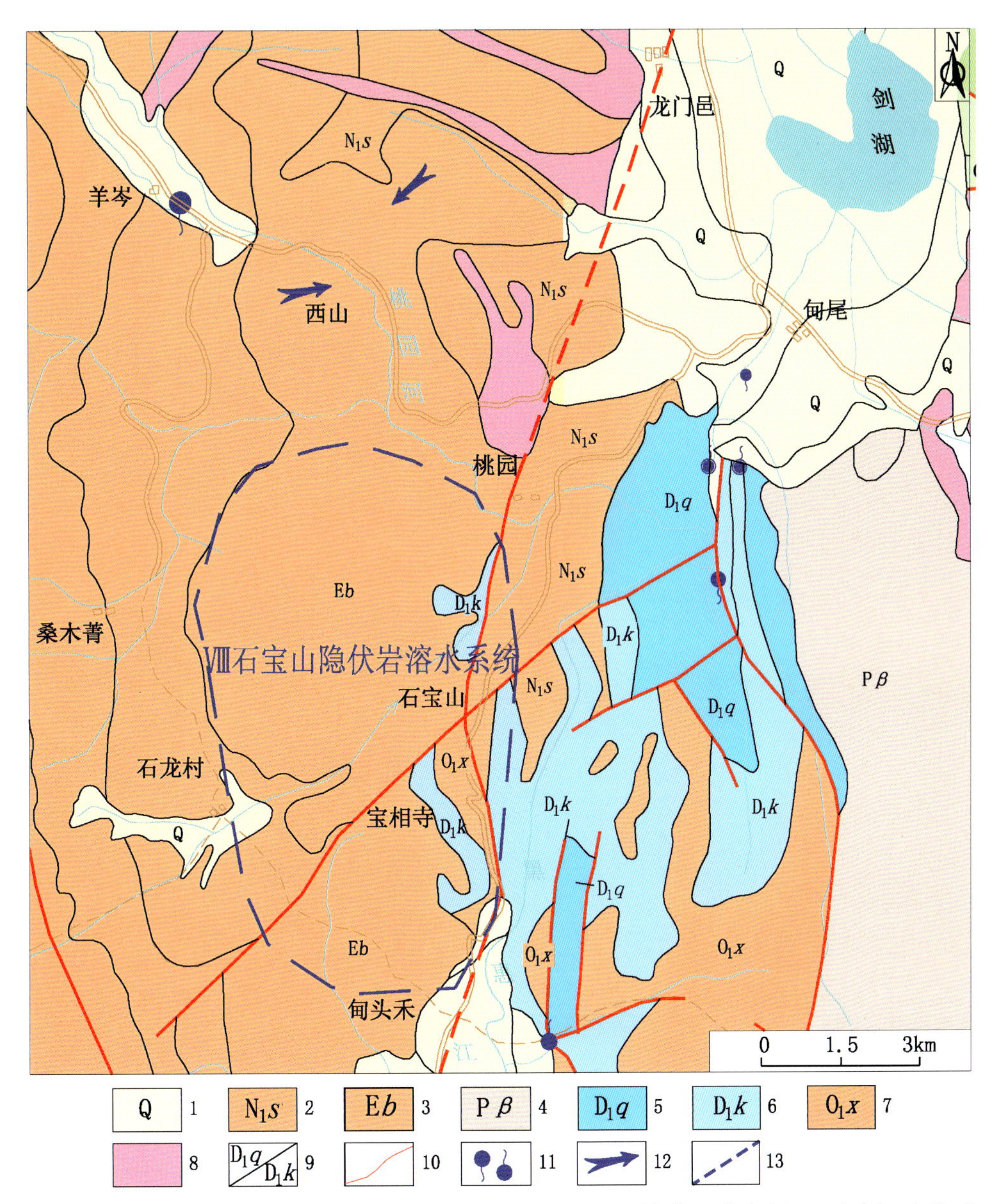

1.第四系覆盖层;2.双河组:粉砂岩、泥岩夹煤等;3.宝相寺组:砂岩、砾岩等;4.玄武岩组;5.青山组:灰岩、条带灰岩夹生物礁灰岩等;6.康廊组:灰岩、灰质白云岩、白云岩;7.奥陶系;8.侵入岩;9.地层分界线;10.断层;11.左为下降泉,右为上升泉;12.地下水大致流向;13.岩溶水系统界线。

图 5-26　石宝山隐伏岩溶水系统平面图

八、洱源苍山岩溶水系统(Ⅸ)

洱源苍山岩溶水系统分布于洱源县城以南的苍山北延端(图 5-27)。该区域岩溶地层主要为前寒武系苍山群,岩性主要为大理岩、片岩及白云质灰岩,岩溶总体发育较弱。但北北西向金沙江断裂、红河断裂及北北东向龙蟠-乔后断裂、鹤庆-洱源断裂等多条区域性大断裂在此交会,沿断裂带溶蚀较发育,主要见溶蚀裂隙、条带状洼地、裂隙状落水洞及漏斗等。洱源苍山岩溶水系统分布面积约 166km^2,地面高程 2450～3500m。

该岩溶水系统地表水及地下水向苍山东西两侧的洱源和黑惠江排泄,有较多泉点出露,以常温下降

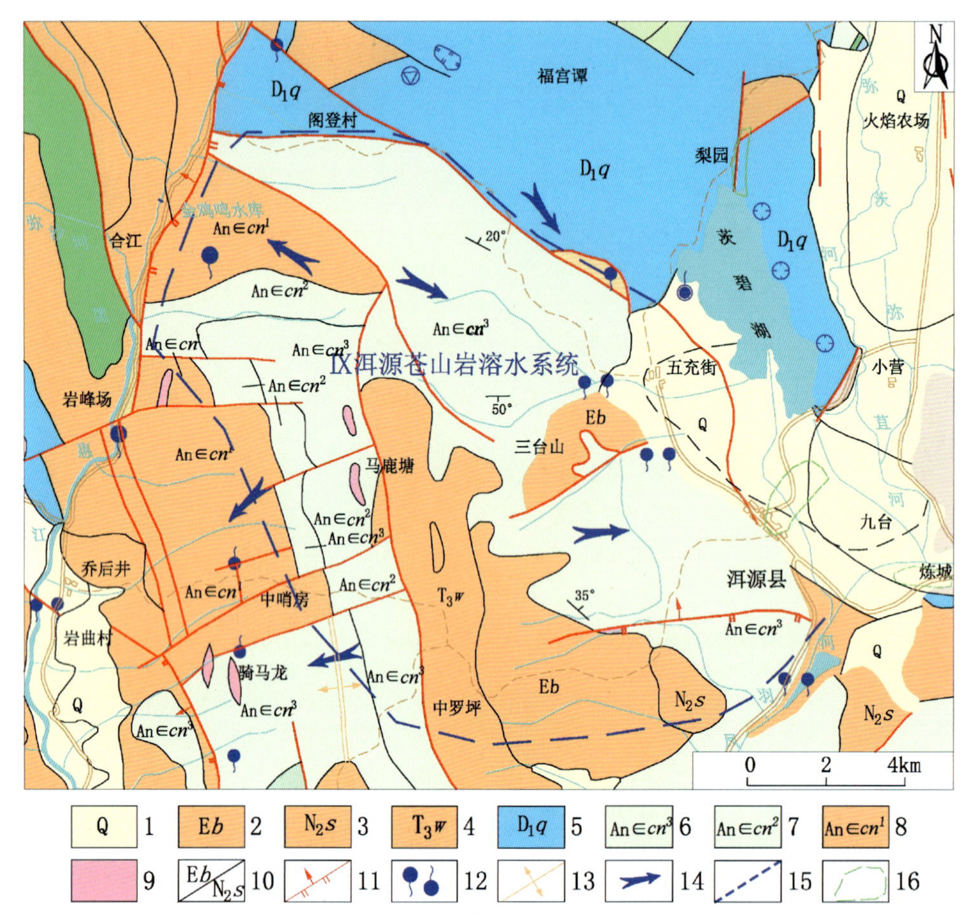

1.第四系覆盖层;2.宝相寺组:砂岩、砾岩;3.双河组:粉砂岩、泥岩夹煤等;4.歪古村组:板岩、千板岩、砂岩等;5.青山组:灰岩、条带灰岩夹生物礁灰岩等;6.苍山群三段:绿泥角闪阳起石片岩夹大理岩;7.苍山群二段:白云质灰岩及大理岩;8.苍山群一段:千枚岩及片岩;9.侵入岩;10.地层分界线;11.逆断层;12.左为下降泉,右为上升泉;13.背斜;14.地下水大致流向;15.岩溶水系统界线;16.地热异常区。

图 5-27　洱源苍山岩溶水系统平面图

泉为主。但北侧九台至炼城一带分布有较多的热泉(井),且产气磺、芒硝,富含 H_2S 气体,说明地下有均匀而稳定的地热源。苍山群大理岩、白云质灰岩可能存在热水岩溶及岩溶硫化现象。

九、芹河-北衙岩溶水系统(Ⅹ)

芹河-北衙岩溶水系统属北衙-松桂复向斜岩溶水系统的一部分,为一北北东向延伸的封闭的复式向斜岩溶储水构造(包括北衙小向斜和马鞍山小背斜、中江河小背斜)。东部、南部以 T_1 砂岩、凝灰岩为界,西部以马鞍山分水岭为界(图 5-28)。该区域岩溶地层主要为三叠系北衙组(T_2b^{1-2}、T_2b^2)泥质条带灰岩、灰岩、白云质灰岩、白云岩及少量砂、泥岩。岩溶中等发育,地表多发育溶洞、溶沟、溶槽,在北衙红泥塘处还有"小石林"发育。芹河-北衙岩溶水系统分布面积约 124km²,地面高程 1800～3000m。

该岩溶水系统地表水及地下水向东侧锅河排泄,最终汇入金沙江。在北衙金矿尾矿池西侧山体近坡脚处发现一地下暗河出水口,为妖龙潭,该出水点高程 1975m,最大流量 418.6L/min。

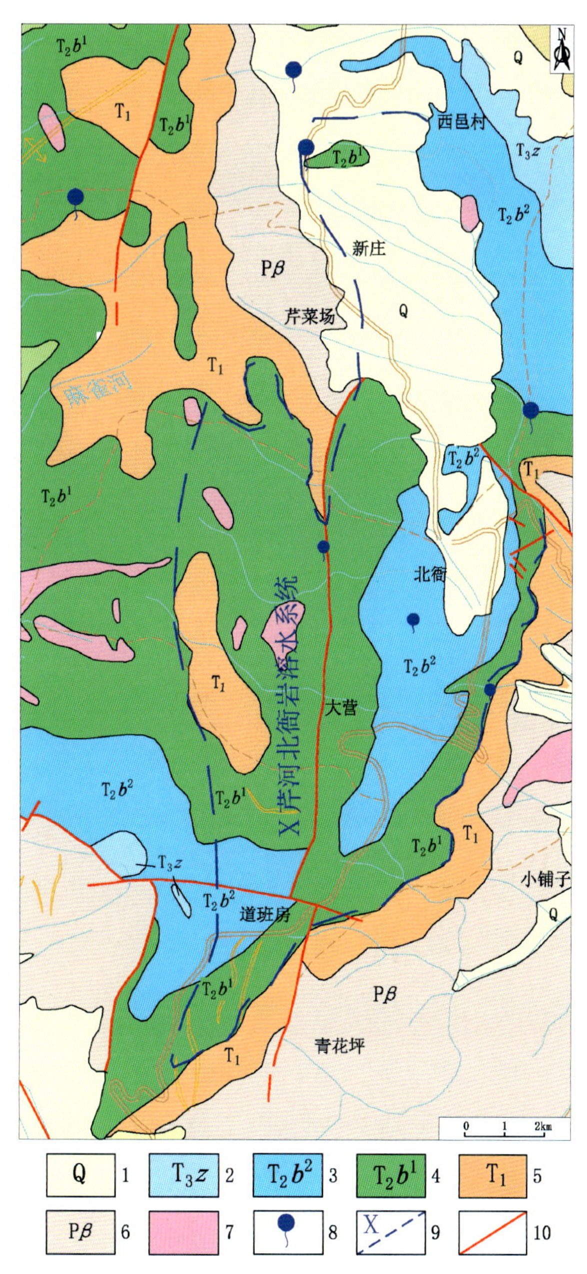

1. 第四系覆盖层；2. 中窝组：灰岩、泥质灰岩；3. 北衙组上段：灰岩、白云质灰岩、白云岩；4. 北衙组下段：泥质条带灰岩、泥质灰岩夹砂岩；5. 泥岩、砂岩、页岩等；6. 玄武岩组；7. 侵入岩；8. 泉点；9. 岩溶水系统界线及编号；10. 断层。

图 5-28　芹河-北衙岩溶水系统平面图

十、南溪-拉郎岩溶水系统(Ⅺ)

南溪-拉郎岩溶水系统大致在文笔海南西侧南溪、拉郎、鹿子至汝南河源头一带，呈南西向长条状分布。地表主要有南溪、拉郎、后山村等大型洼地，洼地总体北高南低。南溪-拉郎岩溶水系统的汇水面积约 $32km^2$，地面高程 2900～3200m。

南溪-拉郎一线岩溶洼地西北侧与南东侧隔水岩组为 T_1 及 P_2 地层，南东侧隔水边界为丽江-剑川断裂。区内北东向褶皱构造发育，岩溶地层为 T_2b^{1-2} 和 T_2b^2。

岩溶水系统分布区地表洼地、落水洞非常发育，呈北东向线状分布，区内地表明流较少。排泄泉主要为汝南河河源上升泉（图 5-29），最大者流量约 300L/s，排泄高程约 2675m。该河段总计岩溶泉流量大于 600L/s，泉水清澈，水温约 10°C。排泄区被古近系砾岩覆盖，导致该泉有弱承压性。

图 5-29　汝南河河源上升泉

第六章　基于岩溶地下水环境影响控制的隧洞线路比选研究

香炉山隧洞是滇中引水工程的控制性工程，线路比选区地质构造背景复杂，断裂构造发育，碳酸盐岩分布广泛，岩溶发育，分布多个规模较大的岩溶水系统。马耳山两侧的鹤庆盆地与剑川盆地高程约2200m，地势平坦，人口众多。马耳山两侧邻山麓地带丰富的泉水是平坝区人民生产、生活的主要水源。隧洞穿越岩溶地区，埋深大，而且还低于两侧排泄基准面200m以上，隧洞穿越可能存在较高的外水压力，可能产生突水、突泥等重大工程地质问题，若处置不当还有可能引发岩溶地下水疏干问题进而导致环境影响。为尽可能绕避或减少穿越岩溶地层，尽可能用最短距离穿越断层破碎带，降低岩溶地下水疏干风险，对线路进行比选十分必要。

初期宏观分析认为，鹤庆东山多为古近系、新近系砾岩，岩溶不甚发育，线路垂直穿越马耳山、鹤庆盆地后进入鹤庆东山，可减少穿越马耳山区域主控构造和岩溶地层，减少隧洞深埋段长度，因此提出东线方案十分必要；剑川以西从石鼓到洱源有长近70km的区域出露非岩溶化地层，存在线路穿越可能，将西线方案纳入线路比选也是十分必要的；中线方案穿越的马耳山脉宽达18～25km，地下水分水岭较为明晰，脊岭部位岩性、构造及岩溶发育程度与两侧有较大的差异，具备比选优化的可能性。

第一节　线路比选历程与比选思路

一、比选研究历程

1. 项目建议书阶段

在项目建议书阶段，为减少隧洞穿越马耳山脉的长度和降低隧洞埋深，根据线路地形、地质条件、隧洞单洞长以及线路与河流的交叉形式、与重要交通干线（高速公路、铁路、国道等）交叉的方式、城镇建设规划，并综合考虑投资、运行费用以及国内外隧洞现有施工技术发展，对丽江石鼓至大理洱海东岸长育村段线路进行了东、中、西线等方案的比选。东线方案从石鼓望城坡先向东至金沙江右岸金安桥附近，而后向南拐，在松桂与中线会合，线路长134.81km，隧洞最大单洞长38.75km，最大埋深1480m；中线方案从石鼓望城坡节点向南穿越55.09km长的香炉山长隧洞，经积福村、芹河、北衙、玉石厂、老马槽后至洱海边的长育村，线路长110.96km，隧洞最大单洞长55.09km，最大埋深1370m；西线是在望城坡建提水泵站，至2280m高程后，向南以长14.40km隧洞穿金沙江与澜沧江分水岭至高安，引水至剑湖，在剑湖南端沿黑惠江至三营街的甸尾，再穿16.50km隧洞引水至茨碧湖，穿腾龙山到玉石厂，再到洱海边的长育村，线路长 129.63km，利用湖面 8.75km，其中隧洞最大单洞长 16.50km。

勘察研究期间，地方政府提请对中线方案所涉及的鹤庆西山地下水资源环境安全、集镇及铝工业园区建设、北衙等矿产压覆问题进行研究评估，并提出相应对策措施（包括线路调整避让和工程措施）。这也是项目建议书阶段进行大范围线路比选研究的主要原因之一。

以上 3 种方案中，中线方案线路最短，但单洞长度最大，东线较中线长 23.85km，但最大单洞较中线方案短 16.34km。西线单洞最短，但需要高扬程提水，运行费显著增加。根据多方比较，推荐了斜穿金沙江与澜沧江分水岭——马耳山脉的中线香炉山隧洞方案，项目建议书阶段主要围绕此线路展开勘察研究工作。

2. 可行性研究阶段

我们在项目建议书阶段勘察研究的基础上，于可行性研究阶段对石鼓水源起点到洱海东岸长育村之间的输水线路或可能的穿越方式进行了大范围比选和反复的研究工作。随着勘察工作的推进及对研究区地质条件认识的不断深入，我们结合历次专家咨询、审查的意见和建议，提出并研究了马耳山脉及其两侧输水线路的东、中、西线方案（图 6-1）。其中，东线方案包括东 1 线和东 2 线两条线路，中线方案有中 1 线、中 2 线、中 3 线、中 4 线、中 5 线、中 5-1 线、中 5-2 线及黄峰厂—百山母线等 8 条线路，西线方案包括西 1 线和西 2 线两条线路。

在可行性研究阶段的勘察初期，对项目建议书提出的香炉山隧洞方案（中 1 线）进行了初步研究。由于线路靠近鹤庆西山一系列岩溶大泉，对鹤庆西山岩溶地下水环境潜在的不利影响，因此将线路西移约 1km，提出中 2 线方案。其理由为线路较顺直，更靠近金沙江与澜沧江分水岭部位，岩溶发育程度较低。

为了更进一步回避岩溶疏干，提出了尽可能绕避鹤庆西山岩溶大泉、穿越岩溶地层较少的东 1 线，并在线路穿越的鹤庆盆地布置了 2 个 200 余米的深钻孔，发现隧洞穿越段岩性均为黏性土。由于东 1 线穿越鹤庆盆地 7km 宽的深厚湖积相盖层，需考虑增加盾构施工手段，而在 200m 埋深以下进行盾构施工在国际、国内尚无先例，此线路在施工技术方面受到制约，因而被否决，又增加西 1 线方案做勘察研究。

西 1 线从冲江河上游石头村起，总体还是斜穿马耳山。经过地面调查、针对性物探工作与地质宏观分析研究，发现其岩溶水文地质条件与中线方案无本质区别，仍穿越 3 条北东向区域性活动断裂与多条东西向推覆构造，穿越白汉场槽谷的隐伏岩溶区、清水江-剑川岩溶水系统、马厂-锰矿沟黑龙潭岩溶水子系统（Ⅳ-5）和蝙蝠洞岩溶水子系统（Ⅳ-6），且对清水江-剑川岩溶水系统的影响显著加大，后段还穿越黑泥哨组煤系地层，最主要的是还涉及冲江河以北区域，在线路比选中不具优势，因此西 1 线被否定。

随后根据工程的技术可行性、对周边环境的影响、经济合理性等方面，将中 2 线方案向西作了较大调整，增加了中 3 线。研究过程中多次邀请院士、知名专家实地考察与咨询，专家们对当时选定的中线方案的岩溶问题仍表达了一定的担忧，并进一步明确了选线思路和原则：把岩溶地区地下水疏干对环境的影响作为首要问题，把高外水压力、突水突泥等施工安全问题以及大断裂和软岩大变形等问题作为重要问题，依次开展研究。据此，在完成中 2 线、中 3 线已有勘探工作的同时，又增加了穿越观音峡—鹤庆东山的东 2 线和穿越剑川西山的西 2 线（大西线），以便全面研究线路走向。

在针对中线方案的研究中，发现中 2 线在通过鹤庆西山Ⅳ-5 岩溶水子系统时，埋深 900 余米处裂隙性岩溶仍较发育，隧洞施工对东甸—小马厂—洗马池岩溶管道系统（Ⅳ-5 岩溶水子系统的排泄系统）的影响可能较大，将线路往西侧的分水岭部位进一步靠近，以规避岩溶问题已是必然的选择，因此，在对中 3 线适当优化的基础上，提出了中 2 线以西的中 4 线。

随着对中线方案南段（特别是小马厂以南）线路走向的深入研究，在充分考虑当地政府的意见和建议后，为尽最大可能避免对鹤庆西山岩溶泉造成疏干影响，将中 4 线南段红麦至黑泥哨之间的线路整体向西调整，使之尽量远离鹤庆盆地，在靠近鹤庆西山地下分水岭的弱岩溶化地层中穿越，提出了最大限度偏出鹤庆县县域范围的中 5 线方案，同时也研究了鹤庆县提出的黄峰厂—百山母线。

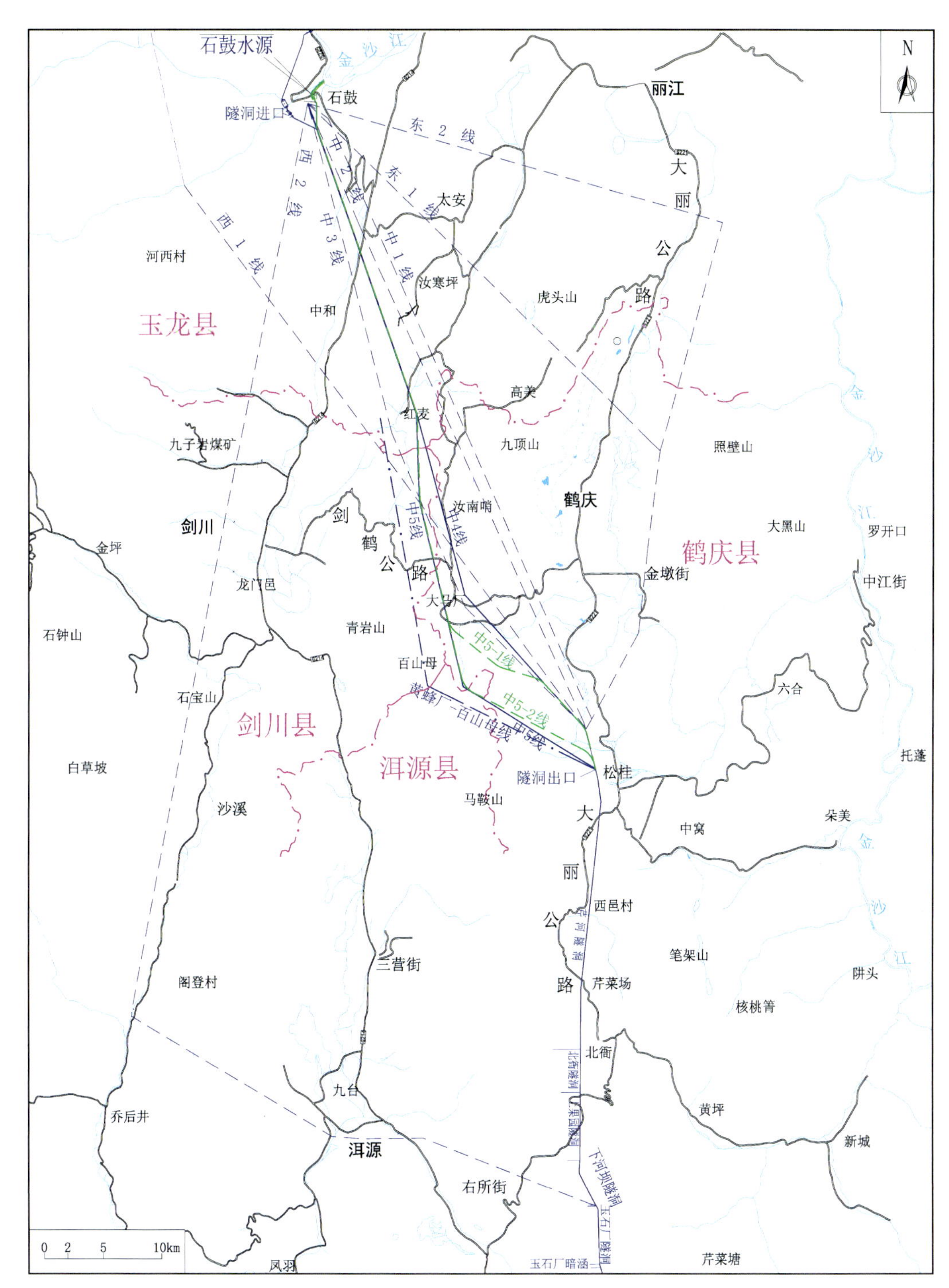

图 6-1　可行性研究阶段东、中、西方案比选线路分布示意图

经研究，黄峰厂—百山母线虽然不会对鹤庆西山岩溶地下水产生影响，但距离剑川岩溶水系统较近，隧洞施工仍存在重大疏干风险，特别是疏干各门江龙潭岩溶大泉（流量 2 087.9L/s）。在隧洞施工过程中，若遭遇如此之大的岩溶地下水，是没有有效处理手段的。另外，由于隧洞与南北向展布的黄蜂厂—清水江断裂（$F_{Ⅱ-17}$）长距离伴行，且断裂沟通地表清水江水系，这将会带来一系列复杂的工程水文地质问题。中 4 线虽埋深相对较小，施工条件相对较好，但对Ⅳ-5、Ⅳ-6 岩溶水子系统影响仍较大，且长距离伴行南北向张性断裂（$F_{Ⅱ-32}$）。中 5 线对Ⅳ-5、Ⅳ-6 岩溶水子系统影响进一步降低（或规避），避开了南北向张性断裂，但埋深显著增加，软岩大变形问题突出，施工条件相对较差，工期延长，还增加了对剑川、

洱源的影响。因此，对红麦盆地以南的线路需在中 4 线和中 5 线之间的条带范围内作进一步优化研究，提出了中 5-1 线、中 5-2 线优化方案。

二、比选研究思路

随着勘察研究的不断深入，对研究区线路穿越可能遭遇的主要工程地质问题有了比较清晰的认识：线路比选区存在不同程度的岩溶地下水疏干、活动断裂穿越、高外水压力、高地温、涌水突泥、高地应力条件下的硬岩岩爆、软岩大变形等地质问题，根据各类地质问题对输水线路选线的影响权重，确定最为关键的地质问题为岩溶地下水环境影响。复杂岩溶地区地下水环境影响敏感地段隧洞选线的思路和指导性原则如下。

(1)规避制约性的重大工程地质问题，如特大涌水、高地热、深厚覆盖层等。

(2)尽量规避重大岩溶地下水环境影响问题，最大限度规避岩溶发育区，远离岩溶大泉排泄区，防止疏干地表泉点，从而保障沿线居民日常生活用水、农业生产用水安全。

(3)当无法合理规避时，隧洞选线应在满足设计要求的基础上，尽量从地下分水岭部位或弱岩溶化地层中穿越，以穿越岩溶地下水垂直渗流带为宜，尽量避免穿越岩溶水水平径流带。

(4)尽量规避区域性大断裂、软岩大变形等重大工程地质问题。

(5)线路顺畅、施工布置便利、施工措施可行、经济合理。

第二节　东、中、西线方案代表性线路提出

滇中引水工程输水线路首段是从石鼓水源向南至洱海东岸的长育村，若要以最短距离到达，则只能以隧洞形式穿越金沙江与澜沧江的分水岭马耳山脉，即中线方案。该方案经由马耳山脉之香炉山、松桂镇、西邑到长育村，其间还穿过了两个北东走向的白汉场槽谷、汝南河槽谷。为规避岩溶疏干风险，提出了东线方案。该方案是在项目建议书大东线方案的基础上，尽可能垂直于构造线，以最短距离穿越马耳山脉，下穿鹤庆盆地后即沿鹤庆东山穿行，在松桂与中线方案相接，实为小东线方案。该方案的东 1 线从隧洞起点(石鼓冲江河右岸)，经白汉场槽谷、吾竹比、木里课、寒敬落，于草海以北斜穿鹤庆盆地后顺鹤庆东山南下，穿龙华山、东山河后，经凤仪直至隧洞终点松桂；东 2 线自隧洞起点途经太安、文笔山、五台山，穿越丽江盆地与鹤庆盆地交界部位的观音峡后，顺鹤庆东山边缘南下，在南河村一带与东 1 线重合。为了进一步减少穿越鹤庆西山岩溶地层区，尽量减少对岩溶水系统的影响，以及避免东线穿越具有 7km 宽的巨厚覆盖层(隧洞埋深 200m)的鹤庆盆地，研究提出西线方案。最初提出的西 1 线从冲江河上游石头村起，总体还是斜穿马耳山，该线路本质上与中线方案无大的区别，可行性研究阶段初期就已基本否定，后又提出完全避开马耳山脉的西 2 线方案。该方案从石鼓向南沿剑川西山红层区边缘穿越，在金鸡鸣水库下游向东以地面建筑物形式过黑惠江后穿越苍山、洱源盆地，在下河坝与中线方案相接。

通过对东、中、西线三方案比选区大范围的勘察研究，对区域内地层岩性、地质构造、岩溶水文地质结构，以及各线路方案可能存在的重大(或制约性)环境、工程地质问题有了比较清晰的认识，并通过初步分析提出各方案相对较优的代表线路，在此基础上对各方案代表性线路的基本地质条件与工程地质问题进行详细叙述。各比较线路分布与区域地质概况见图 6-2。

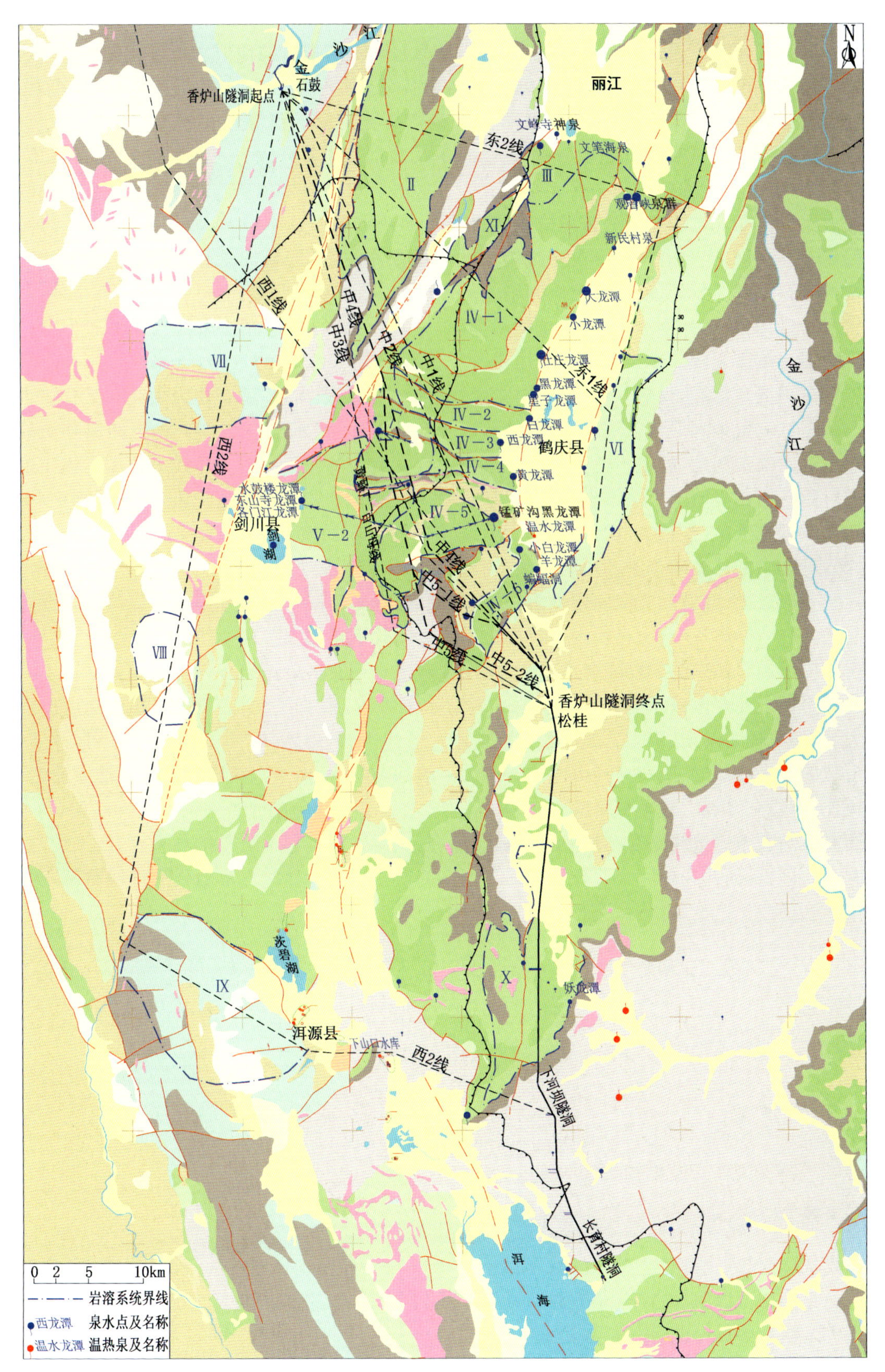

图 6-2 东、中、西线方案比较线路分布与区域地质概况

东线方案的两条比选线路均穿越龙蟠-乔后断裂(F_{10})、丽江-剑川断裂(F_{11})、鹤庆-洱源断裂(F_{12})3条全新世活动性大断裂。通过宏观分析认为,两线路都存在不同程度的地下水疏干风险,东1线因疏干造成的水环境影响范围及程度略小(轻)。两条线路在各自穿越岩溶水系统的排泄区时,均存在遭遇重大岩溶涌水突泥的地质风险,另外东1线还存在穿越鹤庆盆地时的深厚覆盖层成洞问题,从线路长度看,东2线比东1线长约15km。综合分析认为,东1线和东2线各有优劣。本书将东1线、东2线一同提出,作为东线方案的代表性线路。

中线方案的8条比选线路所处区域构造背景及基本地质条件总体相同,涉及的主要工程地质及水文地质问题基本类似,但各有侧重。在中线方案比选线路中,中2线研究工作程度高,基本查清了中2线地质结构与存在的主要环境、工程地质问题。从平面上看,中2线距离鹤庆西山坡脚部位的一系列岩溶大泉较近。勘探钻孔(孔深950.43m)也揭示鹤庆马厂东山隧洞穿越部位深部岩溶仍较发育,存在严重的岩溶地下水疏干风险。中1线为项目建议阶段线路,位于中2线的东侧,更靠近鹤庆西山排泄区。从规避岩溶疏干的角度看,很显然中1线、中2线岩溶疏干风险最大,不适合作为中线方案代表性线路。中3线因穿越红麦盆地深厚覆盖层(具制约性),以及与黄蜂厂-清水江断裂($F_{Ⅱ\text{-}17}$)近距离伴行较长,同时也存在岩溶水疏干问题,故也不适合作为中线代表性方案。黄峰厂—百山母线为鹤庆县提出的线路,虽然不会对鹤庆西山岩溶地下水产生影响,但是对剑川岩溶水系统有重大疏干风险,特别是极有可能疏干各门江龙潭岩溶大泉(流量2 087.9L/s),另外与南北向展布的黄蜂厂-清水江断裂($F_{Ⅱ\text{-}17}$)(该断裂规模巨大,断距巨大,断层破碎带宽厚,是丽江—剑川的南延分支)长距离伴行,区域性大断裂带附近岩体的工程性状一般较差,隧洞的成洞问题突出,且沟通地表清水江水系,这将会带来一系列复杂的工程水文地质问题,因此黄峰厂—百山母线也不宜作为中线方案代表性线路。中4线、中5线、中5-1线、中5-2线已远离鹤庆西山Ⅳ-1～Ⅳ-4岩溶水子系统,在Ⅳ-5岩溶水系统区段更靠近马耳山的地下分水岭部位,较其他线路更能规避岩溶疏干问题。对于Ⅳ-6岩溶水子系统,中4线、中5-1线从其西侧后部穿越,对其影响大大降低,而中5线、中5-2线则已完全规避。总体来看,中4线、中5线、中5-1线、中5-2线位于马耳山脉的分水岭深部,距离马耳山两侧岩溶大泉较远,在岩溶地下水疏干与环境影响方面明显优于中线其他比选线路。因此,选择中4线、中5-1线、中5-2线一同作为中线方案的代表性线路。

西线方案的2条比选线路存在较多工程地质问题,从回避鹤庆盆地疏干影响来看,西1线与中3线方案没有本质区别,因此选择完全避开穿越马耳山脉的西2线作为西线方案的代表性线路。

第三节 代表性线路工程地质条件与评价

一、东线方案

1. 东1线

东1线从隧洞起点(石鼓冲江河右岸),沿南东134°走向,经白汉场槽谷、吾竹比、木里课、寒敬落,于草海以北斜穿鹤庆盆地,走向转至南西187°,顺鹤庆东山南下,穿龙华山、东山河后,走向转至南西209°,后经凤仪直至隧洞终点松桂,长68.99km。

1)基本地质条件

隧洞穿越区主要为高—中山地貌,线路以深埋长隧洞穿越,石鼓—鹤庆辛屯段山顶高程一般为2350～3150m,隧洞埋深一般400～1000m,最大埋深1240m,鹤庆盆地高程2200m左右,埋深一般200m

左右，鹤庆东山段(南河村—中村东山河段)山顶高程一般2400～2750m，埋深一般300～600m，中村东山河至松桂北营段山顶高程一般为2100～2350m，埋深一般100～250m。沿线地形起伏大，近垂直穿越金沙江与澜沧江分水岭，以及较多的深沟及谷地，主要有打锣箐、白汉场谷地、鹤庆盆地、东山河等，其中东山河常年流水，为鹤庆盆地的主要排泄通道。香炉山隧洞段沿线主要出露下泥盆统冉家湾组(D_1r)，中泥盆统穷错组(D_2q)，二叠系玄武岩组($P\beta$)，中三叠统(T_2^a、T_2^b)、北衙组(T_2b)，上三叠统中窝组(T_3z)、松桂组(T_3sn)、燕山期不连续分布的侵入岩，古近系、新近系及第四系。其中隧洞穿越软岩累计长度26.32km，约占整个洞段长度的38.2%，可溶岩洞段穿越累计长度27.83km，占整个洞段的40.3%，第四系半成岩黏土累计长度6.9km，约占整个洞段长度的10.5%。沿线部分地形受褶皱、断裂控制，发育大栗树断裂(F_9)、龙蟠-乔后断裂(F_{10})、丽江-剑川断裂(F_{11})、金棉-七河断裂($F_{Ⅱ-2}$)、鹤庆-洱源断裂(F_{12})，断裂走向与线路夹角60°～90°，规模大，对地下水具一定控制作用。

沿线碳酸盐岩地层分布范围较广，岩溶发育较强烈，地表岩溶类型齐全，沿线主要涉及白汉场岩溶水系统、拉什海岩溶水系统、文笔海岩溶水系统、鹤庆西山岩溶水系统、鹤庆东山岩溶水系统。可溶岩段地下水以岩溶裂隙水、岩溶管道水为主，鹤庆盆地东、西两侧山脚分布一系列规模较大岩溶泉(大龙潭、小龙潭及黑龙潭等，是附近居民的主要生活水源)，沿线地下水埋深数十米至400余米，局部地段具承压性。线路沿线穿越地层较复杂，各岩性组有不同的风化特征，且受构造、地形、分布位置等多种因素影响。二叠系玄武岩组($P\beta$)岩体强风化厚度一般20～40m，局部达50m以上，上三叠统松桂组(T_3sn)岩体强风化厚度一般15～35m；中三叠统北衙组(T_2b)及古近系岩溶地层则表现出溶蚀风化的特点，强溶蚀风化厚度一般数十米至数百米，局部沿构造带深度更大。

隧洞围岩初步分类：香炉山隧洞东1线Ⅱ类围岩11.75km，占线路长度的17.03%；Ⅲ类围岩29.19km，占线路长度的42.31%；Ⅳ类围岩16.92km，占隧洞线路长度的24.53%；Ⅴ类围岩10.89km，占隧洞线路长度的15.79%。洞室围岩稳定问题较为突出。

2)工程地质评价

隧洞穿越金沙江与澜沧江的分水岭，以及鹤庆盆地和东山河，穿越区地壳活动性较强。鹤庆盆地覆盖层深厚，隧洞可能存在高地应力、硬岩岩爆、软岩变形、岩溶及涌突水、高外水压力等一系列工程地质问题，同时还可能对当地环境水造成不利影响。

隧洞起点夫仲西段沿线地表高程一般2150～2350m，埋深一般120～320m，最大埋深380m。隧洞围岩为中泥盆统(D_2q)片岩与灰岩、下泥盆统(D_1r)绢云(石英)片岩，中三叠统(T_2^a)灰色绢云母千枚状板岩、片岩夹少量灰岩、白云质灰岩。隧洞主要穿越非碳酸盐岩地层，不存在岩溶地下水问题。但隧洞大角度斜穿大栗树断裂(F_9)，存在洞室围岩稳定问题。

夫仲西至吾竹比段为白汉场负地形，地表高程一般2400～2460m，隧洞埋深一般390～460m，穿越中三叠统(T_2^a)和上三叠统(T_3)泥岩、板岩及砂岩。涉及白汉场岩溶水系统，白汉场槽谷北西侧山坡上可见溶沟溶槽，但未发现较大岩溶洞穴。勘察钻孔在孔深370m附近揭露溶洞，泥质充填，白汉场水库未发现水库有渗漏迹象。总体来看，白汉场岩溶水系统地下水不太丰沛，岩溶发育强度不高，但深部仍有一定规模的岩溶洞穴发育。隧洞穿越该岩溶水系统时可能遇到一定的岩溶问题，但初步分析输干地下水的可能性不大。隧洞穿越龙蟠-乔后断裂(F_{10})，存在剪断破坏的可能性，断裂带岩体较破碎，隧洞穿越时存在围岩稳定性问题。

吾竹比—打鹰坡段主要穿越鹤庆西山，沿线地表高程2900～3200m，隧洞埋深一般880～1150m，最大埋深1240m，穿越二叠系峨眉山玄武岩($P\beta$)和三叠系北衙组(T_2b)灰岩。隧洞穿越拉什海岩溶水系统、文笔海岩溶水系统及鹤庆西山岩溶水系统Ⅳ-1子系统。隧洞穿越拉什海岩溶水系统的翘起端，岩溶水系统下伏的隔水层分布高程可能较高，揭穿岩溶水系统的可能较小。隧洞可能位于文笔海岩溶水系统以下非岩溶地层中，且距离岩溶地下水排泄点(文笔海)14km之远，疏干影响不大。隧洞穿越鹤庆西山岩溶水系统Ⅳ-1子系统可能造成较大的环境地质问题，同时由于该岩溶水系统岩溶发育，隧洞施工中可能产生突水突泥等地质问题。隧洞穿越丽江-剑川断裂(F_{11})、鹤庆-洱源断裂(F_{12})，存在剪断破坏的可能性。断裂带岩体较破碎，地下水丰富，存在围岩稳定与涌水突泥等问题。

打鹰坡—南河村段穿越鹤庆盆地，高程 2200m 左右，隧洞埋深一般 200m 左右。穿越部位为黏性土，总体强度低，土压力大，成洞条件差，同时盆地两侧覆盖层与基岩接触部位可能夹有大量的碎块石和大块石，导水性较强，隧洞穿越时，可能存在突水问题。

南河村—东山河北鹤庆东山段山顶高程一般为 2400～2750m，隧洞埋深一般 300～600m，穿越古近系砾岩，地表岩溶中等发育，赋存岩溶裂隙水。隧洞穿越鹤庆东山岩溶水系统，埋深不大，可能遇到岩溶带，存在一定岩溶水文地质问题。隧洞穿越鹤庆-洱源断裂（F_{12}），存在剪断破坏的可能性。断裂带岩体较破碎，裂隙水可能较发育，隧洞穿越时可能突水。

东山河北段—凤仪段山顶高程一般为 2100～2350m，隧洞埋深一般 100～250m，穿越上三叠统砂岩、泥岩及页岩等软岩地层，不存在重大工程地质水文地质问题，但存在围岩稳定问题。

凤仪至线路终点沿线地表高程 2020～2060m，隧洞埋深一般 20～30m，最大埋深 50～60m，最小埋深仅十余米。隧洞主要穿越第四系残坡积碎石土及更新统松散—半胶结砾岩，下伏基岩为三叠系中窝组（T_3z）灰岩和松桂组（T_3sn）泥岩、页岩，围岩稳定问题突出。

2. 东 2 线

东 2 线自隧洞起点沿南东 105°方向，途经太安、文笔山、五台山，穿越丽江盆地与鹤庆盆地交界部位的观音峡后，走向转至南西 196°，顺鹤庆东山边缘南下，在南河村一带与东 1 线重合，直至隧洞终点松桂，长 83.76km。

1）基本地质条件

线路以深埋长隧洞穿越，穿越区主要为高—中山地貌。石鼓—观音峡段隧洞呈近垂直向穿越金沙江与澜沧江分水岭，山顶高程一般 2500～3450m，隧洞埋深一般 500～1000m，最大埋深 1392m。鹤庆东山段（观音峡—中村东山河）山顶高程一般为 2400～2750m，埋深一般 300～600m，中村东山河至松桂北营段山顶高程一般为 2100～2350m，埋深一般 100～250m。沿线地形起伏大，穿越较多深沟及谷地，主要有打锣箐、白汉场、观音峡及东山河等。沿线出露地层主要有下泥盆统冉家湾组（D_1r）、中泥盆统穷错组（D_2q）及苍那组（D_2c）、二叠系峨眉玄武岩组（$P\beta$）、中三叠统（T_2^a、T_2^b）及北衙组（T_2b）、上三叠统中窝组（T_3z）及松桂组（T_3sn）、古近系等。其中，隧洞穿越软岩累计长度 25.54km，约占整个洞段长度的 30.5%；可溶岩洞段穿越累计长度 48.08km，占整个洞段的 57.4%。沿线地形多受褶皱、断裂控制，主要发育有大栗树断裂（F_9）、龙蟠-乔后断裂（F_{10}）、丽江-剑川断裂（F_{11}）、金棉-七河断裂（$F_{II\text{-}2}$）、鹤庆-洱源断裂（F_{12}），断裂走向与线路夹角 45°～90°。

线路区碳酸盐岩地层分布范围较广，岩溶发育较强烈，地表岩溶类型齐全。线路主要穿越白汉场岩溶水系统、拉什海岩溶水系统、文笔海岩溶水系统、鹤庆西山岩溶水系统、鹤庆东山岩溶水系统。沿线可溶岩段地下水以岩溶裂隙水、岩溶管道水为主，文峰寺及观音峡景区有规模较大泉水出露（文峰寺神泉、求子泉、石榴泉、慧泉等）。沿线地下水埋深数十米至 400 余米，局部地段具承压性。线路穿越地层复杂，各岩性组具不同的风化特征，且受构造、地形、分布位置等因素影响。二叠系玄武岩组（$P\beta$）岩体强风化厚度一般 20～40m，局部达 50m 以上；上三叠统松桂组（T_3sn）岩体强风化厚度一般 15～35m；中三叠统北衙组（T_2b）及古近系岩溶地层表现出溶蚀风化的特点，强风化带厚度一般 15～30m，局部沿构造带，风化带深度较大。

隧洞围岩初步分类：香炉山隧洞东 2 线Ⅱ类围岩 11.82km，占线路长度的 14.11%；Ⅲ类围岩 31.86km，占线路长度的 38.04%；Ⅳ类围岩 28.02km，占隧洞线路长度的 33.45%；Ⅴ类围岩 11.46km，占隧洞线路长度的 13.68%。洞室围岩稳定性问题较突出。

2）工程地质评价

线路穿越金沙江与澜沧江分水岭，地壳活动性较强。隧洞可能存在区域性断裂及活动性问题、高地应力、硬岩岩爆、软岩变形、岩溶及涌突水、高外水压力等一系列工程地质问题，同时还可能对当地环境水造成不利影响。

线路起点至中古村段地表高程2250～2720m，隧洞埋深一般200～500m，最大埋深708m。隧洞穿越中泥盆统(D_2q)绢云（石英）片岩与灰岩，下泥盆统(D_1r)绢云（石英）片岩，上二叠统(P_2)砂岩、板岩，中三叠统(T_2^a)绢云母千枚状板岩、片岩，不存在岩溶地下水问题。隧洞大角度斜穿大栗树断裂(F_9)，存在洞室围岩稳定性问题。

中古村—新文段地表高程2300～2480m，隧洞埋深300～500m，穿越中三叠统(T_2^b)灰岩、白云岩和上三叠统(T_3)泥岩、板岩、砂岩等。隧洞穿越的白汉场岩溶水系统地下水不太丰沛，岩溶发育强度不高，初步分析认为，疏干地下水的可能性不大。隧洞穿越龙蟠-乔后断裂(F_{12})，存在剪断破坏的可能，断裂带岩体破碎，存在围岩稳定性问题。

新文—文笔山段地表高程2550～3080m，隧洞埋深一般650～850m，最大埋深约1060m。隧洞穿越二叠系峨眉山玄武岩($P\beta$)、三叠系北衙组下段(T_2b^1)灰岩、泥质灰岩及三叠系腊美组(T_1l)页岩等。隧洞穿越拉什海岩溶水系统北部倾伏端，揭穿隔水岩组的可能性大，存在重大疏干风险，可能产生严重突水、涌水问题。隧洞穿越丽江-剑川断裂(F_{11})的分支断裂，存在剪断破坏的可能，断裂带岩体较破碎，围岩稳定性问题较突出。同时，岩体裂隙水可能较发育，隧洞穿越时发生突水问题的可能性大。

文笔山—关坡段沿线地表高程一般2350～3400m，隧洞埋深一般550～1000m，最大埋深1392m。隧洞穿越三叠系北衙组上段(T_2b^2)灰岩、白云岩及下段(T_2b^1)泥质灰岩等。隧洞主要穿越文笔海岩溶水系统与鹤庆西山Ⅳ-1岩溶水子系统。文笔海岩溶水系统地表岩溶发育，有大量落水洞分布，文峰寺神泉为该系统出露最大泉，流量为300～500L/s，存在重大疏干影响。鹤庆西山Ⅳ-1岩溶水子系统在观音峡景区内出露多个泉眼，总泉流量约600L/s，线路在下伏可溶岩中穿越，对岩溶泉存在重大疏干影响。同时，隧洞施工中还可能产生突水、突泥等地质问题。

关坡—观音峡东段沿线地表高程2300～2450m，隧洞埋深一般280～400m，最大埋深432m。隧洞穿越鹤庆-洱源断裂(F_{12})破碎带构造角砾岩，成洞条件差，存在剪断破坏问题，同时还存在疏干周边地下水、地表水等环境问题。

观音峡东段—茨萌段地表高程2500～2750m，隧洞埋深一般550～700m，最大埋深745m。隧洞穿越二叠系黑泥哨组(P_2h)砂岩、页岩，三叠系松桂组(T_3sn)粉砂岩、泥页岩夹煤层等软岩地层，成洞条件较差。黑泥哨组、松桂组地层含煤，可能存在有毒有害气体问题。

茨萌—东山河北段山顶高程一般为2400～2750m，隧洞埋深一般300～600m。隧洞穿越古近系砾岩，岩溶发育中等，赋存岩溶裂隙水。鹤庆盆地东缘（高程2240m左右）出露较多泉眼，因埋深不大，隧洞穿越该系统时很可能遇到岩溶带，存在一定岩溶水文地质问题。隧洞穿越鹤庆-洱源(F_{12})断裂，存在剪断破坏的可能，断裂带岩体较破碎，可能发生突水、涌水等地质问题。

东山河北至线路终点与东1线重合，不再赘述。

二、中线方案

1. 中4线

香炉山隧洞中4线自隧洞起点沿南东160°方向，途经大场、白汉场槽谷、那咱股、汝南河槽谷，安乐坝西缘、岩子山、塘上、燕麦地西坡等地后，在马厂东山以南千里居（南侧约1.1km）一带，走向转至南东137°，经由北长箐、羊壁谷、东坡，直至终点松桂，隧洞总长60.87km。

1）基本地质条件

引水隧洞穿越区山顶高程一般为2760～3300m，主要为高—中山地貌。线路以长隧洞穿越，隧洞埋深一般500～900m，最大埋深1397m。线路穿越深沟及谷地较多，主要有打锣箐、白汉场谷地、汝南河、银河箐、蝙蝠洞箐、松桂大沟等，这些大沟多常年流水。洞段沿线主要出露下泥盆统冉家湾组(D_1r)，中泥盆统穷错组(D_2q)，二叠系玄武岩组($P\beta$)、黑泥哨组(P_2h)，中三叠统(T_2^a、T_2^b)、北衙组(T_2b)，上三叠统中窝组(T_3z)、松桂组(T_3sn)，燕山期不连续分布的侵入岩及第四系等地层。其中隧洞穿越软岩累计长度16.243km(含断层破碎带)，约占整个洞段长度的26.7%；可溶岩洞段穿越累计长度22.873km，占整个洞段的37.6%。沿线部分地形受褶皱、断裂控制，发育有大栗树断裂(F_9)、龙蟠-乔后断裂(F_{10})、丽江-剑川断裂(F_{11})、水井村断裂($F_{Ⅱ-3}$)、石灰窑断裂($F_{Ⅱ-4}$)、马场断裂($F_{Ⅱ-5}$)、汝南哨断裂($F_{Ⅱ-6}$、$F_{Ⅱ-7}$、$F_{Ⅱ-7'}$)、马厂东山飞来峰断裂($F_{Ⅱ-8}$)、花椒箐断裂、青石崖断裂($F_{Ⅱ-9}$)、下马塘-黑泥哨断裂($F_{Ⅱ-32}$)、鹤庆-洱源断裂(F_{12})。断裂走向一般与线路夹角40°～60°，部分断裂近垂直相交。断裂规模大，对地下水具一定控制作用。

沿线碳酸盐岩地层分布范围较广，岩溶发育较强烈。线路主要穿越白汉场岩溶水系统、拉什海岩溶水系统、清水江—剑川岩溶水系统、鹤庆西山岩溶水系统。可溶岩段地下水以岩溶裂隙水、岩溶管道水为主，并以下降泉的形式向基准面排泄。线路穿越的马耳山脉两侧盆地边缘(鹤庆盆地西麓与剑川盆地东麓)发育一系列规模较大的岩溶泉，是附近居民的主要生产生活水源。沿线地下水埋深数十米至400余米，局部地段具承压性。线路穿越地层岩性较复杂，各有不同的风化特征，且受构造、地形、分布位置等多种因素影响。下泥盆统冉家湾组、中泥盆统穷错组岩体强风化厚度一般20～50m，局部呈夹层风化；二叠系玄武岩组岩体强风化厚度一般20～40m，局部达50m以上；上三叠统松桂组岩体强风化厚度一般15～35m；中三叠统北衙组及上三叠统中窝组岩溶地层表现出溶蚀风化的特点，钻孔揭露北衙组上段(T_2b^2)强溶蚀风化带厚度一般175～490m，中窝组(T_3z)表层强溶蚀风化带厚度一般10～40m，局部沿构造带风化深度较大。

隧洞围岩初步分类：隧洞Ⅲ类围岩长21.98km，占隧洞长度的36.11%；Ⅳ类围岩29.66km，占隧洞长度的48.73%；Ⅴ类围岩9.23km，占隧洞长度的15.16%。Ⅳ、Ⅴ类围岩约占隧洞长度的63.89%，因此洞室围岩稳定性问题突出。

2)工程地质评价

隧洞穿越金沙江、澜沧江分水岭，地壳活动性较强，隧洞可能存在高地应力、地温、岩爆、软岩变形、岩溶及涌水、高外水压力等一系列工程地质问题，同时还可能存在疏干地下水引起的环境地质问题。

线路起点至大场段沿线地表高程一般2300～2600m，隧洞埋深一般300～600m，最大埋深840m。隧洞穿越下泥盆统冉家湾组(D_1r)薄—中厚层结晶灰岩、绢云微晶片岩及中泥盆统穷错组(D_2q)石英微晶片岩、绢云微晶片岩。后段大角度斜穿大栗树断裂(F_9)，岩体破碎，围岩稳定问题突出。本段灰岩分布少，岩溶不发育，不存在涌突水问题，但因穿越石鼓向斜，应注意构造的赋水性问题。隧洞部分深埋，可能存在高地应力下的硬岩岩爆问题。

大场—关上村段沿线地表高程2380～2750m，隧洞埋深400～700m。隧洞穿越中三叠统下部(T_2^a)灰色绢云母千枚状板岩、片岩夹少量灰岩、白云质灰岩，未发现较大岩溶洞穴，地下水不太丰沛，岩溶发育强度不高。地表分布的白汉场岩溶水系统分布于隧洞以上，揭穿该系统的可能性不大，但该段为一向斜储水构造，存在沿破碎岩体的涌水问题。

关上村—子大姜沟段地表高程2340～2600m，隧洞埋深一般350～500m，白汉场槽谷埋深约340m。隧洞穿越龙蟠-乔后断裂带(F_{10})，存在洞室剪断破坏问题。构造岩多为角砾岩、碎粒岩，胶结差，结构较松散。主断裂带之间为中三叠统板岩、片岩及上三叠统泥岩、砂岩等软岩地层，围岩稳定问题突出。断裂带内岩体破碎，透水性较好，存在洞室涌水及高外水压力问题，但因其流域面积小、上部有湖积相隔水层，穿越区又位于分水岭部位等，宏观判断总体涌水量不大，对环境影响较小。

子大姜沟—汝南河西村段沿线地表高程2760～3150m，隧洞埋深一般750～1000m，最大埋深1137m。隧洞穿越中三叠统北衙组灰岩、白云岩，下三叠统青天堡组泥岩、泥质粉砂岩及二叠系峨眉山玄武岩。该段褶皱发育，为两个向斜夹一个背斜，向斜、背斜核部岩体裂隙发育，地下水易于富集，存在隧洞涌水问题。隧洞位于拉什海岩溶水系统以下的非岩溶地层中，对岩溶水系统无影响。隧洞埋深大，可能存在高地应力条件下硬岩岩爆问题。

汝南河西村—汝南河水井村段为汝南河槽谷，槽谷呈北东向展布，沿线地表高程2500～2550m，隧洞埋深500m左右。隧洞穿越二叠系峨眉山玄武岩（$P\beta$）、部分喜马拉雅期玄武岩（$N\beta$），中三叠统北衙组（T_2b^1）泥质条带灰岩。隧洞穿越丽江-剑川断裂（F_{11}），构造岩为碎粒岩、碎粉岩、角砾岩，局部有泥化现象，岩体破碎，围岩稳定问题突出，存在洞室剪断破坏问题与涌水突泥问题。

汝南河水井村—塘上段沿线地面高程2800～3070m，地形较连续，起伏不大。隧洞埋深一般800～1000m，穿越中三叠统北衙组（T_2b）灰岩、白云岩，下三叠统青天堡组（T_1q）泥岩、泥质粉砂岩，二叠系峨眉山玄武岩（$P\beta$）及安山质玄武岩（$N\beta$）。隧洞穿越石灰窑断裂（F_{II-4}）、马场断裂（F_{II-5}）、汝南哨断裂（F_{II-6}、F_{II-7}）、下马塘-黑泥哨断裂（F_{II-32}）。除下马塘—黑泥哨断裂外，其余均属逆冲推覆断裂，各断裂带宽20～50m，与线路夹角50°～80°，断裂带及其影响带成洞条件差。隧洞在清水江-剑川Ⅴ-1岩溶水子系统以下的青天堡组（T_1q）砂页岩及玄武岩（$P\beta$）、安山质玄武岩（$N\beta$）等非岩溶化地层中穿越，遭遇强烈岩溶和发生重大岩溶地下水疏干的可能性较小，但局部穿越东西向逆断层及其下盘陡倾的北衙组（T_2b）灰岩、白云岩时，可能因断裂破碎带的纵向导水而产生局部的高外水压力、线状涌水及地下水环境影响问题。该隧洞段埋深大，部分洞段穿越青天堡组（T_1q）泥页岩等软岩地层，可能存在高地应力条件下的软岩变形问题。

塘上—丫口坡段沿线地表高程3000～3350m，地形较连续，起伏不大。隧洞埋深一般1000～1280m，最大埋深约1330m，穿越中三叠统北衙组上段（T_2b^2）灰岩、白云岩及上三叠统中窝组（T_3z）泥质灰岩夹砂岩。该段下穿鹤庆西山Ⅳ-5岩溶水子系统前半段，存在一定的渗涌水与地下水疏干问题，但隧洞已靠近地下水分水岭部位，钻孔揭示岩溶发育程度显著降低，且有非岩溶岩组的隔挡，隧洞遭遇强烈岩溶和疏干地下水的风险大大降低，对Ⅳ-5岩溶水子系统的影响也较小。隧洞埋深大，可能存在高地应力、高地温等问题。

丫口坡—黑泥哨电站段沿线地表高程2900～3300m，隧洞埋深一般900～1300m，最大埋深约1397m。隧洞穿越下三叠统青天堡组（T_1q）泥岩、泥质粉砂岩，二叠系峨眉山玄武岩（$P\beta$）及黑泥哨组（P_2h）砂页岩夹灰岩及煤层。前段穿越鹤庆西山Ⅳ-5岩溶水子系统，岩溶发育，溶沟、溶槽及溶洞、落水洞广泛分布，还形成了马厂—洗马池的大型岩溶管道系统。隧洞对鹤庆西山Ⅳ-5岩溶水子系统的疏干影响主要取决于上覆灰岩地层（T_2b^2）的岩溶发育下限及青石崖断裂（F_{II-9}）的深层导水性。宏观分析及深孔验证情况表明，隧洞存在高外水压力问题，处理不当将对洞室稳定、隧洞安全运行产生较大影响，进而也会对该岩溶水子系统的地下水环境造成一定影响。隧洞中后段穿越青天堡组（T_1q）、黑泥哨组（P_2h）等软岩地层，隧洞埋深大，存在高地应力条件下的软岩大变形等地质问题。黑泥哨组含煤层，还可能存在有害气体问题。

黑泥哨电站—东坡段沿线地表高程2550～2900m，隧洞埋深一般500～900m，最大埋深约914m。隧洞前段穿越中三叠统北衙组上段（T_2b^2）灰岩、白云岩，北衙组下段上部（T_2b^{1-2}）泥质条带灰岩，以及北衙组下段下部（T_2b^{1-1}）砂泥岩、灰岩。后段穿越青天堡组（T_1q）泥岩、泥质粉砂岩及二叠系峨眉山玄武岩（$P\beta$）。隧洞下穿鹤庆西山Ⅳ-6岩溶水子系统，据钻孔揭露，高程2375m以上岩溶发育，以下岩溶不发育，且隧洞远离地下水排泄点（羊龙潭和蝙蝠洞），疏干影响程度小，局部可能存在涌水、突泥等地质问题。末端穿越鹤庆-洱源断裂（F_{12}），存在洞室剪断破坏问题。因该断裂带在一定埋深范围（强烈溶蚀风化带）内呈中等透水—强透水，富水性较好，隧洞在该段穿越时可能沟通上部储水构造，在高水头外水压力作用下有产生涌水、突泥的可能。

东坡—波罗村段沿线地表高程2200～2600m，隧洞埋深一般200～600m，最大埋深约705m。隧洞穿越松桂组（T_3sn）泥岩、页岩夹砂岩及煤线，后段穿越少量中窝组（T_3z）泥质灰岩，有产生软岩变形的可能，局部还可能存在毒害气体问题。

波罗村至线路终点沿线地表高程2020～2060m，隧洞埋深一般20～30m，最大埋深50～60m，最小埋深仅十余米。地表多为第四系残坡积碎石土夹透镜状黏土，下伏基岩为三叠系中窝组(T_3z)灰岩和松桂组(T_3sn)泥岩、页岩夹砂岩及煤线。该段总体埋深浅，强隧洞顶板以上有效岩体厚度小，围岩稳定问题突出。

2. 中 5-1 线

香炉山隧洞中 5-1 线走向在红麦以北与中 4 线相同，汝南河以南先后经过三面山、新华村、小马厂西山，于大马厂南段中登处，线路走向经弧形转至南东 128°，途经老鸭阱，至牛头山南西约 0.5km 处，线路经弧形转至南东 106°，于羊壁谷南端约 0.5km 处，线路再经弧形转至南东 137°，在东坡部位与中 4 线重合，长 63.00km。

1)基本地质条件

区内主要为高—中山地貌，线路以长隧洞穿越，沿线山顶高程一般为 2800～3250m，小马厂南端牛头山西侧一带海拔约 3569m。汝南河槽谷以北隧洞埋深一般 600～1000m，最大埋深约 1137m，槽谷以南隧洞埋深一般 900～1200m，最大埋深约 1557m。沿线主要出露地层及穿越的主要断裂与中 4 线大体相同。隧洞穿越软岩累计长度 14.43km(含断层破碎带)，约占整个洞段长度的22.9%。可溶岩洞段穿越累计长度 20.93km，占整个洞段的 33.22%。断裂走向一般与线路夹角 40°～70°，部分断裂近垂直相交。断裂规模大，对地下水的储存及运移具一定控制作用。

沿线碳酸盐岩地层分布范围较广，岩溶发育较强烈，地表、地下岩溶类型齐全，沿线主要穿越白汉场岩溶水系统、拉什海岩溶水系统、清水江-剑川岩溶水系统、鹤庆西山岩溶水系统。沿线地下水埋深数十米至 400 余米，局部地段具承压性。线路沿线穿越地层岩性较复杂，各岩性组有不同的风化特征，且受构造、地形、分布位置等多种因素影响。下泥盆统冉家湾组(D_1r)、中泥盆统穷错组(D_2q)岩体强风化厚度一般 20～50m，局部呈夹层风化；二叠系玄武岩组($P\beta$)岩体强风化厚度一般 20～40m，局部达 50m 以上；上三叠统松桂组(T_3sn)岩体强风化厚度一般 15～35m；中三叠统北衙组(T_2b)及上三叠统中窝组(T_3z)岩溶地层表现出溶蚀风化的特点，钻孔揭露北衙组上段(T_2b^2)强溶蚀风化带厚度一般 175～490m，中窝组(T_3z)表层强溶蚀风化带厚度一般 10～40m，局部沿构造带深度较大。

隧洞围岩初步分类：Ⅲ类围岩长 21.27km，占隧洞长度的 33.76%；Ⅳ类围岩 33.14km，占隧洞长度的 52.6%；Ⅴ类围岩 8.60km，占隧洞长度的 13.64%。Ⅳ、Ⅴ类围岩约占隧洞长度的 66.24%，洞室围岩稳定问题突出。

2)工程地质评价

隧洞穿越金沙江、澜沧江分水岭，地壳活动性较强，隧洞可能存在高地应力、地温、岩爆、软岩变形、岩溶及涌水、高外水压力等一系列工程地质问题，同时还可能存在疏干地下水引起的环境地质问题。

红麦以北的线路起点至汝南河水井村段与中 4 线重合，不再赘述。

汝南河水井村—新华村段沿线地表高程 2850～3080m，隧洞埋深一般 850～1000m，最大埋深约 1069m。隧洞穿越安山质玄武岩($N\beta$)、中三叠统北衙组上段(T_2b^2)灰岩、白云岩，北衙组下段(T_2b^1)泥质条带灰岩、砂泥岩与灰岩互层，下三叠统青天堡组(T_1q)泥岩、泥质粉砂岩及二叠系峨眉山玄武岩($P\beta$)。穿越的主要断层有石灰窑断裂($F_{Ⅱ\text{-}4}$)、马场断裂($F_{Ⅱ\text{-}5}$)及汝南哨断裂($F_{Ⅱ\text{-}6}$、$F_{Ⅱ\text{-}7}$、$F_{Ⅱ\text{-}7'}$)，它们均为逆冲推覆断裂，与线路夹角 50°～80°，断裂带及其影响带成洞条件差。该段主要在清水江-剑川Ⅴ-1 岩溶水子系统下穿越，该系统被多条东西向分布的断裂及隔水岩组分割成相对独立的岩溶地块，西侧又有安山质玄武岩岩墙阻挡，地下水主要向清水江(浅部)排泄。隧洞穿越该岩溶水系统时，大部分位于下伏的青天堡组(T_1q)砂页岩及玄武岩($P\beta$)、安山质玄武岩($N\beta$)等非岩溶化地层中，深部岩溶不发育。隧洞穿越时遭遇强烈岩溶和发生岩溶地下水疏干的可能性较小，但局部穿越东西向逆断层及其下盘陡倾的北衙组(T_2b)灰岩、白云岩时，可能因断层破碎带的纵向导水而产生局部的高外水压力、涌水及地下水环境影响问题。该段总体穿越一向斜构造，大部分上覆有青天堡组(T_1q)泥岩、泥质粉砂岩等隔水岩组，但玄武岩内垂直裂隙发育，应注意其与上部岩溶水系统通过裂隙(或小的断层)沟通而导致高外水压力问题。隧洞埋深大，部分洞段穿越青天堡组(T_1q)泥岩等软岩地层，可能产生高地应力条件下的软岩变形问题。

新华村—小马厂段沿线地表高程3100～3300m，隧洞埋深一般1100～1250m，最大埋深约1399m。隧洞穿越中三叠统北衙组(T_2b)灰岩、白云岩，穿越的断裂主要有青石崖断裂($F_{Ⅱ-9}$)、$F_{Ⅱ-35}$断裂，断裂部位成洞条件差。隧洞前段主要下穿清水江-剑川Ⅴ-2岩溶水子系统，虽然该段围岩主要为灰岩、白云岩，但因隧洞已位于地下分水岭部位，可溶岩的岩溶化程度不高，且上覆有深厚的砂页岩隔水盖板，隧洞穿越于弱微岩溶化(或裂隙化)岩体之中，因沟通岩溶地下水而产生较大涌水、突水的可能性较小。后半段穿越鹤庆西山Ⅳ-5岩溶水子系统时，对该系统的疏干影响主要取决于上覆灰岩地层的岩溶发育下限及青石崖断裂($F_{Ⅱ-9}$)、$F_{Ⅱ-35}$断裂的深层导水性。经勘探钻孔(孔深681.10m)验证，高程595.90m以下即为北衙组下段(T_2b^1)灰岩夹泥岩、粉砂岩，岩溶不发育。线路位于该钻孔以西约1.6km处，更加靠近地下分水岭。该段隧洞在Ⅳ-5子系统西侧边界处的弱岩溶—非岩溶化岩体中穿越，对其影响不大。总体而言，该段隧洞虽存在高外水压力问题，但出现较大规模涌水、突水的可能性较小，对Ⅳ-5岩溶水子系统的影响也已降至最低。

小马厂—牛头山西侧山包段沿线地表高程3000～3250m，隧洞埋深一般1050～1250m，最大埋深达1388m。隧洞前段穿越青天堡组(T_1q)砂页岩和黑泥哨组(P_2h)砂岩、泥岩、页岩夹煤层，总体成洞条件较差，存在高地应力条件下的软岩大变形问题。黑泥哨地层含煤层，还可能存在有害气体问题。中后段以玄武岩组($P\beta$)为主，还存在硬岩岩爆的可能。该段地下水总体不丰，但因深埋于地下水位(最大埋深约840m)以下，岩体中垂直裂隙较发育，可能存在高外水压力条件下的隧洞裂隙性涌水问题。

牛头山西侧山包—东坡段沿线地表高程2900～3200m，隧洞埋深一般900～1200m，最大埋深约1557m。隧洞穿越中三叠统北衙组上段(T_2b^2)灰岩、白云岩，北衙组下段(T_2b^1)泥质条带灰岩、砂泥岩、灰岩，下三叠统青天堡组(T_1q)泥岩、砂岩夹页岩及二叠系玄武岩组($P\beta$)，末端穿越少量中窝组(T_3z)泥质灰岩。该段下穿鹤庆西山岩溶水系统Ⅳ-6子系统，据钻孔(孔深600.82m)揭露，高程2375m以上岩溶发育，以下岩溶不发育，且该线路靠近鹤庆西山Ⅳ-6岩溶水子系统尾部，同时远离地下水排泄点(羊龙潭和蝙蝠洞)，疏干影响程度小，但局部可能存在涌水、突泥等地质问题。末端穿越鹤庆-洱源断裂(F_{12})，存在洞室剪断破坏问题。同时因该断裂带在一定埋深范围(强烈溶蚀风化带)纵向呈中等透水—强透水性，赋水性较好，可能沟通上部储水构造，在高水头外水压力作用下有产生涌水、突泥的可能。

东坡—波罗村段沿线地表高程2200～2600m，隧洞埋深一般200～600m，最大埋深约705m。隧洞穿越松桂组(T_3sn)泥岩、页岩夹长石砂岩及煤线，后段穿越少量中窝组(T_3z)泥质灰岩，有产生软岩大变形的可能及有毒有害气体问题。

波罗村至线路终点沿线地表高程2020～2060m，隧洞埋深一般20～30m，最大埋深50～60m，最小埋深仅十余米。此段地表多为第四系残坡积碎石土夹透镜状黏土，下伏基岩为三叠系中窝组(T_3z)泥质灰岩和松桂组(T_3sn)泥岩、页岩夹砂岩及煤线，总体埋深浅，围岩稳定问题突出。

3. 中5-2线

中5-2线在红麦以北与中4线相同，在汝南河以南先后经过三面山、新华村、小马厂西山、大马厂王家村，在王家村南东166°方向约5km处，线路走向经弧形转至南东117°，途经上窝、陈家坡，于大坑山再经弧形转折后，与中4线重合，直至隧洞出口松桂，线路总长63.43km。

1)基本地质条件

穿越区主要为高—中山地貌，山顶高程一般为2900～3350m，线路以长隧洞穿越。汝南河槽谷以北隧洞埋深一般600～1000m，最大埋深1137m；槽谷以南隧洞埋深一般900～1200m，最大埋深1412m。沿线主要出露地层及穿越的主要断裂与中4线、中5-1线大体相同。隧洞穿越软岩累计长度10.88km(含断层带宽度)，约占整个洞段长度的17.15%。可溶岩洞段穿越累计长度21.46km，占整个洞段的33.83%。线路南端多穿越了一条芹菜塘断裂($F_{Ⅱ-10}$)，断裂走向一般与线路夹角40°～70°，部分断裂近垂直相交。断裂规模大，对地下水的储存及运移具一定控制作用。

沿线碳酸盐岩地层分布范围较广，岩溶发育较强烈，地表、地下岩溶类型齐全。沿线主要穿越白汉场岩溶水系统、拉什海岩溶水系统、清水江-剑川岩溶水系统、鹤庆西山岩溶水系统。线路穿越地层岩性较复杂，沿线地下水埋深数十米至400余米，局部地段具承压性。各岩性组有不同的风化特征，且受构造、地形、分布位置等多种因素影响。下泥盆统冉家湾组(D_1r)、中泥盆统穷错组(D_2q)岩体强风化厚度一般20～50m，局部呈夹层风化；二叠系玄武岩组($P\beta$)岩体强风化厚度一般20～40m，局部达50m以上；上三叠统松桂组(T_3sn)岩体强风化厚度一般15～35m；中三叠统北衙组(T_2b)及上三叠统中窝组(T_3z)岩溶地层表现出溶蚀风化的特点，钻孔揭露北衙组上段(T_2b^2)强溶蚀风化带厚度一般175～490m，中窝组(T_3z)表层强溶蚀风化带厚度一般10～40m，局部沿构造带深度较大。

隧洞围岩初步分类：Ⅲ类围岩长19.13km，占隧洞长度的30.16%；Ⅳ类围岩35.81km，占隧洞长度的56.46%；Ⅴ类围岩8.49km，占隧洞长度的13.38%。Ⅳ、Ⅴ类围岩约占隧洞长度的69.84%，洞室围岩稳定问题最为突出。

2)工程地质评价

隧洞穿越金沙江、澜沧江分水岭，地壳活动性较强，隧洞可能存在高地应力、地温、岩爆、软岩变形、岩溶及涌水、高外水压力等一系列工程地质问题，同时还可能存在疏干地下水引起的环境地质问题。

线路起点至小马厂段与中5-1线重合，不再赘述。

小马厂—上窝段沿线地表高程3050～3200m，地形较连续，略有起伏。隧洞埋深一般1050～1200m，最大埋深约1412m，前段穿越下三叠统青天堡组(T_1q)泥岩、泥质粉砂岩，上二叠统黑泥哨组(P_2h)砂页岩夹灰岩及煤线，中后段穿越二叠系玄武岩组($P\beta$)。前段地表为鹤庆西山Ⅳ-5岩溶水子系统，如前所述，隧洞遭遇较大规模涌水、突水的可能性不大，线路末端已避开鹤庆西山Ⅳ-6岩溶水子系统。前段穿越软岩地层，埋深大，可能存在软岩大变形问题。黑泥哨组地层含煤层，还可能存在有害气体问题。穿越玄武岩段时，可能存在高地应力条件下的硬岩岩爆问题。该段中部穿越不同规模的断层破碎带，可能产生高外水压力条件下的裂隙性隧洞渗涌水问题。末端穿越鹤庆-洱源断裂(F_{12})，存在洞室剪断破坏问题。同时，断裂带纵向呈中等透水—强透水性，赋水性较好，可能沟通上部储水构造，在高水头外水压力作用下有产生涌水、突泥的可能。

上窝—狮子山段沿线地表高程一般2600～2950m，地形总体北高南低，存在较大的起伏。隧洞埋深一般650～950m，最大埋深约1315m，最小埋深约95m。隧洞穿越上三叠统中窝组(T_3z)泥质灰岩，中三叠统北衙组上段(T_2b^2)灰岩、白云岩及上三叠统松桂组(T_3sn)泥岩、页岩夹砂岩及煤线，成洞条件差，存在软岩大变形问题及毒害气体问题。

狮子山至线路终点沿线地表高程2080～2020m，隧洞埋深一般30～70m，少量埋深小于30m。隧洞主要穿越第四系残坡积碎石土及透镜状黏土及三叠系松桂组(T_3sn)砂泥岩夹页岩、中窝组(T_3z)泥质灰岩等，总体成洞条件差，局部浅埋段围岩稳定问题更为突出。

三、西线方案

西2线自线路起点(石鼓冲江河右岸)沿南西192°方向，途经曼克来、金普、水地清、金龙河、桃园河、石宝山、金鸡山、西火山等地，在金鸡鸣水库一带跨越黑惠江，线路走向转至南东120°，后经吉莱坪、石照碧至洱源盆地南西麓大南山一带，线路呈近东西向横跨洱源盆地、弥苴河，于下山口处转至南东111°，后经观音山直至终点下河坝，总长119.81km。

1)基本地质条件

线路以长隧洞穿越为主，在金鸡鸣电站附近以渡槽型式跨越黑惠江，在右所盆地边缘宋家园附近输水线路为傍山明渠方式。石鼓至金鸡鸣电站穿越段，线路呈北北西向展布，地面高程一般2200～

2900m，以中山地貌为主，隧洞埋深一般300～800m，最大埋深1046m，沿线地形起伏大，局部丹霞地貌特征明显。线路常穿越北西西向的深切沟谷，沟谷内水源丰富，分布有双河、永丰、龙门邑等水库。金鸡鸣电站跨越段，黑惠江宽350～600m，河床地面高程约1980m，渡槽架空高度15m左右；苍山穿越段，线路呈北西向展布，地面高程2100～3300m，西高东低，西部为高山地貌，隧洞埋深600～1285m，东部为中低山地貌，隧洞埋深300～400m；上村水库至大把关段，线路整体呈北西西向展布，地面高程2060～2350m，沿线为洱源盆地、右所盆地及盆地边缘的中低山地貌，隧洞埋深一般150～320m，浅者60～100m，深者420m左右。

西2线沿线出露的地层主要有前寒武系苍山群一至三段（$An\in cn^1 \sim An\in cn^3$），下奥陶统向阳组（$O_1x$），下泥盆统康廊组（$D_1k$）、莲花曲组（$D_1l$）、冉家湾组（$D_1r$），中泥盆统穷错组（$D_2q$），二叠系玄武岩组上段（$P\beta^3$），下三叠统（$T_1$），中三叠统北衙组（$T_2b$），上三叠统歪古村组（$T_3w$）及古近系（E）、新近系（N）、第四系（Q）。其中古近系包括云龙组（Ey）、果郎组（Eg）、宝相寺组（Eb）、丽江组（El）、金丝厂组一段（Ej^1）等以紫红色为主的河湖相沉积地层。新近系为双河组（N_1s）、剑川组（N_2j）、三营组（N_2s）等以灰色为主的河湖相沉积地层。古近系和新近系地层沿线分布的累计长度55.6km，约占西2线总长的46.4%。沿线可溶岩出露累计长度36.2km（其中大理岩和变质灰岩约11km），占西2线总长的30.2%。

沿线发育的北北东向断裂有拖顶-开文断裂（F_5）、大栗村断裂（F_9）、龙蟠-乔后断裂（F_{10}），3条断裂走向均与线路平行，其中龙蟠-乔后断裂为区域性断裂，与线路长距离伴行。在洱源至大把关一带发育3条北北东向大断裂与线路大角度相交。与线路有关的北北西向断裂主要有金沙江断裂束，在沙溪至乔后一带抵黑惠江，与龙蟠-乔后断裂（F_{10}）相交，其中有三支与线路大角度相交，乔后以南该断裂束穿苍山，对山脉走向起控制作用。北东东向断裂主要分布在苍山一带，规模不大，与线路相交的断裂有3条。与线路相关的北西向断裂主要是苍山山前断裂，该断裂为红河断裂的北段，属基底断裂，隐伏于右所盆地第四系堆积物以下，盆地西侧可见线性分布的断层崖，在弥苴河下山口附近，该断裂与线路可能相交，夹角约40°。龙蟠-乔后断裂（F_{10}）、金沙江断裂束及红河断裂对区内地貌及地表水、地下水均起一定的控制作用。

沿线碳酸盐岩地层分布范围不大，冉家湾组（D_1r）、穷错组（D_2q）、苍山群二至三段（$An\in cn^2 \sim An\in cn^3$）等地层地表岩溶发育程度一般较轻微，宝相寺组（$Eb$）、丽江组（$El$）、康廊组（$D_1k$）、北衙组（$T_2b$）等地层岩溶发育程度为中等—强烈。地表岩溶分布不多，沿线主要穿越三河岩溶水系统、石宝山隐伏岩溶水系统、洱源苍山岩溶水系统，各岩溶水系统主要向黑惠江或洱源盆地进行排泄。沿线地下水埋深数十米至400余米，局部地段具承压性。沿线地层结构及岩性较复杂，且受构造、地形、分布位置等多种因素影响，各岩性组有不同的风化特征。古近系和新近系泥岩、页岩、砂岩、砾岩地层，二叠系玄武岩组（$P\beta$）及侵入岩等岩体强风化带厚度一般20～40m，局部达50m以上，一般表现为均匀风化的特征。前寒武系苍山群二至三段（$An\in cn^2 \sim An\in cn^3$）、下泥盆统康廊组（$D_1k$）、中三叠统北衙组（$T_2b$）、上三叠统中窝组（$T_3z$）、古近系宝相寺组（$Eb$）及丽江组（$El$）等可溶岩地层表现出溶蚀风化的特点，强溶蚀风化带厚度一般5～30m，局部沿构造带风化深度较大。

隧洞围岩初步分类：Ⅱ类围岩2.45km，占线路长度的2.04%；Ⅲ类围岩53.33km，占线路长度的44.51%；Ⅳ类围岩38.49km，占隧洞线路长度的32.13%；Ⅴ类围岩25.54km，占隧洞线路长度的21.32%。Ⅳ、Ⅴ类围岩约占隧洞长度的53.45%，洞室围岩稳定问题较为突出。

2）工程地质评价

西2线主要为隧洞穿越，仅局部为渡槽跨越，沿线地壳活动性较强，分布数条全新世活动断裂，存在隧洞抗剪断问题、膏盐地层腐蚀性问题、软岩及煤系地层成洞问题、高地热问题、岩溶及岩脉蚀变带的涌水问题、古近系下伏地层不明问题，深埋隧洞还可能存在高地应力、岩爆、软岩变形、高外水压力等一系列复杂工程地质问题，同时也可能对当地环境水造成不利影响。

线路起点至老吾鸡段线路大致呈南北向展布，沿线地表高程一般2500～2900m，隧洞埋深一般

550～850m，最大埋深1043m，最小埋深约225m。隧洞穿越中泥盆统（D_2q）片岩夹灰岩，下泥盆统（D_1r）石英砂岩、板岩、绢云（石英）片岩夹灰岩，主要穿越非碳酸盐地层，岩溶地下水问题仅局部存在。隧洞夹于拖顶-开文断裂（F_5）与大栗树断裂（F_9）之间，与断裂平行展布，受断裂影响，隧洞围岩稳定问题较突出。隧洞埋深大，存在软岩变形问题。

老吾鸡—桃园河段大致呈南北向展布，沿线地表高程一般2500～2900m，冲沟部位2250～2400m，隧洞埋深一般450～850m，最大埋深912m，最小埋深约350m。该段线路地层结构相对较复杂，一般地段具双层结构，上部主要为古近系和新近系，为古盆地河湖相沉积形成的一套砂岩、泥岩、页岩、砾岩，部分地段夹石灰质砾岩、灰岩及煤层，下部老地层可能为泥盆系及三叠系，其具体层位、岩性、分布特征较难查清，泥页岩段成洞条件差。隧洞穿越三河岩溶水系统，其中漏斗、溶洞、暗河等岩溶管道系统发育，地下水丰富，周边可见岩溶大泉分布，隧洞在其中穿越可能存在突水、突泥及地下水疏干影响等问题。隧洞与东侧的龙蟠-乔后断裂（F_{10}）伴行，二者平距2.5～4.0km，受断层影响，部分洞段围岩可能存在稳定问题。隧洞穿越大马坝坝南断裂（F_{II-29}）与金龙河断裂，该洞段地下水相对较丰，涌水及洞室稳定问题更为突出。另外，该段线路附近分布金龙河、满贤林、龙门邑等小型水库，隧洞穿越可能会导致水库产生一定的渗漏。

桃园河—黑惠江段主要为隧洞穿越，过黑惠江为渡槽跨越，线路大致呈南北向展布。沿线地表高程一般2300～2600m，冲沟部位2100～2200m，隧洞埋深一般400～600m，最大埋深716m，最小埋深160m。隧洞穿越地层结构相对较复杂，绝大部分地段具双层结构，上部主要为古近系地层，为古盆地河湖相沉积形成的一套砂岩、泥岩、砾岩，石宝山风景区一带分布较多宝相寺组（Eb）石灰质巨砾岩，下部老地层可能为下泥盆统康廊组（D_1k）白云质灰岩及上三叠统歪古村组（T_3w）千枚岩、砂岩夹少量火山岩，隧洞穿越的围岩地层亦具不确定性。隧洞穿越砾质灰岩及白云质灰岩时存在岩溶问题，穿越泥岩、千枚岩及膏、盐地层时存在洞室围岩稳定问题。穿越石宝山隐伏岩溶水系统可能存在突水、突泥及地下水疏排影响等问题。隧洞穿越断裂洞段存在围岩稳定与涌水、涌泥等问题，穿越金沙江断裂（F_1）与龙蟠-乔后断裂（F_{10}）时，还存在剪断破坏问题。另外，该段沿黑惠江分布米子坪、金鸡鸣等小型水库，引水隧洞的穿越可能会引起水库产生一定渗漏。

黑惠江—大南山段穿越苍山，线路大致呈东西向展布，沿线地表高程2200～3200m，隧洞埋深350～1000m，最大埋深1285m，最小埋深130m左右。隧洞穿越前寒武系苍山群一至三段（$An\in cn^1$～$An\in cn^3$）大理岩、白云质灰岩夹片岩及板岩、千枚岩、片岩，千枚岩、片岩、板岩洞段成洞条件差，深埋洞段还存在软岩大变形问题。隧洞穿越洱源苍山岩溶水系统，可能遇到顺构造带的岩溶管道系统，存在突水、突泥及洞室稳定等问题，同时可能会改变局部地下水系统的空间分布特征，对洱源盆地局部地下水的补给造成一定影响。

大南山—下中村段穿越洱源盆地，线路大致呈东西向展布，沿线地表高程2060～2070m，隧洞埋深60～80m，洱源盆地第四系分布厚30～50m的冲湖积及洪积层砂质黏土、砂砾石，结构松散，赋存承压水，水量较丰。隧洞顶部稳定岩体厚度小，部分偏薄，存在围岩稳定及突水、突泥问题。隧洞位于洱源盆地地热高值异常区附近，周边温泉、热泉普遍分布，线路上可能存在区域性基底断裂通过，隧洞穿越时可能会遇到高地热及区域性断裂，隧洞施工技术难以逾越。

下中村—弥苴河段呈东西向展布，地表高程2180～2300m，隧洞埋深150～320m。隧洞穿越下泥盆统莲花曲组（D_1l）页岩夹燧石结核灰岩及生物灰岩，二叠系玄武岩组（$P\beta$）致密状及杏仁状玄武岩，中三叠统北衙组下段（T_2b^1）条带灰岩、泥灰岩夹砂岩、板岩，下三叠统（T_1）泥岩、砂岩、砾岩等。中段与南北向及北东向的断层相交，存在涌水及洞室稳定问题。东端穿越弥苴河，河床高程约2035m，隧洞埋深仅30～40m，存在洞室稳定与渗涌水风险。同时，此部位距最近的一处下山口热泉（94℃）仅400m左右，隧洞穿越时可能遇到高地热，施工难度相当大。

弥苴河—锅盖顶段穿越右所盆地边缘，线路大致呈东西向展布，沿线地表高程一般2100～2300m，隧洞埋深一般100～350m，局部20～40m。隧洞穿越二叠系玄武岩组（$P\beta$）致密状及杏仁状玄武岩，宋家园一带地势相对较低，为宽阔的沟状地形，此段线路为浅埋隧洞或傍山明渠，存在洞室及边坡稳定问题。另外，附近大丽高速路隧洞口施工时，有揭露到地下热泉（40℃以上）的现象，引水隧洞位置相对大丽高速路更低，穿越施工过程中揭露到地下热泉的可能性较大，施工难度较大。

锅盖顶至线路终点（接下河坝隧洞）大致呈东西向展布，沿线地表高程2040～2400m，隧洞埋深一般50～420m。隧洞穿越中三叠统北衙组上段（T_2b^2）灰岩、白云质灰岩，北衙组下段（T_2b^1）条带灰岩、泥灰岩夹砂岩、板岩，下三叠统（T_1）泥岩、砂岩、砾岩等，后段穿越二叠系玄武岩组（$P\beta$）致密状及杏仁状玄武岩。隧洞穿越断层洞段岩体相对破碎，地下水较多，存在洞室稳定与渗涌水问题，灰岩洞段岩溶较发育，其渗涌水问题更为突出。

第四节 线路比选研究

本节主要从东、中、西线方案各代表线路存在或可能存在的岩溶地下水疏干与环境影响、重大（或制约性）的工程地质问题以及线路长度与线路形态、隧洞施工条件等方面进行综合分析比较，提出相对较优的线路方案。

一、基于岩溶地下水环境影响问题的线路比较

线路比选研究区可溶岩分布广泛，岩溶发育，东、中、西线方案各代表线路均不同程度地穿越可溶岩地层，比选研究区分布11个规模较大的岩溶水系统（表5-1）。马耳山两侧的鹤庆盆地与剑川盆地地势平坦，人口众多，盆地边缘有大量岩溶泉出露，它们是众多居民生产、生活的主要水源，在隧洞穿越过程中可能存在突水、突泥等重大工程地质问题，若处置不当还有可能引发岩溶地下水疏干而导致环境影响。下面就各方案比选线路隧洞穿越可溶岩地层和岩溶水系统时可能存在的地质问题，以及对地下水疏干与环境的影响进行深入研究和比较。

1. 东线方案

从地表看，东线方案2条线路主要涉及或影响拉什海岩溶水系统、文笔海岩溶水系统、南溪-拉郎岩溶水系统、鹤庆西山Ⅳ-1子系统（图6-3）。

拉什海岩溶水系统为两个向斜夹一个背斜的褶皱构造，褶皱向北部拉什海方向倾伏，南部为翘起端。分析认为，东1线可能位于该系统以下非岩溶地层中，且距离岩溶地下水排泄点远，疏干影响不大；东2线处于向斜北部倾伏端，隧洞穿越该系统（深部向金沙江排泄的径流区）的可能性极大，且距离岩溶地下水排泄点之一的拉什海已很近，存在重大疏干风险（图6-4）。

文笔海岩溶水系统大致呈北东向分布，东1线不涉及此岩溶水系统；东2线下穿该系统，且距离岩溶地下水排泄点（文笔海）仅2km左右，存在重大疏干风险。

南溪-拉郎岩溶水系统呈长条状南西向分布，区内地层中发育北东向褶皱构造，地表主要有南溪、拉郎、后山村等大型洼地，洼地总体北高南低，排泄泉主要为系统南侧的汝南河河源上升泉。东1线涉及此系统，隧洞从该系统排泄区附近穿越，疏干汝南河河源排泄泉的可能性较大。

鹤庆西山Ⅳ-1子系统分布于鹤庆盆地北部（草海以北）西山，呈北东—东西向不规则条带状，两条线路均穿越该系统（图6-3），存在疏干风险。物探显示，该系统在隧洞高程附近存在较大范围低阻区，岩溶可能较发育。同时由于该系统在鹤庆西山的排泄泉流量较大，存在疏干观音峡泉群、新民村泉、黑龙潭、小龙潭等岩溶泉的风险，造成的环境地质问题较为严重。

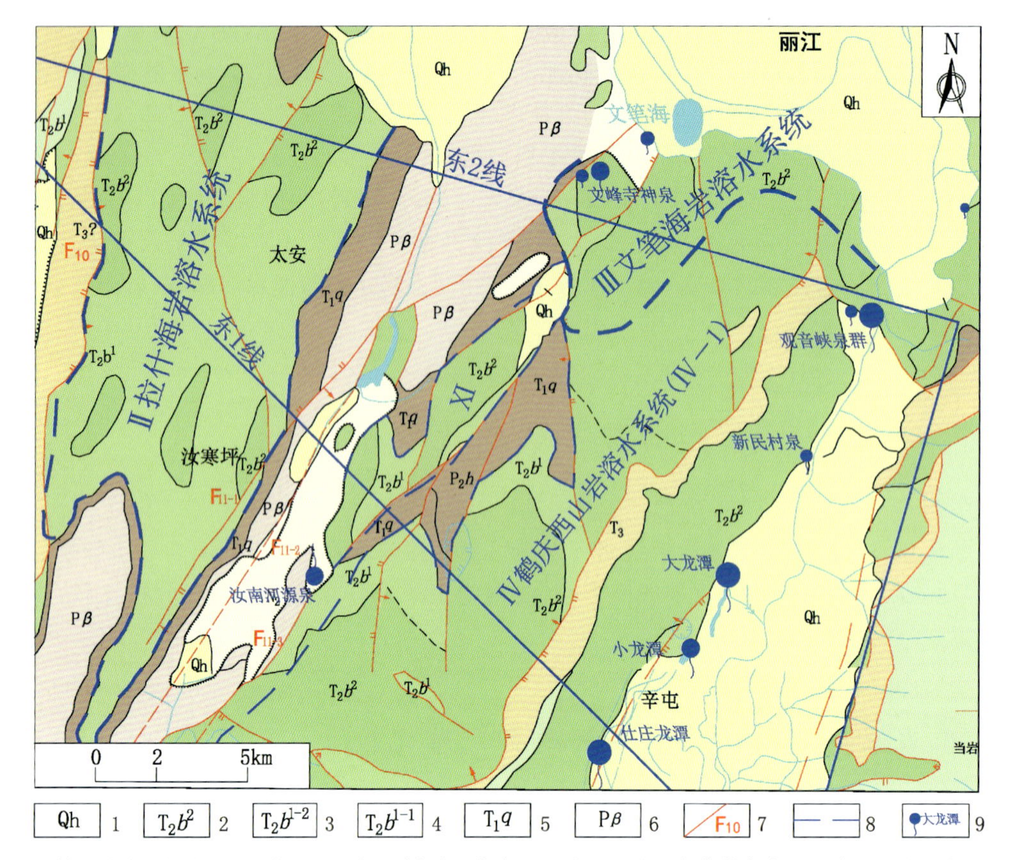

1. 第四系黏土夹砾石；2. 北衙组上段白云质灰岩及灰岩；3. 北衙组下段上部条带灰岩；4. 北衙组下段下部泥质灰岩夹砂泥岩；5. 青天堡组砂岩、泥岩及页岩互层；6. 玄武岩；7. 断裂及编号；8. 岩溶系统界线；9. 泉及名称。

图 6-3　东线方案与岩溶水系统关系示意图

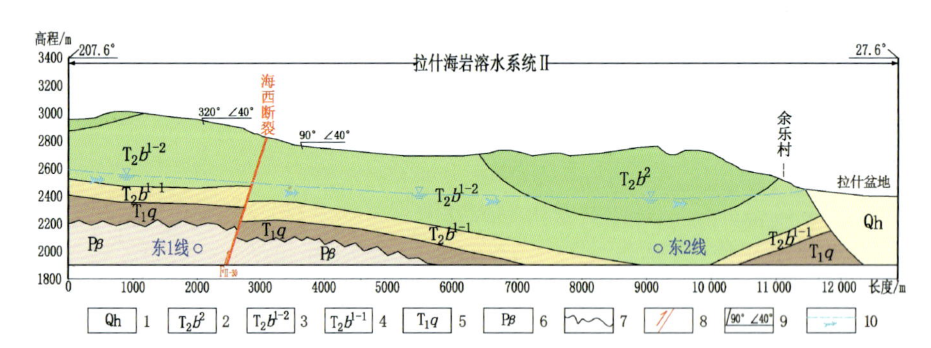

1. 第四系黏土夹砾石；2. 北衙组上段白云质灰岩及灰岩；3. 北衙组下段上部条带灰岩；4. 北衙组下段下部泥质灰岩夹砂泥岩；5. 青天堡组砂岩、泥岩及页岩互层；6. 玄武岩；7. 不整合界线；8. 逆断层；9. 地层产状；10. 地下水位线及流向。

图 6-4　隧洞穿越拉什海岩溶水系统剖面示意图

鹤庆东山岩溶水系统(Ⅵ)分布在鹤庆盆地东侧东山区域，呈南北向长条形，岩溶发育强度中等，隧洞沿鹤庆东山穿越时，从该岩溶水系统的排泄区穿过，由于隧洞的埋藏深度不大，可能遭遇较强岩溶发育带，有疏干鹤庆东山岩溶水系统地下水的可能，进而可能破坏环境水的循环系统。

2. 中线方案

中线方案的中 4 线、中 5-1 线、中 5-2 线在红麦盆地以北重合，三线路地表主要涉及或影响白汉场岩溶水系统、拉什海岩溶水系统、清水江-剑川岩溶水系统、鹤庆西山岩溶水系统(图 6-5)。据宏观分析判断，隧洞位于白汉场岩溶水系统及拉什海岩溶水系统边缘、底界面以下深处，由于断裂沟通可能存在一定疏干影响，但影响程度有限，不存重大岩溶水疏干问题。线路可能产生疏干影响的对象主要为清水江-剑川Ⅴ-1岩溶水子系统和鹤庆西山Ⅳ-5、Ⅳ-6岩溶水子系统。

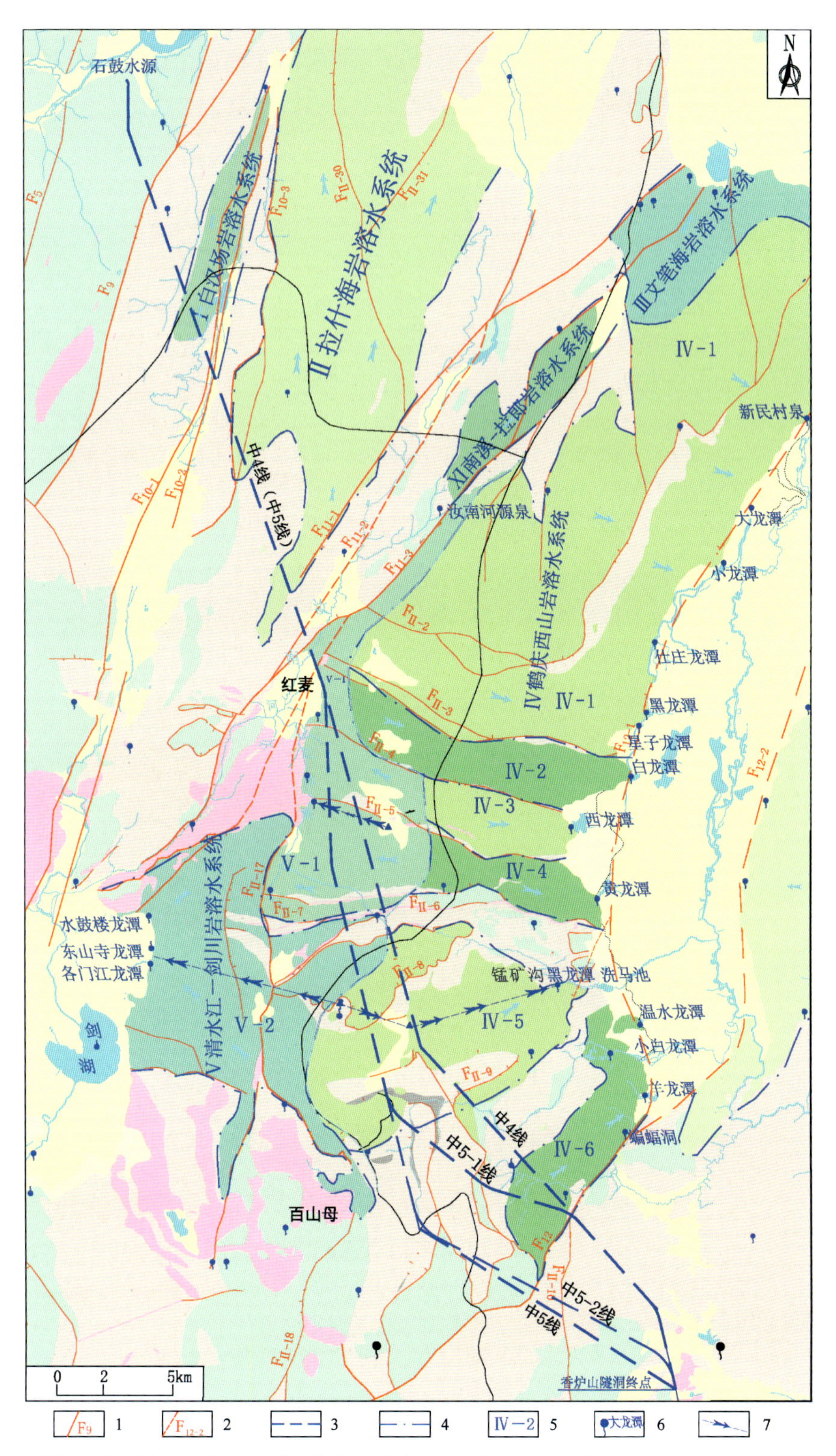

1.断裂及编号；2.推测断层及编号；3.隧洞线路；4.岩溶系统界线；5.岩溶系统编号；6.泉及名称；7.地下水流向。

图6-5　中线方案比选区岩溶水系统分布示意图

清水江-剑川Ⅴ-1岩溶水子系统被多条东西向逆冲断裂(沿断裂均有青天堡组砂页岩出露)分割成相对独立的岩溶地块。钻孔揭示高程2600m以下为北衙组下段下部的砂泥岩,与灰岩互层,高程2668m以下为松桂组砂岩、泥岩。据分析,中5-1线、中5-2线隧洞位于北衙组以下非岩溶化地层中,中4线隧洞大部分可能位于青天堡组(T_1q)及玄武岩($P\beta$)等非岩溶化地层中(图6-6),隧洞遭遇强烈岩溶和发生重大岩溶地下水疏干的可能性不大。

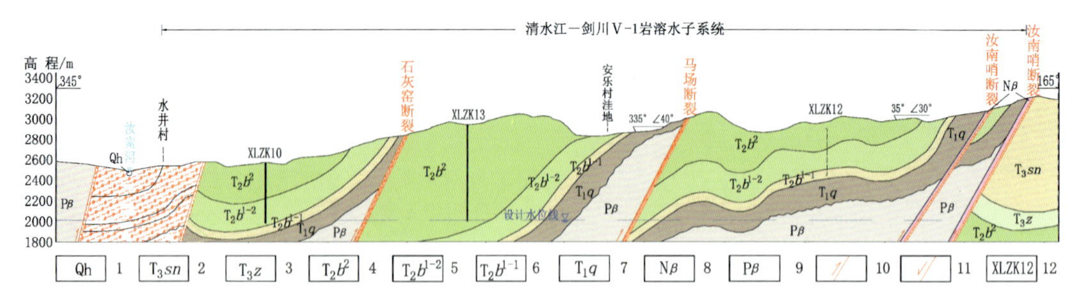

1.残坡积块石及碎石土;2.松桂组砂岩、泥岩及页岩夹煤线;3.中窝组灰岩夹砂、泥岩;4.北衙组上段白云质灰岩及灰岩;5.北衙组下段上部泥质灰岩;6.北衙组下段下部砂、泥岩夹少量灰岩;7.青天堡组砂岩、泥岩及页岩互层;8.侵入岩组;9.玄武岩组;10.逆断层;11.正断层;12.钻孔编号。

图6-6　清水江-剑川岩溶水系统剖面图

鹤庆西山Ⅳ-5岩溶水子系统位于鹤庆西山,其与清水江-剑川Ⅴ-2岩溶水子系统的地下分水岭位于东甸洼地部位。主要排泄泉为锰矿沟黑龙潭(洗马池),流量为$1m^3/s$。中线方案3条线路穿越该岩溶水子系统的位置关系及地层结构见图6-7、图6-8。

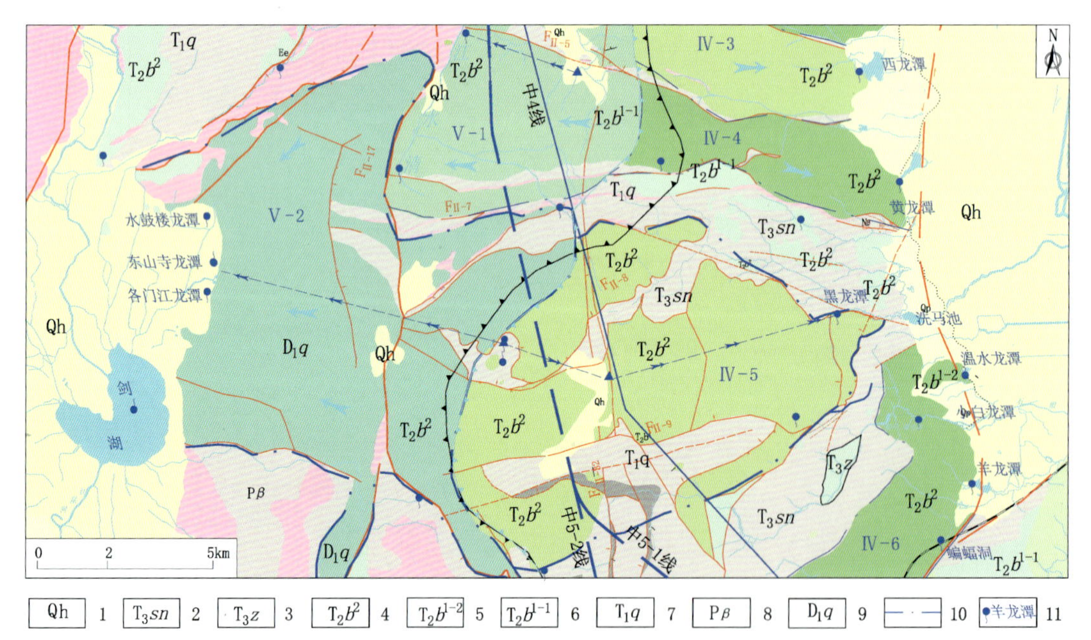

1.第四系全新统;2.松桂组砂岩、泥页岩夹煤线;3.中窝组泥质灰岩;4.北衙组上段灰岩、白云质灰岩及白云岩;5.北衙组下段上部条带灰岩;6.北衙组下段下部泥质灰岩夹粉砂岩、泥岩;7.青天堡组砂岩、泥岩;8.玄武岩;9.青山组灰岩;10.岩溶系统界线;11.泉及名称。

图6-7　中线方案线路与Ⅳ-5岩溶水子系统关系示意图

中4线在中2线的基础上向西平移3.5～5km,更靠近地下水分水岭部位。钻孔揭示岩溶发育程度显著降低,且有非岩溶岩组的隔挡。已实施的钻孔揭示高程2396m以下岩性为北衙组下段(T_2b^{1-1})灰岩夹泥岩、粉砂岩,岩溶不发育,隧洞遭遇强烈岩溶和疏干地下水的风险很低。中5-1线、中5-2线在中4线基础上向西偏移1.5～2.5km至小马厂西山,线路基本位于分水岭岭脊部位,深部碳酸盐岩属弱微岩溶化岩体,隧洞遭遇岩溶和疏干地下水的风险很小。

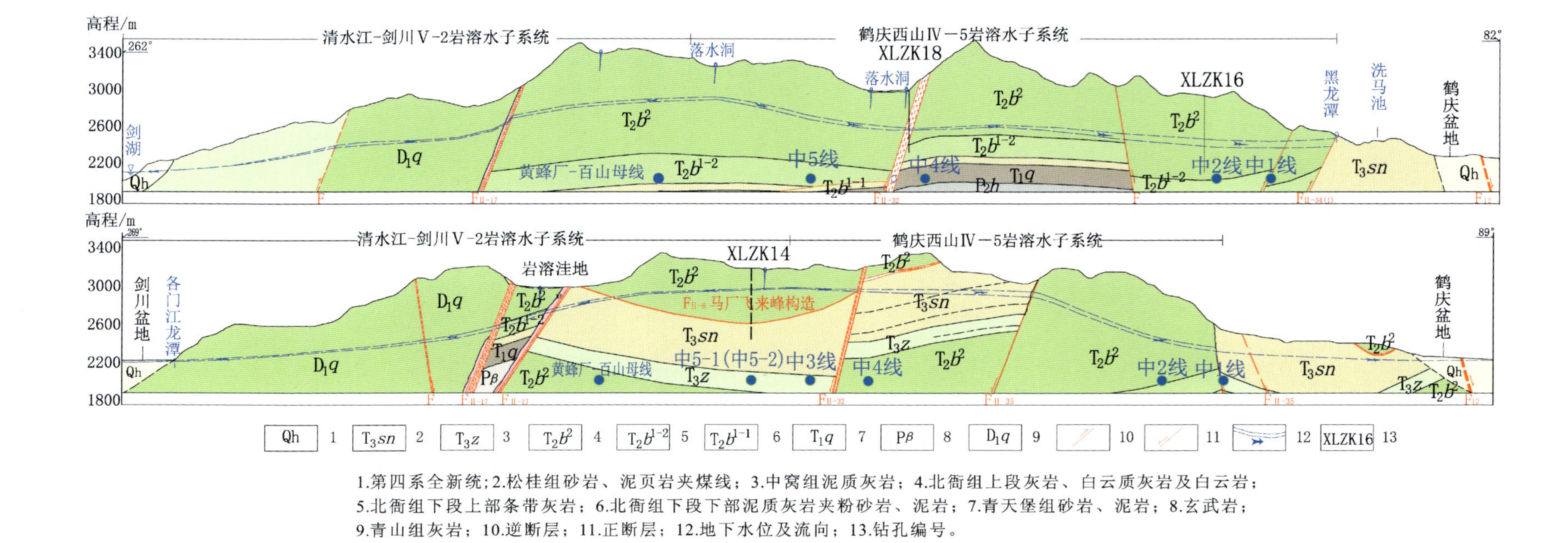

1.第四系全新统；2.松桂组砂岩、泥页岩夹煤线；3.中窝组泥质灰岩；4.北衙组上段灰岩、白云质灰岩及白云岩；5.北衙组下段上部条带灰岩；6.北衙组下段下部泥质灰岩夹粉砂岩、泥岩；7.青天堡组砂岩、泥岩；8.玄武岩；9.青山组灰岩；10.逆断层；11.正断层；12.地下水位及流向；13.钻孔编号。

图6-8　Ⅳ-5及Ⅴ-2岩溶水子系统剖面示意图

鹤庆西山Ⅳ-6 岩溶水子系统位于鹤庆盆地南端西山，主要排泄泉有小白龙潭、羊龙潭及蝙蝠洞，流量分别为 $0.5m^3/s$、$0.29m^3/s$ 和 $0.04m^3/s$。中线方案 3 条线路与该岩溶水子系统的位置关系及地层结构见图 6-9、图 6-10。

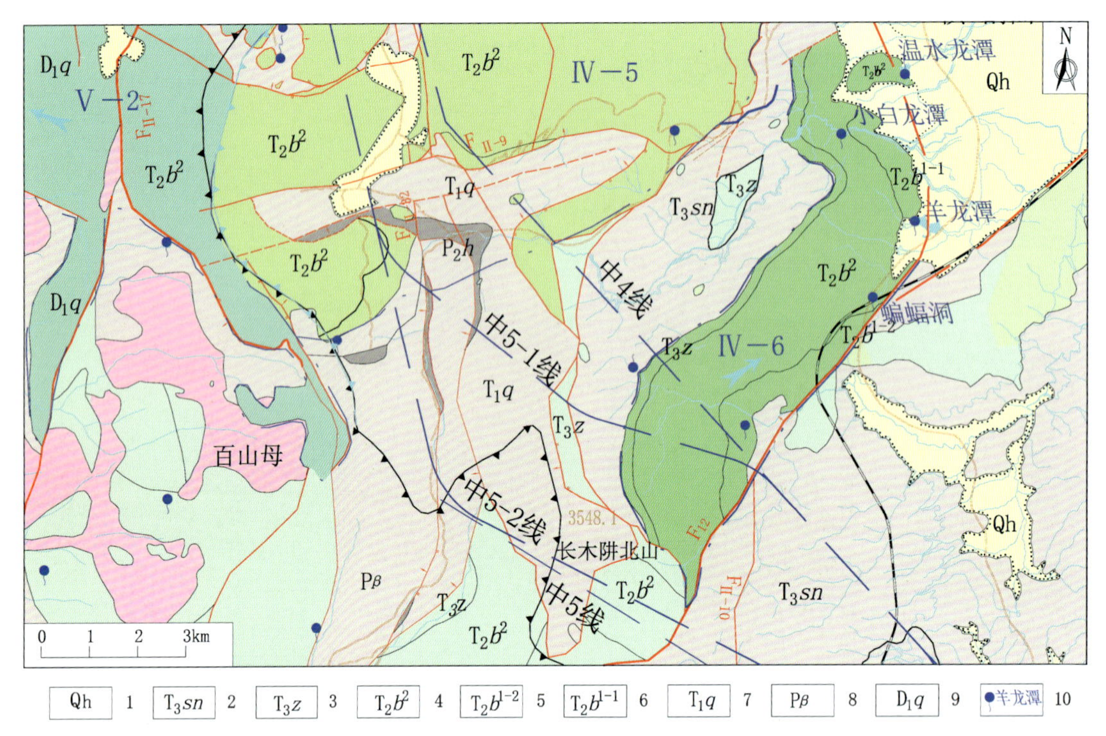

1. 第四系更新统；2. 松桂组砂岩、泥页岩夹煤线；3. 中窝组灰岩；4. 北衙组上段灰岩、白云质灰岩及白云岩；5. 北衙组下段上部条带灰岩；6. 北衙组下段下部泥质灰岩夹粉砂岩、泥岩；7. 青天堡组砂岩、泥岩；8. 玄武岩；9. 青山组灰岩；10. 泉及名称。

图 6-9 中线方案线路与Ⅳ-6 岩溶水子系统关系图

该岩溶水子系统地表岩溶发育强烈。中 4 线位于地下水的补给区北长箐一带，距离排泄泉羊龙潭和蝙蝠洞 4～6km，且线路埋深增加至 550～900m，线路更靠近 Pβ 玄武岩与地下水分水岭，隧洞穿越时对该岩溶水子系统的影响很低。中 5-1 线也位于鹤庆西山Ⅳ-6 岩溶水子系统的补给区（北长箐），线路更靠近岩溶水系统西侧岩性边界及地下水分水岭，距离该系统的排泄泉羊龙潭和蝙蝠洞 4～6km，高程 2000m 处大部已偏至系统边界之外，且埋深已达 550～900m，碳酸盐岩已属弱微岩溶化岩体，隧洞遭遇岩溶和疏干地下水的风险很小。中 5-2 线已避开该系统。

3. 西线方案

西线方案的代表性线路为西 2 线。沿线无大范围强烈岩溶地层分布，可溶岩主要为中等岩溶—弱岩溶的古近系、新近系和苍山群变质灰岩。线路穿越九河—剑川以西盆地时，主要涉及三河岩溶水系统、石宝山隐伏岩溶水系统，穿越苍山北麓时还涉及洱源苍山岩溶水系统（图 6-11）。

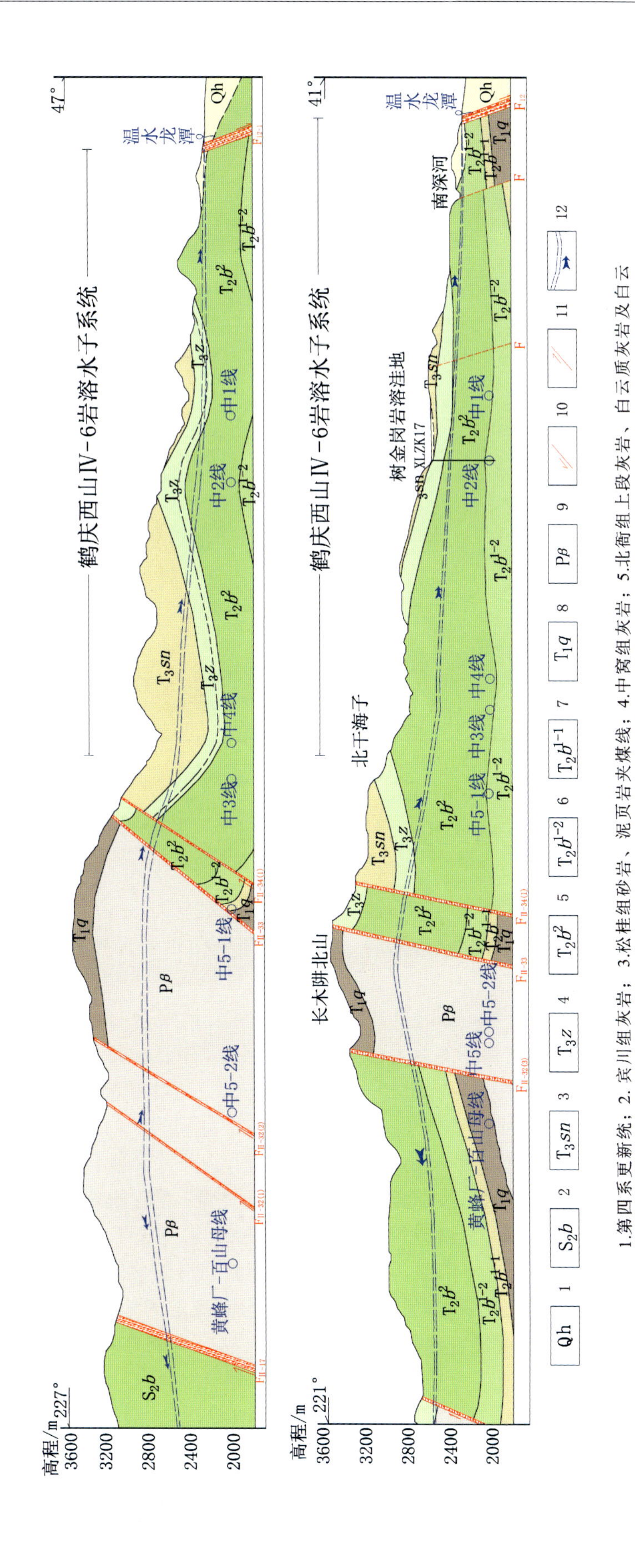

1.第四系更新统；2.宾川组灰岩；3.松桂组砂岩、泥页岩夹煤线；4.中窝组灰岩；5.北衙组上段灰岩、白云质灰岩及白云岩；6.北衙组下段上部条带灰岩；7.北衙组下段下部泥质灰岩夹粉砂岩、泥岩；8.青天堡组砂岩、泥岩；9.玄武岩；10.正断层；11.逆断层；12.地下水位线及流向。

图6-10　鹤庆西山IV-6岩溶水子系统剖面图

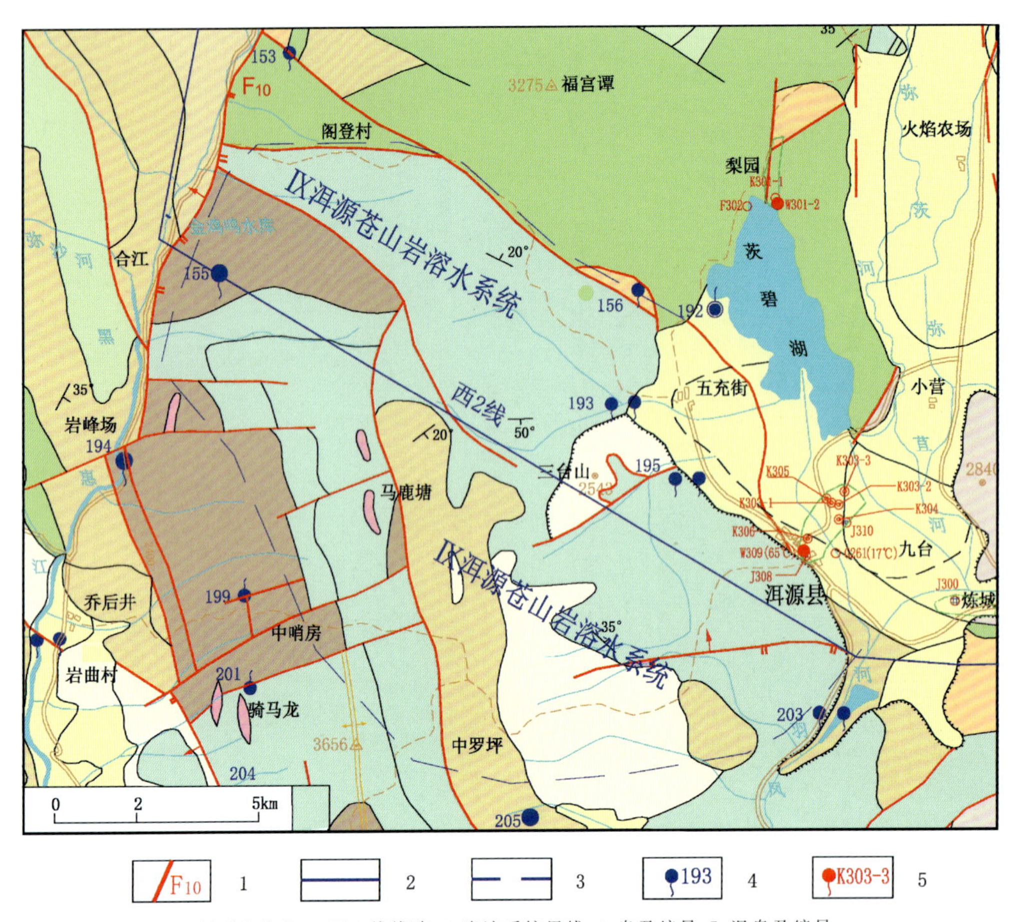

1.断裂及编号;2.西2线线路;3.岩溶系统界线;4.泉及编号;5.温泉及编号。

图 6-11　西线方案与洱源苍山岩溶水系统关系示意图

三河岩溶水系统主要为一套古近系丽江组(El)地层,中上部为砂岩、泥岩夹砾岩,见灰岩夹层,下部为石灰质角砾岩,三河以北发育有较多的漏斗、落水洞,在侵蚀基准面附近发育有小型溶洞及溶孔,地表无明显泉点,隧洞对地下水的影响有限。

石宝山隐伏岩溶水系统主要为一套古近系宝相寺组(Eb)砂、砾岩地层,砂岩内夹泥岩,但在石宝山西侧分布有泥盆系康廊组(D_1k)灰岩,岩溶中等发育。初步分析认为,石宝山以下可能分布有隐伏的岩溶地层,该岩溶水系统地表水及地下水均往东排向黑惠江,但地表无明显泉水点。钻孔揭示隧洞多穿越非岩溶地层,隐伏岩溶与工程关系不明显。

洱源苍山岩溶水系统主要为一套前寒武系苍山群变质岩,岩性主要为大理岩、片岩及白云质灰岩,总体岩溶发育较弱,但北北西向金沙江断裂、红河断裂及北北东向龙蟠-乔后断裂、鹤庆-洱源断裂等多条区域性大断裂在此交会,断裂密集发育,沿断裂带溶蚀较发育,地表水及地下水向苍山东西两侧的洱源和黑惠江排泄,有较多泉点出露,以常温下降泉为主。但因北侧紧邻洱源盆地九台至炼城一带分布有较多的热泉(井),且产气磺、芒硝,富含 H_2S 气体,说明地下有均匀而稳定的地热源,隧洞穿越区的苍山群大理岩、白云质灰岩可能存在热水岩溶及岩溶硫化现象,隧洞穿越时可能存在洞室突水、突泥及地下水的渗漏问题,并对局部地下水环境造成一定影响。

综上所述,从可能产生岩溶地下水疏干的地质条件及环境影响看,西 2 线相对较好,不存在重大岩溶疏干影响问题;东线方案存在严重的岩溶地下水疏干问题;中线方案的中 4 线、中 5-1 线、中 5-2 线岩溶地下水疏干影响相对较低,可通过进一步优化研究、施工期地质预测预报、科学设计与合理的施工工序等措施进行有效防治。

二、其他主要工程地质问题比较

1. 穿越区域活断层问题

比选区内主要区域性断层有北北东向的龙蟠-乔后断裂、丽江-剑川断裂、鹤庆-洱源断裂和北西向的金沙江断裂、洱海深大断裂（长江勘测规划设计研究院有限责任公司，2017b）。中线方案和东线方案均穿越3条北北东向活断裂，区别不大；西2线方案虽然少穿越丽江-剑川断裂（因为在西南段该断裂与龙蟠-乔后断裂合为同一断裂），但增加穿越了金沙江断裂组（多于3条）、洱海断裂、三营-相国寺山断裂，并与龙蟠-乔后断裂长距离（约60km）伴行（图6-12）。从穿越区域性断裂来看，西2线最差，中线方案与东线方案较好。

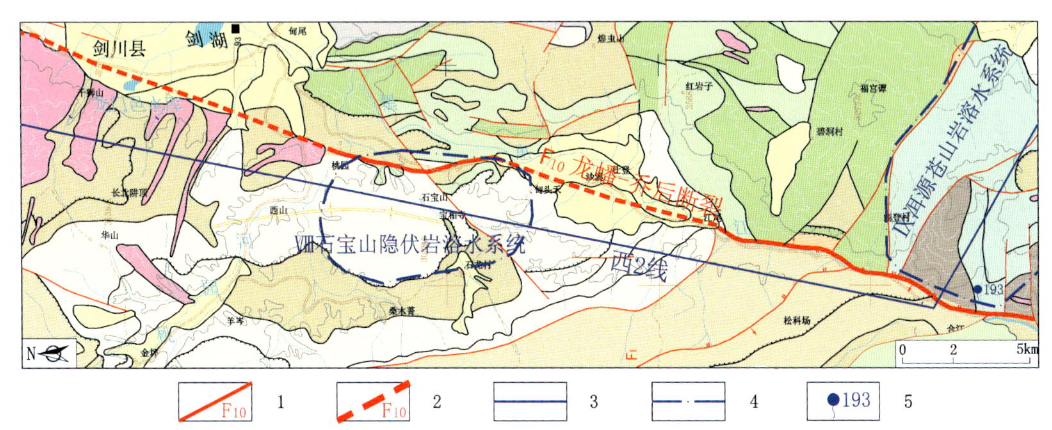

1.断裂及编号；2.推测断层及编号；3.西2线线路；4.岩溶系统界线；5.泉及编号。

图6-12　西2线长距离伴行活动断裂示意图

2. 深厚覆盖层成洞问题

东1线穿越鹤庆盆地和西2线穿越洱源盆地南缘时存在该问题。东1线穿越鹤庆盆地不可避免（无调整余地），鹤庆盆地湖积层厚达700余米，隧洞埋深大于200m，穿越部位以黏性土为主（图6-13），多呈可塑状，局部呈泥岩半成岩状，遇水易软化，总体强度低，存在较大的土压力，成洞条件差，利用现有盾构施工技术通过困难；西2线穿越洱源盆地，由于埋深较浅，可以盾构通过，也可向南转折调整到基岩中成洞，只是线路稍有加长。深厚覆盖层成洞问题对东1线影响较大。

图6-13　隧洞穿越部位粉质黏土

3. 软岩成洞问题

三种线路方案均涉及软岩成洞问题。中线与东线方案穿越的软岩主要为松桂组及青天堡组泥页岩、粉砂岩等，中线方案中的南侧在黑泥哨一带还要穿越富含煤层的黑泥哨组(P_2h)砂泥岩；东线方案线路软岩段长度大于中线(约 8km)，在隧洞总长度中占比不大；西 2 线遇到的软岩有古近系红层中煤系地层、砂页岩、苍山群片岩、泥质板岩等，软岩在隧洞中占比较大(占 42%)。总体说来，西 2 线软岩成洞问题相对较突出。

4. 隧洞涌(突)水与高外水压力问题

东线和中线方案隧洞沿线碳酸盐岩地层分布范围较广，西线分布较少。可溶岩洞段岩溶发育较强烈，加上断裂构造的导水作用，隧洞在穿越岩溶强烈发育区、断层破碎带、褶皱核部等地下水易于富集的地段时，可能存在洞室突水、突泥及地下水的渗漏问题。各方案线路沿线地下水埋深数十米至 400 余米，局部地段具承压性，隧洞大部位于地下水位以下。深埋洞段地下水水头一般 300～500m，局部地下水水头达 700m 以上，存在高外水压力问题。

5. 煤系地层、膏岩与有毒有害气体问题

三个方案线路均遇到煤系地层，但东线方案上无具开采价值的煤系地层，因此东线方案略好。中线方案部分线路段穿越黑泥哨煤矿，但影响有限。西 2 线在老君山东麓长距离穿越古近系三营组(N_2s)、双河组(N_1s)含煤地层，隧洞穿越存在采空区及有害气体问题，存在较大的瓦斯风险；云龙组(Ey)地层含盐岩和石膏层，隧洞穿越存在侵蚀性地下水及膏盐溶蚀成洞问题。

6. 地热问题

洱源县城周边温泉、热泉(井)分布普遍，现场调查热泉(井)61 个，温度 40～94℃，主要分布在牛街—三营、洱源—炼城、下山口—西湖温水村 3 个地温高值区(带)。西 2 线穿越洱源以南上村水库及下山口附近的地热异常区，此段线路累计长约 15km，地面热泉水温度 88～93.5℃，具 H_2S 气味，还产气磺、芒硝，表明其形成与岩浆活动密切相关，应该存在较稳定的地热流体。线路以隧洞或深埋暗涵穿越，遭遇高地热的可能性较大。中线方案和东线方案暂未发现大的地热异常。

7. 西 2 线古近系、新近系地层及其下伏地层的不确定问题

白汉场槽谷、剑川盆地及黑惠江西侧古近系和新近系地层分布广泛，为古盆地河湖相沉积形成的一套砂岩、泥岩、砾岩，其间分布较多侵入岩。根据周边地层分布情况，北部可见泥盆系及三叠系灰岩地层，西部及南部老地层为三叠系千枚岩、砂岩等，线路中段的剑川以南还分布有泥盆系块状白云质灰岩，地层具双层结构。西 2 线地表古近系和新近系地层分布累计长 55.6km，钻孔揭露隧洞穿越深度范围内均为此地层，但由于下伏老地层的起伏，也可能存在隧洞在新老地层中交替穿越的问题(图 6-14)。古近系、新近系地层下部隐伏的地层、岩性及分布情况很难通过常规勘察手段查明，存在何种工程地质问题也难以判别。

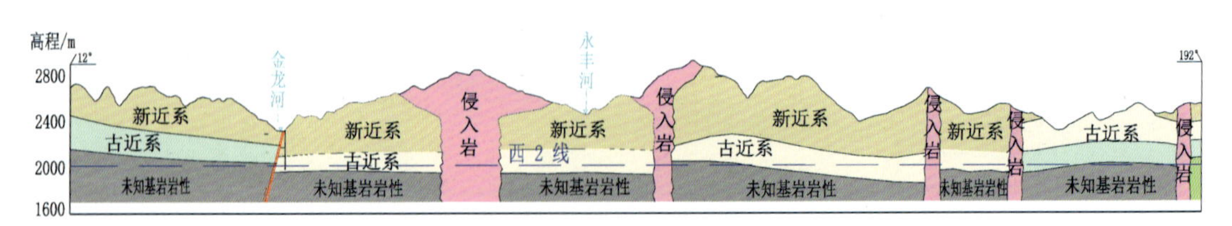

图 6-14　古近系、新近系地层及其下伏地层接触关系示意图

三、线路长度与线路形态比较

中线方案最短，西线方案最长，东线方案居中。西2线比中线长约23km，东1线比中线方案长约8km，线路的增加，将导致工程投资的较大增加，也会造成一定程度的宝贵水头的损失。中线方案的几条线路长度差别不大。中线方案从石鼓到玉石厂，走向顺直，单位长度的水头损失较小；东线方案（东1线）和西线方案（西2线）线路有大的转折，单位长度的水头损失会有所增加。从线路长度和线路形态上看，中线方案有较大优势。

四、施工条件比较

东、中、西3个线路方案均为深埋长隧洞，比较施工条件优劣时，不仅要比较单洞长度，还需比较施工支洞（竖井、斜井）布置难易程度和工作量。

中线方案单洞总长60km左右，初拟以TBM法和钻爆法施工。可在打锣箐、白汉场槽谷、汝南河槽谷、上窝等附近布置斜井或平洞，单井长度在1km左右，单井高差为400～600m，总体施工条件尚可；东线方案最大单洞长度约69km，隧洞初拟以TBM法、钻爆法和盾构施工，其中200m埋深（第四系湖积相）下的盾构施工难度大，初步分析认为，不具可实施性；西2线线路较长，最大单洞长度约76.8km，比东线、中线长20余千米。沿西2线地表冲沟众多，有利于斜井布置，斜井高差一般不大于300m。但该线穿越较多煤系地层和洱源—下山口地热异常带，因此总体来说，西2线施工条件不容乐观。

从施工条件来看，如果高地热不形成制约因素，西2线略好，中线方案次之，东线方案中东1线存在制约因素，东2线较好。

五、各线路基本特性及地质条件综合比较

根据前述对东、中、西线方案中各代表性线路的长度与形态、可能造成的岩溶疏干环境地质问题、存在的主要工程地质问题、隧洞施工条件等方面的分析比较，将各代表性线路的特性及主要工程地质与水文地质条件对比列于表6-1。

表6-1　代表性线路特性及地质条件对比表

比较项目		东线方案		中线方案			西线方案
		东1线	东2线	中4线	中5-1线	中5-2线	西2线
线路长度/km		105.35	120.11	97.23	99.36	99.78	119.81
单洞长度/km		56.22	69.09	60.87	63.00	63.43	76.83
埋深/km	大于600m长度（占比）	26.40（25.0%）	29.49（24.5%）	36.93（38.0%）	39.66（39.9%）	43.14（43.2%）	36.15（30.2%）
	大于1000m长度（占比）	6.81（6.5%）	5.74（4.8%）	13.23（13.6%）	18.24（18.3%）	21.97（22.0%）	3.54（3.0%）

表 6-1(续)

比较项目		东线方案		中线方案			西线方案
		东 1 线	东 2 线	中 4 线	中 5-1 线	中 5-2 线	西 2 线
纯碳酸盐岩地层	地表/km	30.47 (28.9%)	37.63 (31.3%)	35.30 (36.3%)	36.15 (36.4%)	36.97 (37.1%)	3.46(2.9 %)
	隧洞/km	19.37 (18.7%)	28.86 (24.4%)	25.25 (26.5%)	23.89 (24.5%)	25.47 (26.0%)	1.95(1.6%)
围岩类别/km	Ⅱ类长(占比)	11.75 (11.4%)	11.82 (10.0%)	/	/	/	2.45(2.04%)
	Ⅲ类长(占比)	42.36 (40.9%)	45.03 (38.1%)	35.15 (36.8%)	34.44 (35.3%)	32.30 (33.0%)	53.33(44.51%)
	Ⅳ类长(占比)	30.23 (29.2%)	41.33 (34.9%)	42.97 (45.0 %)	46.45 (47.6%)	49.11 (50.1%)	38.49(32.13%)
	Ⅴ类长(占比)	18.97 (18.3%)	19.54 (16.5%)	17.31 (18.1%)	16.67 (17.1%)	16.56 (16.9%)	25.54(21.32%)
岩溶水系统及疏干影响分析与评价	Ⅰ	影响不大	影响不大	无影响	无影响	无影响	不涉及
	Ⅱ	影响不大	疏干风险大	无影响	无影响	无影响	不涉及
	Ⅲ	不涉及	有疏干风险	不涉及	不涉及	不涉及	不涉及
	Ⅳ-1	疏干风险大	疏干风险大	不涉及	不涉及	不涉及	不涉及
	Ⅳ-2	不涉及	不涉及	不涉及	不涉及	不涉及	不涉及
	Ⅳ-3	不涉及	不涉及	不涉及	不涉及	不涉及	不涉及
	Ⅳ-4	不涉及	不涉及	不涉及	不涉及	不涉及	不涉及
	Ⅳ-5	不涉及	不涉及	靠近分水岭,疏干风险很低	基本位于分水岭,遭遇强烈岩溶和疏干地下水的风险极小	基本位于分水岭,遭遇强烈岩溶和疏干地下水的风险极小	不涉及
岩溶水系统及疏干影响分析与评价	Ⅳ-6	不涉及	不涉及	疏干风险较低,可能存在一定的地下水环境影响	疏干风险较低,可能存在一定的地下水环境影响	无影响	不涉及
	Ⅴ	不涉及	不涉及	影响不大	影响不大	影响不大	不涉及
	Ⅵ	可能遭遇中等岩溶发育带	可能遭遇中等岩溶发育带	不涉及	不涉及	不涉及	不涉及
	Ⅶ	不涉及	不涉及	不涉及	不涉及	不涉及	有一定疏干影响
	Ⅷ	不涉及	不涉及	不涉及	不涉及	不涉及	可能有疏干影响
	Ⅸ	不涉及	不涉及	不涉及	不涉及	不涉及	有一定疏干影响
	Ⅹ	影响不大	影响不大	影响不大	影响不大	影响不大	不涉及
	Ⅺ	疏干风险大	不涉及	不涉及	不涉及	不涉及	不涉及

表 6-1(续)

比较项目		东线方案		中线方案			西线方案
		东 1 线	东 2 线	中 4 线	中 5-1 线	中 5-2 线	西 2 线
主要工程地质问题分析	涌水突泥问题	较严重	较严重	较严重	较严重	较严重	较严重
	地震高烈度区、区域性断裂及其活动性问题	较严重	较严重	较严重	较严重	较严重	较严重
	断裂带成洞及涌水问题	较严重	较严重	较严重	较严重	较严重	严重
	高地应力、高地温、软岩大变形	较严重	较严重	较严重	较严重	较严重	严重(地热问题突出)
	煤系、膏岩地层问题	一般	一般	较突出	较突出	较突出	突出
	深厚覆盖层问题	影响大	不涉及	不涉及	不涉及	不涉及	有一定影响
	古近系、新近系下伏地层问题	不涉及	不涉及	不涉及	不涉及	不涉及	突出

注:此表数据是按各线路至下河坝统一出口长度进行比较。

从上表可以看出,各方案代表性线路有各自的特点。①岩溶地下水疏干问题:东线方案最差,中线方案其次,西线方案最好。②穿越岩溶水系统的涌水突泥问题:西 2 线相对较好。③地震高烈度区、区域性断裂及其活动性问题:各线路基本类似。④断裂带成洞及涌水、突水问题:西 2 线与断裂长距离伴行,且苍山段与诸多断裂交会,问题更为突出。⑤高地温、软岩大变形等问题:西 2 线穿越高地热区问题突出,中线方案软岩大变形更为严重。⑥高地应力问题:各线路情况相当。⑦煤系、膏岩地层问题:西 2 线更为突出。⑧深厚覆盖层问题:东 1 线穿鹤庆盆地(长约 6km)半成岩黏性土成洞问题。⑨古近系、新近系下伏地层问题:西 2 线地表古近系、新近系地层长约 55km,下部隐伏的双层结构很难通过常规勘察手段查明,存在何种工程地质问题难以判别。

岩溶疏干问题是本文线路比选研究的首要问题。中线方案线路虽跨越的岩溶水系统个数及区域面积较多,但隧洞埋深较大,但大部分位于岩溶水系统下部青天堡组砂泥岩和玄武岩中,且可能部分位于流域分水岭弱岩溶化区内,线路遭遇强烈岩溶和发生重大岩溶地下水疏干的可能性大大降低,主要对鹤庆Ⅳ-5、Ⅳ-6 岩溶水系统影响较大,但中 4 线、中 5-1 线、中 5-2 线方案尽可能穿越地下分水岭,并远离排泄区,使疏干风险降到最低;东线穿越的岩溶水系统较少,但由于从地形低缓的鹤庆盆地及东山边穿越,隧洞埋深较小,遭遇表层强烈岩溶的可能性较大,有可能导致文笔海岩溶水系统、鹤庆西山Ⅳ-1 岩溶水子系统及鹤庆东山岩溶水系统产生疏干作用;西线方案涉及岩溶问题较少,主要对三河岩溶水系统、石宝山隐伏岩溶水系统及洱源苍山岩溶水系统有一定的影响,但影响程度有限。各代表性线路隧洞穿越的围岩条件大体相同,以Ⅲ、Ⅳ类围岩为主,成洞条件一般,少量Ⅴ类围岩成洞困难。

从各代表性线路地质条件及主要工程地质问题来看,中线方案相对较好,东线方案次之,西 2 线最差。

六、线路比选结论与推荐线路

根据对东、中、西线方案各代表性线路的综合比较分析，可以得出以下结论。

西2线虽然规避了重大岩溶疏干的环境影响问题，但因长距离穿越古近系、新近系盆地下部，存在较多的未知因素，且线路较中线方案增加约23km，将会大幅增加投资，同时还存在遭遇高地热、煤系地层、膏盐地层、长距离伴行区域活断层等问题，因此该线路方案不具优势。

东线方案比中线方案长约8～23km，且未完全规避鹤庆西山Ⅳ-1岩溶水子系统的地下水疏干问题，同时还涉及拉什海、文笔海岩溶水系统与丽江盆地地下水。另外，对于东1线路上200m深的覆盖层，竖井施工和盾构穿越存在制约。

中线方案长度最短，虽然可能对鹤庆西山、剑川东山岩溶地下水产生影响，进而造成一定的环境影响，但已规避了Ⅳ-1、Ⅳ-2、Ⅳ-3、Ⅳ-4等岩溶水子系统（或与岩溶断块对应的清水江岩溶水系统），只剩下Ⅳ-5、Ⅳ-6与Ⅴ 3个岩溶水（子）系统无法完全规避，可能会造成一定的地下水环境影响，但这几个岩溶水子系统可以通过强化勘察研究来查明，并制定相应的工程措施加以控制和克服。

综上所述，推荐以中4线、中5-1线、中5-2线为代表的中线方案，并将对线路作进一步优化比选。

七、中线方案优化

1. 优化范围

根据前述对中线方案各线路的比选分析及历次专家组咨询意见和优化建议，中4线在红麦盆地以北已基本排除了岩溶疏干的影响，线路仍利用中4线；在红麦盆地以南，中4线虽埋深相对较小，施工条件相对较好，可利用施工支洞开展试验性研究工作等，但对Ⅳ-5、Ⅳ-6岩溶水子系统影响仍较大，且长距离伴行南北向张性断裂。中5线对Ⅳ-5、Ⅳ-6岩溶水子系统的影响进一步降低或规避，避开了南北向张性断裂，但埋深显著增加，软岩问题突出，施工条件相对较差，工期延长，还增加了对剑川、洱源的影响，因此，对红麦盆地以南的线路，需在中4线和中5线之间的条带范围内作进一步优化研究（图6-15）。

2. 优化原则

线路优化时遵循的原则如下：洞线避开南北向张性断裂；尽量在地下水分水岭部位穿越Ⅳ-5与Ⅴ-2岩溶水子系统，尽可能避开Ⅳ-6；尽量减小隧洞埋深与软岩穿越长度；尽可能兼顾7#施工支洞的布置，以便尽早利用施工支洞开展各专题研究工作。

3. 线路优化比较

2013年11月28日大理会议后，对中4线南段向西进行了优化调整，通过不断比较综合分析后，提出了最大限度偏出鹤庆县县域范围的中5线方案；2014年6月12日丽江会议后，根据专家组选线建议，对中5线进行了优化，提出了中5-1线；2014年7月11日武汉会议后，为进一步研究规避鹤庆西山Ⅳ-6岩溶水子系统，提出了中5-2线。下面将重点对中4线、中5-1线及中5-2线进行分析比较。

中线方案各优化线路所处的区域构造背景及基本地质条件总体相同，涉及的主要工程地质及水文地质问题基本类似，但各有侧重。线路埋深、隧洞穿越软岩及可溶岩、围岩类别等主要地质条件参数对比见表6-2，涉及的主要工程地质及水文地质问题对比见表6-3，主要优缺点对比列于表6-4。

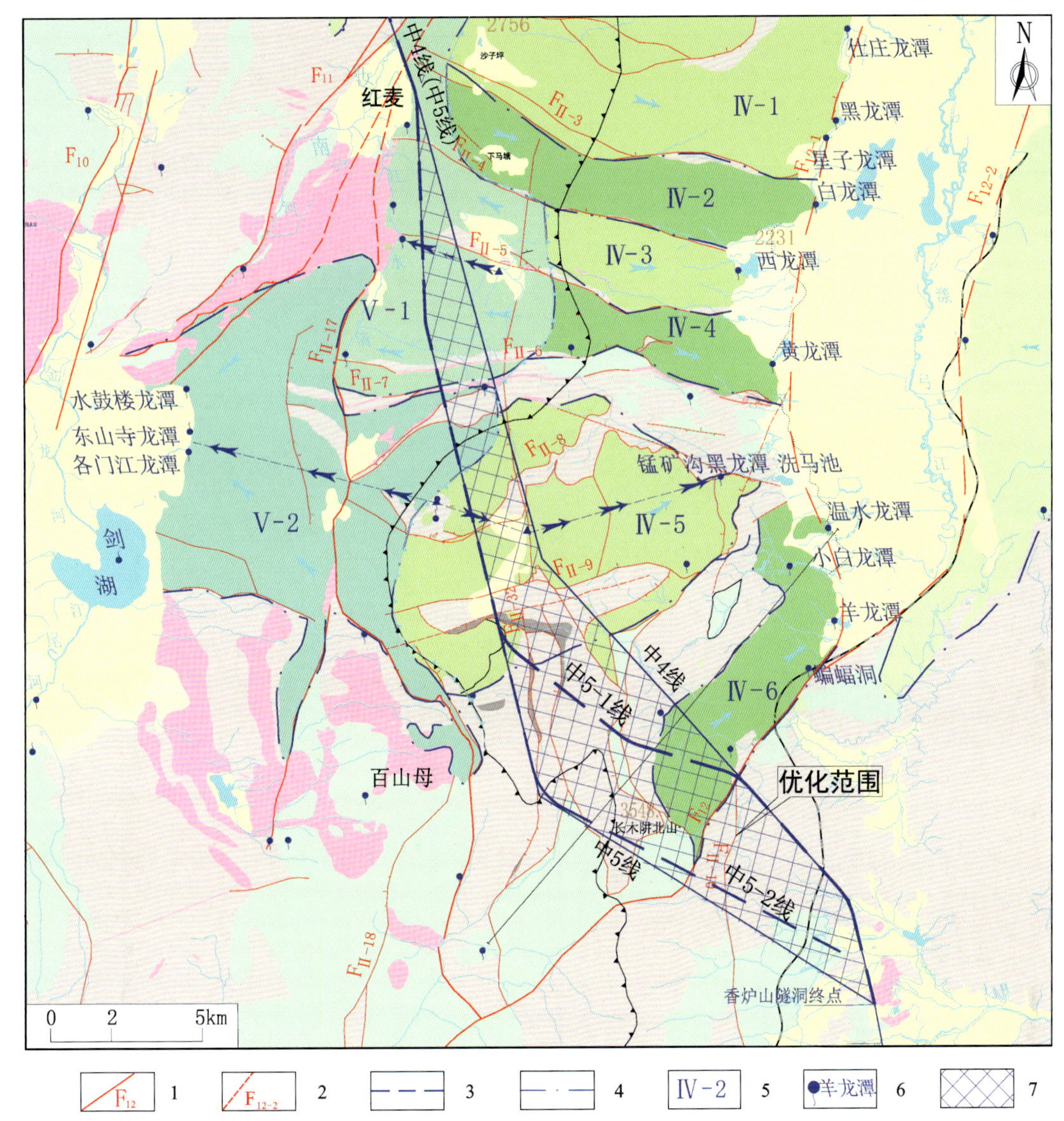

1. 断裂及编号；2. 推测断层及编号；3. 隧洞线路；4. 岩溶系统界线；5. 岩溶系统编号；6. 泉及名称；7. 优化范围。

图 6-15　中线方案优化线路及优化范围示意图

表 6-2　各线路埋深、软岩、围岩及穿越可溶岩统计对比表

线路名称		中 4 线	中 5-1 线	中 5-2 线
长度/km		60.87	63.00	63.43
埋深	大于 600m 长度/km	36.93	39.66	43.14
	（占比/%）	60.70	62.90	68.00
	大于 800m 长度/km	24.56	30.63	35.08
	（占比/%）	40.35	48.60	55.30
	大于 1000m 长度/km	13.23	18.24	21.97
	（占比/%）	21.70	29.00	34.60
	最大埋深/m	1396	1557	1412

表 6-2(续)

线路名称		中 4 线	中 5-1 线	中 5-2 线
长度/km		60.87	63.00	63.43
穿越软岩	长度/km	16.24	14.43	10.88
	比例/%	26.69	22.90	17.15
穿越可溶岩	长度/km	22.87	20.93	21.46
	比例/%	37.60	33.20	33.83
围岩类别	Ⅳ、Ⅴ类长/km	38.89	41.74	44.30
	占比/%	63.89	66.24	69.84

表 6-3　各线路主要工程地质与水文地质条件对比表

比较项目		中 4 线	中 5-1 线	中 5-2 线
环境地质问题	岩溶地下水疏干影响	对鹤庆西山Ⅳ-5、Ⅳ-6疏干风险降低，可能存在一定的地下水环境影响	线路基本位于Ⅳ-5和Ⅴ-2岩溶水子系统分水岭部位，隧洞遭遇岩溶地下水的可能性较小；对Ⅳ-6疏干风险较低，可能存在一定的地下水环境影响	基本位于Ⅳ-5和Ⅴ-2岩溶水子系统分岭部位，隧洞遭遇强烈岩溶和疏干地下水的风险很小
主要工程、水文地质问题	地震高烈度区及断裂活动性问题	较严重	较严重	较严重
	断裂带成洞问题	与下马塘-黑泥哨断裂($F_{Ⅱ-32}$)长距离伴行	避开了南北向大断裂	避开了南北向大断裂
	涌水突泥问题	较严重	一般	一般
	高地应力、软岩大变形、岩爆	较严重	较严重	严重
	煤系地层问题	一般	一般	较严重
	水工设计与施工	一般	一般	较难

表 6-4　各线路主要优缺点对比表

比较线路	优点	缺点
中 4 线	线路最短，深埋段少；线路穿越软岩长度减小，隧洞Ⅳ、Ⅴ类围岩最少；施工布置相对容易	隧洞将穿越Ⅳ-5、Ⅳ-6岩溶水子系统，虽疏干风险较低，但仍可能存在一定的地下水环境影响；线路与下马塘-黑泥哨断裂长距离伴行，断层带的成洞问题较突出
中 5-1 线	线路基本位于Ⅳ-5和Ⅴ-2岩溶水子系统的分水岭部位，隧洞遭遇岩溶地下水的可能性较小；避开了南北向大断裂；隧洞深埋及软岩相对较少，施工布置相对容易，且兼顾7#施工支洞	线路后段仍需穿越Ⅳ-6岩溶水子系统，但线路已靠近该系统边缘的地下水分水岭部位，远离该系统的排泄泉，对该子系统的影响已大大降低
中 5-2 线	线路基本位于Ⅳ-5和Ⅴ-2岩溶水子系统分水岭部位，隧洞遭遇岩溶地下水的可能性较小；避开了Ⅳ-6岩溶水子系统及南北向大断裂	隧洞埋深显著增加，高地应力条件下的硬岩岩爆及软岩大变形问题严重；施工组织将变得更加困难，不利于施工布置

4.综合分析

从规避岩溶疏干问题来看，中4线穿越鹤庆西山Ⅳ-5、Ⅳ-6岩溶水子系统时，疏干风险较中2线虽已显著降低，但仍存在一定程度的工程风险与地下水环境影响问题；中5-1线及中5-2线基本位于Ⅳ-5和Ⅴ-2岩溶子水系统分水岭部位，碳酸盐岩已属弱微岩溶化岩体，隧洞遭遇岩溶和疏干地下水的风险已经最小化，中5-1线后段仍需穿越Ⅳ-6岩溶水子系统的补给区，中5-2线则完全避开了Ⅳ-6岩溶水子系统。中5-2线在规避岩溶疏干问题上较优。

从避开南北向张性断裂来看，中4线与南北向的下马塘-黑泥哨断裂($F_{Ⅱ-32}$)近距离伴行较长，中5-1线及中5-2线避开了南北向断裂，中5-1线及中5-2线较优。

从尽可能缩短穿越软岩段来看，中4线、中5-1线相差不大，中5-2线穿越软岩段最短。

综上所述，从线路长度、软岩段施工风险方面考虑，中4线方案相对较优；从尽最大可能规避岩溶疏干风险考虑，中5-2线方案较优；中5-1线综合考虑了各方面的影响，也是可行的线路方案。从尽可能避开岩溶水系统，最大限度降低岩溶水疏干风险，减轻对地下水环境影响等方面考虑，推荐中5-2线。

第七章　隧洞涌水突泥、高外水压力问题及地下水环境影响研究

我们在对线路方案进行比选时，以尽可能避开岩溶水系统，最大限度降低岩溶水疏干风险，减轻对地下水环境影响等为原则，尽可能使隧洞短距离穿越岩溶区，远离岩溶大泉排泄区，从岩溶发育相对微弱带通过，从地下分水岭部位穿越，并在综合研究的基础上推荐了相对最优的线路方案。推荐线路起点接石鼓水源提水泵站出水池，由北向南斜穿马耳山脉，在鹤庆县松桂镇南营出口接积福村渡槽，全长62.60km，最大埋深1450m。虽然线路已将岩溶水疏干风险及对地下水环境的影响降到了最低，但仍然涉及多个岩溶水系统及由向斜、断裂破碎带等构成的构造储水单元，存在涌水突泥（遭遇岩溶管道、断层及向斜储水构造等）、高外水压力及地下水环境影响等一系列岩溶水文地质问题。

第一节　地质条件定性分析研究

一、岩溶与水文地质条件概况

香炉山隧洞沿线地表碳酸盐岩分布较广，岩溶化地层主要有三叠系北衙组上段（T_2b^2）及下段上部（T_2b^{1-2}）、中窝组（T_3z）泥质灰岩夹砂泥岩、中三叠统上部（T_2^b，分布于龙蟠-乔后断裂以西）白云岩及灰岩、中泥盆统苍纳组（D_2c）夹钙质泥岩的灰岩及穷错组（D_2q）片岩与灰岩互层。沿线地表可溶岩分布长度29.70km，占比47.45%，可溶岩洞段累计长度17.87km，占整个洞段的28.54%，其中穿越强烈岩溶化T_2b^2、T_2b^{1-2}地层约13.18km。岩溶强烈发育区主要位于白汉场、太安、汝寒坪、鹤庆西山、剑川东山等地。

线路区地表水分为金沙江流域及澜沧江流域两大水系，主要河流水系自西向东依次有澜沧江黑惠江流域的剑湖水系及其所属支流清水江、汝南河，金沙江流域的冲江河、打锣箐、漾弓江、中江河以及南干河等。侵蚀基准面为西北部的冲江河，北部的拉什海盆地及拉什海、丽江盆地及文笔海，西部的剑川盆地及剑湖，东部的鹤庆盆地及草海、漾弓江—东山河、中江河。

香炉山隧洞区岩溶大泉主要分布于鹤庆盆地、剑川盆地、丽江盆地和拉什海盆地周缘，其中鹤庆盆地排泄高程一般2210～2250m，西山泉水总流量约6280L/s；剑川盆地主要沿剑川东山山脚分布一系列岩溶泉和地下暗河，排泄高程2200m左右，总流量约2983L/s；拉什海和文笔海盆地附近较大岩溶泉不多，前者泉水排泄高程为2100～2440m，总流量约1 207.23L/s，后者泉水排泄高程2400m，总流量约675L/s。

根据研究区水文地质结构，岩溶化地层和隔水层的分布，地下水排泄点和泉群的位置，以及地形、地下分水岭的分布等边界条件，将香炉山隧洞区划分为6个规模较大的岩溶水系统，分别为白汉场岩溶水系统、拉什海岩溶水系统、文笔海岩溶水系统、鹤庆西山岩溶水系统、清水江-剑川岩溶水系统、南溪-拉郎岩溶水系统。上述各岩溶水系统相对独立，大多数非岩溶化地层隔水边界明显，部分边界为地形分水岭和隔水压性断层。与输水线路相关的岩溶水系统主要有4个，分别为白汉场岩溶水系统、拉什海岩溶水系统、鹤庆西山岩溶水系统、清水江-剑川岩溶水系统。

二、可溶岩洞段涌突水(泥)

岩溶涌突水(泥)是指隧洞开挖过程中，由于岩溶发育而导致地下水集中或分散出流的现象。在可溶岩地区，岩溶发育程度、规模及形态等，决定了岩溶涌水的类型，并直接影响涌水的强度。当隧洞处于地下水位以上时，在地下水入渗补给途径中，一般发生季节性涌水，主要发生在垂直岩溶形态的溶缝、竖井中，涌水量与降雨量和入渗条件相关，以地表洼地、落水洞、漏斗补给最快，且量集中；当隧洞低于地下水位时，会发生常年性涌水。按出流形式可将涌水类型划分为溶隙型涌水、管道型涌水、岩溶洞穴涌水。溶隙型涌水：地下水沿裂隙渗流，涌水量较小。管道型涌水：地下水运动形式为汇流式，涌水量大，流量相对稳定。洞穴型涌水：主要与洞穴规模、储水量及洞内水位与隧洞高程的关系有关，当隧洞上方有较大规模岩溶洞穴并存储大量地下水时，若隧洞揭穿洞穴或隔水层，往往突然产生大量涌水突泥，若洞穴是封闭的，这种涌水突泥时段较短，若有岩溶管道连通，疏干洞穴蓄水后转换为管道型涌水。

香炉山隧洞可溶岩洞段累计长度17.87km，穿越多个岩溶水系统，主要涉及拉什海岩溶水系统、清水江-剑川Ⅴ-1岩溶水子系统、鹤庆西山Ⅳ-5和清水江-剑川Ⅴ-2岩溶水子系统及香炉山隧洞出口的可溶岩段。

1. 拉什海岩溶水系统可溶岩段

拉什海岩溶水系统隧洞穿越可溶岩洞段长约240m，地层岩性主要为三叠系北衙组下段上部(T_2b^{1-2})灰岩、条带灰岩，属于强烈岩溶化地层。该部位完成的钻孔XLZK8(孔深626.20m)揭露强溶蚀带埋深一般105m，对应高程2520m，弱溶蚀带下限未揭穿，对应高程低于1930m。该段隧洞穿越可溶岩段线路位于褶皱翘起端，靠近金沙江和澜沧江流域分水岭，地下水存在深部循环，且主要位于弱溶蚀风化岩体中，发生岩溶涌突水(泥)的可能性较大，特别是存在遭遇岩溶管道、产生涌突水的可能。

2. 清水江-剑川Ⅴ-1岩溶水子系统可溶岩段

清水江-剑川Ⅴ-1岩溶水子系统隧洞穿越的可溶岩洞段主要有两段，长约2219m。地层岩性主要为三叠系北衙组上段(T_2b^2)灰岩及白云质灰岩及北衙组下段上部(T_2b^{1-2})灰岩、条带灰岩，属于强烈岩溶化地层。隧洞沿线完成的钻孔XLZK10(孔深590.5m)、XLZK12(孔深460.1m)、XLZK13(孔深942.5m)揭露强溶蚀带埋深一般176.0～367.2m，对应高程2 395.6～2 639.6m，弱溶蚀带埋深一般302.5～553.5m，对应高程2 220.2～2 603.1m，钻孔XLZK12揭露微溶蚀带埋深435.7m，对应高程2 469.9m，隧洞穿越于弱岩溶发育下限以下325～514m。隧洞遭遇强烈岩溶和岩溶管道系统的可能性不大，但存在揭穿脉状溶隙—裂隙水发生涌突水的可能。由于该穿越段地下水头高，有可能顺裂隙产生高压涌水。特别是隧洞在穿越东西向断裂组时，可能沟通上部岩溶地下水系统，进而产生较大规模涌突水。

3. 鹤庆西山Ⅳ-5和清水江-剑川Ⅴ-2岩溶水子系统可溶岩段

鹤庆西山Ⅳ-5和清水江-剑川Ⅴ-2岩溶水子系统隧洞穿越的可溶岩洞段长约5756m，地层岩性主要为上三叠统中窝组(T_3z)泥质灰岩和三叠系北衙组上段(T_2b^2)灰岩及白云质灰岩，属于中等—强烈岩溶化地层。隧洞沿线附近完成的钻孔 XLZK14(孔深 680.6m)、XLZK18(孔深 681.1m)揭露强溶蚀带埋深一般 107.0～193.3m,对应高程 2 885.1～2 974.87m,弱溶蚀带埋深一般 186.0～500.2m,对应高程 2 667.97～2 806.1m,隧洞穿越高程 2017m,远低于弱岩溶发育下限 600～800m。隧洞遭遇强烈岩溶和岩溶管道系统的可能性极低,但钻孔 XLZK14、XLZK18 探测到地下水埋深为 335.2～413.4m,对应高程 2 843.19～2 578.7m,隧洞穿越灰岩段地下水头高,有可能顺裂隙产生高压涌水。另外隧洞穿越东西向断裂组时,断裂有可能赋存脉状溶隙—裂隙水,隧洞穿越断裂带时可能产生涌突水。

4. 香炉山隧洞出口可溶岩段

香炉山隧洞出口穿越可溶岩洞段长约 7882m,地层岩性主要为上三叠统中窝组(T_3z)泥质灰岩和三叠系北衙组上段(T_2b^2)灰岩及白云质灰岩,属于中等—强烈岩溶化地层。鹤庆-洱源断裂(F_{12})以南至核桃箐段钻孔 XLZK25(孔口高程 2 456.21m,孔深 485.94m)揭露双层地下水位,上层地下水位高程为 2220～2300m,下层地下水位高程为 2000m 左右,两层地下水位高差 220～300m。上层地下水位与隧洞高差 200～300m,不直接沟通,对隧洞几乎无影响;下层地下水位略高于隧洞,隧洞位于地下水季节变动带内。根据积福村完成的大量钻孔揭露的中窝组(T_3z)灰岩岩溶发育情况统计分析结果,强溶蚀风化带埋深 2～87.9m,下限发育高程 1 998.62～1 917.18m;弱溶蚀风化带埋深 6.5～115.54m,发育高程 1 942.77～1 871.57m。由此可见强溶蚀发育下限较低,在隧洞高程附近有可能存在强烈岩溶和岩溶管道,存在涌突水的可能,但由于地下水头较低,突水危害不是很严重。

三、断裂带洞段涌突水(泥)

规模较大的区域性断裂对地貌具控制作用,这些断裂发育地带多形成沟槽负地形,有利于周缘地表水和地下水向断裂带汇集。由于构造挤压破碎作用,以及后期风化、卸荷、水蚀、溶蚀等作用,断裂带往往岩体破碎、空隙率大,易于形成构造富水带(体)。同时,断裂带多与地表水有较好的水力联系,有的地表水库(塘)沿断裂展布的低洼地带修建,断裂与这些地表水体亦存在水力联系。胶结较差的断裂带自身多夹泥及松散碎屑岩体,同时地下水活动性强,空隙、裂隙中往往填充水流,携带泥砂。对于岩溶地区断裂破碎带,溶蚀作用往往顺断裂带强烈发育。因此,当隧洞穿越断裂破碎带时,易于发生涌水突泥灾害。断裂带的涌水突泥一般具有突发性、涌水量大等特点,若与地表水体有水力联系,往往还可得到地表水体的补给。暴雨期间,大量降雨、洪水汇流至断裂低洼地带,隧洞穿越这些部位时或穿越后都可能沿断裂带产生较大涌水突泥问题。由于断裂带岩体性状差,强度低,沿断裂带的涌水突泥往往伴随隧洞的坍塌失稳现象,工程影响和危害很大。

香炉山隧洞研究区地质构造十分复杂。以近南北向构造带与北北东—北东向构造带为基本骨架,复合有近东西向构造。区内南北向或近南北向、北北东向及北东向断裂构造发育,规模较大。断裂性质以压扭性为主,个别见有张性破碎带。顺断裂多属裂隙性中等透水至强透水断裂带,仅局部属相对隔水至弱透水断裂带,垂直断裂多属相对隔水带至弱透水断裂带。断裂的纵向与横向透水性差异大。香炉山隧洞穿越的大栗树断裂、龙蟠-乔后断裂、丽江-剑川断裂、下马塘-黑泥哨断裂、鹤庆-洱源断裂等均具有一定的导水性,存在较大规模的突发性涌水突泥风险,另外一系列东西向逆冲断裂有赋存脉状溶隙—裂隙水的可能,隧洞穿越断裂带时也有可能产生涌突水。

1. 大栗树断裂(F_9)

大栗树断裂走向为北东 25°～40°,与香炉山隧洞在石鼓南箐口一带近垂直相交。断裂倾向北西,倾角 50°～70°。断裂西侧下泥盆统海落组(D_1h)、冉家湾组(D_1r)地层逆冲于中三叠统地层之上。断裂带内构造岩主要为角砾岩,劈理发育,岩体破碎,属中等透水破碎带。大栗树断裂总体顺断裂方向属裂隙性中等透水至强透水，具有一定的导水性，隧洞穿越时可能产生较大规模突发性涌水突泥等风险。

2. 龙蟠-乔后断裂(F_{10})

龙蟠-乔后断裂是一条区域性断裂，走向北东10°～15°，倾向南东，倾角60°～80°。根据地面调查和钻孔揭露，东支断裂带内构造岩主要为角砾岩(图7-1)夹条带状碎粉岩、碎粒岩(图7-2)，碎粉岩、碎粒岩原岩为软岩，压密性好，透水性差，多隔水，角砾岩胶结差，透水性中等。在垂直断裂面方向属相对隔水至弱透水，但由于断裂带内裂隙发育，沿断裂破碎带可见溶蚀孔洞，顺断裂面方向属中等透水。钻孔XLZK8揭露地下水位与断裂上盘水位相差约400m，断裂两盘地下水位相差悬殊，也验证了断裂在垂向上的隔水效应。雄古-白汉场断裂构造岩以胶结较差的角砾岩为主，断裂带内溶蚀裂缝发育，充填泥质及钙华，裂缝长、连通性较好(图7-3)，属裂隙性中等透水至强透水断裂带；西支断裂破碎带宽大，带内角砾岩胶结差，劈理发育，属中等透水破碎带。龙蟠-乔后断裂带总体顺断裂方向属裂隙性中等透水至强透水，具有一定的导水性，在隧洞穿越过程中产生较大规模突发性涌水突泥等的风险较大。

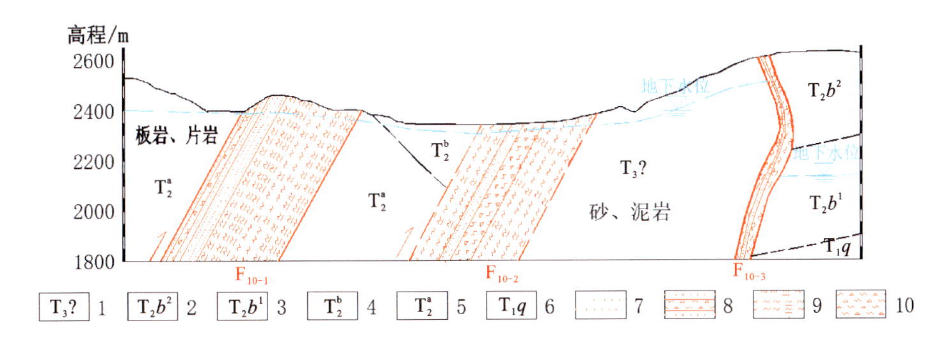

1. T_3?：上三叠统砂泥岩夹灰岩；2. T_2b^2：中三叠统北衙组上段灰岩、白云质灰岩等；3. T_2b^1：北衙组下段泥质条带灰岩、砂泥岩等；4. T_2^b：中三叠统上部灰岩；5. T_2^a：中三叠统下部板片岩夹少量灰岩；6. T_1q：下三叠统青天堡组砂泥岩；7. 碎粉岩；8. 碎粉岩夹角砾岩；9. 胶结较差的角砾岩；10. 胶结较好的角砾岩。

图7-1 龙蟠-乔后断裂构造岩示意图

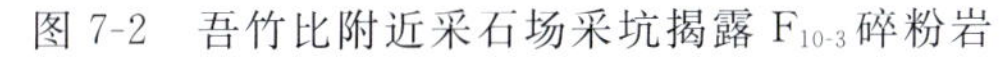

图7-2 吾竹比附近采石场采坑揭露F_{10-3}碎粉岩

图7-3 龙蟠-乔后断裂带溶蚀孔洞

3. 丽江-剑川断裂(F_{11})

丽江-剑川断裂总体走向北东40°，倾向南东，线路附近断裂错断地层主要为二叠系玄武岩、中三叠统北衙组下段砂岩及晚更新世粉质黏土层。带内构造岩主要为角砾岩、碎裂岩、碎粉岩(图7-4～图7-6)，并可见泥化现象。根据地表调查和钻孔揭露的构造岩类型、胶结程度及展布特征来看，在垂直断裂面方向，该断裂带属相对隔水至弱透水；在顺断裂面方向，该断裂带属中等透水至强透水，具有一定的导水性，局部发生涌突水风险中等至较大。

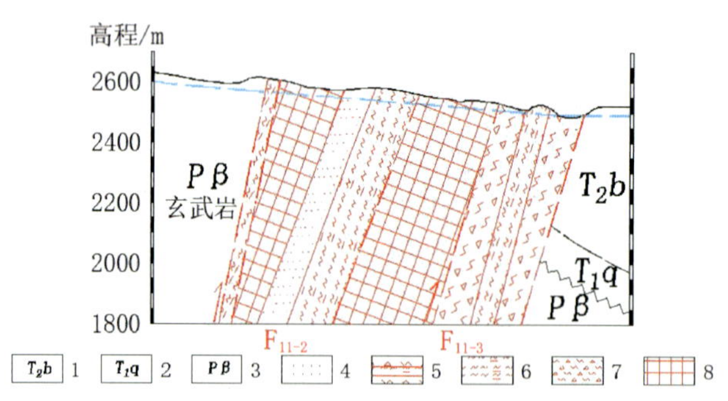

1. T_2b：三叠系北衙组灰岩、白云质灰岩等；2. T_1q：三叠系下统青天堡组砂泥岩；3. Pβ：二叠系玄武岩；4. 碎粉岩；5. 胶结较好的角砾岩夹胶结较差的角砾岩；6. 胶结较差的角砾岩；7. 胶结较好的角砾岩；8. 胶结一般的碎裂岩。

图 7-4　丽江-剑川断裂构造岩示意图

图 7-5　钻孔 XLP4ZK2 揭露胶结较差的角砾岩

图 7-6　钻孔 XLP4ZK2 揭露碎粉岩

4. 下马塘-黑泥哨断裂($F_{Ⅱ-32}$)

下马塘-黑泥哨断裂走向近南北，倾向西，倾角一般在 70°左右。断裂南端起于山神坡附近，向北经北登、黄蜂厂一带延伸至清水江一带，全长约 19km。断裂截断了东侧近东西向逆断层，沿断面发育 2～3cm 厚棕黄色断层泥，断层泥已基本固结，硬度高，断裂破碎带宽约 15m。断裂带内构造岩主要为角砾岩，沿断面分布有条带状碎粉岩、碎粒岩，构造岩胶结较好。碎粉岩、碎粒岩原岩为软岩，压密性好，透水性差，多隔水，角砾岩胶结差，透水性中等。下马塘-黑泥哨断裂总体顺断裂方向属裂隙性中等透水至强透水，具有一定的导水性，在隧洞穿越过程中产生较大规模突发性涌水突泥等的风险中等至较大。

5. 鹤庆-洱源断裂(F_{12})

鹤庆-洱源断裂走向为北东 24°转北东 45°，倾向南东或北西，为深大断裂带，它在羊龙潭以南表现为明显的压扭性，但在羊龙潭以北的鹤庆盆地边缘，表现为具有多期活动的复合型断裂带。地面调查显示，鹤庆盆地东缘断裂破碎带宽大，带内陡立拉张裂隙发育(图 7-7、图 7-8)，属裂隙性中等透水至强透水断裂带；西支断裂切断地层主要为北衙组灰岩，断裂破碎带宽大，断裂具正断拉张性质，破碎带内拉张裂隙及溶蚀缝隙发育(图 7-9)，透水性较好，属裂隙性中等透水至强透水断裂带。在隧洞附近，该断裂带构造岩主要为角砾岩夹碎粒岩、碎粉岩(图 7-10)。垂直断裂面方向属相对隔水至弱透水。位于断裂南侧的钻孔 XLZK25 揭露了双层地下水位，鹤庆-洱源断裂上下两盘地下水位相差悬殊(约 800m)，这也充分验证了断裂在垂向上的隔水效应。顺断裂面方向，角砾岩胶结较差，岩体破碎，属中等透水至强透水，具有一定导水性，产生较大规模突发性涌水突泥等风险较大。

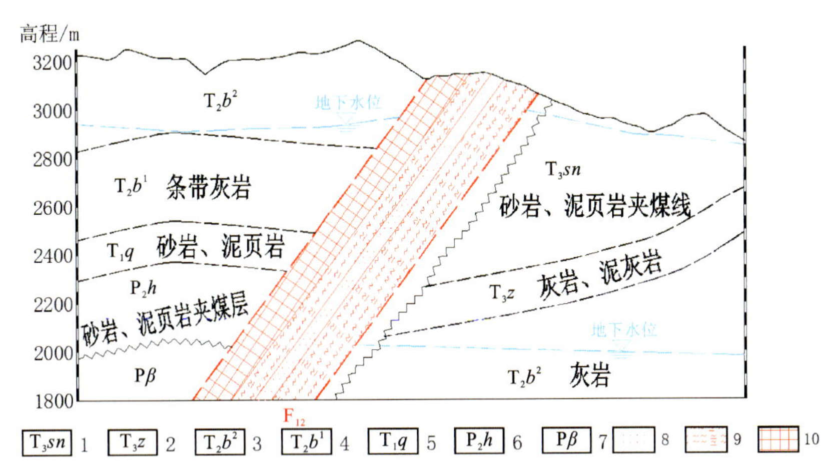

1. T_3sn：上三叠统松桂组泥质粉砂岩、泥（页）夹煤层；2. T_3z：上三叠统中窝组灰岩夹泥质灰岩；3. T_2b^2：中三叠统北衙组上段灰岩、白云质灰岩等；4. T_2b^1：北衙组下段泥质条带灰岩、砂泥岩等；5. T_1q：下三叠统青天堡组砂泥岩；6. P_2h：上二叠统黑泥哨组砂泥岩夹煤层；7. $P\beta$：二叠系玄武岩；8. 碎粉岩；9. 胶结较差的角砾岩；10. 胶结一般的碎裂岩。

图 7-7　鹤庆-洱源断裂构造岩示意图

图 7-8　鹤庆-洱源断裂带张裂缝

图 7-9　鹤庆-洱源断裂西支断面及角砾岩带

6. 近东西向断裂组

近东西向断裂分布于鹤庆盆地以西、清水江以东，位于高美—黑泥哨区域内，东西宽约 15km，南北长约 25km。近东西向断裂包括水井村断裂、石灰窑断裂、马场断裂、汝南哨断裂、马厂断裂、青石崖断裂等，这些断裂呈近平行展布，一致倾向北。断裂长度一般 10～15km，断裂倾角50°～80°，为逆冲断裂。断裂破碎带宽度一般 34～59m，最宽达 177m，带内构造岩多为断层角砾岩，上盘岩层受挤压、揉皱及拖拽现象明显，岩体较破碎，使岩层中裂隙发育，有利于地下水的赋存和径流。根据地面水文及构造地质调查，鹤庆盆地西缘各断裂带上盘附近分布有一系列泉水，说明各断裂带在其走向上具有较强的导（透）水性，顺断裂方向多属裂隙性中等透水至强透水；各断裂带上盘多分布非岩溶化地层，其阻水作用明显，导致各断裂带在垂向上具隔水效应，因此垂直断裂方向属相对隔水至弱透水，但断裂上盘地下水有可能在高水头压力作用下通过垂向裂隙（或与其他方向断裂的交会带）导水，击穿相对阻水岩体，进而引起隧洞的涌水、突泥，对洞室稳定、施工安全等方面影响较大。

断裂活动形成的碎粒岩、碎粉岩带

碎粒岩、碎粉岩近景

图 7-10　鹤庆-洱源断裂南段(牛街一带出露)

四、向(背)斜核部储水构造洞段涌突水

在褶皱构造形成过程中,岩体破裂、转折端节理裂隙密集发育,地下水在适宜的补给条件下富集于褶皱构造的储水空间中,形成褶皱富水构造。由于受到的构造应力作用的强弱和方式不同,褶皱不同部位的变形机制及岩体的破裂程度不同,在褶皱不同部位产生的构造裂隙,其类型及发育密度也会有明显的不同,直接影响到褶皱各部位富水层组(砂岩、玄武岩等)的储水性能。褶皱中储水空间的扩展同时也取决于褶皱各部位地下水水动力条件。向斜构造一般形成"盆状"汇水结构,向斜两翼地表地下水易于向向斜核部汇集。由于受到构造挤压作用,向斜核部岩体多破碎,裂隙、空隙率高,往往形成富水带。特别是当隔水层与富水层相间分布时,往往沿富水层形成承压水。因此,隧洞穿越向斜核部时也易产生较大的涌水甚至涌水突泥灾害。香炉山隧洞穿越石鼓向斜、扶仲向斜、吾竹比向斜、汝寒坪向斜、后本箐向斜、狮子山背斜 6 个规模较大的向(背)斜储水构造时,涌水风险总体为一般至中等。其中石鼓向斜核部为苍纳组灰岩,虽其总体岩溶不甚发育,但距离隧洞顶板较近,涌水风险较大。另外在吾竹比向斜灰岩段,地下水存在深部循环,隧洞有遭遇岩溶管道、产生涌突水的可能。

1. 石鼓向斜

石鼓向斜属布伦-石鼓褶皱束,轴向北北东,核部经过石鼓镇,由泥盆系(D_2c)深灰色灰岩夹泥岩组成,翼部为穷错组(D_2q)深灰色石英片岩夹白云岩及灰岩,为一短轴状褶曲。隧洞穿越石鼓向斜段长 1591m,向斜核部为苍纳组灰岩,溶蚀较发育,受附近断裂带导通,地下岩溶水向该段汇集,储水较丰富,涌突水风险为中等至较大。

2. 扶仲向斜

扶仲向斜轴向北北东,核部由中三叠统上部(T_2^b)灰色、黄灰色白云质灰岩、白云岩组成,翼部为中三叠统下部(T_2^a)深灰色板岩、片岩夹少量灰岩。东翼受龙蟠-乔后断裂破坏,为一近对称的倾斜褶曲。隧洞穿越扶仲向斜段长1965m,向斜核部为灰色白云质灰岩、白云岩,溶蚀相对不发育。隧洞穿越部位为板岩、片岩夹少量灰岩,岩溶不发育。该向斜储水较丰富,风险中等。

3. 吾竹比向斜

吾竹比向斜轴向北北东,核部由中三叠统北衙组下段(T_2b^1)灰、黄灰色泥质灰岩夹砂泥岩组成,翼部为下三叠统青天堡组(T_1q)紫红色砂岩夹泥岩及页岩。东翼受龙蟠-乔后断裂破坏,为一不对称的倾斜褶曲。隧洞穿越吾竹比向斜段长1350m,向斜核部为岩溶地层,储水较丰富。隧洞穿越部位为非岩溶化地层,特别是砂泥岩具有一定的隔水效应,水文地质问题不突出,风险中等。但$F_{10\text{-}3}$断裂东侧灰岩段紧邻断裂带,地下水存在深部循环,隧洞有遭遇岩溶管道、产生涌突水的可能,但因突水水头不高,靠近流域分水岭,总体风险不大。

4. 汝寒坪向斜

汝寒坪向斜轴向北北东,核部由中三叠统北衙组下段(T_2b^1)灰、黄灰色泥质灰岩夹砂泥岩组成,翼部为下三叠统青天堡组(T_1q)紫红色砂岩、粉砂岩与泥岩及页岩互层。隧洞穿越汝寒坪向斜段长2303m。向斜核部为岩溶地层,储水较丰富。但隧洞穿越部位为非岩溶化地层,特别是较厚的砂泥岩具有一定的隔水效应,水文地质问题不突出,风险中等。

5. 后本箐向斜

后本箐向斜轴向北北东,核部由上三叠统松桂组(T_3sn)灰黄色砂岩、粉砂岩组成,两翼由上三叠统中窝组(T_3z)灰岩夹粉砂岩、砂泥岩组成。隧洞穿越后本箐向斜段长2129m,向斜核部及两翼均为松桂组非岩溶化地层,储水不丰富,水文地质问题不突出,风险一般至中等。

6. 狮子山背斜

狮子山背斜轴向北东,核部由中三叠统北衙组上段(T_2b^2)灰岩、白云质灰岩组成,两翼由上三叠统中窝组(T_3z)灰岩夹粉砂岩、砂泥岩组成。隧洞穿越后本箐向斜段长1095m。背斜翼部虽为中窝组灰岩,但岩溶化不强烈,且为背斜构造,储水总体不丰富,风险一般至中等。

五、局部承压含水层洞段涌突水

隧洞区地质构造背景十分复杂,区内断裂、褶皱以及裂隙发育,且地层多样,砂岩、灰岩等含水岩组和泥岩、页岩、片岩等隔水岩组均有大量分布。上述地质条件为承压水提供了良好的赋存空间和条件,承压水具有连通性好、压力大、流量大等特点,施工过程中出现涌突水、突泥、涌砂的危险性大。香炉山隧洞承压含水层洞段主要集中在中三叠统(T_2^a)、中二叠统黑泥哨组(P_2h)的砂岩地层及断层带的含水角砾岩中。

隧洞穿越白汉场中三叠统(T_2^a)板岩、片岩和砂岩段,地层上部和下部主要为板岩和片岩(相对隔水层),承压水位于砂岩中(含水层)。该地质结构具备承压水的赋存条件,含水层厚度约70m,主要接受大气降水补给,且位于扶仲向斜部位,具有连通性好、渗透性强、补给充足、压力高、流量大的特点,涌突水风险较大。

隧洞穿越中二叠统黑泥哨组(P_2h)砂、泥页岩夹煤层，顶部和底部为泥页岩和煤层隔水层，承压水位于砂岩中(含水层)。该地质结构具备承压水的赋存条件。该含水层埋藏较深，水头高、径流缓慢、排泄不畅、水交替作用较弱，存在一定的高压涌突水风险。

隧洞穿越规模较大断层部位，构造岩岩性复杂，包括构造碎裂岩、碎粉岩、角砾岩、碎裂岩等，其中碎粉岩为相对隔水层，碎裂岩、角砾岩为透水性相对较好的含水层。由于碎粉岩等隔水效应明显，断层角砾岩、碎裂岩等含水层赋存裂隙型脉状水，局部具承压性。当性状差的隔水岩层无法抵御外围承压含水层水头时，将产生渗透破坏，发生涌水突泥。

六、富水玄武岩洞段涌水突泥

玄武岩总体表现为垂直分带的均匀风化特征，但受构造影响，玄武岩完整性差异大，导致局部地段表现出非均匀风化特征，甚至可能在同一掌子面表现出差异风化，或出现囊状和带状风化现象。玄武岩为裂隙性中等透水地层、因凝灰岩的隔水作用，破碎带(含断层破碎带)或风化囊富水，当揭穿凝灰岩进入富水破碎带或风化囊时，可能发生涌水突泥现象。在隧洞开挖过程中揭露富水的全风化囊，囊内物质成分主要为全风化玄武岩和凝灰岩，呈土状或碎块、碎颗粒状，地下水长期浸泡后呈泥状，力学性质低。开挖过程中掌子面揭穿囊体后，囊内散体状物质迅速涌入洞内，形成涌水突泥。香炉山隧洞在汝寒坪段、大马厂—黑泥哨段将长距离穿越玄武岩，为裂隙性中等富水洞段，当隧洞揭穿凝灰岩隔水夹层后，存在一定裂隙型涌水风险，特别是遭遇富水风化囊时，存在较大涌水突泥风险。

七、地下水环境影响的定性分析评价

在地下水对隧洞产生不利影响的同时，隧洞建设也会对地下水环境造成严重影响，主要表现为造成地下水资源流失，地下水位下降引发地表部分泉、井枯竭，土壤含水量降低，影响植被生存，引起地面沉降甚至塌陷等，进而影响周边居民生产、生活。隧洞涌水造成地下水大量漏失，导致地下水储存量大量消耗，使降落(位)漏斗不断扩展，从而袭夺其影响范围内的补给增量，引起地下水渗流场和补排关系的明显变化。

香炉山隧洞地表涉及四大岩溶水系统，隧洞周边的鹤庆、剑川、丽江及拉什海盆地岩溶大泉分布密集，隧洞下穿可能对岩溶水形成一定程度的疏干，进而引发地下水环境影响问题。隧洞穿越向斜、断裂、可溶岩洞段时，影响半径总体要大于非可溶岩洞段，且汝南河以北区域隧洞影响半径要大于汝南河以南的区域。影响半径以内的泉点流量将受到一定影响，特别是影响半径范围内靠近隧洞轴线的岩溶大泉将受到显著的影响，主要有黄龙潭、西龙潭、黑龙潭、东山寺龙潭、水鼓楼龙潭、蝙蝠洞、清水江村泉等。

香炉山隧洞穿越的马耳山山岭浑厚，东西宽18～25km，南北长约90km，地势陡峻，地形较连续，总体呈南高北低，山顶高程一般2760～3500m。研究区居民主要位于马耳山周缘的丽江盆地、鹤庆盆地、剑川盆地和洱源盆地。隧洞沿线山顶因山高坡陡，居民点分布较零散。居民点主要分布在山顶缓坡平台和宽缓的岩溶洼地，主要位于白汉场槽谷(高程2280～2400m)、汝寒坪、汝南河槽谷(高程2480～2540m)、沙子坪、下马塘、石灰窑、东登、马厂、东甸、黑泥哨、北长箐、东坡等。居民生产、生活用水主要为山顶小泉和地表沟渠水，部分居民点缺水较为严重。隧洞从该区域穿越，由于隧洞深埋，对隧洞沿线山顶主要居民点生产、生活用水的影响有限。

我们在勘察阶段专门对隧洞排水影响半径内的沿线居民用山顶泉点进行了调查和复核。共调查面积 380km²，调查水点 121 个（调查泉点不包括鹤庆、剑川盆地等岩溶大泉），总流量 1093L/s，涉及总人口 24 573 人。根据泉水的产出成因、与隧洞的空间关系、岩性构造条件及其与隧洞的连通性等，对调查泉点所受影响程度进行了分级，包括严重影响、中等影响、关注区、无影响等 4 个等级。具体分类标准见表 7-1。

表 7-1　香炉山隧洞排水影响半径范围内沿线山顶泉点影响分级标准表

影响程度	泉点分级基本标准	建议对策
严重影响	泉点出露高程高于隧洞顶部高程。主要指隧洞（隧洞位于强烈溶蚀带）可能通过岩溶管道沟通 1000m 范围内的岩溶泉，还包括降落漏斗中心部位（≤500m）的裂隙泉（与隧洞之间无隔水地层分布）。影响包括可能疏干或水量大幅减小	应急供水，封堵灌浆，监测
中等影响	泉点出露高程高于隧洞顶部高程。隧洞（隧洞位于弱—微溶蚀风化带内）可能通过岩溶管道沟通 1000～2000m 范围内的岩溶泉。影响为水量可能有一定程度降低	应急供水、封堵灌浆，监测
关注区	泉点出露高程高于隧洞顶部高程。距离较远（＞2000m）的岩溶泉（因勘探精度原因不能判定其灰岩与隧洞的沟通情况）；距离较远（＞1000m 但小于影响半径）的裂隙泉	监测
不影响	与隧洞之间有隔水地层分布的各类泉点、低于隧洞高程的泉点和距离很远（＞3000m）的各类泉点	巡视

根据以上泉点影响程度分级标准与原则，对所调查的泉点进行了分析，分析结果显示：香炉山隧洞全线严重影响泉点 18 个，中等影响泉点 24 个，影响人数 7850 人；关注区泉点 46 个，关注人数 8262 人。其中 5# 施工支洞以北区域严重影响泉点 15 个，中等影响泉点 14 个，泉点基本为沿线居民生产、生活用水，流量不大，一般 0.2～1L/s，影响流量约 44.5L/s，影响人数 5793 人，关注区泉水点 21 个，关注人数 2094 人。隧洞沿线主要居民点分布见图 7-11。严重影响及中等影响泉点具体见表 7-2 。

香炉山隧洞 5# 施工支洞以北区域可溶岩地层不发育，水文地质条件简单，地下水环境影响相对不敏感，沿线居民生产生活用水主要以地表沟渠（打锣箐、汝南河等）、水库水（白汉场水库）和山顶裂隙性小泉为主。该段隧洞埋深一般 350～800m，隧洞对穿越区居民用山顶小泉有一定影响，影响较大的区域主要集中在白汉场槽谷和汝南—红麦盆地一带。隧洞施工期对隧洞附近部分泉点影响较大，但不至于疏干，施工过程中可通过灌浆防渗处理，减少对泉水影响。

5# 施工支洞以南区域隧洞沿线居民点分布较少，且沿线分布少量流量大小不等的泉。隧洞施工期对隧洞附近区泉点有一定影响，但不至于疏干这些泉点，施工过程中可通过灌浆防渗处理，减少对泉水的影响。

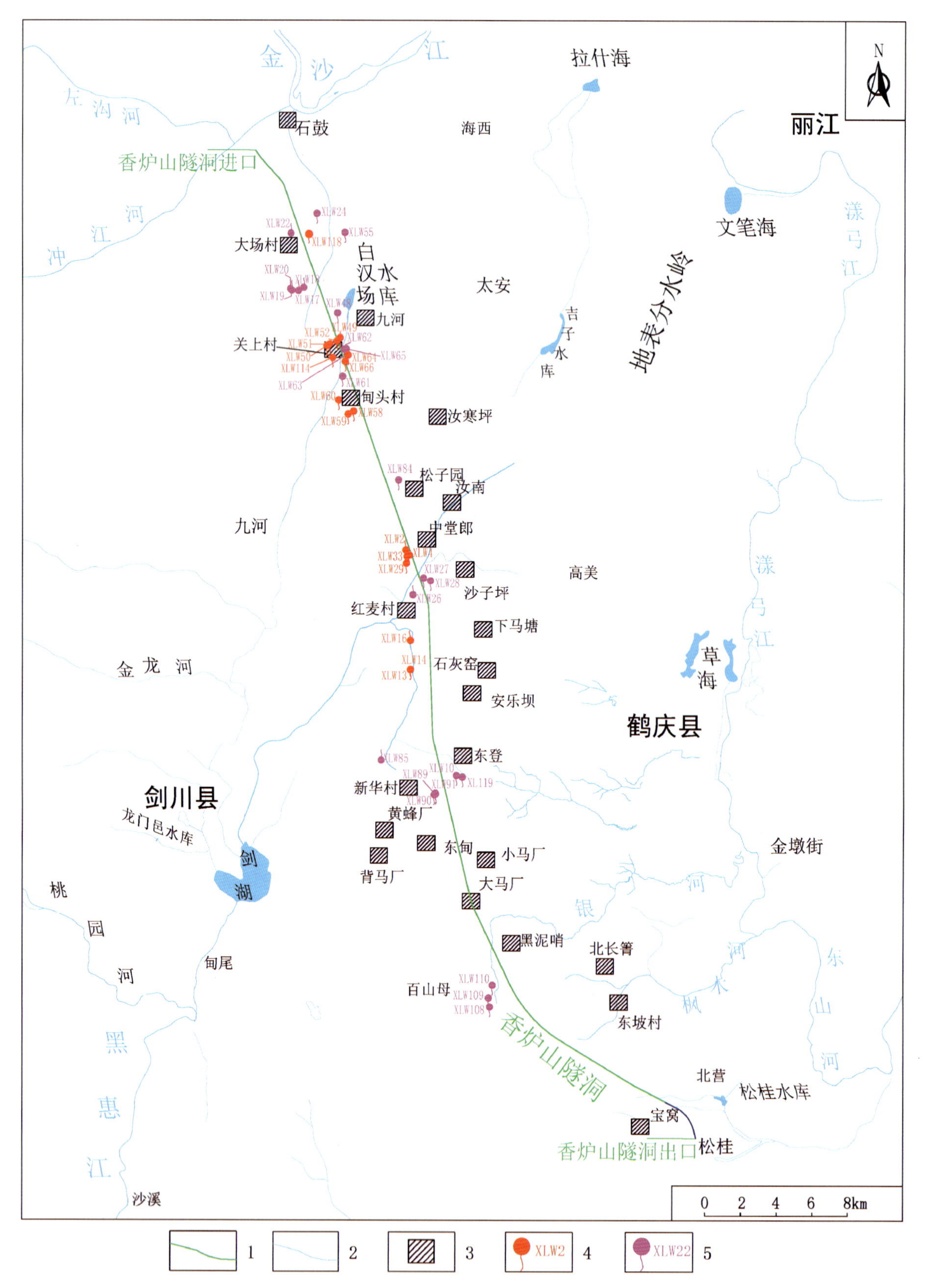

1. 香炉山隧洞；2. 水系；3. 地名；4. 严重影响山顶小泉；5. 中等影响山顶小泉。

图 7-11　香炉山隧洞沿线主要居民点及严重、中等影响泉点分布示意图

表 7-2 香炉山隧洞沿线主要居民点及地下水利用现状和影响程度表

泉点编号	部位				流量/(L·s^{-1})	泉点类型	开发利用现状		影响程度分级
	涉及居名点	出露高程/m	与线路的空间位置关系				开发利用类型	利用泉点人数/人	
			平面距离/m	高差/m					
XLW2	汝南村	2630	28	630	0.4	上升泉	生活饮用	150	严重
XLW4	汝南村	2583	64	583	0.3	下降泉	生活饮用	50	严重
XLW17	金普村	2543	1147	543	30	上升泉	生活饮用	3115	中等
XLW18	金普村	2550	1060	550	1	上升泉	生活饮用	30	中等
XLW19	金普村	2576	1494	576	0.03～0.04	上升泉	生活饮用	17	中等
XLW20	金普村	2584	1508	584	0.02～0.03	上升泉	生活饮用	9	中等
XLW22	大场村	2521	401	521	0.3	上升泉	生活饮用/旱季灌溉	98	中等
XLW118	大场村	2400	481	400	100	上升泉	农业灌溉	124	严重
XLW24	菁口西村	2410	1284	410	0.9～1	下降泉	生活饮用	105	中等
XLW26	红麦村	2501	463	501	0.4～0.5	上升泉	辅助生活饮用	110	中等
XLW27	红麦村	2576	402	576	0.15～0.2	下降泉	生活饮用		中等
XLW28	红麦村	2625	733	625	0.1～0.15	下降泉	生活饮用		中等
XLW29	红麦村	2615	247	615	1	下降泉	生活饮用	85	严重
XLW33	汝南村	2597	82	597	1	下降泉	生活饮用	50	严重
XLW48	关上村	2455	593	455	1.5	下降泉	生活饮用	180	中等
XLW49	关上村	2397	268	397	0.07	下降泉	生活饮用	30	严重
XLW50	关上村	2527	540	527	0.5	下降泉	生活饮用	50	严重
XLW51	关上村	2482	378	482	2	下降泉	生活饮用	120	严重
XLW52	关上村	2398	66	398	0.06	下降泉	生活饮用	70	严重
XLW114	梅瓦村	2500	473	500	0	下降泉	生活饮用		严重
XLW55	大场村	2509	2433	509	30	下降泉			中等
XLW58	甸头村	2513	329	513	1～2	下降泉	生活饮用	800	严重
XLW59	甸头村	2544	676	544	0.5	下降泉	生活饮用	120	严重
XLW60	甸头村	2361	924	361	0.6～0.7	下降泉	生活饮用	150	严重
XLW61	关上村	2343	299	343	0.5	下降泉	生活饮用	200	中等
XLW62	关上村	2362	340	362	0.2～0.3	下降泉	生活饮用	60	中等
XLW63	关上村	2406	367	406	0.2～0.3	下降泉	生活饮用	55	中等
XLW64	关上村	2367	342	367	0.1	下降泉	生活饮用	30	严重
XLW66	关上村	2365	120	365	0.05	下降泉	生活饮用	15	严重
XLW84	汝南村	3029	841	1029	1～1.2	下降泉	生活饮用	180	中等
XLW13	红麦村	2641	918	641	10～15	下降泉	生活饮用	65	严重
XLW14	红麦村	2640	912	640	15～20	下降泉	生活饮用	85	严重
XLW16	红麦村	2535	878	535	100	上升泉	生活饮用	275	严重
XLW85	新华村	2774	2870	774	15～20	上升泉	生活饮用和农业灌溉	300	中等

表 7-2(续)

泉点编号	部位				流量/(L·s⁻¹)	泉点类型	开发利用现状		影响程度分级
	涉及居名点	出露高程/m	与线路的空间位置关系				开发利用类型	利用泉点人数/人	
			平面距离/m	高差/m					
XLW10	新峰村	3008	1088	1008	0.1~0.12	下降泉	生活饮用		中等
XLW89	庆华村	3110	302	1110	0.02	下降泉	生活饮用	60	中等
XLW90	庆华村	3070	403	1070	0.03	下降泉	生活饮用	140	中等
XLW91	庆华村	3053	299	1053	0.05	下降泉	生活饮用		中等
XLW108	马厂村	3198	1226	1198	0.5	下降泉	生活饮用和农业灌溉	250	中等
XLW109	马厂村	3162	1043	1162	3	下降泉	生活饮用和农业灌溉		中等
XLW110	马厂村	3113	548	1113	30	下降泉	生活饮用和农业灌溉	380	中等
XLW119	东登村	3020	1400	1020	50	下降泉			中等

第二节 隧洞涌水量水均衡法与解析法估算研究

一、计算方法简介

1. 水均衡法

水均衡法指在一定范围内,水在循环过程中保持平衡状态,流入量和流出量相等,查明隧道施工段水的补给、排泄之间的关系,从而获得隧道的涌水量。水均衡法可用于宏观、近似地预测隧道的正常涌水量和最大涌水量,是其他计算方法的基础。

水均衡法适用条件较宽,但必须是潜水,且埋藏深度较浅,其参数获得的难易程度一般,有效降雨入渗补给系数 α 多为经验性,汇水面积的划分存在争议,计算结果只能是宏观控制的大概范围,但是其结果往往是其他计算方法的标杆,尤其是涌水量结果的数量级。它适用于工程可行性研究阶段、初勘阶段、详勘阶段的宏观计算。

利用水均衡原理计算隧洞涌水量,计算公式如下:

$$\Delta V = V_1 u + \frac{HLRu}{3} = Hu(F_1 + 0.33LR) \tag{7-1}$$

则

$$Q_1 = \frac{\Delta V}{t} = \frac{V_1 u}{t} + \frac{HLRu}{3t} = \frac{Hu}{t}(F_1 + 0.33LR) \tag{7-2}$$

式中:V_1 为平洞范围内需要疏干的含水层体积(m^3);Q_1 为不考虑降雨时的平洞涌水量(m^3/d);H 为需疏干含水层的厚度(m);F_1 为平洞的面积(m^2);L 为平洞的边界周长(m);R 为降落漏斗半径,从平洞边界外围算起(m);u 为给水度。

另外,还需考虑降雨入渗补给对隧洞涌水量的影响。

$$Q_2 = \frac{\alpha'(P-E)}{1000 \times 30} \times F \tag{7-3}$$

式中：Q_2 为降雨增加时的平洞涌水量(m^3/d)；α'为有效降雨入渗补给系数；P 为月平均降雨量(mm)；E 为月平均蒸发量(mm)；F 为面积(m^2)。

总的隧洞涌水量为两项之和，即

$$Q = Q_1 + Q_2 \tag{7-4}$$

式中：Q 为总隧洞涌水量(m^3/d)。

2. 解析法

解析法又称地下水动力学法，是根据地下水动力学原理，用数学解析的方法对给定边界值和初值条件下的地下水运动建立解析式，从而达到预测隧道涌水量的目的。在实际工程中，根据隧道工程的特点，结合裘布依稳定流公式和泰斯非稳定流公式，研究者们总结出了众多隧道涌水量预测的经验公式。根据《铁路工程水文地质勘察规程》(TB10049—2004)，采用裘布依理论式、佐藤邦明经验式、落合敏郎法、柯斯嘉科夫法计算正常涌水量，采用佐藤邦明非稳定流式、古德曼经验式、大岛洋志公式计算最大涌水量。这些公式一般都需要地层的渗透系数 K、水位埋深、隧道影响宽度等一系列相关的参数。地下水动力学方法适用范围较广，但是需要众多参数，而且参数也存在一定的经验性。参数一旦确定，其计算精度就较高；若参数存在不确定性，则获得的结果也是值得商榷的。

二、重点洞段涌水量估算

针对香炉山隧洞重点洞段，包括隧洞穿越可溶岩洞段、断裂带洞段、向(背)斜核部储水构造洞段、局部承压含水层洞段、富水玄武岩洞段等，分别采用水均衡法和解析法进行涌水量的估算。

1. 水均衡法

由于香炉山隧洞过长，因而划分出若干个水文地质单元来进行计算。水文地质单元主要根据地表分水岭划分，具体划分情况如表 7-3 所示。

表 7-3　水均衡法水文地质单元划分情况

水文地质单元编号	建筑物	位置	汇水面积/km^2	有效隧洞长度/m
1	香炉山隧洞	打锣箐—拉什海	145.92	12 526
2	香炉山隧洞	拉什海—汝南哨	170.57	14 642
3	香炉山隧洞	汝南哨—黑泥哨	132.89	11 407
4	香炉山隧洞	黑泥哨	61.81	5306
5	香炉山至衍庆村隧洞	黑泥哨—衍庆村	110.25	9651

注：有效隧洞长度是指埋藏在地下的隧洞部分长度。

采用水均衡法预测的涌水量情况分为考虑降雨和不考虑降雨情况下的隧洞总涌水量和单位涌水量。根据不同水文地质单元和构造情况，计算各单元各段的涌水量。重点洞段计算结果见表 7-4。

表 7-4　香炉山隧洞重点洞段涌水量水均衡法计算结果

序号	重点洞段		单位长度涌水量/($m^3 \cdot d^{-1} \cdot m^{-1}$)	
			枯水期	丰水期
1	可溶岩洞段	拉什海岩溶水系统可溶岩段	8.064	14.544
		清水江-剑川Ⅴ-1岩溶水子系统可溶岩段	13.536	21.888
		鹤庆西山Ⅳ-5和清水江-剑川Ⅴ-2岩溶水子系统可溶岩段	15.12	23.472
		香炉山隧洞出口可溶岩段	5.76	10.512
2	断裂带洞段	大栗树断裂	8.64	15.120
		龙蟠-乔后断裂	7.776	14.256
		丽江-剑川断裂	9.36	15.840
		下马塘-黑泥哨断裂	9.504	16.128
		鹤庆-洱源断裂	8.64	15.120
		石灰窑断裂	8.064	14.544
		马场逆断裂	8.928	15.408
		汝南哨断裂	9.648	16.128
		青石崖断裂	8.496	15.120
3	向(背)斜核部储水构造洞段	石鼓向斜	11.088	19.440
		扶仲向斜	10.656	19.008
		吾竹比向斜	8.064	14.544
		汝寒坪向斜	12.672	19.152
		后本箐向斜	13.104	19.584
		狮子山背斜	5.616	10.224
4	局部承压含水层洞段	白汉场 T_2^a 砂岩段	2.736	5.472
		黑泥哨组 P_2h 砂岩段	2.592	4.752
5	富水玄武岩洞段	汝寒坪段	1.872	4.032
		大马厂-黑泥哨段	2.448	4.608

2. 解析法

隧洞穿越富水岩体时，要分段进行正常涌水量和最大涌水量预测。根据《水利水电工程水文地质勘察规范》(SL373—2007)，最大涌水量为隧洞在含水体中掘进时的峰值涌水量，正常涌水量为隧洞涌水达到基本稳定时的涌水量。各地层的渗透系数根据香炉山隧洞区常规压水试验、注水试验、高压压水试验及微水试验等现场原位水文试验获得。本次工作对裘布依理论式、佐藤邦明经验式、落合敏郎法、柯斯嘉科夫法、古德曼经验式、大岛洋志公式等解析法的涌水量预测计算结果进行了比较。

根据对比情况可见：①正常涌水量——运用裘布依理论式计算的结果最小，而采用落合敏郎法、佐藤邦明经验式和柯斯嘉科夫法计算的结果差别不大。对于涌水突出的隧洞，采用佐藤邦明经验式时计算结果比落合敏郎法和柯斯嘉科夫法更大；对于涌水不突出的隧洞，采用此法时，计算结果比落合敏郎法和柯斯嘉科夫法更小；对于涌水一般的隧洞，采用此法时，计算结果介于落合敏郎法和柯斯嘉科夫法之间。②最大涌水量——采用佐藤邦明经验式计算的结果大，采用古德曼经验式计算的结果次之。

采用裘布依理论式计算的正常涌水量与其他方法差别大，研究计算公式发现：①正常涌水量是在隧洞涌水形成稳定降深漏斗、稳定补给半径条件下计算，公式中都要用到补给半径；②水位降深取值对采用裘布依理论式计算的结果影响大，而对采用其他两种方法计算的结果影响很小。所以，采用裘布依法时需要准确确定水位降深值，一般浅埋隧洞水位会降深至隧洞底板，易确定水位降深值，而隧洞埋深较大时水位降深值难确定，不适用于滇中引水工程(隧洞普遍埋深较大)。落合敏郎法和柯斯嘉科夫法概化模型对于水位降深值的确定是水位降深至隧洞底板，计算公式和概化模型都避免了水位降深取值对计算结果的影响，适用性更好。

因此，利用解析法计算涌水量时，隧洞开挖初期最大涌水量预测计算采用古德曼经验式，正常涌水量预测计算采用柯斯嘉科夫法。香炉山隧洞重点洞段涌水量的解析法计算结果见表 7-5。

表 7-5　香炉山隧洞重点洞段涌水量的解析法计算结果

序号	重点洞段		单位长度涌水量/($m^3 \cdot d^{-1} \cdot m^{-1}$)	
			枯水期	丰水期
1	可溶岩洞段	拉什海岩溶水系统可溶岩段	0.629	1.657
		清水江-剑川Ⅴ-1 岩溶水子系统可溶岩段	1.297	2.403
		鹤庆西山Ⅳ-5 和清水江-剑川Ⅴ-2 岩溶水子系统可溶岩段	1.089	2.796
		香炉山隧洞出口可溶岩段	0.183	0.413
2	断裂带洞段	大栗树断裂	3.233	9.631
		龙蟠-乔后断裂	2.532	7.446
		丽江-剑川断裂	4.863	14.151
		下马塘-黑泥哨断裂	0.923	2.500
		鹤庆-洱源断裂	1.087	2.978
		石灰窑断裂	0.688	1.826
		马场逆断裂	0.896	2.421
		汝南哨断裂	0.932	2.524
		青石崖断裂	1.035	2.818
3	向(背)斜核部储水构造洞段	石鼓向斜	1.044	2.850
		扶仲向斜	0.582	1.519
		吾竹比向斜	0.629	1.657
		汝寒坪向斜	0.943	2.556
		后本箐向斜	0.560	1.054
		狮子山背斜	0.560	1.054
4	局部承压含水层洞段	白汉场 T_2^a 砂岩段	0.122	0.288
		黑泥哨组 P_2h 砂岩段	0.102	0.243
5	富水玄武岩洞段	汝寒坪段	0.130	0.346
		大马厂-黑泥哨段	0.157	0.343

将采用水均衡法、解析法等计算的结果进行对比可以看出，不同方法估算得到的隧洞涌水量有一定的差异。水均衡法考虑了全流域中降雨、地表水与地下水的均衡后，采用水均衡原理，考虑疏干影响后计算得到涌水量。解析法采用隧洞涌水量预测的经验公式，对不同岩性、构造影响下的隧洞进行分段预

测涌水量。后续章节中，在建立精细水文地质结构模型的基础上，采用数值模拟的方法进行流量计算，从理论上有较高的可靠性。水均衡法和数值法计算结果相对接近，正常情况下涌水量相差较小，丰水期涌水量有一定的差异。

第三节　多尺度三维地下水运动数值模拟

一、软件平台

由于岩溶区水文地质条件相当复杂，难以用数学物理方程详尽地刻画其各个过程。针对复杂的水文地质条件，利用数值法进行地下水环境预测是主要的发展趋势。数值法以其直观、全方位、精度高、灵活性强的特点被广泛运用于地下水相关领域。随着我国地下水数值模拟技术的快速发展，各类科研院校、生产单位运用数值模拟方法成功解决了许多地下工程建设中的地下水环境预测问题（丁继红等，2002）。本章结合香炉山隧洞地下水含水介质特性、岩体水文地质结构、地下水流动系统特征、地下水化学及其环境特点建立三维渗流场数值模型，对隧洞涌水量及对地下水环境影响程度进行模拟和预测研究。

水文地质结构模型的建立是对数字化钻孔（含虚拟孔）数据进行空间岩性插值，形成岩性结构体的过程。所建的结构可视化模型不仅可以再现香炉山隧洞区地层分布全貌，还可以从任意角度旋转，并从任意方向切割剖面，以便研究者从不同方位观察地层结构。在建立岩性地层模型时，为避免岩性相同而地质年代不同的层位出现"误接"，可首先按地质年代生成单独结构体，之后再叠置综合。

地下水流动、赋存及水质演化规律的研究是解决地下水开发利用及相关环境问题的核心，是水文地质领域的基本问题。而地下水的上述3种特征是由地下介质分布的各向异性与不均匀性决定的。为了高精度、全方位地建立三维渗流模型，本研究基于GMS（groundwater modeling system）数值模拟软件，采用更为合理的结构和网格模型及求解模块，建立更优化的网格模型及数值模型，为香炉山隧洞渗控研究及地下水环境问题的研究奠定坚实的基础。

GMS软件模块多，功能全，可以用来模拟与地下水相关的所有水流和溶质运移问题。它集成了MODFLOW、MT3D、MODPATH、ART3D、FEMWATER、SEEP2D等程序包。同其他类软件相比，GMS软件除模块更多之外，各模块的功能也更趋完善。现将本研究需要用到的MODFLOW模块简介如下。

程序结构模块化：MODFLOW包括一个主程序和若干个相对独立的子程序包（package）。每个子程序中有数个模块，每个模块用以完成数值模拟的一部分。例如河流子程序包用来模拟河流与含水层之间的水力联系；井流子程序包用来模拟抽水井和注水井对含水层的影响。

离散方法的简单化：MODFLOW采用有限差分法对地下水流进行数值模拟。差分法的优点是可以促进程序的普及和对数据文件进行规范。其主要缺点是当对某些单元网格加密时，会增加许多额外的计算单元，延长程序的运行时间。随着计算机速度的迅速提高，计算机受网格数量的限制越来越小，差分法的优势越来越大。MODFLOW解决地下水流运动问题时，将含水层剖分成多达360×360×18个网格单元。

MODFLOW引进了应力期（stress period）概念：它将整个模拟时间分为若干个应力期，每个应力期又可再分为若干个时间段。在同一应力期，各时间段既可以按等步长划分，也可以按一个规定的几何序列逐渐增长。而在每个应力期内，所有的外部源汇项的强度应保持不变。这样就简化、规范了数据文件的输入，而且使得物理概念更为明确。

求解方法的多样化：迄今为止，MODFLOW 已经含有强隐式法、逐次超松弛迭代法、预调共轭梯度法等子程序包。MODFLOW 的求解子程序包更加多样化，应用范围也更为广泛。大量实际工作表明，只要恰当使用，MODFLOW 也可以用来解决裂隙介质地下水流动问题（薛禹群等，1997；张洪霞等，2007）。

二、模拟工况的分析拟定

1. 隧洞排水量上限控制目标

通过对香炉山隧洞穿越区岩溶水文地质分析和相关基础资料调查研究，结合隧洞施工特点，初步确定了香炉山隧洞设计所需的基于地下水环境影响的排水量上限控制目标，即在采取防渗措施后需达到的防渗效果。

香炉山隧洞穿越的马耳山两侧盆地（鹤庆、剑川）边缘岩溶大泉众多，但隧洞沿线山顶泉水较少，且流量较小，是山顶居民生产生活的主要用水来源，地下水环境非常敏感，排水量控制目标主要有以下4条。

(1)隧洞渗涌水量不能超过该区域地下水径流量的10%。

(2)隧洞渗涌水对主要岩溶大泉的枯季流量影响不能超过15%。

(3)隧洞排水影响半径尽量小，对沿线居民点生产生活所用山顶小泉影响须较小或者容易实施替代性供水方案。

(4)隧洞渗涌水易于抽排，各支洞口抽排量小于或接近 0.3m^3/s。

2. 模拟工况的拟定

根据岩溶水文地质研究成果，结合香炉山隧洞的水文地质条件，分析了在目前灌浆防渗技术可行的情况下，不同防渗等级工况隧洞的涌水量。灌浆防渗工况的确定需考虑技术可行、经济合理、隧洞施工和运行期安全以及对地下水环境影响最小。

1)全隧洞区大尺度模型模拟工况

隧洞涌水量的分级是根据隧洞开挖地下水的活动状态来划分的。《水利水电工程地质勘察规范》附录N中表N.0.9-4将地下水的活动状态划分为渗水到滴水($q\leqslant3.6$m^3/(d·m)、线状流水(3.6m^3/(d·m)$<q\leqslant18$m^3/(d·m))和涌水($q>18$m^3/(d·m))三类。裸洞条件下单位涌水量小于3.6m^3/(d·m)的渗水到滴水低风险洞段，对施工影响较小，容易抽排水，对地下水环境影响程度小，不采取防渗灌浆措施。裸洞条件下单位涌水量大于3.6m^3/(d·m)的线状流水到涌水洞段，可能产生较大规模突发性涌突水灾害，抽排水较困难，对施工影响较大，同时对地下水环境影响程度较大，将采取防渗灌浆措施。鉴于香炉山隧洞深埋长隧洞水文地质条件复杂、地下水环境敏感等特点，参考规范划分并取整后，将防渗灌浆的单位涌水量划分标准定为3m^3/(d·m)，即裸洞单位涌水量小于3m^3/(d·m)时不防渗灌浆，大于3m^3/(d·m)时防渗灌浆。

对于全隧洞大尺度模型模拟工况，我们初步制定了以下灌浆标准与方案。

①裸洞单位涌水量小于3m^3/(d·m)时不防渗灌浆，大于3m^3/(d·m)时防渗灌浆。

②灌浆标准：普通灌浆 1×10^{-5}cm/s，磨细水泥灌浆 5×10^{-6}cm/s，化学灌浆 1×10^{-6}cm/s。

③灌浆方案：优先选用普通灌浆，若灌浆后单位涌水量仍大于3m^3/(d·m)，则改用化学灌浆或磨细水泥灌浆。初拟对普通灌浆后涌水量3～5m^3/(d·m)洞段修改为磨细水泥灌浆，对普通灌浆后涌水量大于5m^3/(d·m)洞段修改为化学灌浆。

根据以上灌浆标准与方案，按照以下3种工况对隧洞涌水量、影响半径、地下水水位线影响程度等进行预测。

工况1：天然裸洞。

工况2：部分灌浆。对裸洞涌水量$q>3m^3/(d·m)$洞段实施普通灌浆，灌浆标准$1×10^{-5}cm/s$。

工况3：二次灌浆。对普通灌浆后涌水量$q>3～5m^3/(d·m)$洞段修改为磨细水泥灌浆，灌浆标准$5×10^{-6}cm/s$；对普通灌浆后涌水量$q>5m^3/(d·m)$洞段修改为化学灌浆，灌浆标准$1×10^{-6}cm/s$。

2)隧洞区断裂F_{11}以南中尺度模型模拟工况

针对受地下水环境影响较大的断裂F_{11}以南段中尺度隧洞渗控模拟，设置了不同防渗等级工况下隧洞开挖的涌水量预测，设置灌浆圈的厚度为10m，灌浆圈的渗透系数分别为$1×10^{-5}cm/s$、$5×10^{-6}cm/s$、$1×10^{-6}cm/s$。按照只针对灰岩和断层带围岩类型的灌浆和考虑玄武岩围岩类型的灌浆，共设置了6个工况。工况1为不灌浆的情况。工况2～4针对灰岩和断层带围岩类型，采用不同段位不同规格灌浆。工况5～6为同时考虑灰岩、断层带围岩类型的灌浆和玄武岩围岩类型的灌浆。

3)隧洞区Ⅳ-5和Ⅴ-2岩溶水子系统小尺度模型模拟工况

针对重要地下水环境敏感段Ⅳ-5和Ⅴ-2岩溶系统小尺度隧洞，渗控模拟采用了大尺度模型的方案，在大尺度模型方案设置的3个工况基础上，增加了工况4和工况5。其中工况4为全洞段磨细水泥灌浆(对应灌浆圈渗透系数$5×10^{-6}cm/s$)，工况5为全洞段化学灌浆(对应灌浆圈渗透系数$1×10^{-6}cm/s$)。

为了定量分析评价隧洞施工对周边地下水环境的影响程度及模拟防渗措施的效果，香炉山隧洞将进行全洞段大尺度渗控数值模拟，对地下水环境影响较大的F_{11}断裂以南段开展中尺度隧洞渗控模拟，对重要地下水环境敏感段Ⅳ-5和Ⅴ-2岩溶系统开展小尺度隧洞渗控模拟，选取符合隧洞排水量上限控制标准的最优渗控方式。

三、全隧洞区大尺度模型模拟

1. 模型建立

1)水文地质概念模型

香炉山隧洞全长共62.60km，线路穿越白汉场岩溶水系统(Ⅰ)、拉什海岩溶水系统(Ⅱ)、鹤庆西山岩溶水系统(Ⅳ)和清水江-剑川岩溶水系统(Ⅴ)。模型的范围包括隧洞所经过的区域以及与隧洞相关岩溶水系统的水文地质边界所包括的区域。

评价区面积1 573.80km^2，包含了5个岩溶水系统，即白汉场、拉什海、文笔海、清水江-剑川、鹤庆西山岩溶水系统。地下水主要赋存于灰岩和局部的第四系中，导水通道主要为导水性断层和岩溶管道。浅层水的补给来源主要为降水，开采、蒸发、泉为主要排泄途径。深层水补给主要来自上层下渗、区域地下水的循环，开采、泉和侧向排泄为主要排泄途径。区域内的断层、天窗使得上下含水层相互串通，成为统一的混合含水层。将评价区地下水水流系统概化为非均质各向异性三维流动系统。

主要边界的设置如下。

(1)第一类边界条件(已知水头边界条件)。

西南侧剑川的金龙河、剑湖、东侧漾弓江、北侧拉什海、东北侧文笔海、西北侧金沙江为已知边界条件，其水位根据地表水水位确定。将评价区内的主要地表河流(汝南河、清水江、黑惠江区内段、南深河和花椒箐沟)设置为河流边界，即给定水头边界加上河流底部入渗参数控制。此外，将区内的主要已探明暗河(黑龙潭暗河、剑川泉群暗河、清水江暗河和鹤庆西山暗河)设置为河流边界。

(2)第二类边界条件(已知流量边界条件)。

西侧拖顶-开文断裂(F_5)、大马坝坝南断裂($F_{Ⅱ-29}$)一线为断层隔水边界，即垂直于该边界方向流量为0。北侧拉什海—文笔海、文笔海—漾弓江段取流线边界，即零流量边界。南侧漾弓江—剑湖一线断层为隔水边界。其他位置的边界根据泉流量大小，为已知流量边界。上部潜水面边界接受大气降水入渗补给，为补给边界。

底部边界定为第二类边界条件，根据钻孔资料，高程在1800m左右。在局部导水断层和灰岩段会有垂向渗流，但渗流量很小。因此将高程1800m的底部边界定为隔水边界。

内部泉流量边界：根据泉水出露情况，将泉水出露点设为第二类流量边界。根据泉水估测流量将流量分配在节点上，包括区内流量大于50L/s的所有泉点。

2)数学模型

通过概化得到的非均值各向异性等效连续介质模型和地下水非稳定运动数学模型如下：

$$\begin{cases}\frac{\partial}{\partial x}(K_x\frac{\partial H}{\partial x})+\frac{\partial}{\partial y}(K_y\frac{\partial H}{\partial y})+\frac{\partial}{\partial z}(K_z\frac{\partial H}{\partial z})+\varepsilon=S_s\frac{\partial H}{\partial t} & (x,y,z)\in\Omega,t>0\\ H(x,y,z,t)=H_0(x,y,z) & (x,y,z)\in\Omega,t=0\\ H(x,y,z,t)=H_\Gamma(x,y,z,t) & (x,y,z)\in\Gamma_1,t>0\\ K_x\frac{\partial H}{\partial x}+K_y\frac{\partial H}{\partial y}+K_z\frac{\partial H}{\partial z}=q_0(x,y,z,t) & (x,y,z)\in\Gamma_2,t>0\end{cases} \tag{7-5}$$

式中：H为地下水水头(m)；K_x、K_y、K_z分别为各向异性主渗透系数(m/d)；S_s为储水率(L/m)；Γ_1为模拟区域第一类边界；Γ_2为模拟区域第二类边界；$H_0(x,y,z)$为初始水头(m)；$H_\Gamma(x,y,z)$为第一类边界条件边界水头(m)；$q_0(x,y,z)$为第二类边界单位面积过水断面补给流量(m^2/d)；ε为源汇项强度(包括开采强度等)(L/d)；Ω为渗流区域。

3)数值模型

评价区地下水数值模型采用GMS10.2软件进行数值离散。

(1)网格剖分。

建立了地下水渗流的概念模型和数学模型之后，要对渗流区进行离散化(剖分)。将复杂的渗流问题转换成在剖分单元内简单的规则的渗流问题，用有限元法或有限差分法进行数值计算。计算结果的精度、可靠性、收敛性及稳定性在很大程度上取决于单元的剖分方法及单元剖分程度，在进行离散化时须遵循两条基本原则：①几何相似——要求物理模拟模型在几何形状方面接近真实被模拟体；②物理相似——要求离散单元在物理性质方面(含水层结构、水流状态)与真实结构近似。

网格剖分对计算的精度及计算的效率有很重要的影响。区域的三维尺度在X方向上长度为44 307.12m，在Y方向上长度为67 751.27m，在Z方向上长度为1900m。由于本研究是大尺度区域模拟，因此设置模拟区域水平(X方向)网格数为250，Y方向的网格数为500。据钻孔三维地质可视化模型获得的地层岩性，模拟区域在垂向(Z方向)上共分为10层。其中第八层厚度设置为35m，以模拟隧洞所在层位，该层标高为2000～2035m。其他层位在Z方向上的标高取顶板标高的平均值。模拟区域剖分图如图7-12所示。模型模拟区共有有效单位486 201个，有效节点763 799个。

(2)初始条件。

根据区域的降雨资料，研究区的旱季和雨季分明，降雨集中在每年的5—10月，其他月份则为旱季，降雨量很少。因此，本次模拟将分别模拟旱季(枯水期)和雨季(丰水期)的情况，分别建立枯水期和丰水期的稳态模型。模型应用枯水期和丰水期时的统计水位为初始水头。

(3)边界条件。

边界类型为第一类和第二类边界，主要由以下三部分组成。

①侧向边界。

基岩地下水侧向补给量计算公式：

$$Q_{侧}=I\cdot L\cdot T/86\ 400 \tag{7-6}$$

式中：$Q_{侧}$为侧向补给量(m^3/s)；I为水力坡度；L为过水断面长度(m)；T为导水系数(m^2/d)。

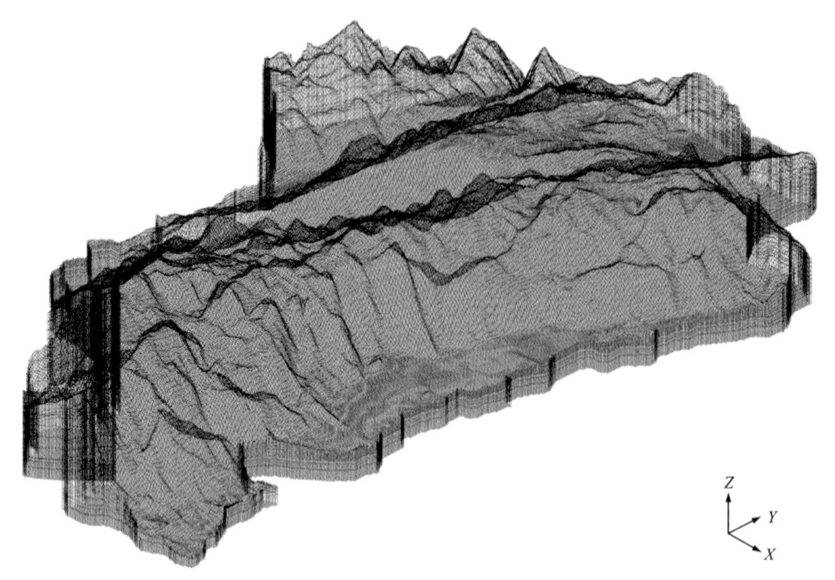

图 7-12　香炉山隧洞区网格剖分示意图（Z 方向放大了 5 倍）

边界补给各含水层的情况通过钻孔资料确定。把侧向补给量分配到相应的层面上。

分配原则：

$$Q_1/Q_2=T_1/T_2 \tag{7-7}$$

式中：Q_1、Q_2 为补给量；T_1、T_2 为层 1、层 2 的导水系数。

在模拟过程中有小部分流量边界利用水均衡原理进行适当的分配。

②底部边界。

将底部边界定为第二类边界条件，根据钻孔资料，高程在 1800m 左右，在局部导水断层和灰岩段会有垂向渗流，但渗流量很小，因此本次模拟中将高程 1800m 的底部边界定为隔水边界。

③上部边界。

上部边界为自由潜水面，作为潜水面边界，其边界条件由大气降水入渗、蒸发排泄等因素确定。

2. 参数取值

1）渗透系数

香炉山隧洞区岩体渗透系数目前主要通过压水试验、注水试验等方式现场原位获得，此外还可通过取样进行室内试验的方式获得。前者尺度大，对于工程有直接应用的价值；后者尺度较小，可作为对比参考。在香炉山隧洞穿越区，利用勘探钻孔，先后开展了钻孔振荡试验。2013 年到 2014 年期间，在 XLZK7（松子原）、XLZK4（白汉场）、XLZK19（石头村）、XLZK17（羊龙潭水库北）、XLZK2（大厂村）等钻孔中分段进行了振荡试验。其中，对香炉山隧洞沿线的 XLP1ZK2 等 16 个钻孔和石鼓水源地的 DT-ZK4等 10 个钻孔进行了现场调查工作，并在适合开展振荡试验的钻孔中开展了振荡试验。此外，为了研究深孔高渗透性地层中确定水文地质参数的方法，专门选取钻孔 QHP1ZK2 开展分段对比试验。采用顶压式栓塞止水，根据钻机钻进进度，每 5～10m 开展一组振荡试验和注水试验，共完成 10 组试验段的研究工作，以便对比两种试验方法的适用性和可靠性。

岩体渗透系数根据压水试验和振荡试验结果进行取值。由于压水试验和振荡试验主要在潜水面以下进行，因此试验结果主要反映钻孔试验段含水岩体的渗透性。对于非饱和带岩体的渗透系数以及钻孔未揭示的岩体的渗透系数，需要采用类比和反演的方法来确定。

在钻孔压水试验和振荡试验过程中，主要针对地表以下一定埋深的岩体进行了渗透性测试。根据现场压水试验和微水试验结果，按地层岩性对渗透系数进行了赋值和划分，表 7-6 列出了不同高程渗透系数的代表性数据。表中所示的第一、第二层岩体主要位于钻孔渗透试验的测试段。非饱和带岩体的

表 7-6　岩性概化类型及对应含水层渗透系数

含水层	参数	岩性							
		第四系	砂岩	灰岩	白云岩	页岩	玄武岩	侵入岩	断层
第一层	$K_x/(\mathrm{cm \cdot s^{-1}})$	1.00×10^{-2}	5.00×10^{-4}	5.00×10^{-3}	2.00×10^{-3}	5.00×10^{-5}	2.00×10^{-4}	1.50×10^{-4}	2.00×10^{-4}
	$K_x/(\mathrm{m \cdot d^{-1}})$	8.64	4.32×10^{-1}	4.32	1.73	4.32×10^{-2}	1.73×10^{-1}	1.30×10^{-1}	1.73×10^{-1}
	横向变异系数	1	1	1	1	1	1	1	10
	垂向变异系数	10	1	1	2	10	2	1	1
第二层	$K_x/(\mathrm{cm \cdot s^{-1}})$	8.89×10^{-3}	4.50×10^{-4}	4.45×10^{-3}	1.78×10^{-3}	4.56×10^{-5}	1.80×10^{-4}	1.40×10^{-4}	1.87×10^{-4}
	$K_x/(\mathrm{m \cdot d^{-1}})$	7.68	3.89×10^{-1}	3.84	1.54	3.94×10^{-2}	1.56×10^{-1}	1.21×10^{-1}	1.61×10^{-1}
	横向变异系数	1	1	1	1	1	1	1	10
	垂向变异系数	10	1	1	2	10	2	1	1
第三层	$K_x/(\mathrm{cm \cdot s^{-1}})$	7.78×10^{-3}	4.00×10^{-4}	3.90×10^{-3}	1.56×10^{-3}	4.11×10^{-5}	1.60×10^{-4}	1.30×10^{-4}	1.73×10^{-4}
	$K_x/(\mathrm{m \cdot d^{-1}})$	6.72	3.46×10^{-1}	3.37	1.35	3.55×10^{-2}	1.38×10^{-1}	1.12×10^{-1}	1.50×10^{-1}
	横向变异系数	1	1	1	1	1	1	1	10
	垂向变异系数	10	1	1	2	10	2	1	1
第四层	$K_x/(\mathrm{cm \cdot s^{-1}})$	6.67×10^{-3}	3.50×10^{-4}	3.35×10^{-3}	1.34×10^{-3}	3.67×10^{-5}	1.40×10^{-4}	1.20×10^{-4}	1.60×10^{-4}
	$K_x/(\mathrm{m \cdot d^{-1}})$	5.76	3.02×10^{-1}	2.89	1.16	3.17×10^{-2}	1.21×10^{-1}	1.04×10^{-1}	1.38×10^{-1}
	横向变异系数	1	1	1	1	1	1	1	10
	垂向变异系数	10	1	1	2	10	2	1	1
第五层	$K_x/(\mathrm{cm \cdot s^{-1}})$	5.56×10^{-3}	3.00×10^{-4}	2.80×10^{-3}	1.12×10^{-3}	3.22×10^{-5}	1.20×10^{-4}	1.10×10^{-4}	1.47×10^{-4}
	$K_x/(\mathrm{m \cdot d^{-1}})$	4.80	2.59×10^{-1}	2.42	9.72×10^{-1}	2.78×10^{-2}	1.04×10^{-1}	9.50×10^{-2}	1.27×10^{-1}
	横向变异系数	1	1	1	1	1	1	1	10
	垂向变异系数	10	1	1	2	10	2	1	1
第六层	$K_x/(\mathrm{cm \cdot s^{-1}})$	4.45×10^{-3}	2.50×10^{-4}	2.25×10^{-3}	9.06×10^{-4}	2.78×10^{-5}	1.00×10^{-4}	1.00×10^{-4}	1.33×10^{-4}
	$K_x/(\mathrm{m \cdot d^{-1}})$	3.84	2.16×10^{-1}	1.94	7.82×10^{-1}	2.40×10^{-2}	8.64×10^{-2}	8.64×10^{-2}	1.15×10^{-1}
	横向变异系数	1	1	1	1	1	1	1	10
	垂向变异系数	10	1	1	2	10	2	1	1
第七层	$K_x/(\mathrm{cm \cdot s^{-1}})$	3.33×10^{-3}	2.00×10^{-4}	1.70×10^{-3}	6.87×10^{-4}	2.33×10^{-5}	8.00×10^{-5}	9.00×10^{-5}	1.20×10^{-4}
	$K_x/(\mathrm{m \cdot d^{-1}})$	2.88	1.73×10^{-1}	1.47	5.93×10^{-1}	2.02×10^{-2}	6.91×10^{-2}	7.78×10^{-2}	1.04×10^{-1}
	横向变异系数	1	1	1	1	1	1	1	10
	垂向变异系数	10	1	1	2	10	2	1	1
第八层	$K_x/(\mathrm{cm \cdot s^{-1}})$	2.22×10^{-3}	1.50×10^{-4}	1.15×10^{-3}	4.68×10^{-4}	1.89×10^{-5}	6.00×10^{-5}	8.00×10^{-5}	1.07×10^{-4}
	$K_x/(\mathrm{m \cdot d^{-1}})$	1.92	1.30×10^{-1}	9.94×10^{-1}	4.04×10^{-1}	1.63×10^{-2}	5.18×10^{-2}	6.91×10^{-2}	9.22×10^{-2}
	横向变异系数	1	1	1	1	1	1	1	10
	垂向变异系数	10	1	1	2	10	2	1	1

表 7-6(续)

含水层	参数	岩性							
		第四系	砂岩	灰岩	白云岩	页岩	玄武岩	侵入岩	断层
第九层	$K_x/(\mathrm{cm\cdot s^{-1}})$	1.11×10^{-3}	1.00×10^{-4}	6.00×10^{-4}	2.49×10^{-4}	1.44×10^{-5}	4.00×10^{-5}	7.00×10^{-5}	9.33×10^{-5}
	$K_x/(\mathrm{m\cdot d^{-1}})$	9.61×10^{-1}	8.64×10^{-2}	5.18×10^{-1}	2.15×10^{-1}	1.25×10^{-2}	3.46×10^{-2}	6.05×10^{-2}	8.06×10^{-2}
	横向变异系数	1	1	1	1	1	1	1	10
	垂向变异系数	10	1	1	2	10	2	1	1
第十层	$K_x/(\mathrm{cm\cdot s^{-1}})$	1.00×10^{-6}	5.00×10^{-5}	5.00×10^{-5}	3.00×10^{-5}	1.00×10^{-5}	2.00×10^{-5}	6.00×10^{-5}	8.00×10^{-5}
	$K_x/(\mathrm{m\cdot d^{-1}})$	8.64×10^{-4}	4.32×10^{-2}	4.32×10^{-2}	2.59×10^{-2}	8.64×10^{-3}	1.73×10^{-2}	5.18×10^{-2}	6.91×10^{-2}
	横向变异系数	1	1	1	1	1	1	1	10
	垂向变异系数	10	1	1	2	10	2	1	1

注:横向变异系数$=K_x/K_y$;垂向变异系数$=K_x/K_z$。

渗透系数取第二层岩体渗透系数的 2 倍。

从压水试验 Lu 值结果可以看出,岩体渗透系数总体上随埋深的增大而减小(图 7-13),因此模型计算时参数取值总体上随埋深增大也呈减小的趋势。

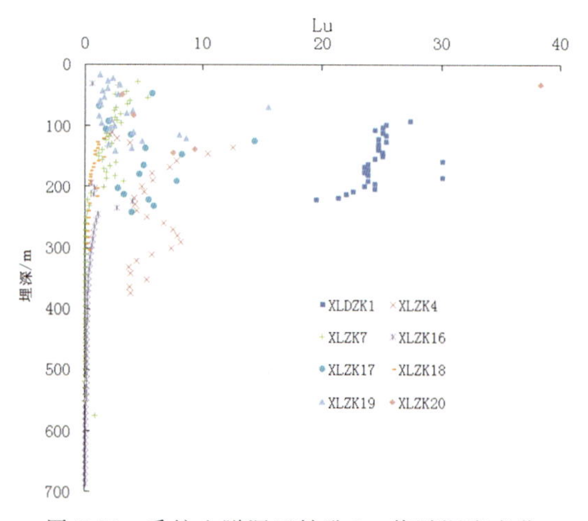

图 7-13　香炉山隧洞区钻孔 Lu 值随深度变化

根据三维地质可视化模型和岩性概化结果,可以得到 1～10 层的渗透系数分区图和三维分区图,分别见图 7-14、图 7-15。

2)降雨入渗系数

(1) 大气降雨入渗率。

降水对地下水的补给,受到多种因素影响,影响结果综合反映在地下水位的变化上,影响降雨入渗的主要因素包括岩石和土壤的物理化学结构、地面坡降、地下水埋深、降水量及降水形式、雨强和植被等。

降雨入渗补给系数受多种因素影响。不同的区域有不同的系数。即使同一区域,由于地下水位的埋深变化,降雨入渗补给系数也在变化。在中国的北方,由于降雨较少,当地下水位埋深较大(一般大于 7m)时,地下水获得的降雨补给较少,甚至多年没有补给。大埋深的地下水补给表现出来的滞后性通常并没有明显的规律。开采的影响也可能导致地下水位的变化。因此,在地下水数值模拟的观测孔动态拟合中,片面地追求降雨与地下水位的波动相一致是没有必要的。

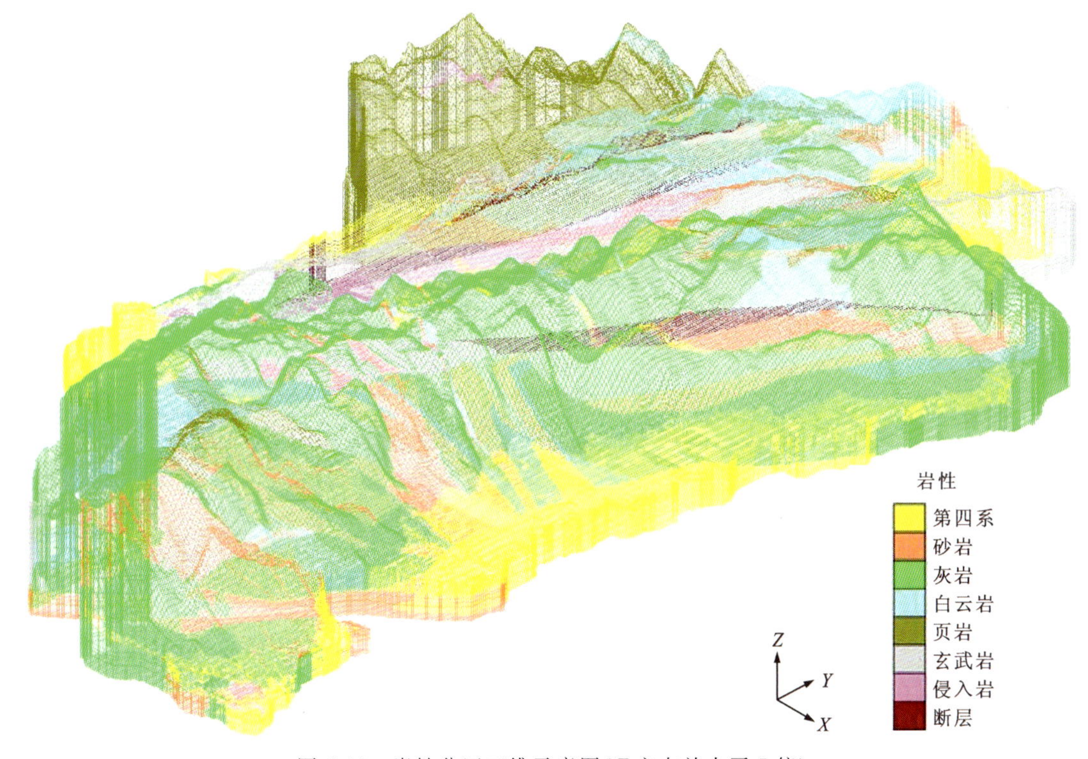

图 7-14 岩性分区三维示意图(Z 方向放大了 5 倍)

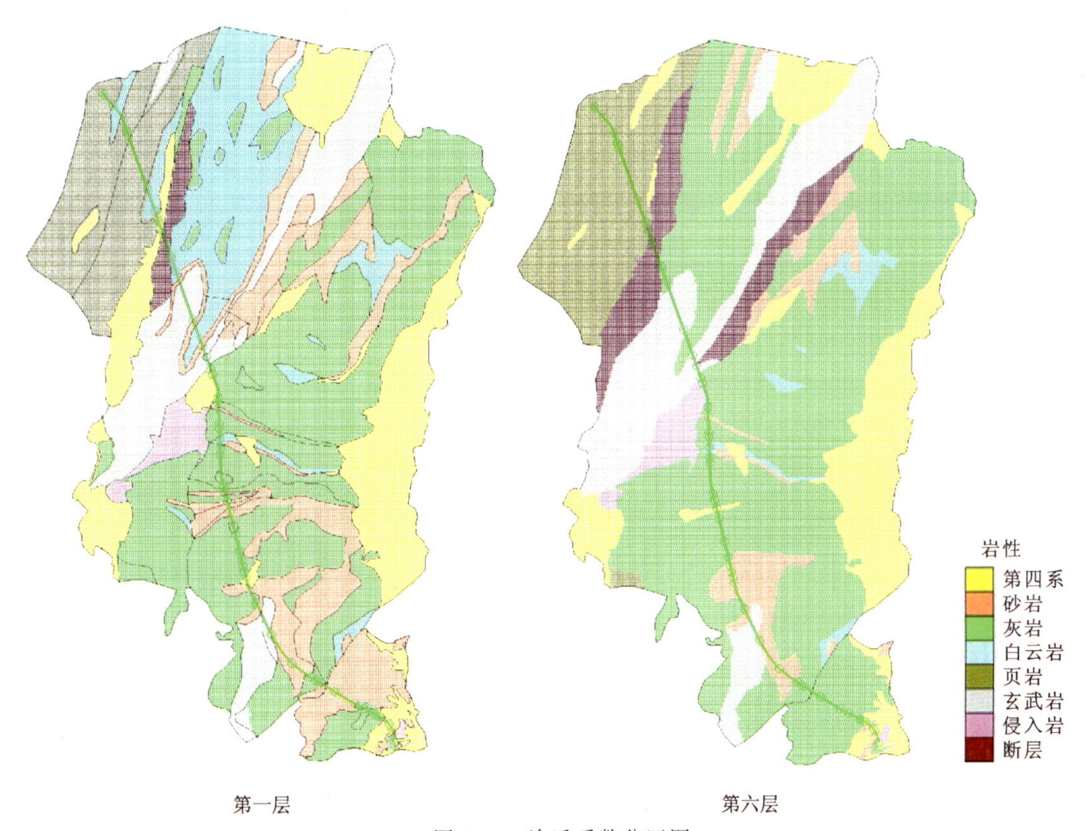

图 7-15 渗透系数分区图

根据白汉场站、鹤庆站等 8 个水文站点的降雨量数据统计分析可知，本区域的年平均降雨量为 833.8～1 020.2mm，旱季和雨季的降雨量差别巨大，几乎没有平水期。5—10 月(雨季)降雨量 807.3～

946.2mm，占全年降雨量的90.8%～97.8%；11月至次年4月（干季）降雨量26.5～44.9mm，占全年降水量的3.2%～9.2%。针对区域的降雨类型和地下水补径排关系，本次拟建立干季（枯水期）和雨季（丰水期）地下水稳定模型，两种模型在参数取值时考虑年份进行枯水期和丰水期的降雨量估算。因此，本研究对应的干季月降雨量为9.2mm，对应降雨强度为0.31mm/d；雨季的月降雨量为148.9mm，对应降雨强度为4.96mm/d。考虑到雨季时地下水位抬升，地下水的蒸发量加大，在地下水埋深较浅的区域（如鹤庆和白汉场等）应减去多年蒸发量60mm，对应补给量为88.9mm，对应降雨强度为2.96mm/d。

模型输入时的参数Recharge rate项等于降水强度与降雨入渗系数的乘积，此处列出计算结果，见表7-7。

表7-7 鹤庆站不同流域蓄水量下的稳渗率和有效降雨入渗系数

流域蓄水量	稳渗率 f_c(mm/月)			有效降雨入渗系数 α'		
	2007年	2009年	2010年	2007年	2009年	2010年
$W=70$	30.400	65.617	62.359	0.312 4	0.520 8	0.564 3
$W=75$	33.095	63.975	63.457	0.340 1	0.507 7	0.574 3
$W=80$	35.343	62.605	64.407	0.363 2	0.496 9	0.582 9
$W=85$	36.099	56.016	62.454	0.371 0	0.444 6	0.565 2
$W=90$	36.655	51.637	60.915	0.376 7	0.409 8	0.551 3

由表7-8可知，枯水年的平均有效降雨入渗系数为0.35，丰水年为0.57。参考其他文献和区域的地形和岩性特征，区域的降雨入渗分区及参数取值见表7-8和图7-16。

表7-8 不同岩性对应的平均降雨入渗系数

岩性	第四系	砂岩	灰岩	白云岩	页岩	玄武岩	侵入岩	断层
入渗系数(雨季)	0.35	0.2	0.6	0.5	0.10	0.25	0.15	0.4
入渗系数(旱季)	0.088	0.05	0.15	0.125	0.025	0.063	0.038	0.1

注：表中降雨入渗系数值是针对地形比较平坦区域。针对不同地形，按照高程等高线进行分区，岩溶洼地汇水范围、山谷、洼地等地区，降雨入渗系数调整为0.8，其他地形较陡的斜坡区域降雨入渗系数减为0.1(雨季)或0.01(旱季)。

降雨入渗分区时，首先考虑地形地貌的影响，将整个香炉山隧洞区划分为岩溶洼地区域、第四系覆盖区域、陡坡地段和正常区域，具体见图7-16。在此分区的基础上，参照根据岩性的入渗分区图（图7-16b），得到综合考虑后的降雨入渗分区。

(2)开采量。

开采量是以泉流量的统计为依据，将区域开采量分配到区域几个泉点上，泉流量的数据根据区域水均衡做了部分分配。

3)断裂及参数选取

区域的断裂控制着碳酸盐岩地层的空间展布，断裂构造对岩溶系统边界的控制作用明显，因此需要在模型的构建中考虑这些断裂（带）的影响。香炉山隧洞区长大断裂发育，北北东—北东向断裂主要有大栗树断裂（F_9）、龙蟠-乔后断裂（F_{10}）、丽江-剑川断裂（F_{11}）、鹤庆-洱源断裂（F_{12}），该组断裂与线路大多呈中等角度及大角度相交；近南北向断裂主要有清水江-黄蜂厂断裂（$F_{Ⅱ\text{-}17}$）、下马塘-黑泥哨断裂

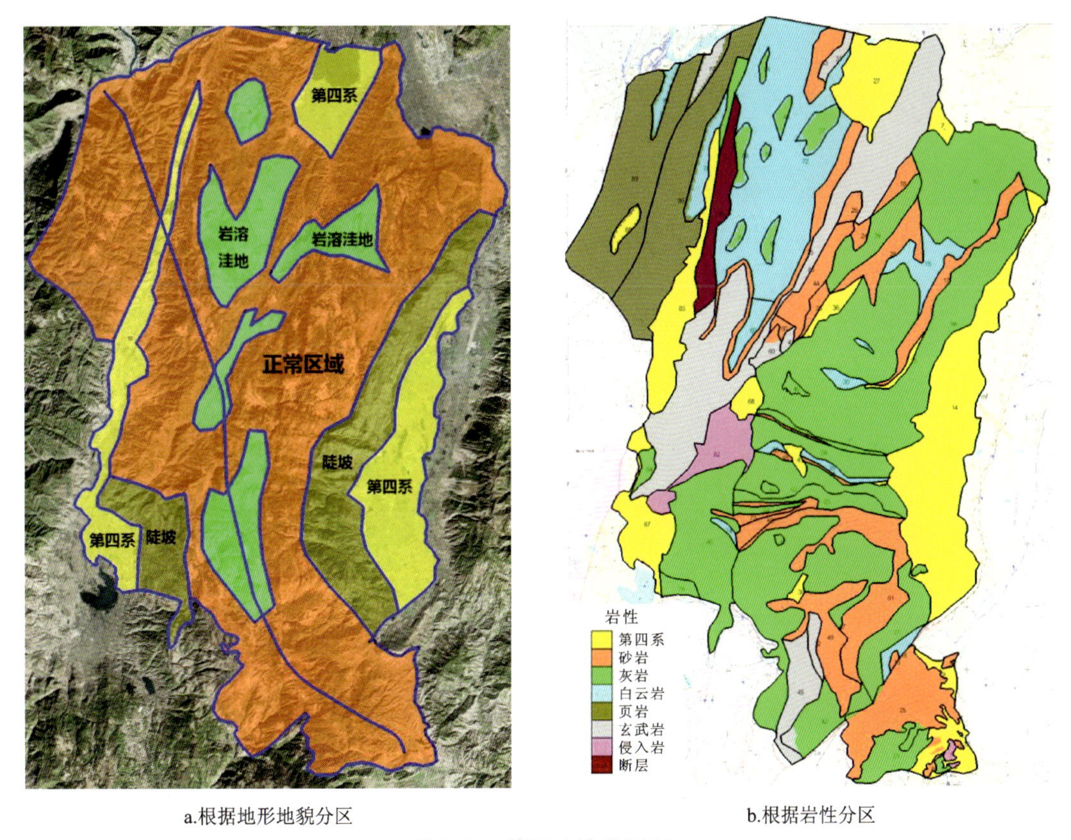

a.根据地形地貌分区　　　b.根据岩性分区

图 7-16　降雨入渗分区图

($F_{Ⅱ\text{-}32}$)、芹菜塘断裂($F_{Ⅱ\text{-}10}$),该组断裂与线路多呈小角度相交,东坡箐部位芹菜塘断裂($F_{Ⅱ\text{-}10}$)与线路呈近垂直相交;近东西向断裂主要有水井村断裂($F_{Ⅱ\text{-}3}$)、石灰窑断裂($F_{Ⅱ\text{-}4}$)、马场逆断裂($F_{Ⅱ\text{-}5}$)、汝南哨断裂组($F_{Ⅱ\text{-}6}$、$F_{Ⅱ\text{-}7}$)、青石崖断裂($F_{Ⅱ\text{-}9}$)等,该组断裂与线路多呈近垂直相交。

其中,区内南北向或近南北向、北北东及北东向断裂多为规模较大的区域性断裂。断裂性质以压扭性为主,少量见有张性破碎带。龙蟠-乔后断裂沿破碎带可见溶蚀孔洞,顺断裂面方向属中等透水,另外钻孔 XLZK8 揭露地下水位与断裂上盘水位相差约 400m,断裂两盘地下水位相差悬殊,也验证了断裂在垂向上的隔水效应;丽江-剑川断裂在垂直断裂面方向属相对隔水至弱透水;鹤庆-洱源断裂上下两盘地下水位相差悬殊(约 800m),这也充分验证了断裂在垂向上的隔水效应。近东西向构造受南北向构造的影响和改造,构造形迹以东西向、近东西向逆冲、逆掩断裂为主。断裂的纵向与横向透水性差异大。断裂带在其走向方向上具有较强的导(透)水性,顺断裂方向多属裂隙性中等透水至强透水;各断裂带上盘多分布非岩溶化地层,其阻水作用明显,导致各断裂带在垂向上具隔水效应,因此垂直断裂方向属相对隔水至弱透水。

因此,在构建模型时,将垂直于断裂面的方向设置为阻水效果。利用 GMS 中的 horizontal flow barrier(HFB)模块可以实现对断裂的模拟,通过设置 GMS 中的相关参数,将垂直于断裂面方向设置为阻水,断裂的第一层平面布置情况如图 7-17 所示。

3. 模型识别校正

1)模型识别

(1)观测水位识别。

拟合程度的优劣是检验模拟模型能否充分反映水文地质实体模型的重要依据,是确定地下水数值模拟模型的关键。由于地下水水位的时空变化规律能充分反映地下水系统的结构及各种输入信息(排

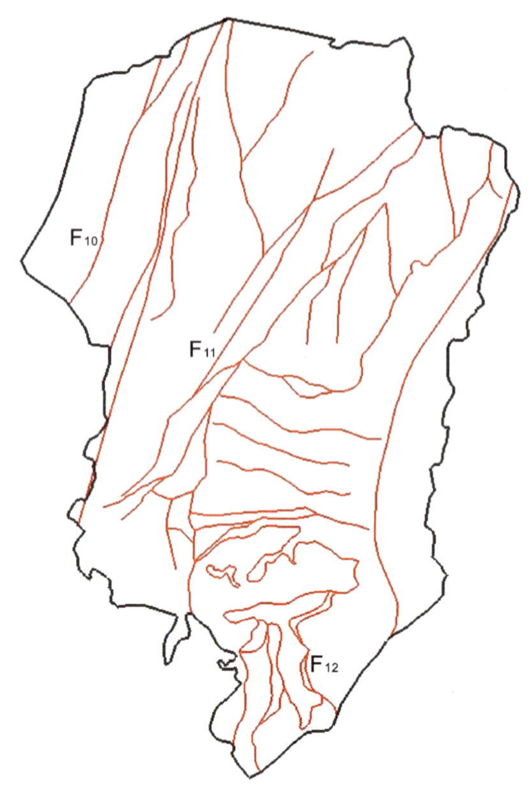

图 7-17　断裂分布示意图

水量、降水量等)的特征,所以数值法以水位观测数据为依据,以使计算水位与其误差最小为目的,对模型及参数进行调整与修改。

长期以来,对于在计算区内选取多少水位观测孔作为拟合孔,各观测孔间距是多少,没有定量的标准,致使不少建模者片面地追求拟合效果而任意调整模型参数,甚至改变含水层的边界条件及源(汇)项等原始数据。这种做法不仅容易使模型脱离实际的水文地质条件,而且还易造成模型的多解性。

应通过适当地调整模型参数,使拟合孔的计算水位与实际水位相吻合。判断拟合效果好坏的依据是观察计算水位与观测水位的动态变化特征是否一致、拟合后反求出的模型参数是否与实际的水文地质条件匹配。根据《专门水文地质学》,观测井地下水位的模拟值与实测值的拟合误差应小于拟合计算期间水位变化值的10%,分析区域内水位观测值见图7-18和图7-19。通过分析长观孔的水位变化情况可知,水位最大变化值为106m,说明香炉山隧洞区内的水位变化受降雨影响较大。因此,本次拟合后的水位误差值应小于10m。

因为丰水期的水位观测值较少,因此选择枯水期的水位情况作为拟合依据。本区域内观测孔的误差统计见图7-20。从结果可知,大部分水位计算误差小于10m,可满足拟合要求。

(2)区内主要泉流量识别。

初设阶段的模型识别除了水位识别之外,还利用区内主要岩溶大泉已监测的泉流量数据(共16个泉点)对模型的参数进行了拟合与识别。区内主要泉点的模拟情况见表7-9和图7-21。

在参数拟合与识别后,枯水期区内主要泉点的泉流量拟合情况较好,拟合误差为1.5%~20.7%。

2)参数验证识别

利用观测水位值、区内主要泉流量值等资料,结合GMS软件的PEST参数识别工具,对模型的渗透参数和降雨入渗系数进行了识别。

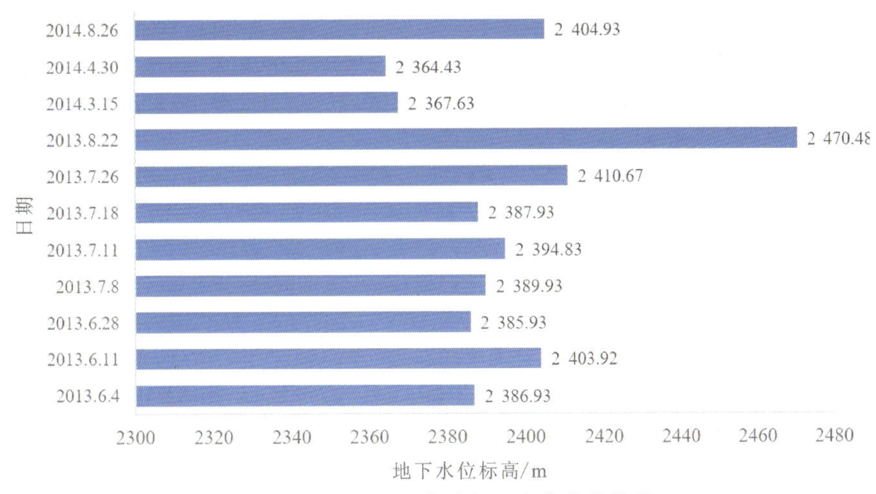

图 7-18　XLZK11 钻孔长观水位变化情况

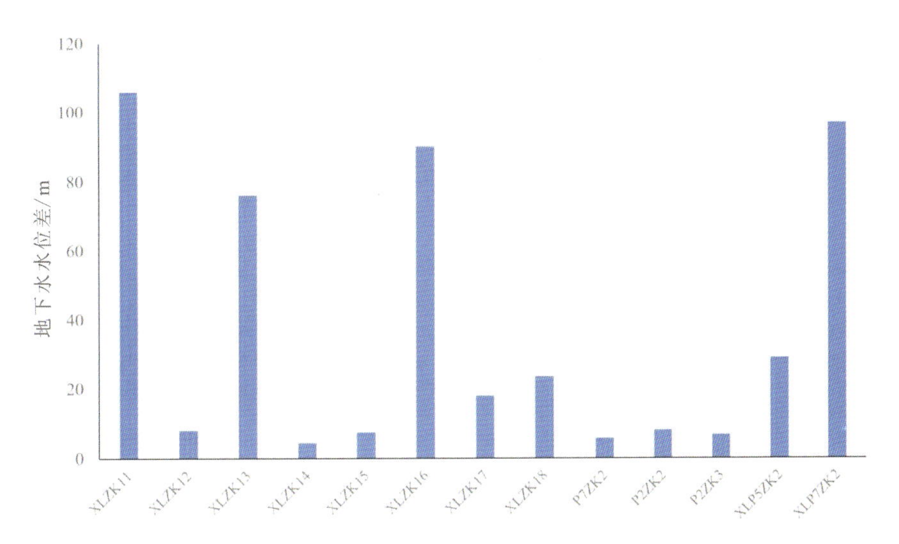

图 7-19　香炉山隧洞区内不同钻孔长观水位变化情况

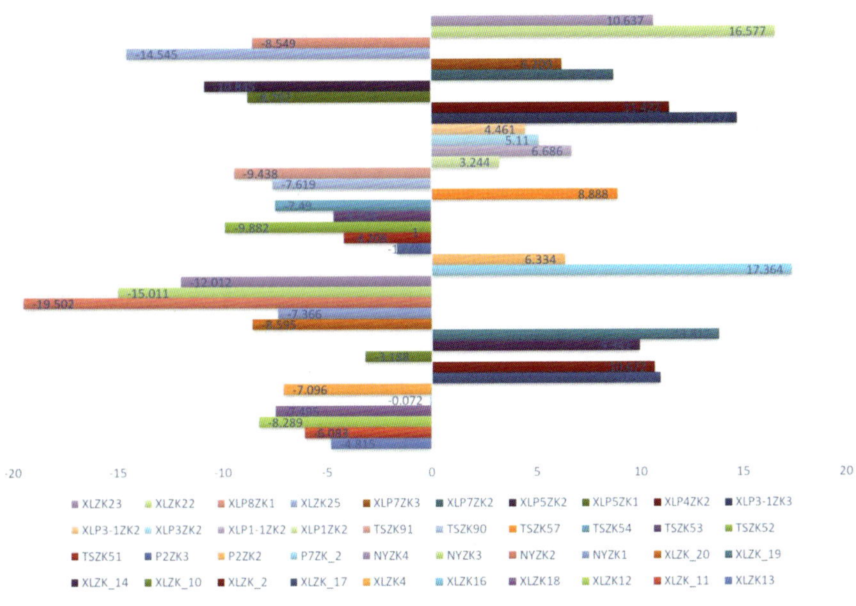

图 7-20　香炉山隧洞区枯水期水位误差统计图

(1)渗透参数识别。

模型共分10层,每层的渗透参数分区数均大于70。以第八层(隧洞所在层)为例展示渗透参数的识别结果,如图7-22和表7-10所示。

表7-9　区内主要泉点拟合情况

序号	名称	出露高程/m	观测流量/($m^3 \cdot d^{-1}$)	枯水期		丰水期	
				模拟流量/($m^3 \cdot d^{-1}$)	模拟误差/%	模拟流量/($m^3 \cdot d^{-1}$)	模拟误差/%
1	清水江村泉	2720	26 765.9	25 995.4	2.9	36 037.8	34.6
2	水鼓楼龙潭	2240	23 504.3	27 334.0	16.3	32 138.1	36.7
3	东山寺龙潭	2240	17 572.0	18 208.0	3.6	21 621.8	23.0
4	各门江龙潭	2240	180 394.6	177 685.3	1.5	196 819.2	9.1
5	大龙潭	2212	103 680.0	94 558.5	8.8	104 254.0	0.6
6	小龙潭	2206	22 861.4	20 982.0	8.2	28 314.9	23.9
7	仕庄龙潭	2240	46 656.0	43 511.3	6.7	51 991.0	11.4
8	黑龙潭	2202	25 920.0	29 604.2	14.2	36 274.6	39.9
9	白龙潭	2198	25 920.0	27 259.2	5.2	33 695.3	30.0
10	西龙潭	2222	30 240.0	29 266.9	3.2	36 015.1	19.1
11	黄龙潭	2213	8 640.0	8 948.5	3.6	14 710.9	70.3
12	锰矿沟黑龙潭	2318	86 400.0	88 428.5	2.3	100 339.4	16.1
13	温水龙潭	2219	13 100.0	15 505.2	18.4	22 498.8	71.7
14	小白龙潭	2285	43 200.0	35 724.1	17.3	41 555.6	3.8
15	羊龙潭	2259	25 056.0	21 296.9	15.0	25 969.9	3.6
16	蝙蝠洞	2254	4 320.0	4 009.0	7.2	4 599.1	6.5

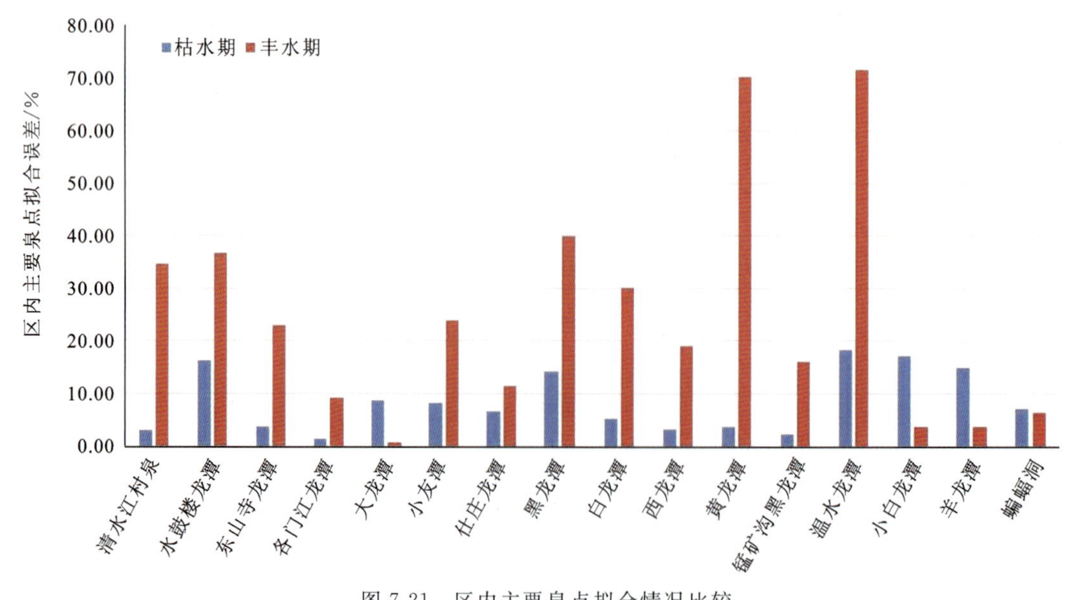

图7-21　区内主要泉点拟合情况比较

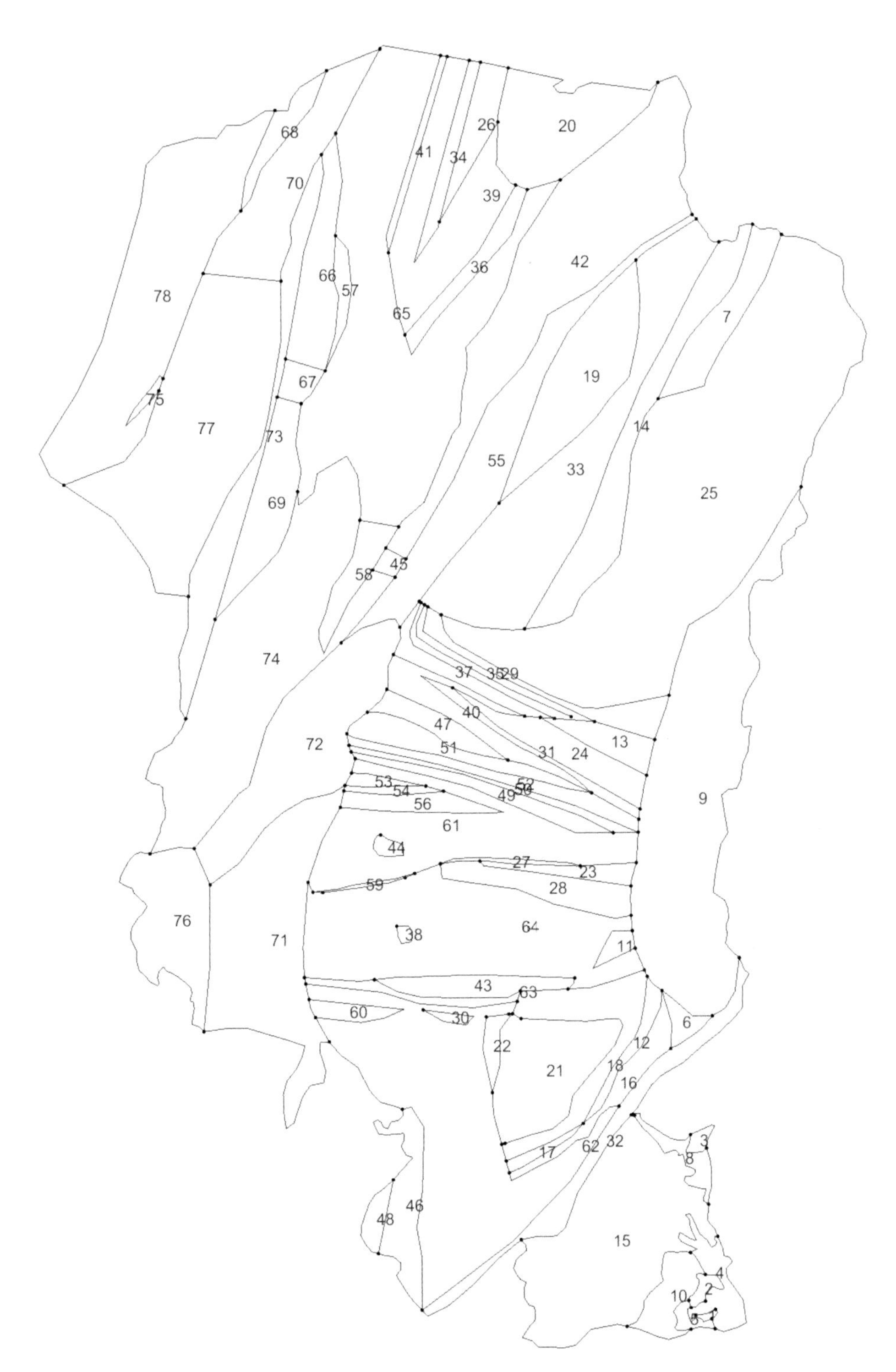

图 7-22　第八层渗透参数分区序号示意图

表 7-10　第八层渗透参数识别结果

序号	$K_x/(\mathrm{m\cdot d^{-1}})$	变异系数		序号	$K_x/(\mathrm{m\cdot d^{-1}})$	变异系数		序号	$K_x/(\mathrm{m\cdot d^{-1}})$	变异系数	
		横向	垂向			横向	垂向			横向	垂向
1	0.069 12	1	1	27	0.069 12	1	1	53	0.404 16	1	2
2	0.069 12	1	1	28	0.129 6	1	1	54	0.129 6	1	1
3	0.129 6	1	1	29	0.404 16	1	2	55	0.092 16	10	1
4	1.920 672	1	10	30	0.129 6	1	1	56	0.129 6	1	1
5	0.993 6	1	1	31	0.129 6	1	1	57	0.129 6	1	1
6	1.920 672	1	10	32	0.129 6	1	1	58	0.993 6	1	1
7	0.404 16	1	2	33	0.0118 4	1	2	59	0.069 12	1	1
8	1.920 672	1	10	34	0.129 6	1	1	60	0.129 6	1	1
9	1.920 672	1	10	35	0.129 6	1	1	61	0.051 84	1	2
10	0.129 6	1	1	36	0.129 6	1	1	62	0.005 184	1	2
11	0.129 6	1	1	37	0.051 84	1	2	63	0.129 6	1	1
12	0.129 6	1	1	38	0.009 936	1	1	64	0.993 6	1	1
13	1.920 672	1	10	39	0.404 16	1	2	65	0.993 6	1	1
14	0.129 6	1	1	40	0.129 6	1	1	66	0.069 12	1	1
15	0.993 6	1	1	41	0.129 6	1	1	67	0.069 12	1	1
16	0.129 6	1	1	42	0.051 84	1	2	68	0.129 6	1	1
17	0.129 6	1	1	43	0.129 6	1	1	69	0.069 12	1	1
18	0.404 16	1	2	44	0.011 84	1	2	70	0.016 32	1	10
19	0.012 96	1	1	45	0.051 84	1	2	71	0.404 16	1	2
20	1.920 672	1	10	46	0.993 6	1	1	72	0.069 12	1	1
21	0.993 6	1	1	47	0.051 84	1	2	73	0.092 16	10	1
22	0.129 6	1	1	48	0.404 16	1	2	74	0.051 84	1	2
23	0.129 6	1	1	49	0.129 6	1	1	75	0.069 12	1	1
24	0.404 16	1	2	50	0.129 6	1	1	76	1.920 672	1	10
25	0.993 6	1	1	51	0.993 6	1	1	77	0.016 32	1	10
26	0.051 84	1	2	52	0.404 16	1	2	78	0.016 32	1	10

(2)降雨入渗系数识别。

模型的降雨入渗系数(recharge rate)识别结果见图 7-23 和表 7-11。

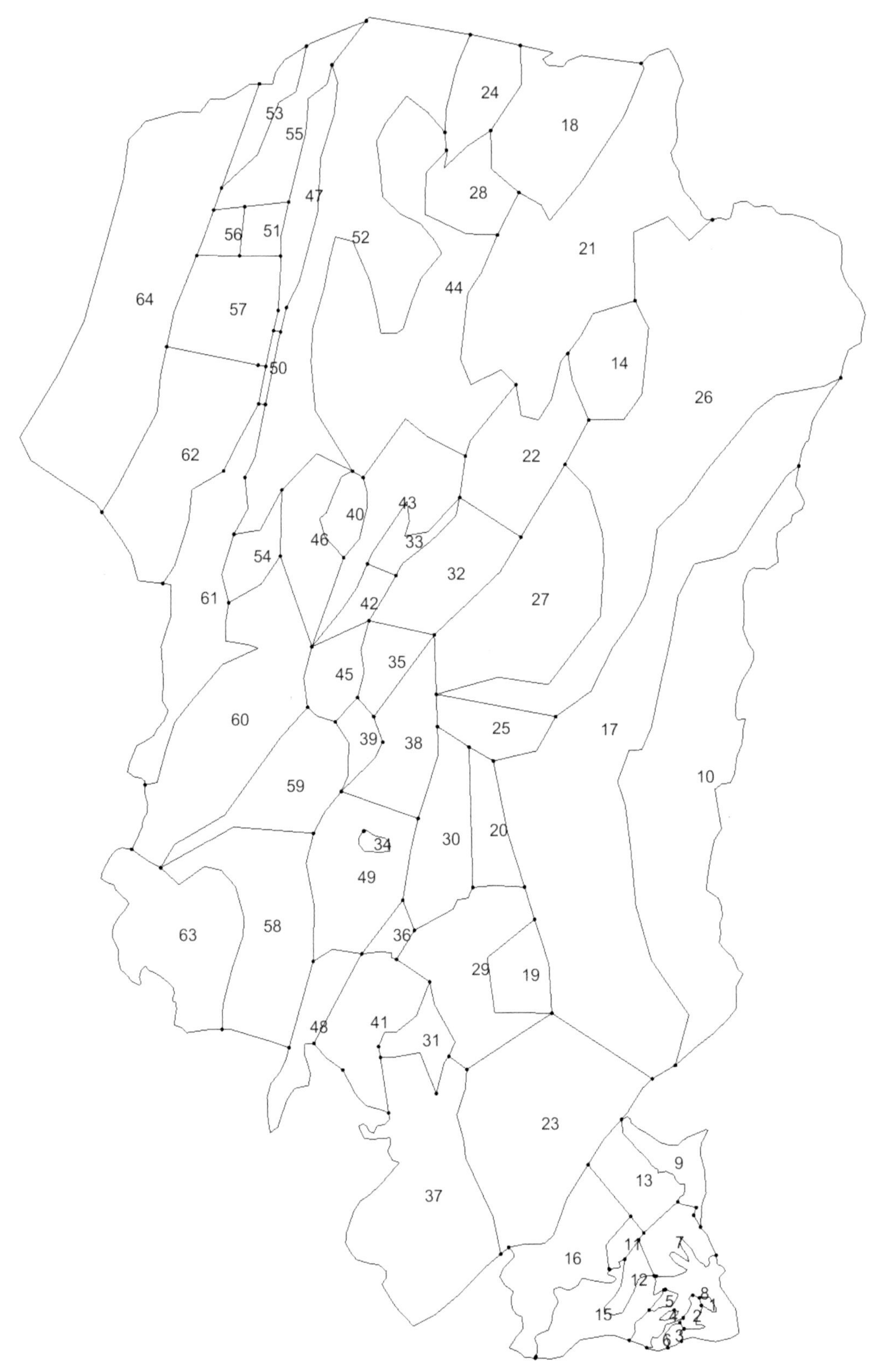

图 7-23 降雨入渗系数分区序号示意图

表 7-11　降雨入渗系数识别结果

序号	入渗系数	序号	入渗系数	序号	入渗系数	序号	入渗系数
1	0.000 18	17	0.002	33	0.003 5	49	0.000 131
2	0.000 89	18	0.000 005	34	0.000 001	50	0.000 025
3	0.001	19	0.000 3	35	0.003 3	51	0.000 06
4	0.000 015	20	0.002	36	0.000 1	52	0.001
5	0.000 008	21	0.001	37	0.001	53	0.000 022
6	0.000 09	22	0.004	38	0.000 01	54	0.004
7	0.000 03	23	0.000 2	39	0.000 1	55	0.000 02
8	0.000 01	24	0.002	40	0.000 22	56	0.000 1
9	0.000 3	25	0.000 18	41	0.000 014	57	0.000 002
10	0.001	26	0.001	42	0.06	58	0.000 263
11	0.000 01	27	0.004 5	43	0.000 014	59	0.000 02
12	0.001 5	28	0.025	44	0.000 02	60	0.000 231
13	0.004	29	0.004 5	45	0.003 5	61	0.000 014
14	0.004	30	0.000 000 1	46	0.003	62	0.000 001 5
15	0.000 7	31	0.02	47	0.000 02	63	0.000 185
16	0.000 3	32	0.000 005	48	0.000 005	64	0.000 03

3)模型识别结果

区域地下水流系统与之前讨论的岩溶地下水系统对应,包括白汉场、拉什海、文笔海、清水江-剑川和鹤庆西山这5个岩溶水系统。区域地下水的分水岭也与实际位置一致。丰水期与枯水期不同之处在于,丰水期的整体水位要比枯水期要高几十米。

此外,地表河流包括汝南河、清水江、黑惠江区内段、南深河、花椒箐沟和南部的两条河流。地表河流和地下水之间的关系密切,大部分表现为地下水补给地表水。

将区内已探明的主要暗河——黑龙潭暗河、剑川泉群暗河、清水江暗河和鹤庆西山暗河设置为河流边界。地下水在暗河中的流线较为密集,地下水由暗河传输时流速较快。区域断层的横向阻水特征,特别是鹤庆西山的叠瓦式断层的阻水特征较明显。

4. 不同工况下隧洞涌水量、影响半径及主要泉点影响程度

枯水期和丰水期各设置以下3个工况:工况1——裸洞不灌浆;工况2——普通灌浆,对应灌浆圈渗透系数1×10^{-5}cm/s;工况3——二次灌浆,对应灌浆圈渗透系数分别为5×10^{-6}cm/s(磨细水泥灌浆)和1×10^{-6}cm/s(化学灌浆)。其中,灌浆方案为优先选用普通灌浆。当灌浆后单位涌水量仍大于3m^3/(d·m)时,改用化学灌浆或磨细水泥灌浆。初拟对普通灌浆后涌水量大于5m^3/(d·m)洞段修改为化学灌浆,对普通灌浆后单位涌水量3~5m^3/(d·m)洞段修改为磨细水泥灌浆。下面对不同工况下的隧洞涌水量、影响半径及主要泉点影响程度等进行预测。

1) 不同工况隧洞涌水量预测

由预测结果可知,裸洞施工情况下隧洞涌水量较大,涌水量较大的洞段为岩溶水系统段、区域性断层影响带以及向斜(背斜)影响段。玄武岩段的涌水量大于砂岩、泥岩和页岩段。平均单位涌水量分别为6.88m^3/(d·m)(枯水期)和7.60m^3/(d·m)(丰水期),需灌浆的隧洞长度分别为33.415km(枯水期)和38.845km(丰水期),最大单位涌水量均出现在鹤庆-西山岩溶系统(灰岩)段,涌水量分别为25.36m^3/(d·m)(枯水期)和28.07m^3/(d·m)(丰水期)。普通灌浆后涌水量有所减小,平均单位涌水量分别为4.29m^3/(d·m)(枯水期)和4.68m^3/(d·m)(丰水期),最大单位涌水量均出现在清水江-剑

川岩溶水系统段，涌水量分别为 16.14m³/(d·m)(枯水期)和 17.71m³/(d·m)(丰水期)。在二次灌浆后，涌水量明显减小，平均单位涌水量分别为 1.44m³/(d·m)(枯水期)和 1.48m³/(d·m)(丰水期)，最大单位涌水量均不超过 3.0 m³/(d·m)。不同工况下的隧洞总涌水量见表 7-12，重点洞段涌水量预测结果见表 7-13 和图 7-24。

表 7-12　香炉山隧洞不同工况下总涌水量

建筑物名称	总涌水量/($m^3 \cdot s^{-1}$)					
	工况 1		工况 2		工况 3	
	枯水期	丰水期	枯水期	丰水期	枯水期	丰水期
香炉山隧洞	4.180	4.605	2.586	2.762	1.193	1.185
香炉山隧洞＋施工支洞	4.474	4.936	2.793	3.004	1.400	1.427

表 7-13　香炉山隧洞重点洞段涌水量预测结果

序号	重点洞段		单位长度涌水量 m³/(d·m)					
			裸洞不灌浆		普通灌浆		二次灌浆	
			枯水期	丰水期	枯水期	丰水期	枯水期	丰水期
1	可溶岩洞段	拉什海岩溶水系统可溶岩段	9.355	10.023	6.450	6.900	0.361	0.392
		清水江-剑川Ⅴ-1 岩溶水子系统可溶岩段	19.097	21.197	10.145	11.271	0.533	0.592
		鹤庆西山Ⅳ-5 和清水江-剑川Ⅴ-2 岩溶水子系统可溶岩段	25.363	28.067	13.053	14.493	0.676	0.747
		香炉山隧洞出口可溶岩段	2.001	2.050	2.001	2.050	2.001	2.050
2	断裂带洞段	大栗树断裂	0.659	0.980	0.659	0.980	0.659	0.980
		龙蟠-乔后断裂	9.982	11.359	3.433	3.738	1.569	1.748
		丽江-剑川断裂	13.487	15.101	8.548	9.575	0.447	0.501
		下马塘-黑泥哨断裂	7.511	8.293	5.134	5.522	0.687	0.766
		鹤庆-洱源断裂	3.176	3.203	2.586	2.623	2.586	2.623
		石灰窑断裂	14.929	16.610	9.295	10.343	0.502	0.559
		马场逆断裂	14.781	16.369	9.276	10.275	0.541	0.599
		汝南哨断裂	13.935	15.890	11.171	12.588	0.832	0.919
		青石崖断裂	12.143	13.316	6.337	7.036	0.653	0.722
3	向(背)斜核部储水构造洞段	石鼓向斜	0.279	0.454	0.279	0.454	0.279	0.454
		扶仲向斜	1.323	1.549	1.323	1.549	1.323	1.549
		吾竹比向斜	2.939	3.150	2.939	1.927	2.939	1.927
		汝寒坪向斜	5.100	5.482	2.088	2.237	2.088	2.237
		后本箐向斜	2.076	2.121	2.076	2.121	2.076	2.121
		狮子山背斜	1.774	1.825	1.774	1.825	1.774	1.825
4	局部承压含水层洞段	白汉场 T_2^a 砂岩段	0.992	1.184	0.992	1.184	0.992	1.184
		黑泥哨组 P_2h 砂岩段	1.442	1.560	1.442	1.560	1.442	1.560
5	富水玄武岩洞段	汝寒坪段	2.831	3.064	2.831	1.906	2.831	1.906
		大马厂-黑泥哨段	3.247	3.542	2.089	2.185	2.089	2.185

香炉山隧洞共布置 9 条施工支洞，分别为 1#、1-1#、2#、3#、3-1#、4#、5#、7# 和 8# 支洞。其中 1#、7# 和 8# 为平洞，其他为斜井。施工支洞布置示意图见图 7-25。

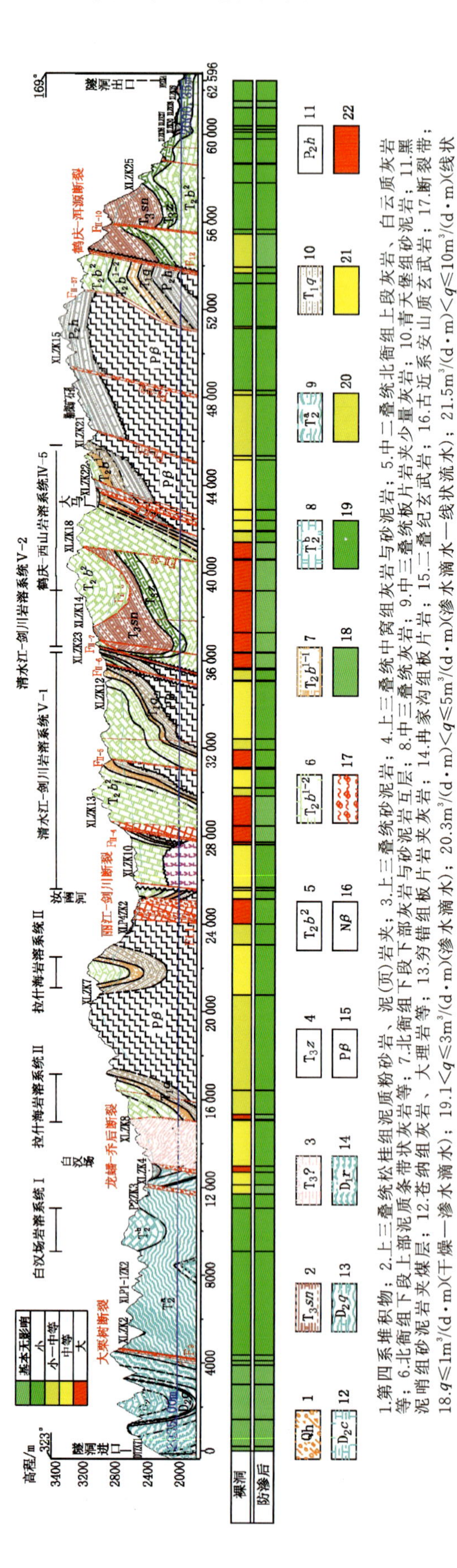

图7-24　香炉山隧洞不同工况涌水量预测成果分级示意图

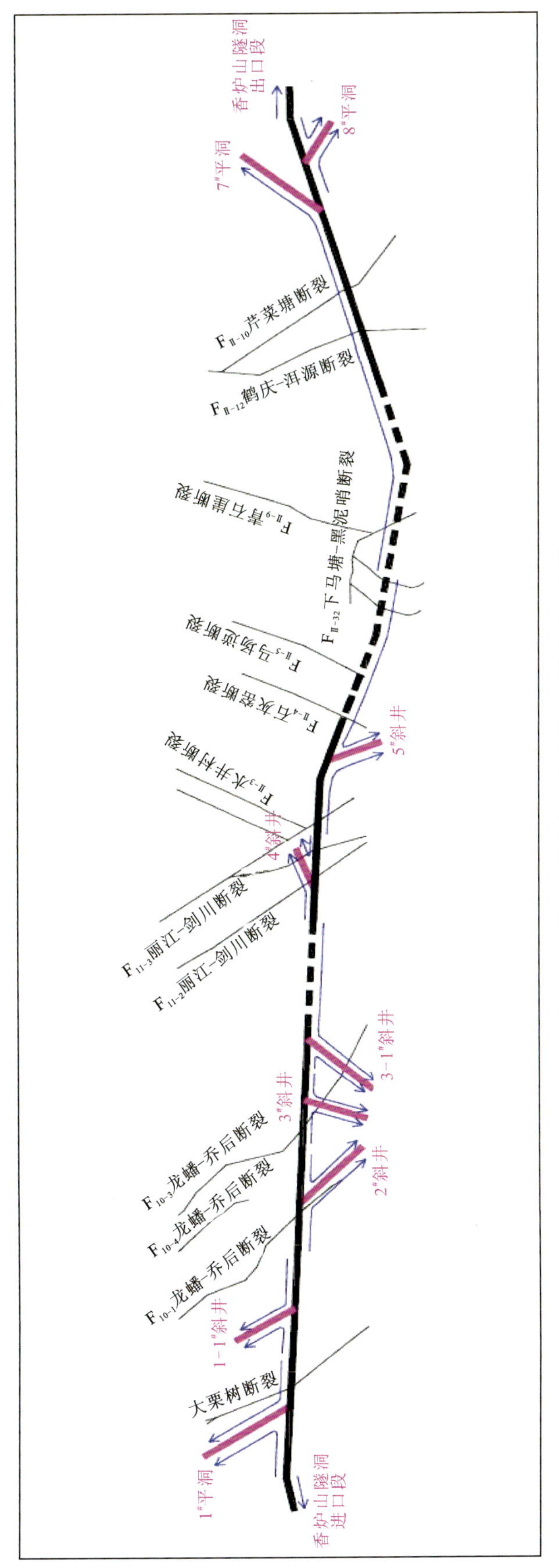

图7-25　香炉山隧洞施工支洞布置及抽排水示意图

隧洞施工开挖产生的渗涌水主要由各施工支洞排出。根据香炉山隧洞主洞和各支洞的施工组织设计，各支洞抽排水情况如下：香炉山隧洞进口段排桩号 DLⅠ0+000～DLⅠ0+500 之间的水，1# 施工支洞抽排桩号 DLⅠ0+500～DLⅠ5+000 之间的水和 1# 施工支洞的水，1-1# 施工支洞抽排桩号 DLⅠ5+000～DLⅠ9+500 之间的水和 1-1# 施工支洞的水，2# 施工支洞抽排桩号 DLⅠ9+500～DLⅠ13+900之间的水和 2# 施工支洞的水，3# 施工支洞抽排桩号 DLⅠ13+900～DLⅠ15+900 之间的水和 3# 施工支洞的水，3-1# 施工支洞抽排桩号 DLⅠ15+900～DLⅠ23+240 之间的水和 3-1# 施工支洞的水，4# 施工支洞抽排桩号 DLⅠ23+240～DLⅠ25+650 之间的水和 4# 施工支洞的水，5# 施工支洞抽排桩号 DLⅠ25+650～DLⅠ36+800 之间的水和 5# 施工支洞的水，7# 施工支洞抽排桩号 DLⅠ36+800～DLⅠ57+942 之间的水和 7# 施工支洞的水，8# 施工支洞抽排桩号 DLⅠ57+942～DLⅠ61+147 之间的水和 8# 施工支洞的水，香炉山隧洞出口段排桩号 DLⅠ61+147～DLⅠ62+596 之间的水。各施工支洞抽排水示意图见图 7-26。通过数值模拟计算结果，各施工支洞在不同工况下的抽排水情况统计见表 7-14。

表 7-14　香炉山隧洞不同防渗工况下施工支洞抽排水总量

支洞名称	抽排总涌水量/($m^3 \cdot s^{-1}$)					
	工况 1		工况 2		工况 3	
	枯水期	丰水期	枯水期	丰水期	枯水期	丰水期
香炉山隧洞进口段	0.001	0.002	0.001	0.002	0.001	0.002
1# 施工支洞	0.032	0.046	0.032	0.046	0.032	0.046
1-1# 施工支洞	0.066	0.078	0.066	0.078	0.066	0.078
2# 施工支洞	0.232	0.261	0.140	0.155	0.120	0.109
3# 施工支洞	0.170	0.187	0.096	0.096	0.076	0.056
3-1# 施工支洞	0.321	0.364	0.236	0.208	0.236	0.208
4# 施工支洞	0.257	0.265	0.128	0.135	0.092	0.097
5# 支洞	1.450	1.602	0.815	0.900	0.221	0.242
7# 支洞	1.875	2.061	1.190	1.291	0.461	0.490
8# 支洞	0.077	0.080	0.077	0.080	0.077	0.080
香炉山隧洞出口段	0.015	0.018	0.015	0.018	0.015	0.018

裸洞(工况 1)条件下，5# 施工支洞以北各支洞口抽排水量基本均小于 0.3m^3/s，只有 3-1# 支洞口抽排水量大于 0.3m^3/s，最大为 3-1# 支洞丰水期抽排水量，为 0.364m^3/s；5# 施工支洞以南 5#、7# 支洞枯水期、丰水期抽排水量均大于 1m^3/s。采取灌浆防渗处理后，抽排水量下降明显。对于工况三，在采取灌浆防渗后，各支洞口抽排水量基本均小于 0.3m^3/s，仅 7# 支洞抽排水量为 0.490m^3/s。

为进一步分析隧洞开挖对香炉山隧洞区地下水总径流量的影响，分别统计了枯丰期 5# 支洞南北区域的隧洞开挖涌水量与地下水总径流量，结果见表 7-15。

表 7-15　不同工况下的隧洞预测涌水量占地下水总径流量的比例

枯水期				丰水期			
裸洞开挖				裸洞开挖			
建筑物名称	涌水量/($m^3 \cdot d^{-1}$)	总径流量/($m^3 \cdot d^{-1}$)	涌水量占比/%	建筑物名称	涌水量/($m^3 \cdot d^{-1}$)	总径流量/($m^3 \cdot d^{-1}$)	涌水量占比/%
5# 支洞以北	93 139.2	378 684.15	24.60	5# 支洞以北	103 852.8	437 172.98	23.75
5# 支洞以南	295 315.2	1 783 669.36	16.56	5# 支洞以南	324 864	1 929 355.79	16.83

表 7-15(续)

枯水期				丰水期			
普通灌浆				普通灌浆			
5# 支洞以北	60 393.6	378 684.15	15.95	5# 支洞以北	62 121.6	437 172.98	14.21
5# 支洞以南	181 267.2	1 783 669.36	10.16	5# 支洞以南	197 769.6	1 929 355.79	10.25
二次灌浆				二次灌浆			
5# 支洞以北	53 827.2	378 684.15	14.21	5# 支洞以北	51 494.4	437 172.98	11.78
5# 支洞以南	66 873.6	1 783 669.36	3.75	5# 支洞以南	71 712	1 929 355.79	3.72

由预测结果可知，香炉山隧洞区地下水总径流量枯水期为 25.03m^3/s，丰水期为 27.39m^3/s。5# 支洞以北的隧洞开挖涌水量小于 5# 支洞以南区域，但由于 5# 支洞以北区域的枯水期地下水总径流量是南部的 21.2%，因此 5# 支洞以北的隧洞开挖涌水量占总径流量的比值大于 5# 支洞以南区域。在二次灌浆后，5# 支洞以南隧洞开挖涌水量的占比小于 5%。

2）不同工况影响半径预测

为定量计算隧洞排水疏干可能引起地下水位变化的影响半径，根据所建的地下水渗流模型，结合 MapGIS 的高程叠加功能，分别计算了不同工况下的水位下降值和影响范围。需要说明的是，由于模拟工况下的排水是稳定流状态下的最大排水量，且模型的边界范围比解析解要大很多，实际的排水和水位下降值应会低于模型的计算值。

枯水期和丰水期不同工况下隧洞开挖地下水水位下降影响见表 7-16、表 7-17 和图 7-26、图 7-27。

表 7-16　不同工况下地下水水位下降影响统计

影响降深范围/m	丰水期影响总面积/km^2	最大影响宽度/km		枯水期影响总面积/km^2	最大影响宽度/km	
		西侧	东侧		西侧	东侧
裸洞施工						
5～50	233.83	7.6	6.41	210.04	6.22	5.51
50～100	123.21	6.04	5.31	102.91	3.92	3.04
100～150	64.18	2.6	2.31	49.6	2.24	1.7
150～200	12.1	1.02	0.77	12.27	0.95	0.87
200～250	4.36	0.61	0.6	3.94	0.5	0.47
250～300	1.33	0.42	0.4	0. 45	0.39	0.36
300～500	0.43	0.36	0.24	0.39	0.3	0.27
普通灌浆						
5～50	142.9	5.34	4.81	101.79	4.34	4.17
50～100	96.545	3.37	3.08	88.54	3.33	2.95
100～150	13.14	1.82	1.51	12.75	1.56	1.42
150～200	10.66	1.03	1.02	6.31	0.8	0.86
200～250	1.35	0.25	0.29	1	0.18	0.2
250～300	0	0	0	0.86	0.1	0.14
二次灌浆						
5～50	107.31	5.21	4.42	84.1	3.23	4.16
50～100	90.05	3.01	3.4	75.36	2.06	3.2
100～150	11.41	1.17	1.21	7.47	0.83	0.96
150～200	4.95	0.61	0.36	2.67	0.48	0.53

表 7-17 香炉山隧洞重点洞段不同工况下的隧洞排水地下水影响半径预测

序号	重点洞段		影响半径/m					
			裸洞施工		普通灌浆		二次灌浆	
			枯水期	丰水期	枯水期	丰水期	枯水期	丰水期
1	可溶岩洞段	拉什海岩溶水系统可溶岩段	3587	4291	3023	3389	2753	3126
		清水江-剑川Ⅴ-1 岩溶水子系统可溶岩段	3966	4501	0～5	1961	0～5	734
		鹤庆西山Ⅳ-5 和清水江-剑川Ⅴ-2 岩溶水子系统可溶岩段	3536	4159	0～5	0～5	0～5	0～5
		香炉山隧洞出口可溶岩段	2236	2787	1146	1409	929	1089
2	断裂带洞段	大栗树断裂	3571	3989	2608	3225	2445	2765
		龙蟠-乔后断裂	4716	4930	3413	3852	2690	3737
		丽江-剑川断裂	6220	7611	2048	2142	1804	1846
		下马塘-黑泥哨断裂	3305	3481	1319	1569	1234	1566
		鹤庆-洱源断裂	2015	2256	1330	1459	1199	1201
		石灰窑断裂	4230	4931	0～5	2347	0～5	0～5
		马场逆断裂	3345	3484	746	0～5	0～5	0～5
		汝南哨断裂	1984	2607	0～5	654	0～5	0～5
		青石崖断裂	3024	3138	1456	1590	1213	1459
3	向(背)斜核部储水构造洞段	石鼓向斜	982	1605	569	826	465	805
		扶仲向斜	3012	3215	2451	2654	2009	2111
		吾竹比向斜	3669	4070	2943	3156	2733	3059
		汝寒坪向斜	3782	4225	2089	2521	1856	2347
		后本箐向斜	2608	2682	1464	1520	924	1056
		狮子山背斜	2285	2511	1322	1413	1170	1314
4	局部承压含水层洞段	白汉场 T_2^a 砂岩段	2930	3126	2369	2561	2374	2325
		黑泥哨组 P_2h 砂岩段	1896	2097	1021	1172	905	1087
5	富水玄武岩洞段	汝寒坪段	3864	4300	2261	2465	1923	2356
		大马厂-黑泥哨段	1841	2662	774	1047	763	951

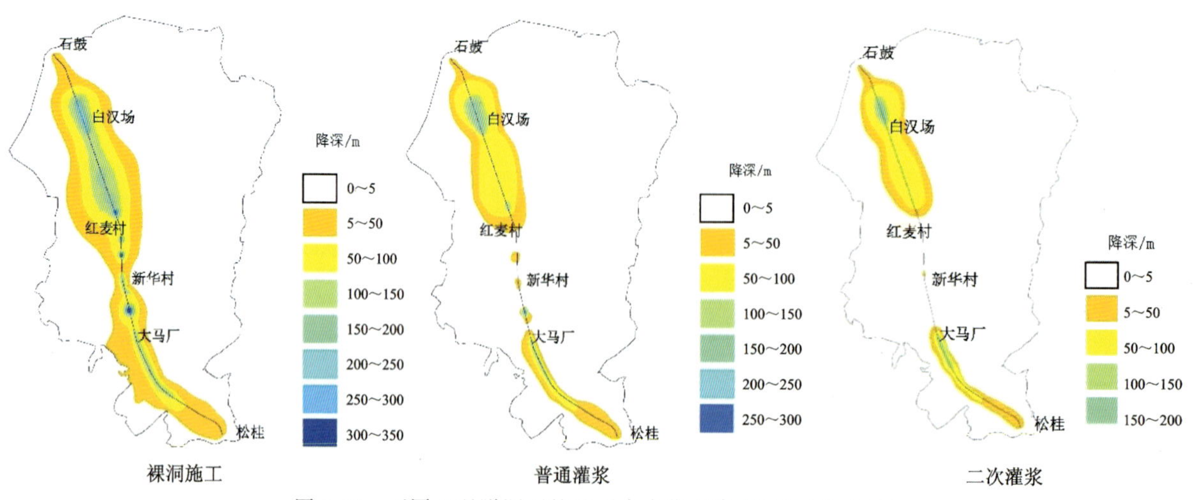

裸洞施工　　普通灌浆　　二次灌浆

图 7-26 不同工况隧洞开挖地下水水位下降影响图(枯水期)

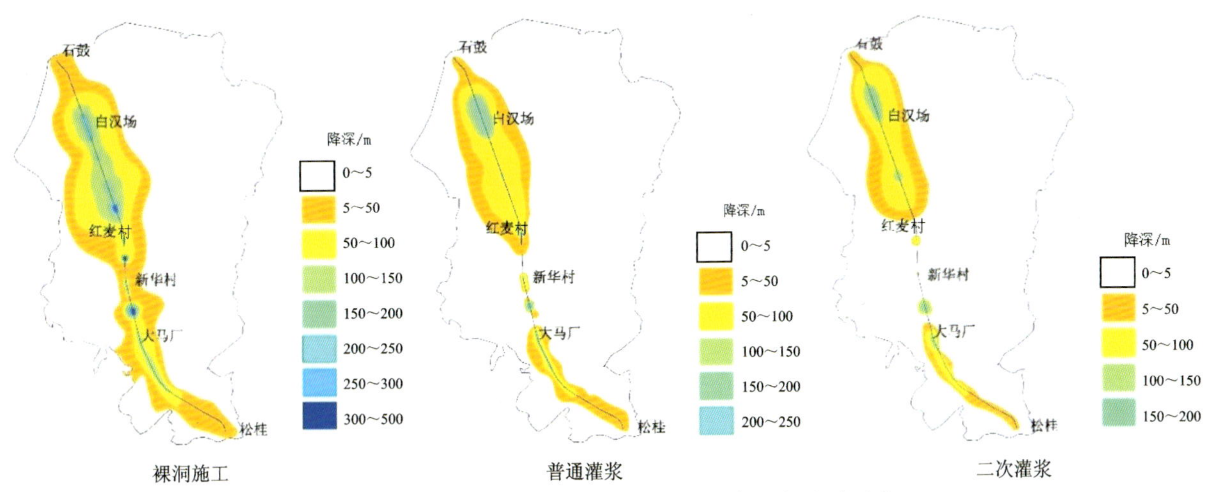

图 7-27　不同工况隧洞开挖地下水水位下降影响图(丰水期)

由预测结果可知,5# 施工支洞以北区域隧洞施工的影响范围要大于支洞以南的区域,这是因为南部区域的隧洞基本沿分水岭布置,影响范围较小。但是南部区域的最大降深要大于北部区域,降深较大的区域为清水江-剑川岩溶水系统和鹤庆西山岩溶水系统。

3)不同工况下主要泉点影响程度

由预测结果可知,裸洞施工工况下对距离隧洞较近的泉点影响较大,会疏干部分泉点,如清水江村泉。其余影响较大的泉点有黄龙潭(影响程度大于 20%)、黑龙潭、东山寺龙潭、水鼓楼龙潭、蝙蝠洞等(影响程度大于 10%)。由于隧洞基本沿鹤庆西山岩溶水系统的Ⅳ-5 子系统和清水江-剑川岩溶水系统的Ⅴ-2 子系统的分水岭布置,隧洞开挖对两个子系统的岩溶泉影响总体较小,只有东山寺龙潭和水鼓楼龙潭的影响大于 10%。不同工况下主要泉点的影响程度见表 7-18 和图 7-28。

表 7-18　不同工况下隧洞排水对主要泉点影响程度

序号	名称	出露高程/m	与线路最短距离/km	裸洞变化幅度/%		普通灌浆变化幅度/%		二次灌浆变化幅度/%	
				枯水期	丰水期	枯水期	丰水期	枯水期	丰水期
1	清水江村泉	2720	西侧 0.7	疏干	87.8	69.6	53.1	22.2	16.7
2	水鼓楼龙潭	2240	西侧 7.68	14.0	13.1	8.6	8.5	3.7	3.9
3	东山寺龙潭	2240	西侧 7.87	19.2	17.9	12.3	11.7	5.5	5.7
4	各门江龙潭	2240	西侧 7.15	4.9	5.1	3.4	3.5	1.7	1.9
5	大龙潭	2212	东侧 20.2	0.7	0.6	0.4	0.1	0.1	0.3
6	小龙潭	2206	东侧 18.2	4.1	2.7	2.3	2.1	1.8	1.4
7	仕庄龙潭	2240	东侧 14.4	3.7	3.0	2.0	1.8	1.3	0.9
8	黑龙潭	2202	东侧 13.8	10.7	3.3	4.0	1.8	1.2	0.6
9	白龙潭	2198	东侧 13.1	5.9	5.2	2.6	2.9	1.5	1.0
10	西龙潭	2222	东侧 10.3	10.8	9.8	5.8	5.5	2.5	1.7
11	黄龙潭	2213	东侧 11.0	20.8	16.3	11.2	9.2	4.7	3.3
12	锰矿沟黑龙潭	2318	东侧 8.45	5.2	4.8	2.4	2.9	1.3	1.4
13	温水龙潭	2219	东侧 11.3	4.7	4.0	2.9	2.8	2.0	1.9
14	小白龙潭	2285	东侧 9.5	4.6	4.2	3.6	2.8	2.5	2.7
15	羊龙潭	2259	东侧 10.5	2.6	2.5	2.7	1.4	1.4	1.8
16	蝙蝠洞	2254	东侧 9.0	11.8	12.1	5.8	5.5	0.8	1.8

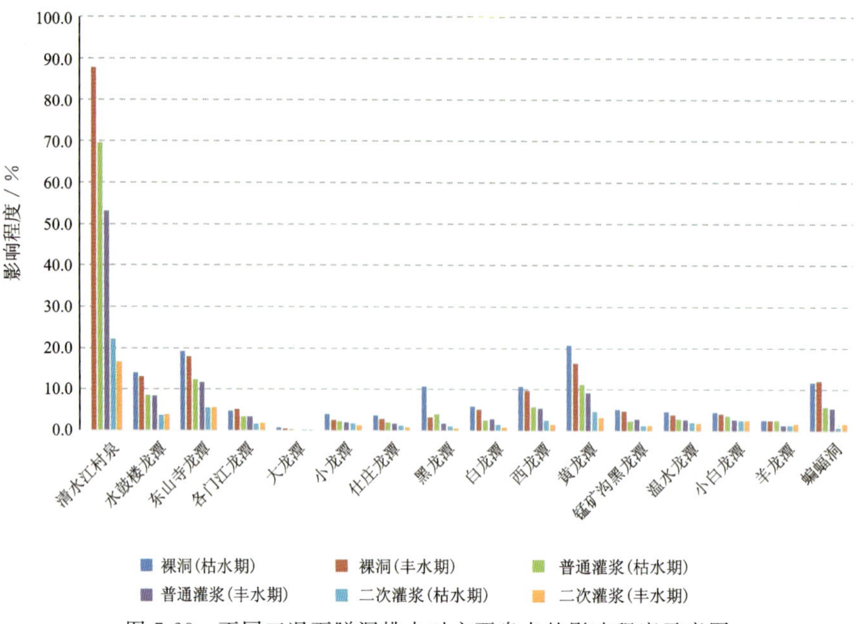

图 7-28　不同工况下隧洞排水对主要泉点的影响程度示意图

普通灌浆工况下对各泉点的影响有所减小，影响较大的泉点为清水江村泉(影响程度大于 20%)，黄龙潭、东山寺龙潭和水鼓楼龙潭的影响为 10%左右，对其他区域的泉点影响较小。

二次灌浆工况下对各泉点的影响继续减小，影响较大的泉点仍为清水江村泉(影响程度大于 20%)，对其他泉点的影响均减小至 5%以下。

5. 不同工况下地下水等水位线

不同工况下的地下水等水位线结果见图 7-29—图 7-34。

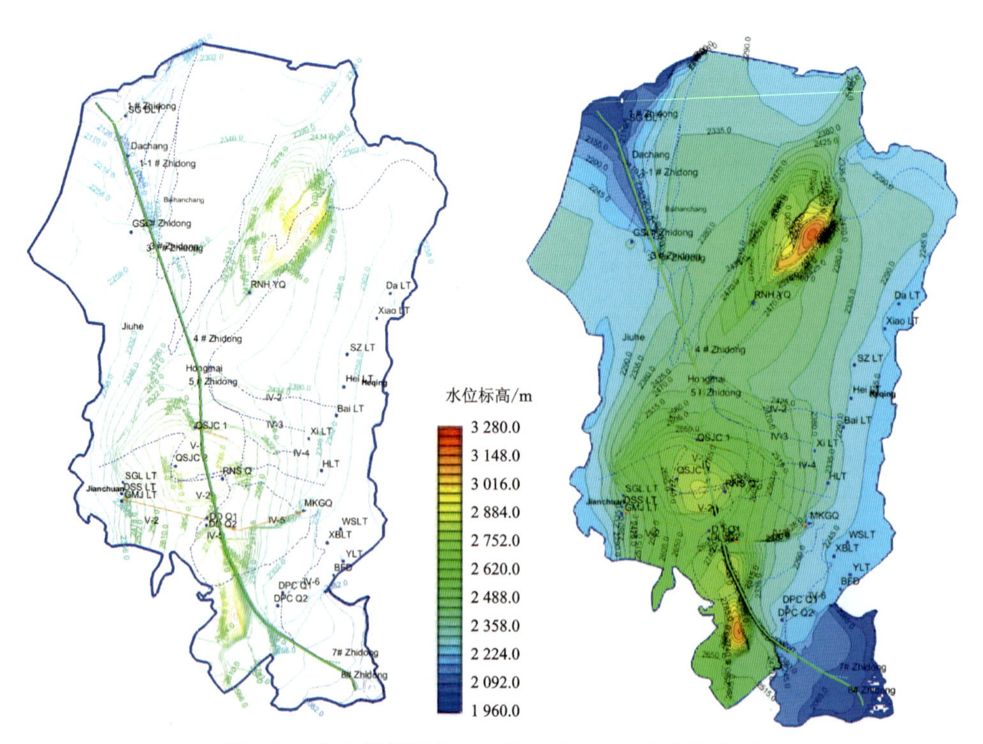

图 7-29　枯水期裸洞施工工况下地下水水位等值线图

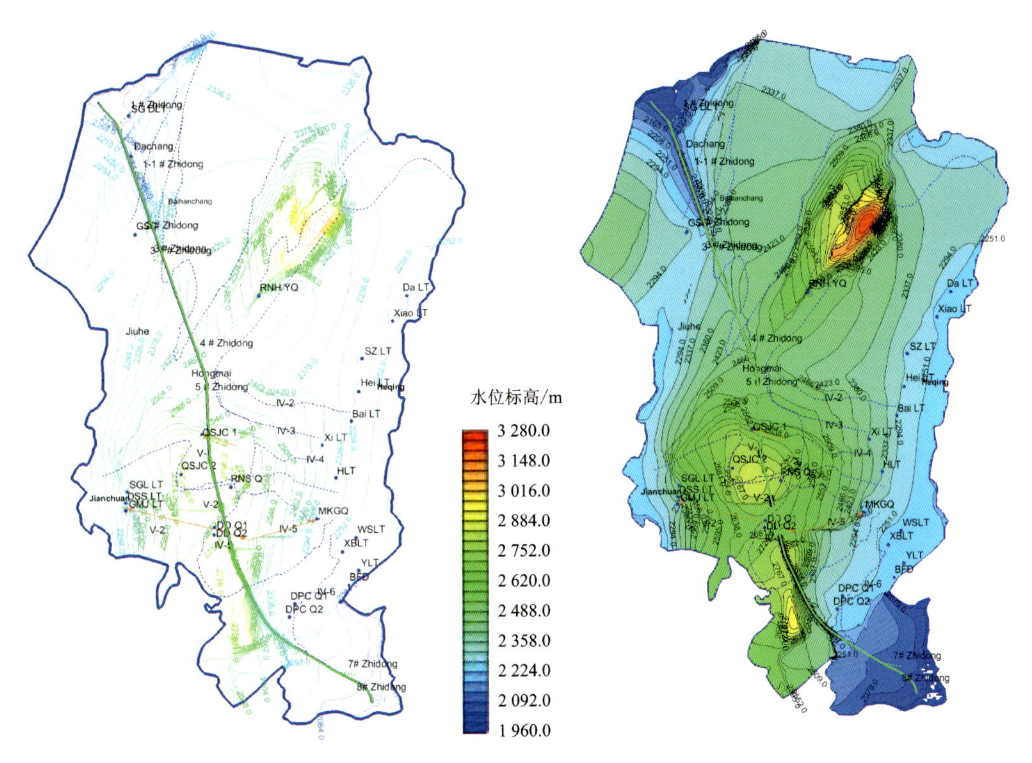

图 7-30 丰水期裸洞施工工况下地下水水位等值线图

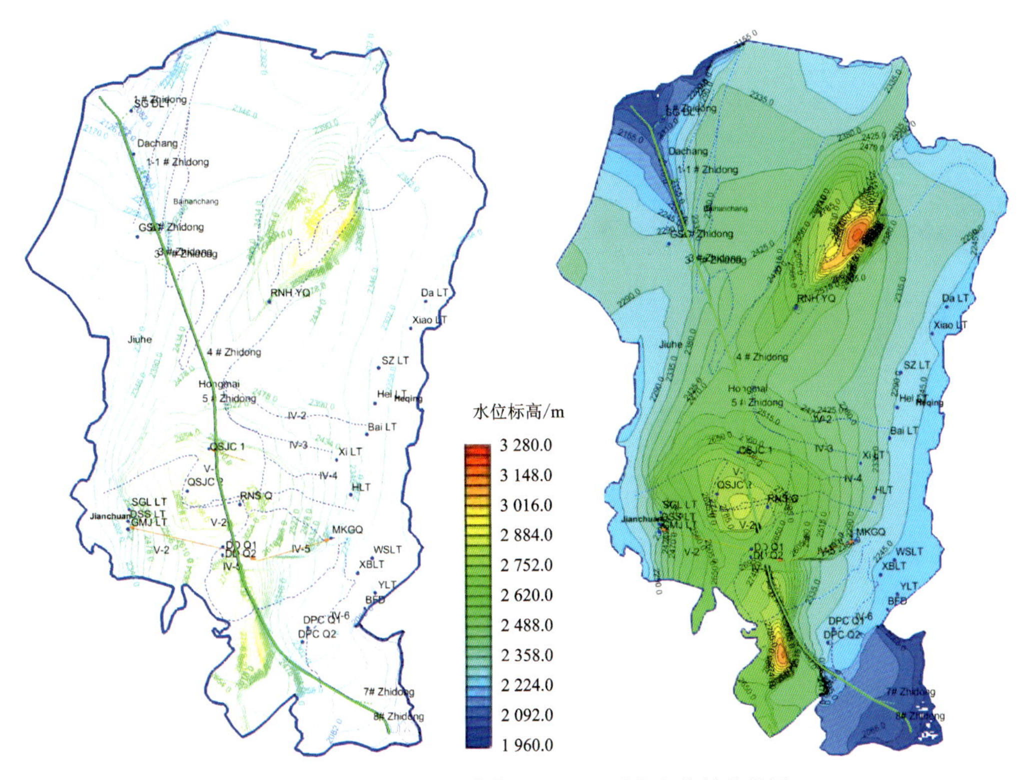

图 7-31 枯水期普通灌浆工况下地下水水位等值线图

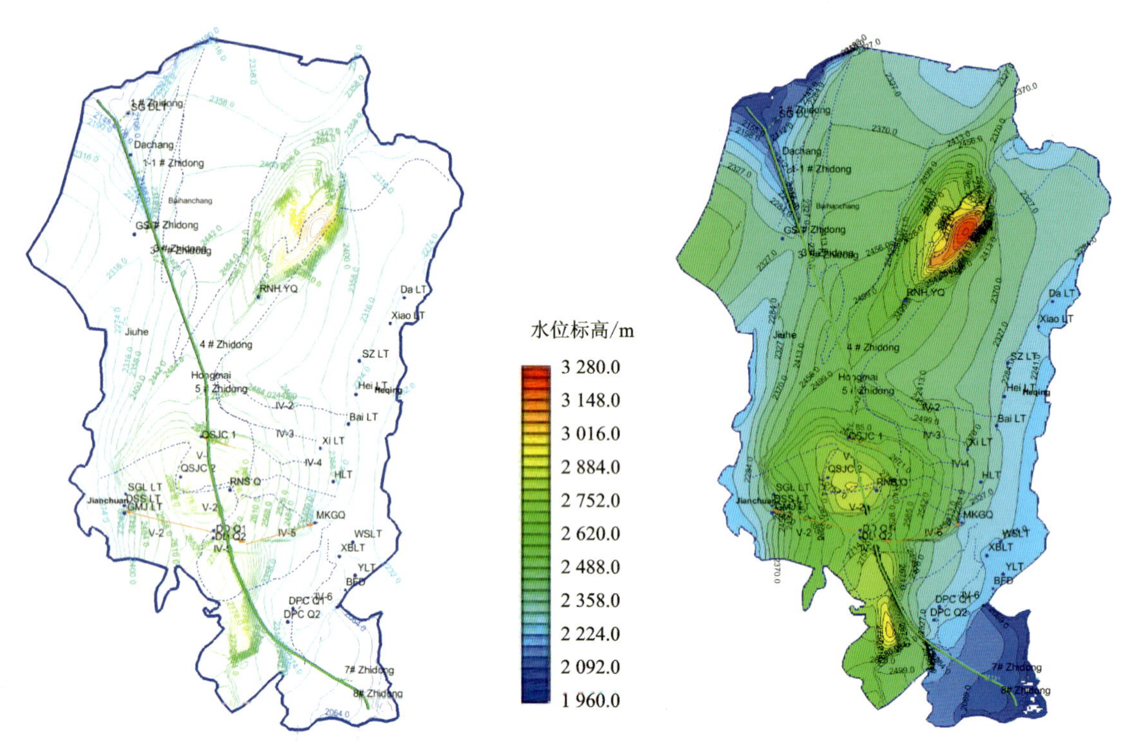

图 7-32　丰水期普通灌浆工况下地下水水位等值线图

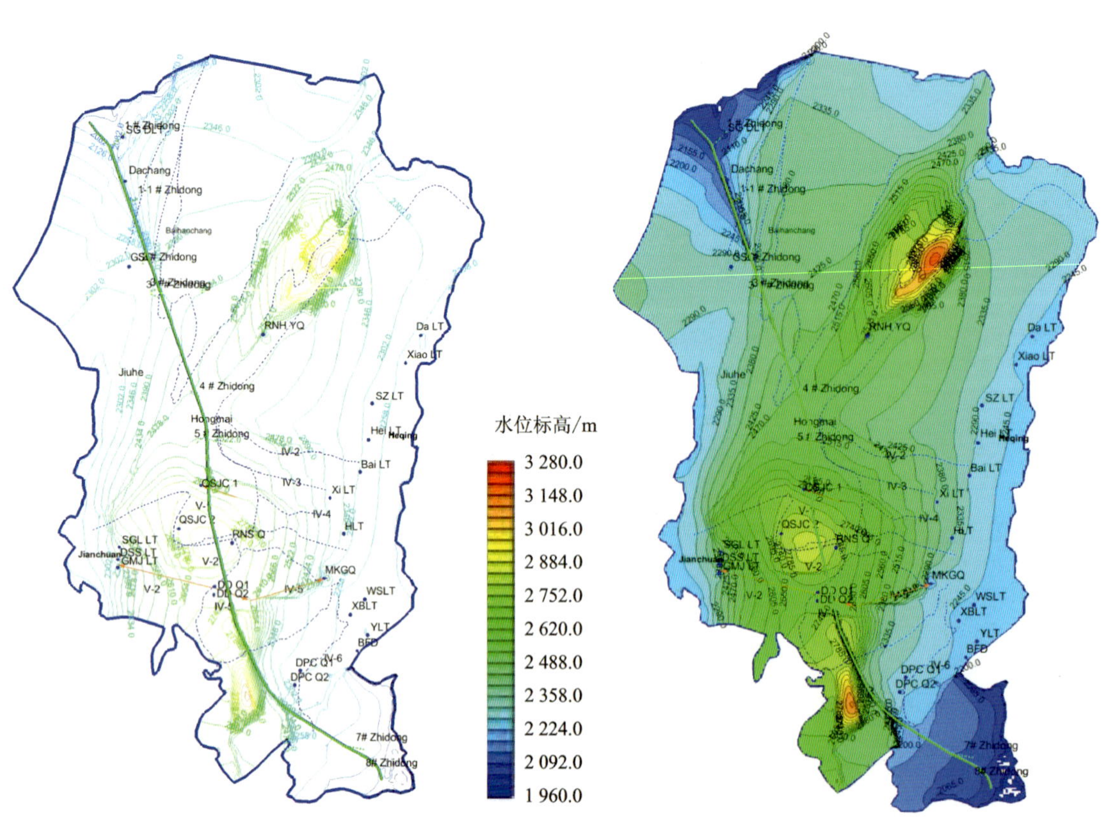

图 7-33　枯水期二次灌浆工况下地下水水位等值线图

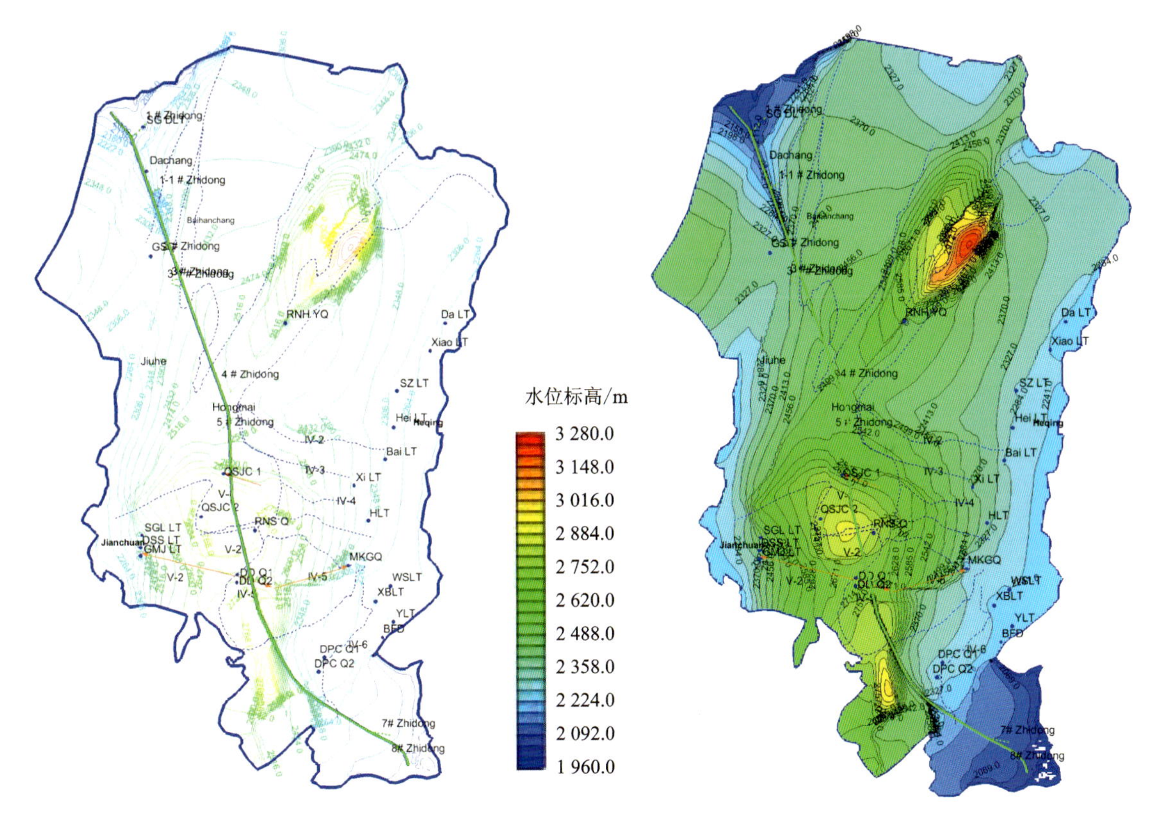

图 7-34　丰水期二次灌浆工况下地下水水位等值线图

比较不同工况下的地下水等水位线和自然状态下的地下水等水位线可知，裸洞施工工况下的隧洞开挖对地下渗流场的影响最大，5#施工支洞以北的区域隧洞四周地下水位等值线较为密集，说明该区域地下水的水力梯度加大，5#施工支洞以北岩溶水系统的补径排关系受到影响。5#施工支洞以南的隧洞由于沿分水岭布置，该区域内的岩溶水系统的补径排关系未受到较大影响。虽降低了鹤庆西山岩溶水系统的Ⅳ-5 子系统和清水江-剑川岩溶水系统的Ⅴ-2 子系统分水岭的水位，但是未改变分水岭的位置。黑泥哨区域的分水岭则既降低了水位，也改变了分水岭的位置，形成了两个新的分水岭。

普通灌浆和二次灌浆施工工况下的隧洞开挖对地下水渗流场的影响减小，5#施工支洞以北的区域隧洞四周地下水位等值线依然较为密集，说明该区域地下水的水力梯度依然较大，5#施工支洞以北岩溶水系统的补径排关系受到一定影响。5#施工支洞以南的隧洞由于沿分水岭布置，且经过灌浆，该区域内的岩溶水系统的补径排关系受到影响较小，鹤庆西山岩溶水系统的Ⅳ-5 子系统和清水江-剑川岩溶水系统的Ⅴ-2 子系统分水岭的水位降低。在二次灌浆后，黑泥哨区域的分水岭受到的影响减小，除了局部区域的水位降低外，其余部位的地下水水位受到的影响较小。

6. 运行期水位恢复情况预测

在施工期，隧洞严格按照施工计划中的化学灌浆、围岩灌浆处理。在施工期结束后全线封堵条件下，因开挖造成的地下水位下降和地下水量的疏干或外排过程将结束，且会因为降雨入渗和侧向补给等，进入地下水恢复过程，区域地下水水位将有可能逐步恢复至开挖前的初始状态。为计算区域地下水位恢复时间，建立了相应区域地下水渗流场的非稳定模型，以开挖后的渗流场为初始条件，计算地下水渗流场恢复的程度和时间，以枯水期为例展开说明。

下图为香炉山段隧洞地下水位分别恢复 0 年、1 年、2 年和 5 年后的地下水渗流场情况，见图 7-35。

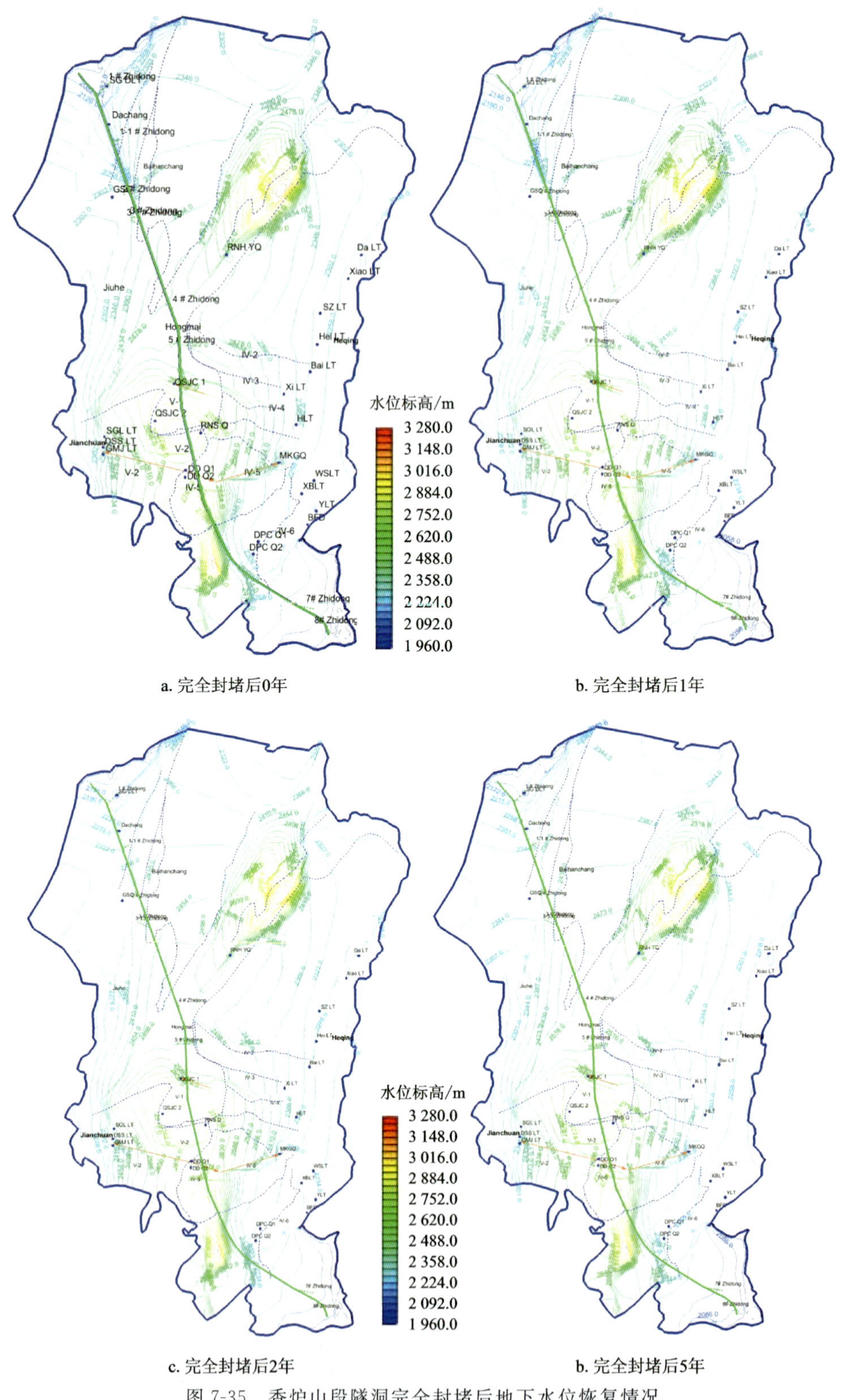

a. 完全封堵后0年　b. 完全封堵后1年

c. 完全封堵后2年　b. 完全封堵后5年

图 7-35　香炉山段隧洞完全封堵后地下水位恢复情况

由预测结果可知，香炉山隧洞完全封堵后 5 年，地下水渗流场可基本恢复至开挖前的状态。需要说明的是，以上计算是基于最理想的边界条件和补给条件。如果在施工过程中导通了原有渗流通道，形成新的连通通道，地下水位恢复至初始条件的难度加大，实际恢复时间要长于计算的时间。此外，在实际工程中，隧洞完工后还要布设排水孔，隧洞本身不可能完全阻水。因此，实际的地下水渗流场很难完全恢复至初始状态。

四、隧洞区断裂 F_{11} 以南中尺度模型模拟

1. 模型概况

1)水文地质模型

由于中尺度模型是建立在大尺度模型的基础上的,模型的其他边界条件、数学模型、参数的选择均与大尺度模型一致,模型的基本情况概述如下。

中尺度模型中隧洞段全长共 31.478km,主要穿越了鹤庆西山岩溶水系统和清水江-剑川岩溶水系统。模型的范围包括隧洞所经过的区域以及与隧洞相关岩溶水系统的水文地质边界所包括的区域。

工作区面积 899.7km^2,区内地下水分为 4 个岩溶水系统,即南溪-拉郎岩溶水系统、文笔海岩溶水系统、清水江-剑川岩溶水系统、鹤庆西山岩溶水系统。地下水主要赋存于灰岩和局部的第四系中,导水通道主要为导水性断层和岩溶管道。浅层水的补给来源主要为降水,开采、蒸发、泉为主要的排泄途径。深层水主要来自上层下渗、区域地下水的循环,开采、泉和侧向排泄为主要的排泄途径。区内的断层、天窗使得上下含水层相互串通,成为统一的混合含水层。将工作区地下水水流系统概化为非均值各向异性三维流动系统。

西部的边界以 F_{11} 断层和隔水岩性为主,设置为隔水边界,其余边界的设置与大尺度模型一致。

2)数值模型

评价区地下水数值模型采用 GMS10.2 软件进行数值离散。区域在 X 方向上长度为 40 033.0m,在 Y 方向上长度为 56 947.2m,在 Z 方向上长度为 1800m。由于本研究是区域模拟,因此将模拟区域水平网格划分为 200,Y 方向网格划分为 200。据钻孔三维地质可视化模型获得的地层岩性,将模拟区域在垂向上分为 10 层。其中将第八层厚度设置为 35m,拟模拟隧洞所在层位,该层标高为 2000~2035m,其他层位 Z 方向上的标高根据顶板平均标高确定。模拟区域剖分图如图 7-36 所示。模型模拟区共有有效网格 172 120 个,有效节点 635 492 个。

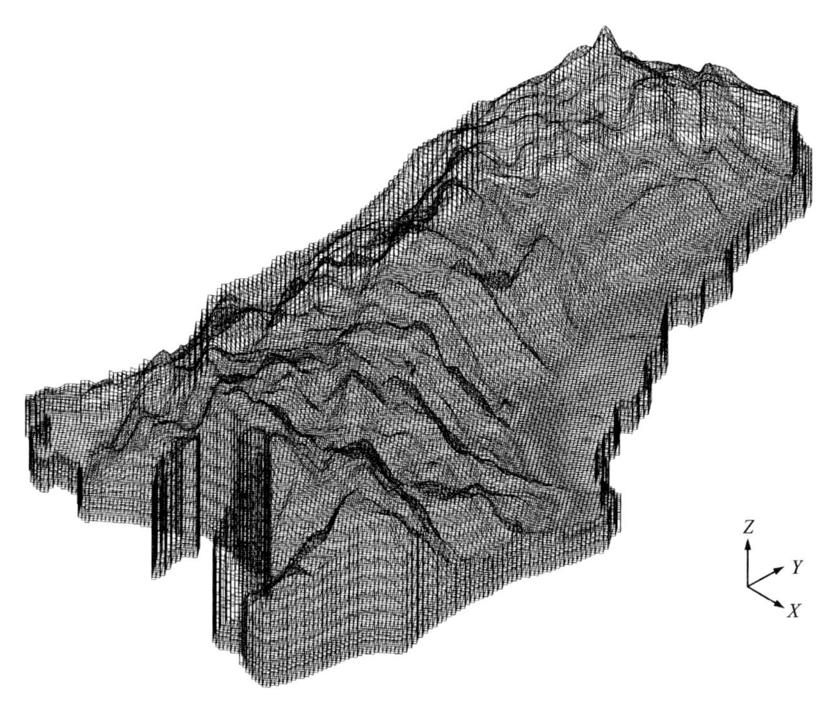

a. 网格剖分-垂直方向放大了5倍

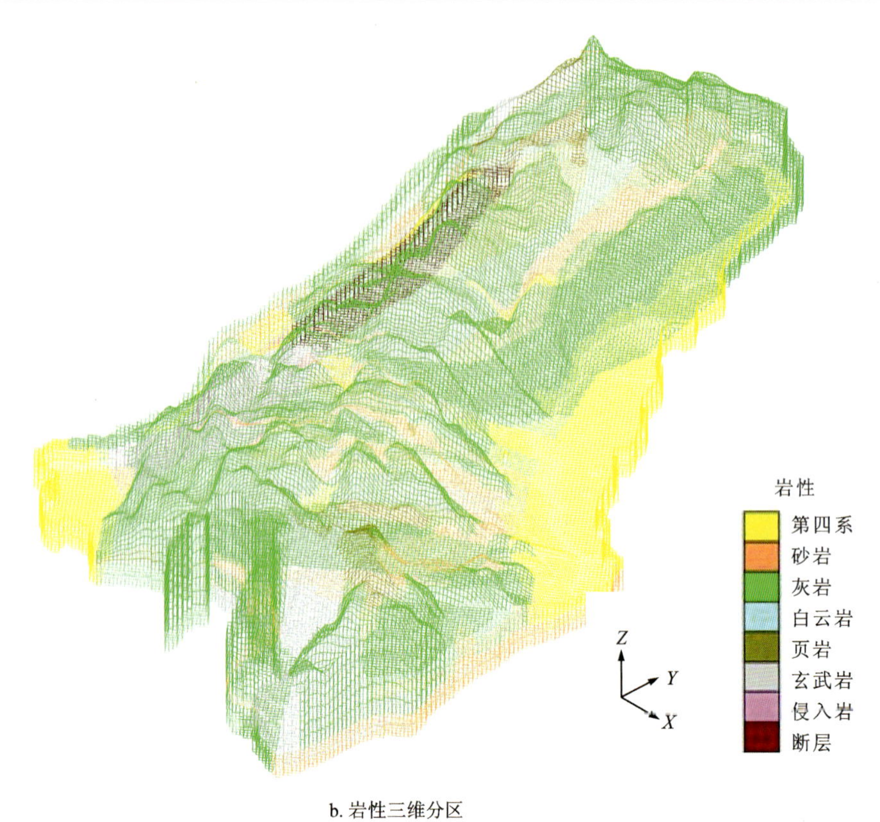

b.岩性三维分区

图 7-36 评价区网格剖分示意图

3)模型识别校正

(1)模型识别。

利用区内的地下水监测水位进行参数识别和模型验证。因为丰水期的水位观测值相对较少,因此选择枯水期的水位情况作为参数识别依据。从拟合结果可知,地下水位计算误差小于10m,可满足拟合要求。

(2)模型识别结果。

校正后的中尺度模型的枯水期和丰水期水位等值线图见图7-37和图7-38。

通过对比计算的水位等值线图和实测水位等值线图可知,中尺度模型的区域地下水流系统基本上与实际情况对应,区域地下水的分水岭也与实际一致。丰水期与枯水期的不同之处在于,丰水期的整体水位要比枯水期要高几十米。

此外,本阶段考虑了地表河流,包括汝南河、清水江、黑惠江区内段、南深河、花椒箐沟和南部的两条河流。由图7-37和图7-38可知,地表河流和地下水之间的关系密切,大部分表现为地下水补给地表水。

将区内已探明的主要暗河——黑龙潭暗河、剑川泉群暗河、清水江暗河和鹤庆西山暗河设置为河流边界。地下水在暗河中的流线较为密集,地下水由暗河传输时流速较快。

2. 不同工况下隧洞涌水量及主要泉点影响程度

1)涌水量预测

对不同防渗等级工况下隧洞开挖的枯水期涌水量进行预测。设置灌浆圈的厚度为10m,灌浆圈的渗透系数分别为1×10^{-5}cm/s、5×10^{-6}cm/s 、1×10^{-6}cm/s。针对灰岩和断层带围岩类型的灌浆和考虑玄武岩围岩类型的灌浆,共设置了6个工况,工况的具体设置见表7-19,工况所对应的围岩渗透系数见表7-20。

其中,工况1为不灌浆的情况,由于部分围岩的固有渗透系数较小(页岩、砂岩、泥岩和玄武岩),这

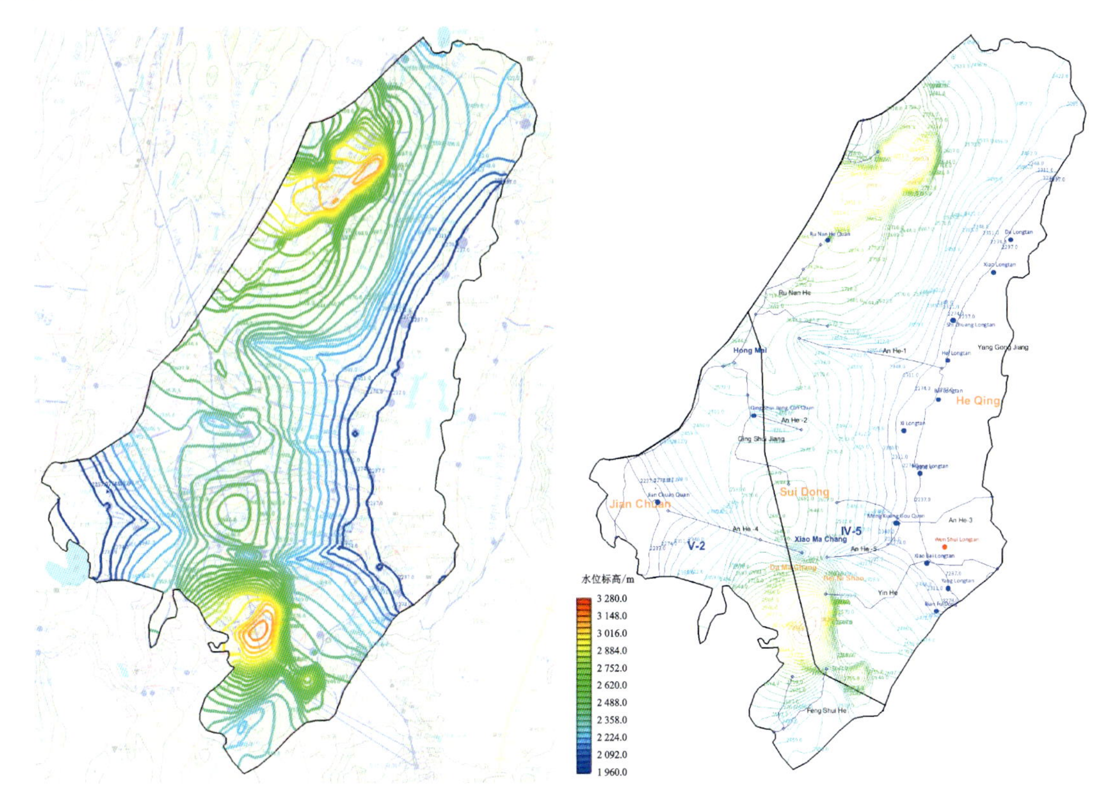

图 7-37　中尺度模型地下水水位等值线图(枯水期)

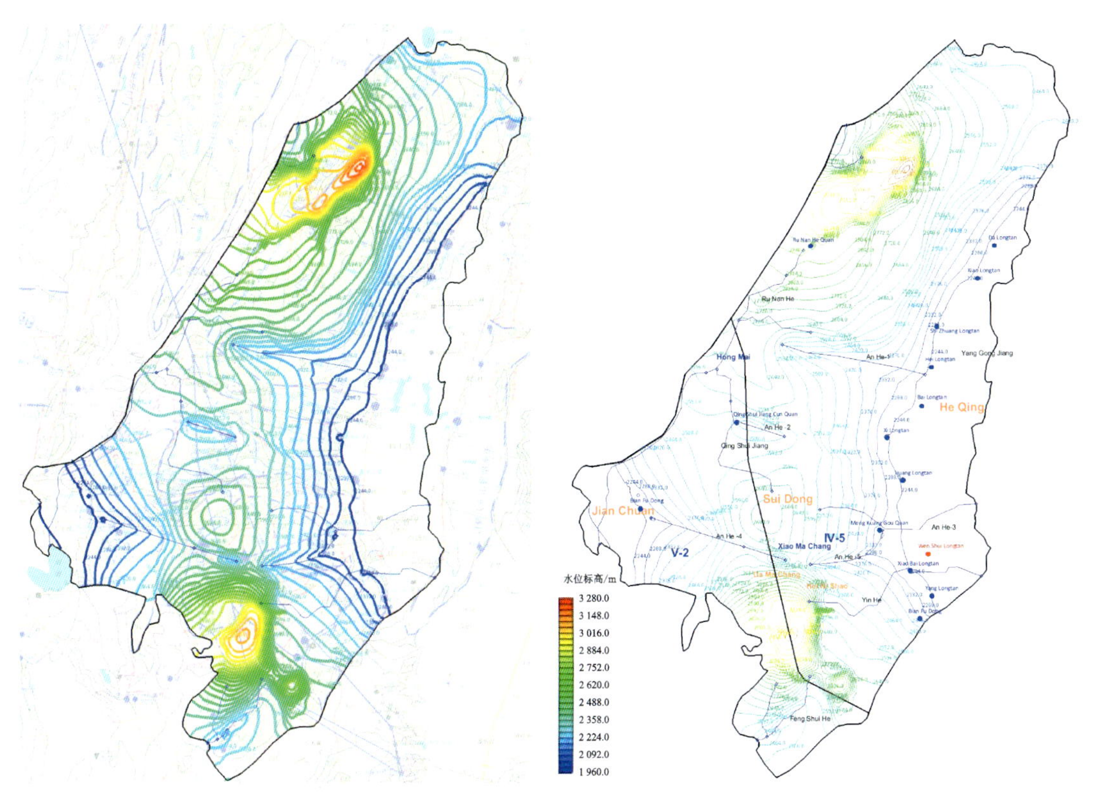

图 7-38　中尺度模型地下水水位等值线图(丰水期)

些段位的涌水量较小。工况 2～4 针对灰岩和断层带围岩类型,采用不同段位不同规格灌浆。工况 5～6 同时考虑灰岩、断层带围岩类型和玄武岩围岩类型进行灌浆。涌水量预测结果见表 7-21。

表 7-19　不同工况设置

序号	岩性	长度/m	围岩渗透系数		工况 1	工况 2	工况 3	工况 4	工况 5	工况 6
			m/d	cm/s						
1	断层带	3413	0.432	5×10^{-4}	不灌浆	灌浆	灌浆	灌浆	灌浆	灌浆
2	玄武岩	527	0.021 6	2.5×10^{-5}	不灌浆	不灌浆	不灌浆	不灌浆	灌浆	灌浆
3	灰岩	1446	0.432	5×10^{-4}	不灌浆	灌浆	灌浆	灌浆	灌浆	灌浆
4	白云岩	404	0.043 2	5×10^{-5}	不灌浆	灌浆	灌浆	灌浆	灌浆	灌浆
5	页岩	271	0.008 64	1×10^{-5}	不灌浆	不灌浆	不灌浆	不灌浆	不灌浆	不灌浆
6	砂岩	345	0.000 864	1×10^{-6}	不灌浆	不灌浆	不灌浆	不灌浆	不灌浆	不灌浆
7	玄武岩	546	0.021 6	2.5×10^{-5}	不灌浆	不灌浆	不灌浆	不灌浆	灌浆	灌浆
8	灰岩	468	0.043 2	5×10^{-5}	不灌浆	灌浆	灌浆	灌浆	灌浆	灌浆
9	页岩	374	0.008 64	1×10^{-5}	不灌浆	不灌浆	不灌浆	不灌浆	不灌浆	不灌浆
10	泥岩	803	0.000 864	1×10^{-6}	不灌浆	不灌浆	不灌浆	不灌浆	不灌浆	不灌浆
11	玄武岩	3263	0.021 6	2.5×10^{-5}	不灌浆	不灌浆	不灌浆	不灌浆	灌浆	灌浆
12	断层带	115	0.432	5×10^{-4}	不灌浆	灌浆	灌浆	灌浆	灌浆	灌浆
13	灰岩(Ⅳ-5、Ⅴ-2)	4632	0.432	5×10^{-4}	不灌浆	灌浆	灌浆	灌浆	灌浆	灌浆
14	泥岩	974	0.000 864	1×10^{-6}	不灌浆	不灌浆	不灌浆	不灌浆	不灌浆	不灌浆
15	砂岩	349	0.000 864	1×10^{-6}	不灌浆	不灌浆	不灌浆	不灌浆	不灌浆	不灌浆
16	玄武岩	13 513	0.0216	2.5×10^{-5}	不灌浆	不灌浆	不灌浆	不灌浆	灌浆	灌浆

表 7-20　不同工况围岩对应渗透系数

序号	岩性	长度/m	围岩渗透系数		工况 1	工况 2	工况 3	工况 4	工况 5	工况 6
			m/d	cm/s						
1	断层带	3413	0.432	5×10^{-4}	5×10^{-4}	1×10^{-5}	5×10^{-6}	1×10^{-6}	1×10^{-5}	1×10^{-6}
2	玄武岩	527	0.021 6	2.5×10^{-5}	2.5×10^{-5}	2.5×10^{-5}	2.5×10^{-5}	2.5×10^{-5}	1×10^{-5}	1×10^{-6}
3	灰岩	1446	0.432	5×10^{-4}	5×10^{-4}	1×10^{-5}	5×10^{-6}	1×10^{-6}	1×10^{-5}	1×10^{-6}
4	白云岩	404	0.043 2	5×10^{-5}	5×10^{-5}	1×10^{-5}	5×10^{-6}	1×10^{-6}	1×10^{-5}	1×10^{-6}
5	页岩	271	0.008 64	1×10^{-5}	1×10^{-5}	1×10^{-5}	1×10^{-5}	1×10^{-5}	1×10^{-5}	1×10^{-5}
6	砂岩	345	0.000 86	1×10^{-6}	1×10^{-6}	1×10^{-6}	1×10^{-6}	1×10^{-6}	1×10^{-6}	1×10^{-6}
7	玄武岩	546	0.021 6	2.5×10^{-5}	2.5×10^{-5}	2.5×10^{-5}	2.5×10^{-5}	2.5×10^{-5}	1×10^{-5}	1×10^{-6}
8	灰岩	468	0.043 2	5×10^{-5}	5×10^{-5}	1×10^{-5}	5×10^{-6}	1×10^{-6}	1×10^{-5}	1×10^{-6}
9	页岩	374	0.008 64	1×10^{-5}	1×10^{-5}	1×10^{-5}	1×10^{-5}	1×10^{-5}	1×10^{-5}	1×10^{-5}
10	泥岩	803	0.000 86	1×10^{-6}	1×10^{-6}	1×10^{-6}	1×10^{-6}	1×10^{-6}	1×10^{-6}	1×10^{-6}
11	玄武岩	3263	0.021 6	2.5×10^{-5}	2.5×10^{-5}	2.5×10^{-5}	2.5×10^{-5}	2.5×10^{-5}	1×10^{-5}	1×10^{-6}
12	断层带	115	0.432	5×10^{-4}	5×10^{-4}	1×10^{-5}	5×10^{-6}	1×10^{-6}	1×10^{-5}	1×10^{-6}
13	灰岩(Ⅳ-5、Ⅴ-2)	4632	0.432	5×10^{-4}	5×10^{-4}	1×10^{-5}	5×10^{-6}	1×10^{-6}	1×10^{-5}	1×10^{-6}
14	泥岩	974	0.000 86	1×10^{-6}	1×10^{-6}	1×10^{-6}	1×10^{-6}	1×10^{-6}	1×10^{-6}	1×10^{-6}
15	砂岩	349	0.000 86	1×10^{-6}	1×10^{-6}	1×10^{-6}	1×10^{-6}	1×10^{-6}	1×10^{-6}	1×10^{-6}
16	玄武岩	13 513	0.021 6	2.5×10^{-5}	2.5×10^{-5}	2.5×10^{-5}	2.5×10^{-5}	2.5×10^{-5}	1×10^{-5}	1×10^{-6}

表 7-21　不同工况下隧洞施工涌水量预测

序号	岩性	长度	围岩渗透系数		不同工况下的涌水量																	
					工况 1			工况 2			工况 3			工况 4			工况 5			工况 6		
					涌水量		单位涌水量	涌水量		单位涌水量	涌水量		单位涌水量	涌水量		单位涌水量	涌水量		单位涌水量	涌水量		单位涌水量
			m/d	cm/s	m^3/d	m^3/s	$m^3/(d\cdot m)$	m^3/d	m^3/s	$m^3/(d\cdot m)$	m^3/d	m^3/s	$m^3/(d\cdot m)$	m^3/d	m^3/s	$m^3/(d\cdot m)$	m^3/d	m^3/s	$m^3/(d\cdot m)$	m^3/d	m^3/s	$m^3/(d\cdot m)$
1	断层带	3413	0.432	5×10^{-4}	46 369.6	0.537	13.59	18 696.4	0.216	5.48	10 821.2	0.125	3.17	2 550.4	0.030	0.75	19 006	0.220	5.57	2 655.3	0.031	0.78
2	玄武岩	527	0.021 6	2.5×10^{-5}	966.9	0.011	1.83	4 093.5	0.047	7.77	4 422.2	0.051	8.39	4 787.9	0.055	9.09	2 318.2	0.027	4.40	403.3	0.005	0.77
3	灰岩	1446	0.432	5×10^{-4}	29 847.7	0.345	20.64	8 445.1	0.098	5.84	4 719.8	0.055	3.26	1 047.9	0.012	0.72	8 646.7	0.100	5.98	1 111.9	0.013	0.77
4	白云岩	404	0.043 2	5×10^{-5}	2406	0.028	5.96	1 948.3	0.023	4.82	1 144.1	0.013	2.83	266.2	0.003	0.66	1 985.4	0.023	4.91	281.1	0.003	0.70
5	页岩	271	0.008 64	1×10^{-5}	162.3	0.002	0.60	423	0.005	1.56	485.9	0.006	1.79	554.2	0.006	2.05	431.2	0.005	1.59	587.1	0.007	2.17
6	砂岩	345	0.000 86	1×10^{-6}	32.8	0.000 4	0.10	51.3	0.001	0.15	54.2	0.001	0.16	57.7	0.001	0.17	59.7	0.001	0.17	97.2	0.001	0.28
7	玄武岩	546	0.021 6	2.5×10^{-5}	1 398.1	0.016	2.56	2 309.4	0.027	4.23	2 474.7	0.029	4.53	2 759.5	0.032	5.05	1 530.2	0.018	2.80	319.6	0.004	0.59
8	灰岩	468	0.043 2	5×10^{-5}	2 590.2	0.030	5.53	1 402.7	0.016	3.00	1 254.7	0.015	2.68	211.8	0.002	0.45	1 534.7	0.018	3.28	261	0.003	0.56
9	页岩	374	0.008 64	1×10^{-5}	1 321.7	0.015	3.53	1 500.8	0.017	4.01	1 544.6	0.018	4.13	1 650.2	0.019	4.41	1 553.6	0.018	4.15	1852	0.021	4.95
10	泥岩	803	0.000 86	1×10^{-6}	296.8	0.003	0.37	315	0.004	0.39	319.2	0.004	0.40	328.7	0.004	0.41	341.3	0.004	0.43	413.7	0.005	0.52
11	玄武岩	3263	0.021 6	2.5×10^{-5}	12 501.5	0.145	3.83	13 914.1	0.161	4.26	14 119.1	0.163	4.33	14 831.1	0.172	4.55	9 908.1	0.115	3.04	2 038.8	0.024	0.62
12	断层带	115	0.432	5×10^{-4}	12 21.5	0.014	10.62	424.6	0.005	3.69	365.7	0.004	3.18	63	0.001	0.55	489.8	0.006	4.26	85	0.001	0.74
13	灰岩（IV-5、V-2）	4632	0.432	5×10^{-4}	49 170.5	0.569	10.62	24 290.4	0.281	5.24	21 172.7	0.245	4.57	3 833.4	0.044	0.83	24 449.4	0.283	5.28	3 785.7	0.044	0.82
14	泥岩	974	0.000 86	1×10^{-6}	83.2	0.001	0.09	197.6	0.002	0.2C	208.1	0.002	0.21	265	0.003	0.27	199.4	0.002	0.20	276.9	0.003	0.28
15	砂岩	349	0.000 86	1×10^{-6}	22.1	0.000 3	0.06	42.1	0.000	0.12	43.5	0.001	0.12	50.6	0.001	0.14	47.2	0.001	0.14	90.5	0.001	0.26
16	玄武岩	13 513	0.021 6	2.5×10^{-5}	26 569.1	0.308	1.97	27 555.6	0.319	2.04	27 656.6	0.320	2.05	28 194.7	0.326	2.09	24 150	0.280	1.79	9 036.6	0.105	0.67
总涌水量					174 960	2.03	81.89	105 609.9	1.22	52.81	90 806.3	1.05	45.81	61 452.3	0.71	32.18	96 650.9	1.12	47.99	23 295.7	0.27	15.46

由预测结果可知，在不灌浆条件下(工况 1)，隧洞施工造成的涌水量最大，总量达到 2.03m^3/s，特别是在断层带和灰岩区域，其中断层带的涌水量为 0.537m^3/s，灰岩段的涌水量为 0.030～0.569m^3/s。

由开挖后的水位等值线图(图 7-39—图 7-44)可知，水位下降最大的段位亦出现在断层带和灰岩区域，改变了岩溶水子系统Ⅴ-2 和Ⅳ-6 的地下水流特征，使这两个子系统的分水岭西移，其余段位的分水岭亦发生改变。

工况 2 将涌水量较大段位(断层带和灰岩区域)的围岩进行灌浆，使渗透系数减小至 1×10^{-5} cm/s 后，隧洞的施工开挖对地下水流场所造成的影响与工况 1 类似，总涌水量有所降低。断层带和灰岩区域的涌水量和水位降深随着围岩渗透系数的减小而降低。从水位等值线图可知，玄武岩区域的涌水量所占比重逐渐加大。因此，在工况 6 条件下，断层带、灰岩区域以及玄武岩区域的围岩渗透系数逐渐减小至 1×10^{-6} cm/s，总涌水量逐渐降低至 0.27m^3/s，对地下水渗流场的影响明显减小。

2)主要泉点影响程度预测

地下水环境敏感目标中受影响可能较大的有剑川泉群、鹤庆西山泉群、清水江泉、鹤庆西山岩溶水系统中的Ⅳ-5 子系统和清水江-剑川岩溶水系统中的Ⅴ-2 子系统。为了进一步说明具体敏感点的地下水环境影响程度，以及是否能采用一定工程措施降低对环境敏感点的影响，本节将结合三维中尺度渗流模型及具体的水文地质单元，应用数值模拟(三维)的方法进行预测和说明。

为分析不同施工条件下香炉山隧洞中 5-2 线路局部敏感段位地下水环境影响，利用所建的三维中尺度地下水渗流模型，并结合不同的施工工况，预测和分析地下水环境影响，包括不同灌浆质量对主要泉点流量的影响，具体的计算结果见表 7-22。

表 7-22　不同工况下主要地下水环境敏感点影响情况统计表

主要影响泉点	与香炉山隧洞横向距离/km	不同工况下泉点流量减小程度/%					
		工况 1	工况 2	工况 3	工况 4	工况 5	工况 6
剑川泉群	西侧约 8.5	28.37	16.60	14.76	9.82	14.83	4.72
清水江村泉	西侧约 681	疏干	30.95	27.01	20.97	27.60	9.45
锰矿沟黑龙潭	东侧约 8.8	35.59	17.67	15.75	5.69	16.93	4.50
大龙潭	东侧约 19	1.44	1.12	0.95	0.81	1.09	0.65
仕庄龙潭	东侧约 14	5.50	3.38	2.91	2.43	3.31	1.91
黑龙潭	东侧约 13.8	5.76	3.23	2.75	2.16	3.08	1.55
羊龙潭水库	东侧约 11.5	5.20	4.82	4.78	4.54	4.11	1.28
蝙蝠洞	东侧约 9.7	13.35	11.58	11.43	10.42	15.30	10.86
小白龙潭	东侧约 9.5	11.73	10.35	10.21	9.22	9.14	3.30
黄龙潭	东侧约 10.8	16.64	9.20	8.24	4.70	8.75	3.41
西龙潭	东侧约 10	21.57	11.32	9.89	7.92	10.70	5.22
汝南河源泉	东北侧约 8.1	3.46	10.51	10.17	10.47	10.23	9.57

由预测结果可知，在不灌浆的工况下，对清水江村泉有疏干的可能，对剑川泉群、西龙潭和黄龙潭有一定的影响。在灌浆防渗后，对各泉点的影响有所减小。

对比中尺度和大尺度的预测结果可知，两种尺度下的敏感点的预测趋势较为一致，只是影响程度有所区别，鉴于较小尺度的模型具有较高的精确度，建议采用较小尺度模型中的具体影响程度。

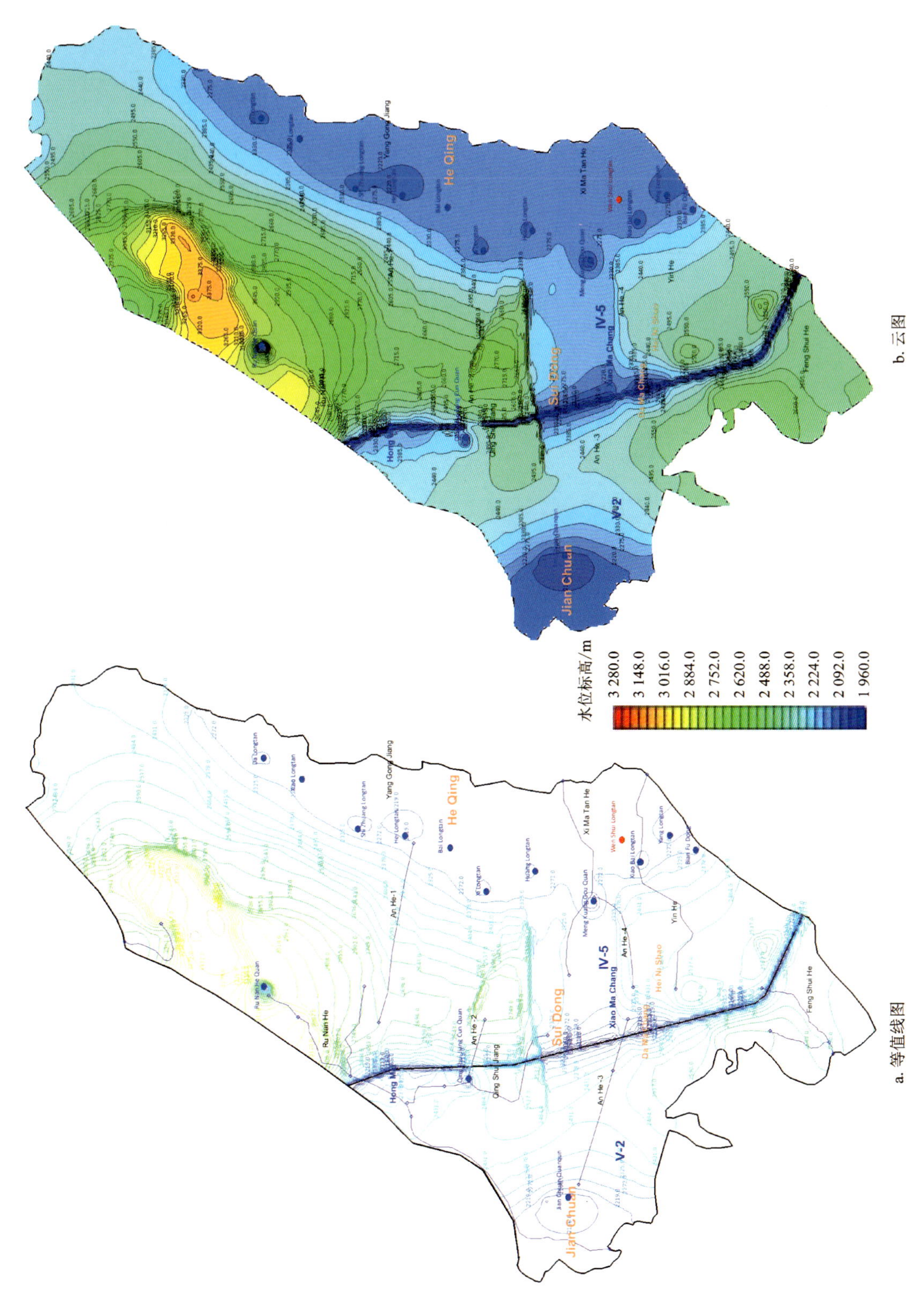

图7-39　中尺度模型防渗工况1开挖后地下水位等值线图

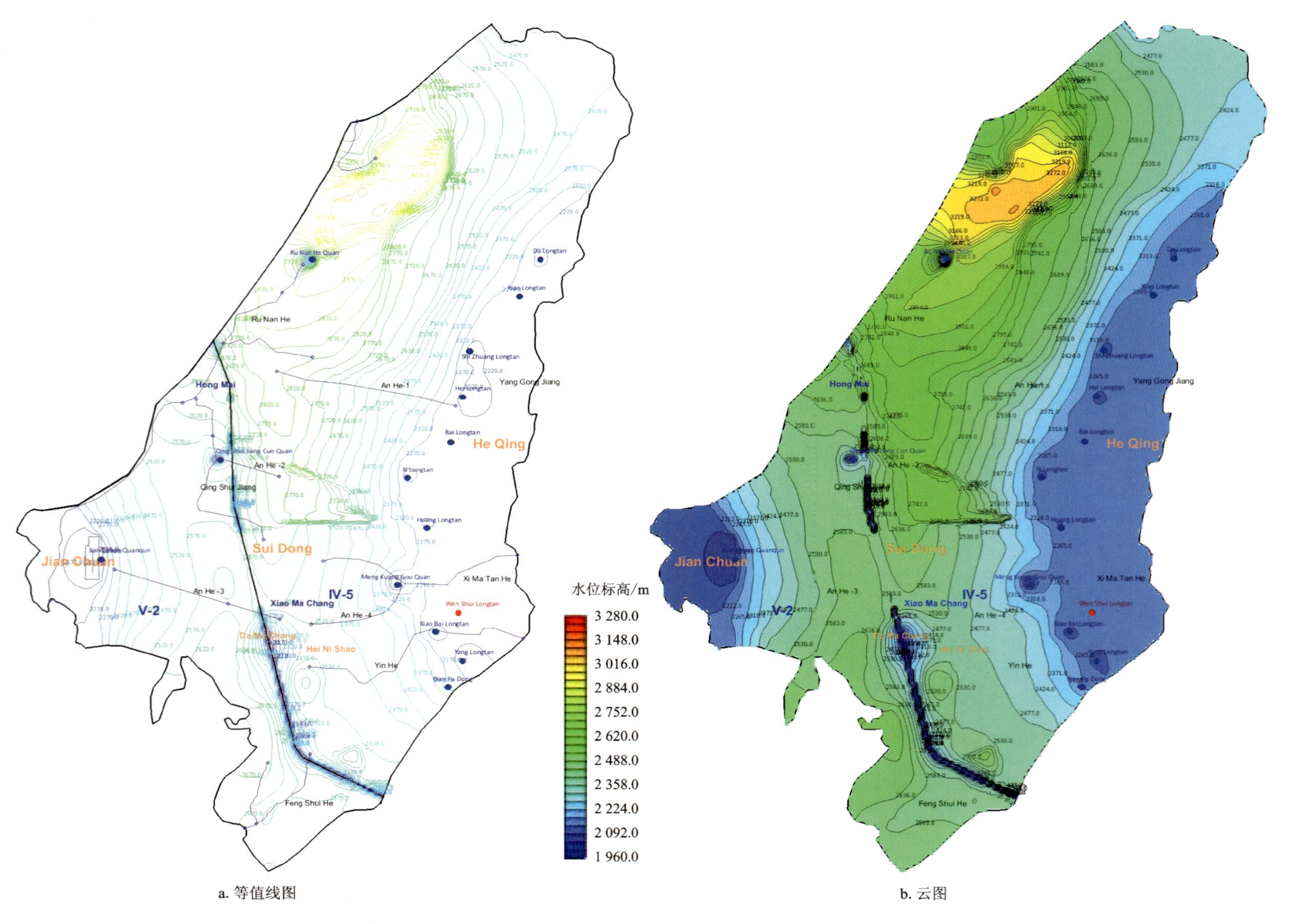

a. 等值线图　　b. 云图

图7-40　中尺度模型防渗工况2开挖后地下水位等值线图

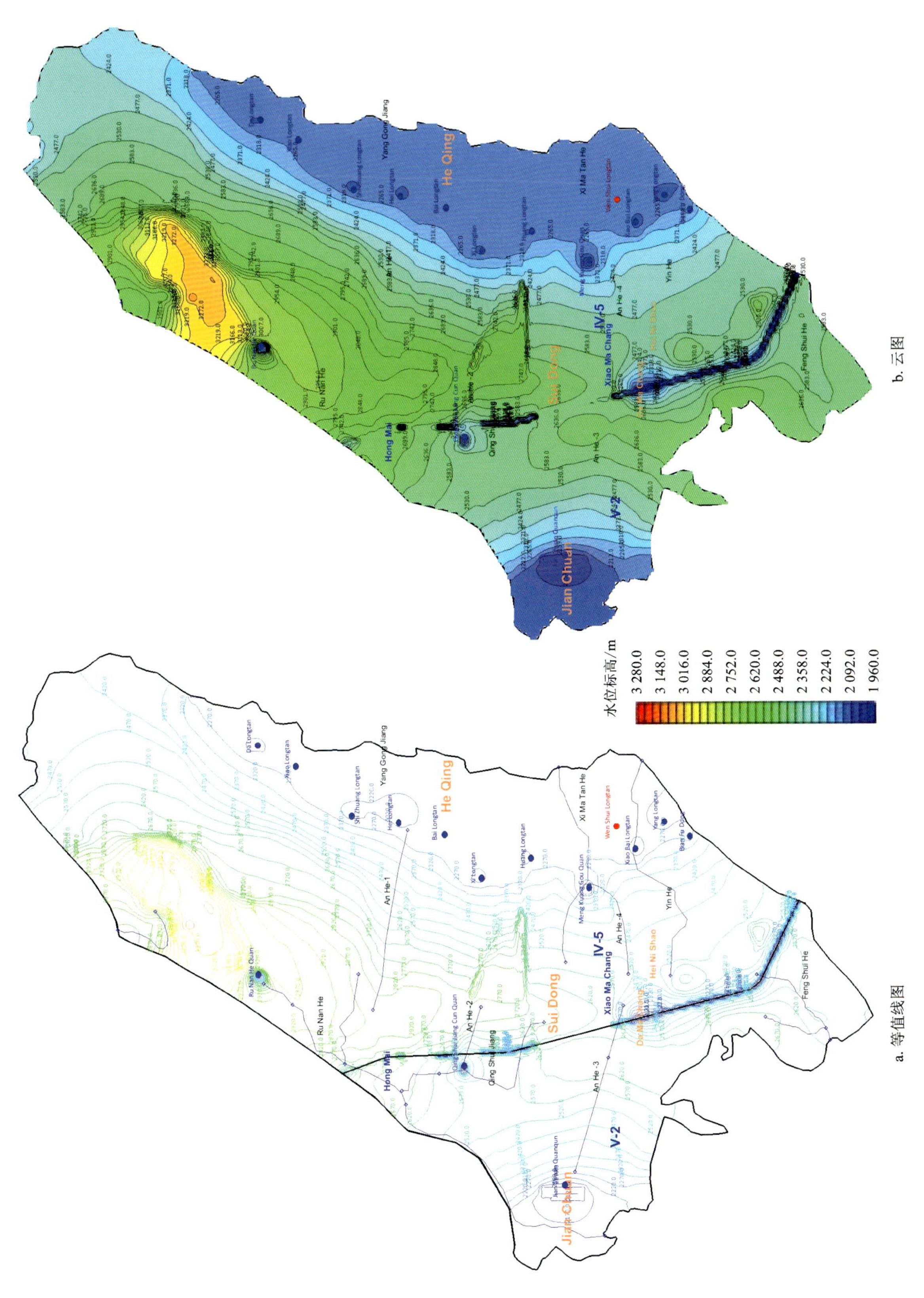

a. 等值线图　　　　b. 云图

图7-41　中尺度模型防渗工况3开挖后地下水位等值线图

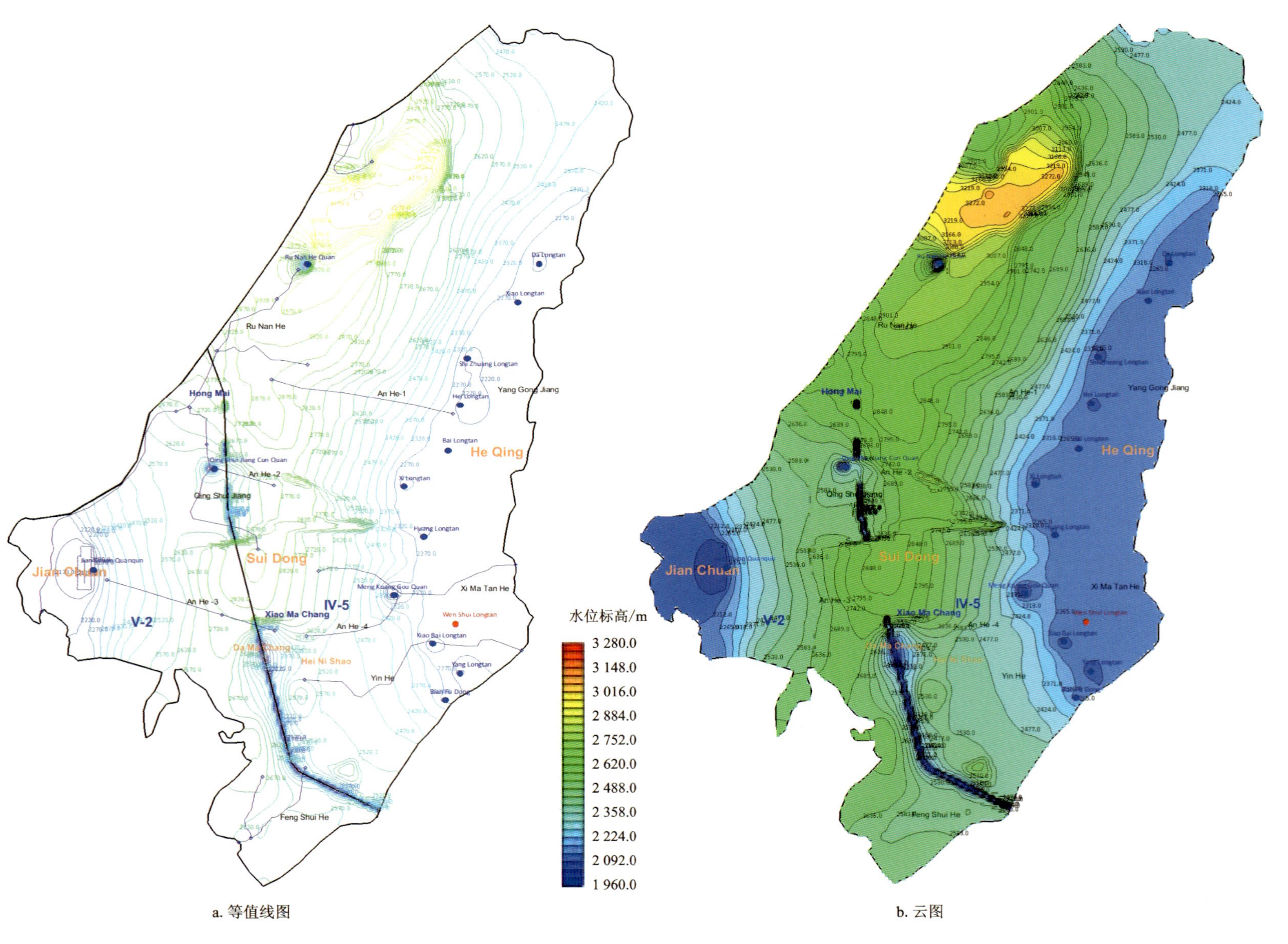

a. 等值线图

b. 云图

图7-42　中尺度模型防渗工况4开挖后地下水位等值线图

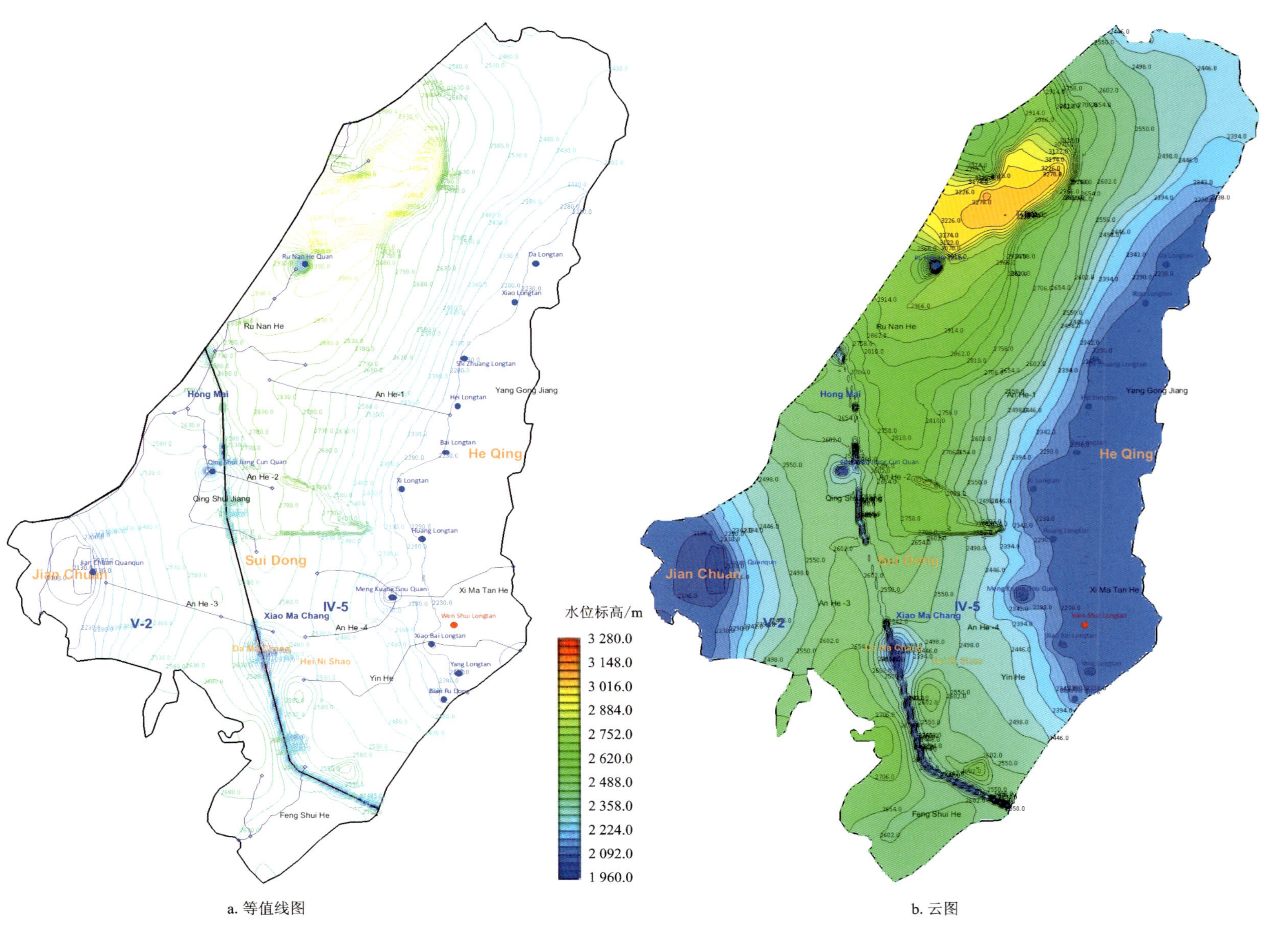

a. 等值线图

b. 云图

图7-43　中尺度模型防渗工况5开挖后地下水位等值线图

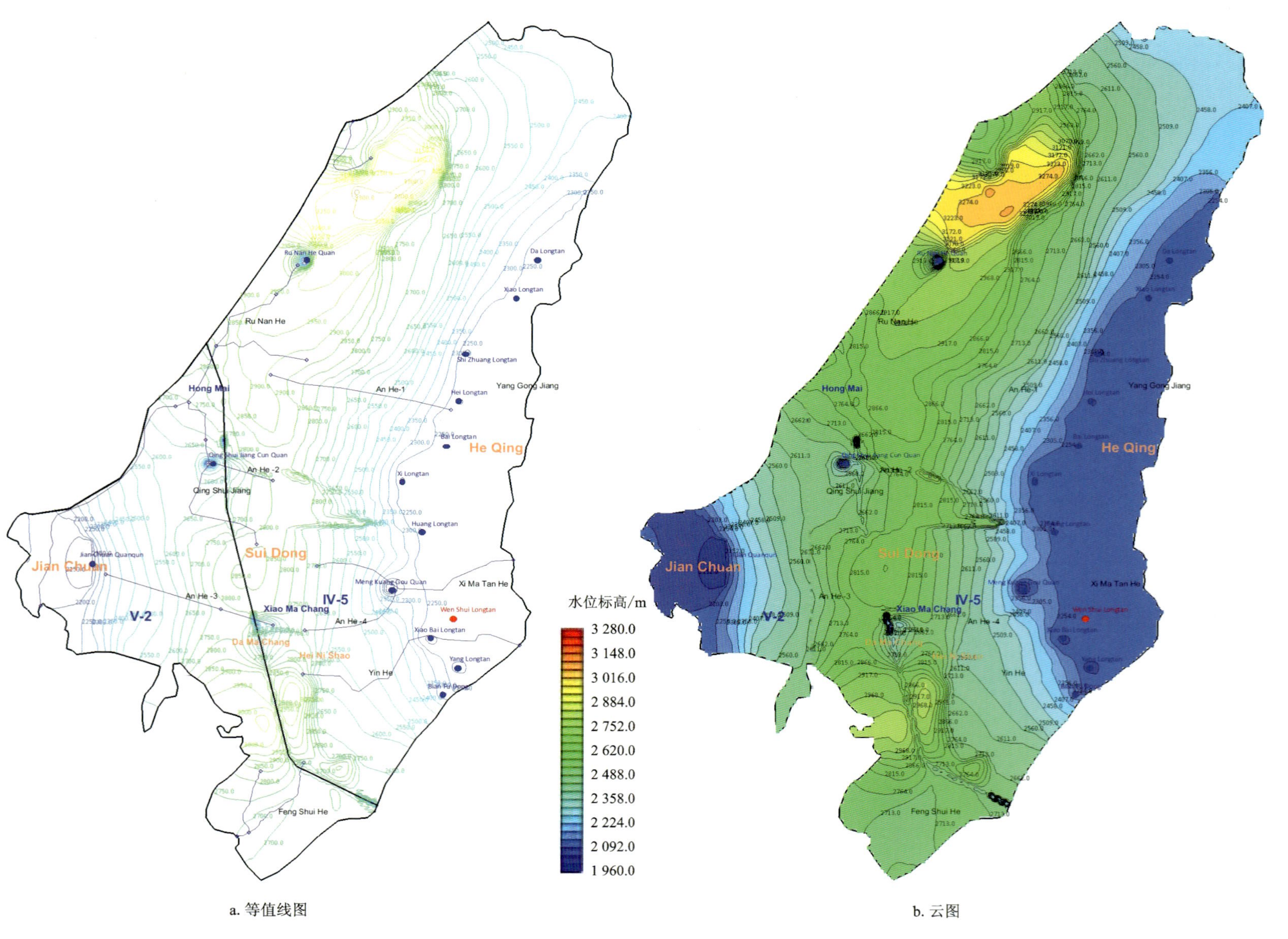

图7-44　中尺度模型防渗工况6开挖后地下水位等值线图

五、隧洞区Ⅳ-5和Ⅴ-2岩溶水子系统小尺度模型模拟

1. 模型概况

1)水文地质模型

小尺度模型中隧洞段全长18.0km,穿越了鹤庆西山岩溶水系统的Ⅳ-5和清水江-剑川岩溶水系统的Ⅴ-2子系统,且邻近Ⅳ-6子系统。模型的范围包括隧洞所经过的区域以及与隧洞相关的岩溶水系统的水文地质边界所包括的区域。

工作区面积341.48km²,区域内地下水包括3个岩溶水系统的子系统。地下水主要赋存于灰岩和局部的第四系中,导水通道主要为导水性断层和岩溶管道。浅层水的补给来源主要为降水,开采、蒸发、泉为主要的排泄途径。深层水补给主要来自上层下渗、区域地下水的循环,开采、泉和侧向排泄为主要排泄途径。区域内的断层、天窗使得上下含水层相互串通,成为统一的混合含水层。将工作区地下水水流系统概化为非均值各向异性三维流动系统。

模型以F_{11-3}丽江-剑川断裂、黄蜂厂-清水江断裂以及汝南哨断裂为隔水边界,其余边界的设置与大、中尺度模型一致。

2)数值模型

地下水数值模型采用GMS10.2软件进行数值离散。区域在X方向上长度为33 670.6m,在Y方向上长度为26 495.3m,在Z方向上长度为1800m。由于本研究是区域模拟,因此将模拟区域水平网格设置为300,Y方向网格设置为200。据钻孔三维地质可视化模型获得的地层岩性,模拟区域在垂向上共分为10层。其中第八层厚度设置为35m,模拟隧洞所在层位,该层标高为2000~2035m,其他层位Z方向上的标高根据顶板平均标高确定。模拟区域剖分图如图7-45所示。模型有效单位共229 360个,有效节点共665 511个。

3)模型识别校正

(1)模型识别。

通过适当调整模型参数,使拟合孔的实际水位与计算水位相吻合。本区域内观测孔的拟合结果见图7-46。

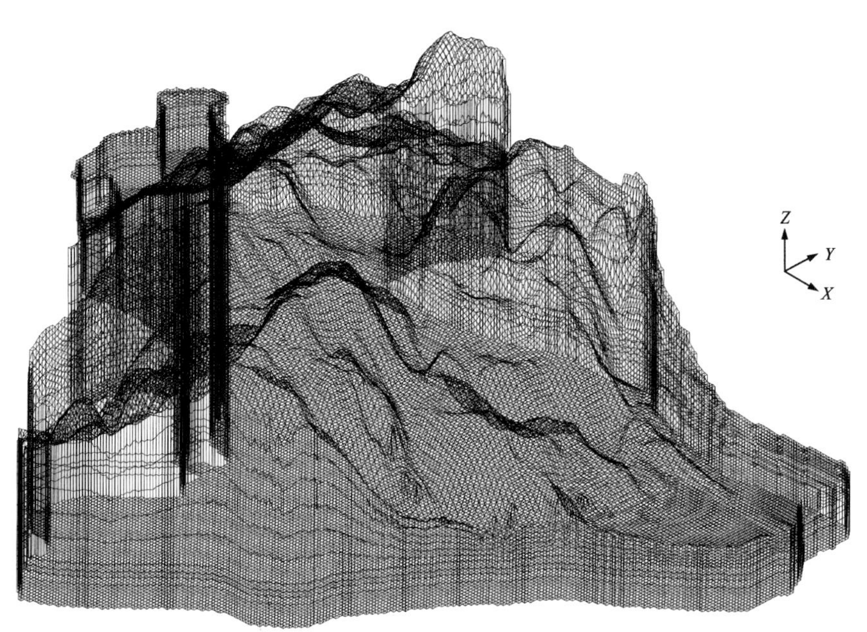

a. 网格剖分-垂直方向放大了5倍

b.岩性三维分区

图 7-45　评价区网格剖分示意图

因为丰水期的水位观测值相对较少，因此选择枯水期的水位情况作为拟合依据。根据拟合结果可知，水位计算误差小于 10m，可满足计算要求。

(2)模型识别结果。

经校正后的小尺度模型的枯水期和丰水期水位等值线图如图 7-47 和图 7-48 所示。

通过比较可知，小尺度模型的区域地下水流系统基本上与实测水位分布对应，区域地下水的分水岭也基本与分析一致。丰水期与枯水期的不同之处在于，丰水期的整体水位要比枯水期高几十米。

此外，本阶段考虑了地表河流，包括汝南河、清水江、黑惠江区内段、南深河、花椒箐沟和南部的两条河流。地表河流和地下水之间的关系密切，大部分表现为地下水补给地表水。

将区内已探明的主要暗河——黑龙潭暗河、剑川泉群暗河、清水江暗河和鹤庆西山暗河设置为河流边界。地下水在暗河中的流线较为密集，地下水由暗河传输时流速较快。

2. 不同工况下隧洞涌水量及主要泉点影响程度

为了与大尺度模型的计算结果进行对比，小尺度模型的工况设置采用了大尺度模型的方案，即枯水期和丰水期各设置以下 5 种工况：工况 1——裸洞不灌浆；工况 2——部分洞段普通灌浆，对应灌浆圈渗透系数为 1×10^{-5}cm/s；工况 3——部分洞段二次灌浆，对应灌浆圈渗透系数分别为 5×10^{-6}cm/s(磨细水泥灌浆)和 1×10^{-6}cm/s(化学灌浆)；工况 4——全洞段磨细水泥灌浆，对应灌浆圈渗透系数为 5×10^{-6}cm/s；工况 5——全洞段化学灌浆，对应灌浆圈渗透系数为 1×10^{-6}cm/s。对于工况 1～3，灌浆方案优先选用普通灌浆，当灌浆后单位涌水量仍大于 $3m^3/(d\cdot m)$时，改用化学灌浆或磨细水泥灌浆，初拟对普通灌浆后涌水量大于 $5m^3/(d\cdot m)$的洞段修改为化学灌浆，对普通灌浆后单位涌水量为 3～$5m^3/(d\cdot m)$的洞段修改为磨细水泥灌浆。

本节将预测不同工况下枯水期和丰水期的隧洞涌水量和主要泉点影响程度。

1)不同工况隧洞涌水量预测

由预测结果可知，小尺度模型的涌水量的特征和对地下水水位的影响与大尺度模型较为一致，这说明模型尺度的大小并未改变涌水量及地下水水位等值线的特征。由于小尺度模型涉及的参数较大尺度模型小，模型更易达到整体收敛，且运算速度大幅提升，可以为下一周期更为精细化、快速化的模型搭建提供基础资料。

由结果可知，在工况 1 裸洞施工条件下，隧洞施工造成的涌水量最大，涌水量较大的段位为灰岩段位，属于鹤庆-西山岩溶水系统，最大单位涌水量为 21.72 $m^3/(d \cdot m)$（枯水期）和 29.17 $m^3/(d \cdot m)$（丰水期）。其次是断层影响带和玄武岩段，涌水量最小的是弱透水围岩段位。

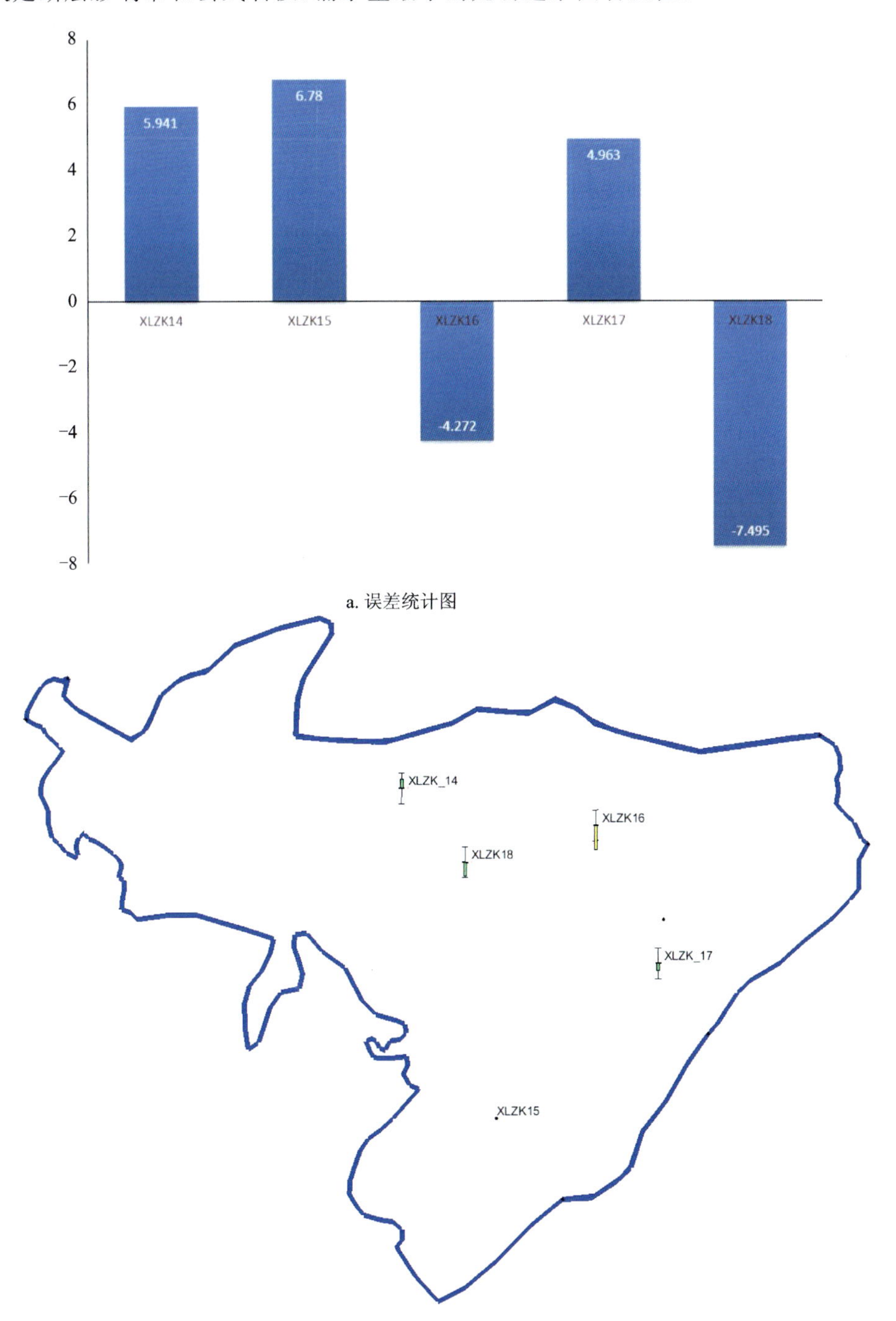

图 7-46　研究区枯水期水位拟合误差图

由开挖后的水位等值线图可知，水位下降最大的段位亦出现在断层带和灰岩区域，在隧洞上方的两边形成了较为密集的地下水等值线，说明在隧洞四周形成了较大的降落漏洞。

工况 2 和工况 3 将涌水量较大段位（断层带和灰岩区域）的围岩进行了灌浆，使渗透系数减小至 1×10^{-5}cm/s、5×10^{-6}cm/s 或 1×10^{-6}cm/s 后，隧洞的施工开挖对地下水流场所造成的影响与工况 1

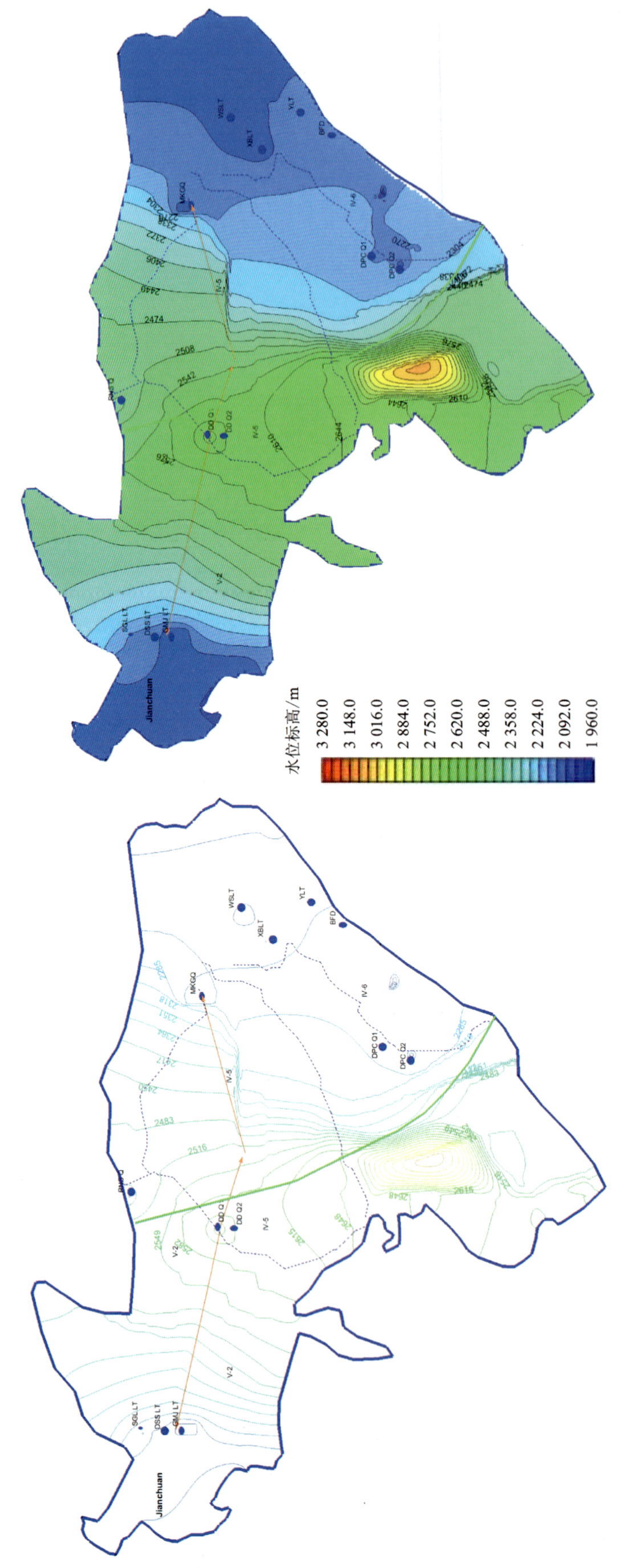

图7-47　小尺度地下水水位等值线图(枯水期)

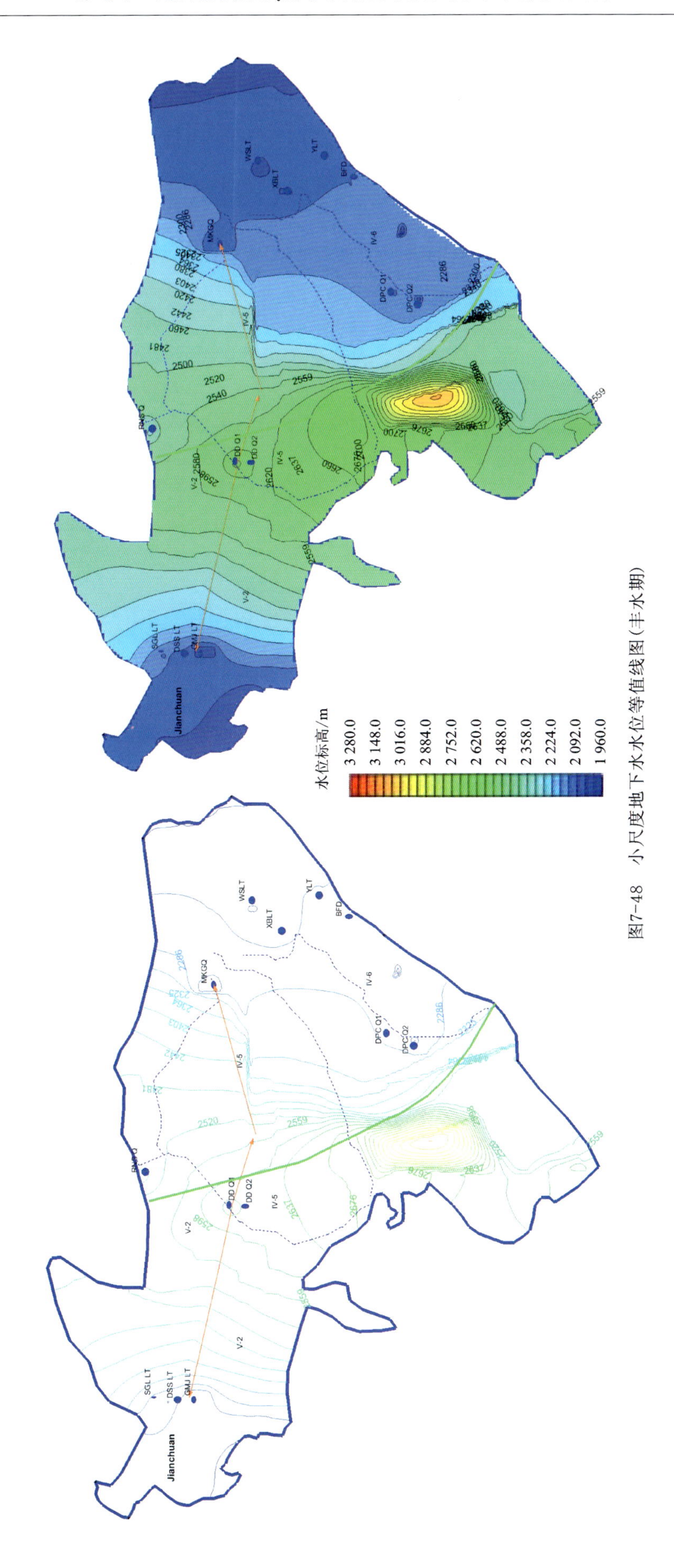

图7-48　小尺度地下水水位等值线图(丰水期)

类似，只是总涌水量有所降低。在灌浆段位，特别是化学灌浆段位，降落漏斗明显减小。

此外，与中、大尺度模型的预测结果一致的是，在全段位化学灌浆后，涌水量和地下水影响随着围岩渗透系数的降低而减小，但对地下水渗流场的影响甚微。不同工况下的隧洞涌水量预测结果可见表 7-23。

2)不同工况下主要泉点影响程度

在小尺度模型的基础上，利用区内已监测的泉流量数据（共 13 个泉点）对模型的参数进行了拟合与识别，不同工况下主要泉点影响程度见表 7-24 和图 7-49。

与涌水量预测结果相似，小尺度模型的预测结果与大尺度模型较为一致。但是小尺度模型对流量较小的泉点（如汝南哨泉）的拟合精度较高。裸洞施工工况下，对距离隧洞较近的泉点影响较大，但不会疏干区域内的泉点，影响最大的泉点为汝南哨泉，影响程度约为 35%。由于隧洞基本沿鹤庆西山岩溶水系统的Ⅳ-5 和清水江-剑川岩溶水系统的Ⅴ-2 子系统的分水岭布置，隧洞开挖对两个子系统的岩溶泉影响一般，对鹤庆西山泉群的影响程度约为 20%，对于其他泉点影响较小。

普通灌浆工况下，对各泉点的影响有所减小，对汝南哨泉的影响约为 20%，对鹤庆西山泉群的影响约为 10%，对其他区域的泉点影响较小，均低于 10%。在二次灌浆工况下，对各泉点影响继续减小，对各泉点的影响均减小至 10%以下。在全洞段灌浆后，泉流量的影响有所减小，最大影响泉点为枯水期的汝南哨泉（减小 7.33%），其余泉点影响甚小。因此建议在局部敏感泉点影响较大段位先灌浆后施工。

六、隧洞渗控方式推荐

为了定量评价隧洞施工对周边地下水环境的影响程度及模拟防渗措施的效果，对香炉山隧洞进行了全洞段大尺度渗控数值模拟，对地下水环境影响较大的 F_{11} 断层以南段进行了中尺度隧洞渗控模拟，对重要地下水环境敏感段Ⅳ-5 和Ⅴ-2 岩溶水系统进行了小尺度隧洞渗控模拟。模拟了多种渗控措施下的施工工况，主要包括以下 5 种：工况 1——天然裸洞；工况 2——部分灌浆，对裸洞涌水量 $q>3m^3/(d\cdot m)$ 洞段实施普通灌浆，灌浆标准 1×10^{-5}cm/s；工况 3——二次灌浆，对普通灌浆后涌水量 $q=3\sim5m^3/(d\cdot m)$ 洞段修改为磨细水泥灌浆，灌浆标准 5×10^{-6}cm/s，对普通灌浆后涌水量 $q>5m^3/(d\cdot m)$ 洞段修改为化学灌浆，灌浆标准 1×10^{-6}cm/s)；工况 4——全洞段磨细水泥灌浆，对应灌浆圈渗透系数 5×10^{-6}cm/s；工况 5——全洞段化学灌浆，对应灌浆圈渗透系数 1×10^{-6}cm/s。

通过大、中、小尺度不同工况下的隧洞渗控数值模拟分析，对香炉山隧洞单宽流量大于 $3m^3/(d\cdot m)$ 洞段采取工况三灌浆防渗处理后，各支洞口抽排量明显减小，均小于 $0.3m^3/s$，仅 7[#] 支洞抽排水量为 $0.492\ m^3/s$，基本符合抽排量小于或接近于 $0.3m^3/s$ 的控制目标。

在天然裸洞施工工况下，5[#] 施工支洞以南区域地下水枯水期总径流量变幅占比 14.93%。在普通灌浆（工况 2）后，地下水径流量变幅占比 9.22%，二次灌浆（工况 3）后，径流量变幅占比2.95%，符合隧洞渗涌水量不超过该区域地下水径流量 10%的控制目标。

香炉山隧洞施工期影响最为显著的泉点主要有黄龙潭、西龙潭、黑龙潭、东山寺龙潭、水鼓楼龙潭、蝙蝠洞、大场泉、清水江村泉、清水江源泉、汝南哨泉、石鼓大龙潭等。在裸洞施工工况下，枯水期对以上泉点的影响均大于 10%。在二次灌浆后（工况 3），部分泉点枯水期的影响程度已小于 5%。但由于部分泉点出露高程较高，且距离洞线很近，仍受到较大的影响（大于 20%），如大场泉、清水江村泉、清水江源泉、汝南哨泉、石鼓大龙潭等。

综上所述，对香炉山隧洞的防渗控制推荐采用部分灌浆后二次灌浆模式，即工况 3——对裸洞涌水量 $q>3m^3/(d\cdot m)$ 洞段实施普通灌浆，灌浆标准 1×10^{-5}cm/s。对普通灌浆后涌水量 $q=3\sim5m^3/(d\cdot m)$ 洞段修改为磨细水泥灌浆，灌浆标准 5×10^{-6}cm/s，对普通灌浆后涌水量 $q>5m^3/(d\cdot m)$ 洞段修改为化学灌浆，灌浆标准 1×10^{-6}cm/s。针对部分泉点出露高程较高，且距离洞线很近，影响程度仍大于 15%的洞段，建议必要时采用化学灌浆。

表 7-23　不同工况下的隧洞涌水量预测(小尺度)

序号	地层	岩性	隧洞长度/m	单位长度涌水量/($m^3 \cdot d^{-1} \cdot m^{-1}$)													
				裸洞不灌浆		普通灌浆				二次灌浆				全洞段磨细水泥灌浆		全洞段化学灌浆	
				枯水期	丰水期	是否灌浆	枯水期	是否灌浆	丰水期	灌浆类型	枯水期	灌浆类型	丰水期	枯水期	丰水期	枯水期	丰水期
1	T_3z	清水江-剑川岩溶水系统(灰岩、泥灰岩)	516	14.32	19.36	√	9.77	√	13.31	化学灌浆	0.50	化学灌浆	0.69	9.77	13.31	0.50	0.69
2	T_2b^2	清水江-剑川岩溶水系统(灰岩)	1923	14.11	18.33	√	8.00	√	10.46	化学灌浆	0.52	化学灌浆	0.71	8.00	10.45	0.52	0.71
3	T_2b^2	鹤庆-西山岩溶水系统(灰岩)	1391	21.72	29.17	√	8.41	√	11.42	化学灌浆	0.57	化学灌浆	0.78	8.41	11.41	0.57	0.78
4	断裂带	断裂破碎带 $F_{Ⅱ-35}$	44	11.88	15.96	√	6.12	√	8.31	化学灌浆	0.63	化学灌浆	0.86	6.12	8.31	0.63	0.86
5	T_2b^2、T_2b^{1-2}	鹤庆-西山岩溶水系统(灰岩)	774	14.94	19.85	√	7.97	√	10.80	化学灌浆	0.56	化学灌浆	0.78	7.97	10.79	0.57	0.78
6	T_2b^{1-1}、T_1q、P_2h	砂、泥岩与灰岩互层	482	2.58	3.64	×	2.58	√	1.75	×	2.58	×	0.79	2.65	3.74	0.56	0.80
7	断裂带	青石崖断裂 $F_{Ⅱ-9(1)}$	48	9.78	13.66	√	5.14	√	7.26	化学灌浆	0.54	化学灌浆	0.78	5.14	7.24	0.55	0.78
8	$P\beta$	玄武岩(断裂影响带)	442	4.94	6.15	√	3.32	√	4.25	磨细水泥	0.52	磨细水泥	0.73	3.32	4.23	0.52	0.73
9	断裂带	青石崖断裂 $F_{Ⅱ-9(2)}$、$F_{Ⅱ-9(3)}$及影响带	490	4.02	4.83	√	3.00	√	3.78	磨细水泥	0.52	磨细水泥	0.74	3.00	3.76	0.54	0.76
10	$P\beta$	玄武岩	2290	3.26	4.08	√	2.00	√	2.67	×	2.00	×	2.67	2.00	2.65	0.55	0.80
11	断裂带	下马塘-黑泥哨断裂 $F_{Ⅱ-32(1)}$影响带	171	4.49	5.50	√	1.85	√	2.69	×	1.85	×	2.71	1.85	2.42	0.57	0.82
12	$P\beta$	玄武岩	2767	2.52	3.16	×	2.52	√	2.23	×	2.52	×	2.23	2.60	3.26	0.52	0.75
13	断裂带	下马塘-黑泥哨断裂 $F_{Ⅱ-32(2)}$影响带	220	3.33	3.87	√	1.17	√	1.68	×	1.17	×	1.68	1.17	1.55	0.39	0.55
14	$P\beta$	玄武岩	2830	2.05	2.65	×	2.05	×	2.65	×	2.05	×	2.65	2.11	2.71	0.36	0.52
15	断裂带	断裂破碎带 $F_{Ⅱ-37}$	90	4.70	6.04	√	1.75	√	2.34	×	1.77	×	2.34	1.75	2.33	0.36	0.55
16	T_1q、P_2h	砂岩、泥岩	1954	1.76	1.88	×	1.76	×	1.88	×	1.76	×	1.88	1.84	2.08	0.33	0.44
17	$P\beta$	玄武岩	460	2.25	2.39	×	2.25	×	2.39	×	2.25	×	2.39	2.52	2.71	0.33	0.41
18	断裂带	鹤庆-洱源断裂 F_{12}及影响带	270	5.85	5.88	√	1.61	√	1.87	×	1.66	×	1.87	1.61	1.87	0.35	0.45
19	T_2b^2	灰岩	775.2	8.45	8.51	√	5.92	√	6.46	化学灌浆	0.33	化学灌浆	0.40	3.15	3.65	0.35	0.43

表 7-24　不同工况下隧洞排水对主要泉点影响程度

序号	泉点名称	出露高程/m	与线路最短距离/km	裸洞		普通灌浆		二次灌浆		磨细水泥灌浆		化学灌浆	
				枯水期	丰水期	枯水期	丰水期	枯水期	丰水期	枯水期	丰水期	枯水期	丰水期
1	汝南哨泉	3020	东侧 1.4	32.41%	35.29%	20.32%	21.97%	6.87%	7.52%	20.32%	22.23%	6.50%	7.33%
2	东甸泉 1	3240	西侧 0.97	6.49%	6.89%	3.63%	3.67%	1.01%	1.16%	2.74%	2.41%	1.13%	0.73%
3	东甸泉 2	3243	西侧 1.14	4.99%	5.56%	3.16%	3.19%	0.91%	0.90%	2.36%	2.07%	0.97%	0.63%
4	东坡村泉 1	3060	东北侧 4.8	19.18%	23.69%	13.68%	15.79%	1.27%	3.10%	8.68%	13.03%	2.11%	2.61%
5	东坡村泉 2	2860	东北侧 4.37	14.24%	13.25%	10.72%	10.43%	1.97%	2.82%	7.55%	10.65%	1.83%	2.27%
6	水鼓楼龙潭	2240	西侧 7.68	28.00%	26.20%	17.20%	17.00%	7.40%	7.80%	10.74%	11.54%	5.47%	5.64%
7	东山寺龙潭	2240	西侧 7.87	22.08%	20.59%	14.15%	13.46%	6.33%	6.56%	8.85%	9.19%	4.57%	4.57%
8	各门江龙潭	2240	西侧 7.15	9.80%	10.20%	6.80%	7.00%	3.40%	3.80%	4.34%	4.78%	2.28%	2.40%
9	锰矿沟黑龙潭	2365	东侧 8.45	7.28%	6.72%	3.36%	4.06%	1.82%	1.96%	2.36%	2.70%	0.05%	0.64%
10	温水龙潭	2229	东侧 11.3	1.47%	1.25%	0.91%	0.88%	0.63%	0.59%	0.76%	0.63%	0.30%	0.20%
11	小白龙潭	2285	东侧 9.5	3.29%	1.67%	2.00%	2.80%	1.41%	1.53%	1.55%	1.28%	0.35%	0.14%
12	羊龙潭	2259	东侧 10.5	7.49%	7.20%	7.78%	4.03%	4.03%	5.18%	4.97%	3.44%	1.53%	0.48%
13	蝙蝠洞	2254	东侧 9.0	16.14%	16.55%	7.93%	7.52%	1.09%	2.46%	5.96%	6.95%	1.06%	0.60%

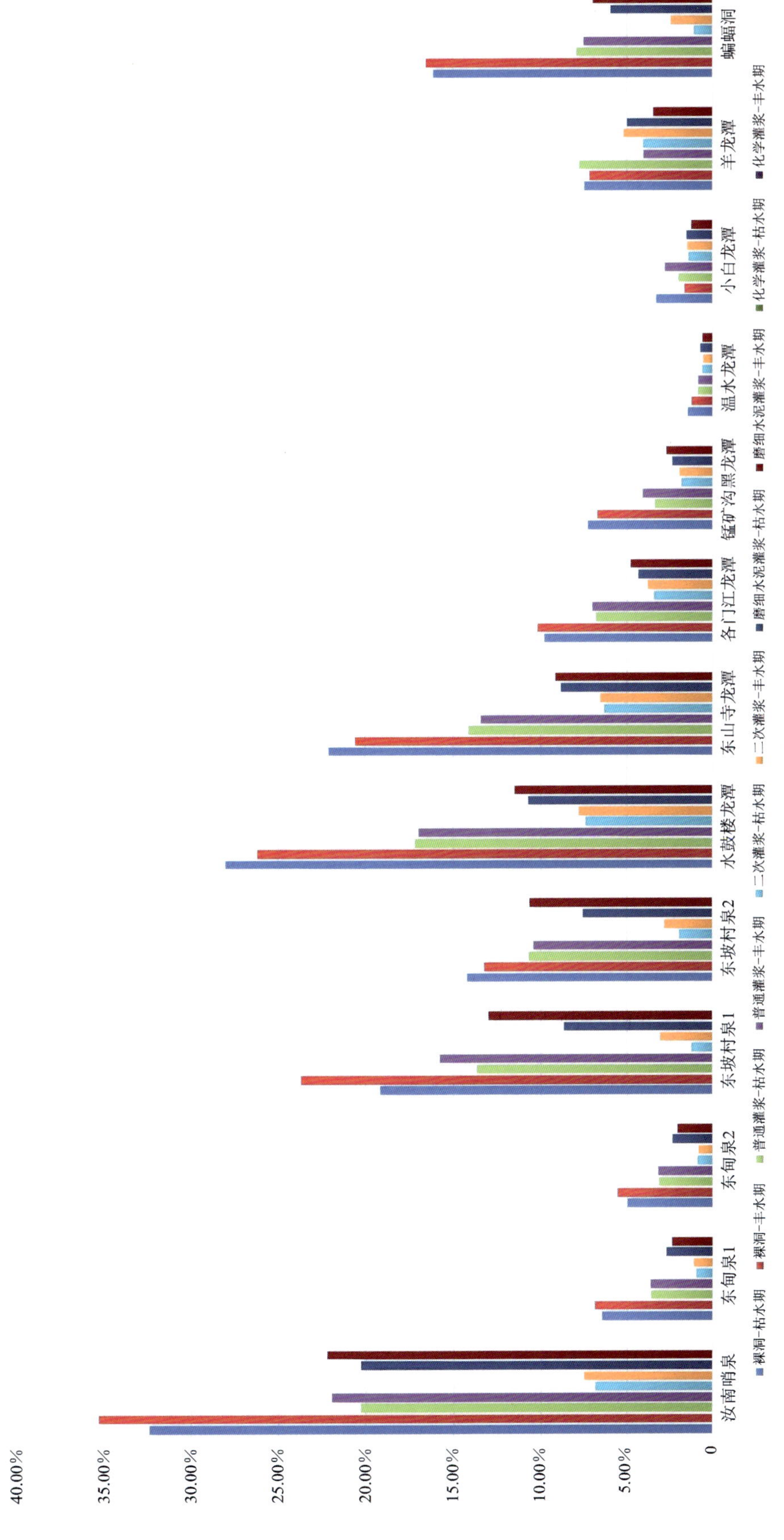

图7-49　不同工况下隧洞排水对主要泉点影响程度统计

第四节　高外水压力问题研究

一、预测方法及参数取值

高外水压力目前未有统一界定，根据相关规程规范和国内外类似工程经验，把外水压力大于1.00MPa暂定为高外水压力。

在隧洞外水压力预测勘察期，通常采用压力水头折减系数法，即根据隧洞区地下水位埋深情况确定的隧洞外水压力水头与根据各隧洞地层岩性透水特性确定的外水压力折减系数的乘积作为外水压力预测值，施工期可采取现场实测校核。外水压力折减系数取值主要依据《水利水电工程地质勘察规范》(GB50487—2008)，根据岩体透水率确定的外水压力折减系数经验值见表7-25，根据洞室地下水活动状态确定的外水压力折减系数经验值见表7-26，按岩溶发育程度确定的外水压力折减系数经验值见表7-27。

表7-25　按岩体透水率确定的外水压力折减系数经验值

岩土体渗透性等级	渗透系数 $K/(cm\cdot s^{-1})$	透水率 q/Lu	外水压力折减系数 β_e
极微透水	$K<10^{-6}$	$q<0.1$	$0\leqslant\beta_e<0.1$
微透水	$10^{-6}\leqslant K<10^{-5}$	$0.1\leqslant q<1$	$0.1\leqslant\beta_e<0.2$
弱透水	$10^{-5}\leqslant K<10^{-4}$	$1\leqslant q<10$	$0.2\leqslant\beta_e<0.4$
中等透水	$10^{-4}\leqslant K<10^{-2}$	$10\leqslant q<100$	$0.4\leqslant\beta_e<0.8$
强透水	$10^{-2}\leqslant K<1$	$q\geqslant100$	$0.8\leqslant\beta_e\leqslant1$
极强透水	$K\geqslant1$		

表7-26　按洞室地下水活动状态确定的外水压力折减系数经验值

级别	地下水活动状态	地下水对围岩稳定的影响	外水压力折减系数 β_e
1	洞壁干燥或潮湿	无影响	0.00～0.20
2	沿结构面有渗水或滴水	软化结构面的充填物质，降低结构面的抗剪强度，软化软弱岩体	0.10～0.40
3	严重滴水，沿软弱结构面有大量滴水、线状流水或喷水	泥化软弱结构面的充填物质，降低其抗剪强度，对中硬岩体发生软化作用	0.25～0.60
4	严重滴水，沿软弱结构面有少量涌水	地下水冲刷结构面中的充填物质，加速岩体风化，并使其膨胀崩解及产生机械管涌，有渗透压力，能鼓开较薄的软弱层	0.40～0.80
5	严重股状流水，断层等软弱带有大量涌水	地下水冲刷带出结构面中的充填物质，分离岩体，有渗透压力，能鼓开一定厚度的断层等软弱带，并导致围岩塌方	0.65～1.00

注：本表引自《水工隧洞设计规范》(SL 279—2016)。

表 7-27　按岩溶发育程度确定的外水压力折减系数经验值(彭土标,2011)

岩溶发育程度	弱岩溶发育区	中等岩溶发育区	强岩溶发育区
外水压力折减系数 β	0.1～0.3	0.3～0.5	0.5～1.0

二、高外水压力预测

香炉山隧洞可溶岩洞段地下水以岩溶裂隙水为主,含少量岩溶管道水,非可溶岩洞段地下水以基岩裂隙水为主。沿线地下水埋深数十米至 400 余米,局部地段具承压性,隧洞深埋段地下水水头一般 300～500m,局部地下水水头达 700m 以上,最大达到 1343m。

按照上述方法及外水压力折减系数取值标准,依据钻孔实测和沿线地下水埋藏情况的分析,对香炉山隧洞高外压力情况进行了初步计算,香炉山隧洞有 28 段存在高外水压力,主要分布于向斜核部及北东向、近东西向及南北向断裂带洞段、深部灰岩及玄武岩洞段。据统计,隧洞存在高外水压力洞段累计长 29.940km,约占隧洞长的 47.83%,高外水压力量级一般 1.00～3.00MPa,最大值 3.76MPa。香炉山隧洞可能存在高外水压力(≥1.00MPa)的洞段统计见表 7-28。

表 7-28　香炉山隧洞外水压力洞段预测结果

序号	地层岩性与介质特征	段长/m	地下水水头/m		岩体透水率/Lu或岩溶发育情况	外水压力折减系数 β_e		外水压力/MPa	
1	F_9 区域性断裂	157	521	523	$5\leqslant q<10$	0.3	0.4	1.56	2.09
2	T_2^a 变质砂岩承压含水层	565	401	410	$3\leqslant q<8$	0.3	0.3	1.15～1.27	1.17～1.31
3	$F_{10\text{-}1}$、$F_{10\text{-}2}$ 区域性活动断裂	1156	276	363	$5\leqslant q<10$	0.3	0.4	0.83	1.45
4	$F_{10\text{-}3}$ 区域性活动断裂	40	509	509	$5\leqslant q<10$	0.3	0.4	1.53	2.04
5	$P\beta$ 玄武岩裂隙介质	6689	500	957	$1\leqslant q<5$	0.2	0.2	1.00	1.91
6	F_{11} 区域性活动断裂	1611	470	545	$5\leqslant q<10$	0.3	0.4	1.41	2.18
7	$N\beta+P\beta$ 玄武岩裂隙性介质	2199	472	503	$1\leqslant q<5$	0.2	0.3	0.94	1.51
8	$F_{\mathrm{II}\text{-}4}$ 石灰窑断裂	567	504	563	$5\leqslant q<10$	0.3	0.4	1.51	2.25
9	T_2b 灰岩	1397	563	616	岩溶弱发育	0.3	0.4	1.69	2.46
10	$P\beta$ 玄武岩裂隙介质	76	638	643	$1\leqslant q<5$	0.2	0.3	1.28	1.93
11	$F_{\mathrm{II}\text{-}5}$ 马场逆断裂	59	692	696	$5\leqslant q<10$	0.3	0.4	2.08	2.78
12	T_2b 灰岩—白云岩	806	696	721	岩溶弱发育	0.3	0.4	2.09	2.88
13	$P\beta$ 玄武岩裂隙介质	743	713	723	$1\leqslant q<5$	0.2	0.3	1.43	2.17
14	$N\beta$ 玄武岩裂隙介质	139	729	733	$1\leqslant q<5$	0.2	0.3	1.46	2.20
15	$F_{\mathrm{II}\text{-}7}$ 汝南哨断裂	1330	733	882	$5\leqslant q<10$	0.25	0.3	1.83	2.65
16	T_3z+T_2b 灰岩	1462	882	1008	岩溶弱发育	0.2	0.3	1.76	3.02
17	T_2b^2 灰岩	2037	820	914	岩溶弱发育	0.2	0.3	1.64	2.74
18	$F_{\mathrm{II}\text{-}35}$ 断裂	44	904	910	$5\leqslant q<10$	0.25	0.3	2.26	2.73
19	$F_{\mathrm{II}\text{-}9}$ 青石崖断裂组及影响带	979	744	864	$5\leqslant q<10$	0.25	0.3	1.86	2.59
20	$P\beta$ 玄武岩裂隙介质	2383	864	1116	$1\leqslant q<5$	0.1	0.2	0.86	2.23

表 7-28(续)

序号	地层岩性与介质特征	段长/m	地下水水头/m		岩体透水率/Lu或岩溶发育情况	外水压力折减系数 β_e		外水压力/MPa	
21	$F_{II\text{-}32(1)}$ 断裂	27	1116	1124	$5 \leqslant q < 10$	0.25	0.3	2.79	3.37
22	Pβ 玄武岩裂隙介质	3001	997	1200	$1 \leqslant q < 5$	0.1	0.2	1.00	2.40
23	$F_{II\text{-}32(2)}$ 断裂	139	1200	1208	$5 \leqslant q < 10$	0.25	0.3	3.00	3.62
24	Pβ 玄武岩裂隙介质	2016	1218	1296	$1 \leqslant q < 5$	0.1	0.2	1.22	2.59
25	$F_{II\text{-}37}$ 断裂	112	1236	1254	$5 \leqslant q < 10$	0.25	0.3	3.09	3.76
26	F_{12} 区域性活动断裂	204	911	918	$5 \leqslant q < 10$	0.25	0.3	2.28	2.75

第五节　工程应对措施与对策

一、涌水突泥与涌水量控制应对措施

1. 隧洞涌水突泥处理原则

涌水突泥已经成为目前隧洞主要灾害之一，严重影响隧洞施工及运营安全。输水线路隧洞穿越可溶岩地层、大的断层破碎带及向斜储水构造时，普遍存在涌水突泥灾害的可能。制定适宜的防治措施是隧洞施工过程中必须要面对和解决的问题。处理隧洞涌水情况时，主要根据各施工支洞特点、地下水赋存情况、施工工法等因素综合考虑，总体上采用“有疑必探，先探后掘，综合措施预报”和“以堵为主，限量排放，注重保护环境”的处理原则，采取主动措施，防患于未然，同时提前布置处理预案，以应不时之需。

(1)以预防为主，结合前期地勘资料，在施工期加强超前地质预报工作，在探明地下水赋存情况的基础上，分段采取针对性处理措施。

(2)对地下渗水采用“堵导结合，以堵为主”的原则进行处理。对穿越中、弱透水层可能出现较大涌水的洞段，在开挖前采取超前小导管注浆止水措施；对穿越断层带及预报有大涌水的洞段，在开挖前采取超前注浆止水措施；对开挖后有渗水的洞段，距离开挖面一定距离施作永久衬砌后，采取径向注浆措施进行封堵。

(3)对封堵后的少量渗水，在一定间距设置小、中、大型集水坑，用水泵逐级抽至洞外；对渗水量大的洞段，在开挖阶段参考煤矿系统设置水仓的排水方式。

(4)香炉山隧洞渗涌水的防治，必须坚持“以堵为主，限量排放”的原则，提出渗控措施，把工程对隧洞区地下水环境的影响控制在环境可接受的范围内。

2. 超前地质预报

超前预报的主要内容包括掌子面前方出现高压富水带或突然涌水段的位置、赋存形式、涌水量大小、水压大小等，以作为确定止水措施、隧道开挖方式的依据。

1)将超前地质预报纳入工序管理

香炉山隧洞地质条件复杂，为降低隧洞施工风险，隧洞开挖前的超前地质预报工作十分必要(图 7-50)。将超前地质预报纳入施工工序，做到先探测后施工，不探测不施工。

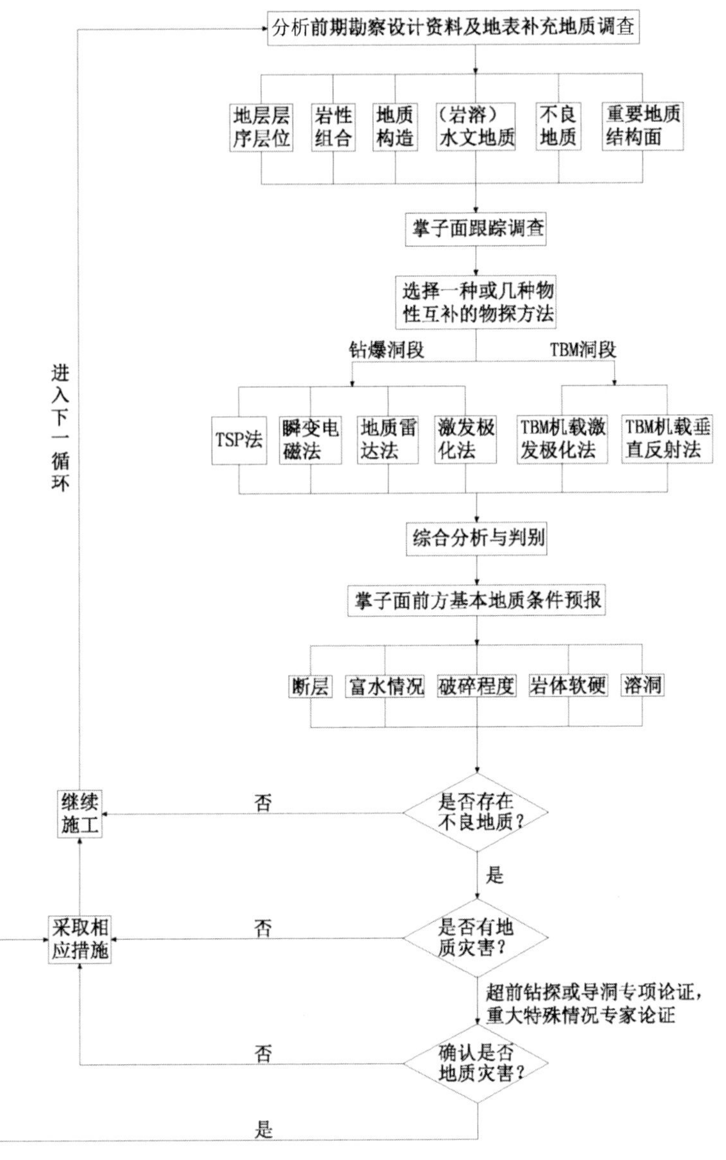

图 7-50 隧洞地质超前预报流程简图

2)超前地质预报方法

超前地质预报方法有地质分析法、超前钻探法（超长炮孔、超前钻探）、超前导洞法、物探法（TSP法、瞬变电磁法、激发极化法、地质雷达法）等。

上述方法中，地质分析法是基础；超前钻探法最为直观；TSP法是隧道超前地质预报应用最早最广泛的地球物理方法；地质雷达法可用于30m短距离探测；瞬变电磁法的探测距离可达80m；激发极化法对储水体及水量探测效果较好。

在钻爆法施工洞段，上述方法都可使用；在TBM施工洞段，主要采用地质分析法、TBM机载垂直反射法（地震法）、TBM机载激发极化法（电法）和超前钻探法，结合TBM掘进参数和渣料性状鉴定进行超前地质预报，局部困难地段也不排除超前导洞法。

通过采取上述超前地质预报手段，在掘进前掌握掌子面前方地下水的里程、赋存形式、水量、水压、水力联系等信息，以便提前采取相应的处理措施。掘进至预估涌水带前30～50m时，对掌子面前方进行重点探测预报。

3. 隧洞涌水量控制措施

香炉山隧洞目前已开展了大量的勘察工作和岩溶水文地质研究。随着研究工作的逐渐深入，对线路方案不断进行优化调整，使调整后的线路尽量从弱岩溶化或非岩溶化岩体中穿过。但是由于研究区构造、岩溶水文地质条件极其复杂，部分线路段仍然不能完全避开岩溶地层，隧洞在施工期穿越鹤庆西山岩溶地段时，仍可能遭遇高外水压力条件下沿裂隙的涌突水，须采取必要的封水和排水处理措施。

1)超前注浆

在围岩富水段、断裂带等洞段，应进行超前预注浆处理，使浆液扩散到注浆范围内的岩石裂隙及其他通道中，注浆钻孔的设计中不得出现注浆盲区，从而加固围岩形成止水帷幕。处理后地下水将不会产生大量渗漏，形成的承压作用在隧洞围岩安全距离以外。开挖过程中，对出水量进行监测，注浆效果达到预定要求后方可继续开挖。

钻爆段隧洞超前注浆范围为洞径外侧 6.0m 左右，钻孔直径 100mm。以隧洞轴线为中心线呈放射状布置注浆孔，每循环注浆长度 30m 左右，循环搭接长度约 5m，开孔间距 0.4～0.8m（涌水量大时取小值，涌水量小时取大值）。在初始掌子面设置一道厚 2.0m 左右的混凝土止浆墙。根据地层的裂隙发育程度，选择普通水泥浆或水泥浆—水玻璃等作为注浆浆液。注浆顺序为由内圈孔至圈外、由上至下，同一环孔间隔施作。灌浆压力及浆液浓度根据现场试验确定。钻爆段超前注浆典型示意图见图 7-51。

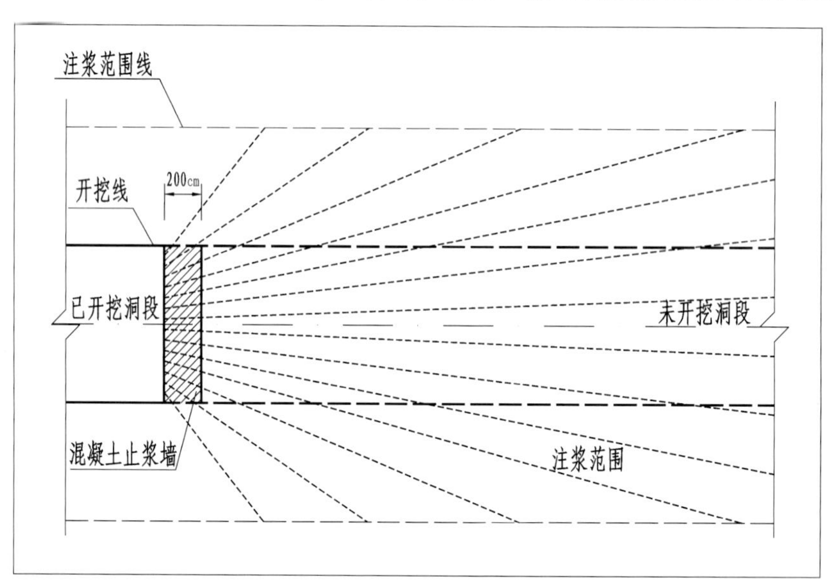

图 7-51 钻爆段超前注浆典型示意图

对于 TBM 施工段，一般结合围岩加固进行水流控制。由于 TBM 施工段掌子面作业空间条件不如钻爆段，超前注浆孔以布置周圈孔为主，视情况局部布置掌子面正面孔。通过护盾预留孔，采用多功能液压钻进行钻孔，钻孔外偏角 6°～10°，为加快钻孔进度，以钻 65mm 的孔为主（满足止浆塞安设需要即可）。视需要布置 1～2 圈孔，钻孔至掌子面前方约 40m，钻孔灌浆段为掌子面前方 8m 至孔底范围。每循环预处理后 TBM 掘进约 19m，机头正好置于加固效果最好的搭接注浆段，然后进行下一循环注浆。TBM 段超前注浆典型示意图见图 7-52。

2)径向封堵注浆

隧洞开挖后，全面检查、监测隧洞渗漏情况，对渗漏量大的部位及时跟进二次衬砌，衬砌后对围岩进行固结灌浆，对渗水严重的部位可加密固结灌浆孔布置，以控制渗水。

主要处理措施是用灌浆对隧洞周边进行固结封闭，将地下水封堵在 1～1.5 倍洞径距离的隧洞围岩以外，灌浆范围应达到隧洞周边 10m 左右，处理后地下水将不会产生大量渗漏，可能形成的承压作用在

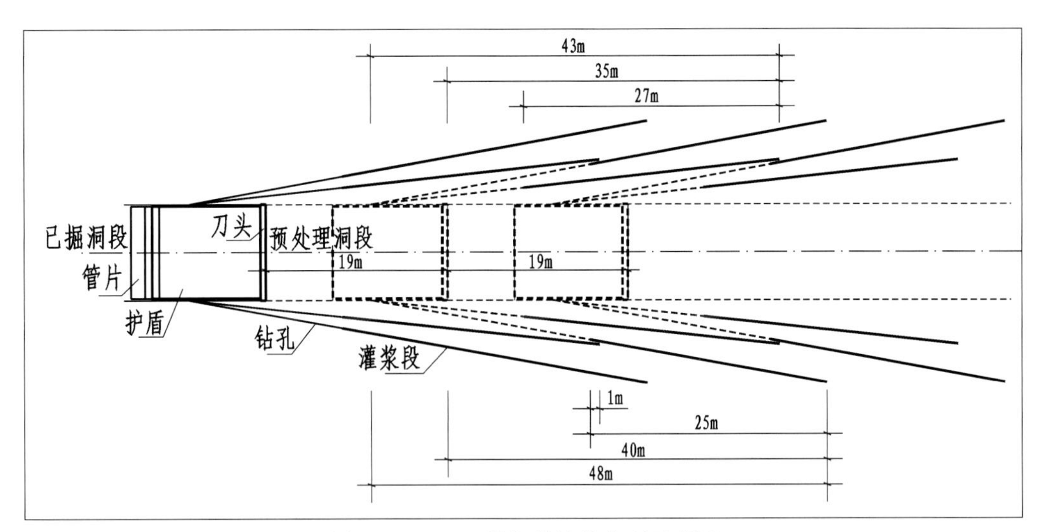

图 7-52　TBM 段超前注浆典型示意图

隧洞围岩安全距离以外。采取此种措施后，隧洞穿越区的地下水位与流场跟自然状态相比变化不大，对周边地下水环境不会产生大的影响。

灌浆的材料主要有普通水泥、超细水泥和化学灌浆。根据现场渗漏情况，选择灌浆材料。对于一般渗漏量[小于 5.0m^3/(d·m)]的洞段可以采用普通水泥或超细水泥一次灌浆，对于渗漏量很大的洞段宜适当提高封堵标准，先采用普通水泥灌浆，再进行化学材料二次灌浆。

3)施工期排水

隧洞施工中的排水对象主要是施工中产生的污水和地下渗水或涌水，大量的排水主要发生在开挖支护阶段。隧洞上坡向施工时，洞内水可顺坡自然排出或排水相对容易；隧洞下坡向施工时，洞内水无法自然排出，必须采取强制排水措施。

洞内排水系统一般由集水坑、集水井、集水仓、排水沟、排水管、水泵及供电系统等组成。洞线长、高差大时，一般作多级接力排水。

香炉山隧洞施工期排水需考虑正常情况下的施工排水及突涌水情况下的应急排水。对于一般的渗水洞段，采用常规的抽排水或自流方式就能确保隧洞的正常施工，但对于水量大的涌突水洞段，需采用超前预注浆止水措施后再开挖，同时备有大功率的水泵，在紧急情况下抽排。

施工排水设计主要根据各施工洞段地下水情况，顺坡、反坡施工等因素综合考虑，并遵循以下原则。

(1)严格按照拟定的排水上限进行施工排水管理，排水能力建设要适当留有余地。

(2)对已揭露的有大量涌水的洞段采取灌浆止水措施，对预报有大量涌水的洞段作预排放或预灌浆止水处理，以减小排水系统规模。

(3)每个独立施工段设置独立排水系统。

(4)在不同施工阶段，尽量利用顺坡自然排水，以降低排水费用。

(5)在中等岩溶化地层、弱岩溶地层、裂隙性中等透水地层、隔水层等洞段，在一定间距设置小、中、大型集水坑，用水泵逐级抽至洞外。

(6)在强烈岩溶化地层，参考煤矿系统设置水仓的排水方式。

(7)在施工支洞与主洞交叉处，设置井底水仓及井底泵房。

(8)施工废水须经处理，达到排放标准后方能排放。

4)运行期监测

在隧洞通水运行期间，于隧洞内外设置监测设施，监测地下水水位变化(恢复)和隧洞外水内渗情况，同时对地表出露的泉点进行监测，当出现异常时，隧洞停水进行处理，确保将地下水环境的影响降到最低。

二、地下水环境影响工程对策与补偿性措施

1.地下水环境影响监测与评估预案

1)重点泉、孔、溪的流量与水位监测

香炉山隧洞穿越区地质条件复杂，隧洞埋深大，特别是隧洞在通过鹤庆西山岩溶水系统和清水江-剑川岩溶水系统时，对系统内的地下水位及泉点流量存在一定的影响，在没有防渗控制措施的情况下，可能会造成周边地下水位下降，泉水流量减小。因此，需要针对重点关注区段(特别是岩溶发育段)设计地下水监测方案，建立地下水位和重点泉点流量的监测网，开展地下水长期观测，监测地下水位、泉流量的变化，为隧洞设计、施工提供反馈。

根据监测设计方案和监测技术设备的要求开展施工，建设重点岩溶泉域监测泉流量的量水堰装置，搭建泉流量、钻孔地下水位自动监测和气象站平台，完成监测网的系统布设，使监测网的布设满足滇中引水工程设计及施工的要求。

(1)安全原则。

重点关注影响较大的泉域和地下水位变化较大的区域，确保施工过程中这些区域的地下水位、泉流量变化能被实时监测。在确保安全施工的同时，对地下水影响达到最小。

(2)统筹原则。

综合考虑地质条件、施工条件等，以重点泉域和点段监测为主，结合数值模拟预测，对全洞段及影响范围内地下水位及泉流量进行实时预测预报。

(3)分时推进。

根据认识的不断深入和工程的进度，结合新的需求，对需要开展监测的泉域或地下水位区段及时增补监测点。

2)沿线居民用水水源调查，必要时增设监测

对输水线路两侧影响范围内的山顶居民水源进行了调查，根据泉点与隧洞的空间关系、与隧洞的连通性，对所调查泉点所受影响程度进行了分级，包括严重影响、中等影响、关注、无影响4个等级。其中，碎屑岩、火成岩中的裂隙性泉水，其受影响程度主要与距隧洞的水平距离有关，超过降落漏斗区(或者影响半径)可以认为不受影响，比如区内玄武岩中的裂隙泉。对于灰岩中的泉水，其受影响程度主要取决于灰岩与隧洞的连通性，对距离和影响半径不是太敏感。应首先考虑灰岩的连通性、灰岩中岩溶管道、隧洞部位的溶蚀分带，其次才是距离。

根据以上泉点影响程度分级标准与原则，对调查泉点影响程度进行了分析，分析结果表明，香炉山隧洞区严重影响泉点18个，中等影响泉点24个，关注区泉点46个。香炉山隧洞区严重影响泉点大部分位于5#施工支洞以北区域，集中在白汉场槽谷一带和汝南—红麦一带；5#施工支洞以南区域有严重影响泉点3个，中等影响泉点10个，关注区泉点31个，严重影响泉点主要分布于清水江-剑川岩溶水系统(Ⅴ-1)，中等影响泉点主要集中在汝南哨断裂带附近和下马塘-黑泥哨断裂末端。

根据隧洞施工进度和施工时沿线居民生活用水泉流量的变化情况，对严重影响和流量变化较大的沿线居民生活用水泉全程关注，必要时开展流量监测工作。

3)隧洞主要突涌点动态监测与记录

根据涌水量数值计算，裸洞不灌浆工况下的隧洞涌水量最大，特别是在龙蟠-乔后断裂、丽江-剑川断裂等主要构造部位，以及Ⅳ-5和Ⅴ-2岩溶水系统段位，涌水量$q>10m^3/(d·m)$，为涌水级别，会对隧洞施工造成严重影响。因此，在施工期需要对隧洞主要突涌点加强动态监测，并做好相关记录工作，根据动态监测数据指导施工，并做好超前灌浆预案。

4)施工期支洞与主洞总排水情况监测与记录

香炉山隧洞共布置9条施工支洞,隧洞施工开挖产生的渗涌水,主要由各施工支洞排出。基于地下水环境影响控制的香炉山隧洞丰水期总排水量控制上限标准为1.426m^3/s。其中5#施工支洞以北区域隧洞丰水期总排水量上限控制标准为0.596m^3/s,进口段隧洞排水量为0.002m^3/s。各支洞排水量分别为:1#支洞为0.046m^3/s,1-1#支洞为0.078m^3/s,2#支洞为0.109m^3/s,3#支洞为0.056m^3/s,3-1#支洞为0.208m^3/s,4#支洞为0.097m^3/s。5#支洞以南区域隧洞丰水期总排水量上限控制标准为0.83m^3/s,出口段隧洞排水量为0.018m^3/s。各施工支洞排水量分别为:5#支洞为0.242m^3/s,7#支洞为0.490m^3/s,8#支洞为0.08m^3/s。

按照丰水期总排水量上限控制标准,隧洞施工期需要加强支洞与主洞总排水情况监测与记录,对监测的支洞与主洞总排水情况进行研究分析。

5)不定期的地下水环境影响分析报告

为准确把握香炉山隧洞穿越区岩溶水文地质条件,合理评价地下水对隧洞施工可能造成的不利影响,以及隧洞在工程建设过程中可能导致的环境影响程度,在前期确定的"以堵为主,限量排放"的基本原则基础上,通过对香炉山隧洞穿越区岩溶水文地质分析和相关基础资料调查研究,根据隧洞施工的进度、揭露的地质条件、各施工支洞和主洞地下水涌水情况,以及周边泉点流量变化的情况,综合分析后,不定期地编写地下水环境影响报告,指导工程施工、进度安排和需要采取的应对预案。

2. 地下水环境影响临时应急措施

施工期的引水隧洞筑造了一条新的地下排泄基准面。地下水向隧洞进行排泄,形成降位漏斗,从而使局部范围内的地下水水位剧烈下降。或者在隧洞施工过程中,由于封堵不及时、废水处理不当或者雨水淋滤废渣补给地下水等原因,可能造成隧洞周边受影响区域内地下水水源减流或者受到污染。因此,制定相关的应急性供水措施对于保证工程正常施工和人民正常生活秩序不受影响具有重要意义。香炉山隧洞采取的应急性供水措施如下。

(1)初期可采取水车送水的应急供水措施。水车送水不仅方便居民就近取水,而且由于水车为相对封闭的环境,便于水的卫生防护,还可以在水车中进行饮水消毒。因此,这种应急性供水方式一般能符合卫生需求。

(2)在水资源出现短缺、供水紧急状态下,坚持遵循"先生活,后生产"的原则,应首先保障人民生活供水,其次保证生活必需品的生产供水,最后保证支柱产业的重点工业用水。

(3)水车送水和分散取水方式应该根据受影响水体的范围和受影响程度具体分析。考虑到应急性供水措施的卫生条件和安全性,不宜长时间采用应急供水措施。因此,在开展应急供水的同时,在影响程度较大的饮水水源地区应立即采取替代性水源恢复措施,以免长期影响人民正常生活秩序和当地企业正常运作。

根据香炉山隧洞沿线泉点分布情况和水文地质条件,预测在各段施工过程中较易受到影响的水体,并根据各水体的利用现状分析计算应急用水量。在实际应急供水过程中,主要靠送水车对受影响村镇进行供水,应急供水水源主要为各乡镇中的大型供水点。

3. 地下水环境影响替代性水源

1) 影响范围与程度

香炉山隧洞穿越金沙江与澜沧江分水岭,穿越的马耳山脉主要为高—中山地貌,山顶高程一般2760~3500m,隧洞一般埋深500~1000m,最大埋深达1450m。研究区居民主要位于马耳山周缘的丽江盆地、鹤庆盆地、剑川盆地和洱源盆地。隧洞沿线山顶因山高坡陡,居民点分布较零散,主要分布在山顶缓坡平台和宽缓的岩溶洼地。居民点主要集中于白汉场槽谷(高程2280~2400m)、汝南河槽谷(高程2480~2540m)、沙子坪、下马塘、石灰窑、东登、马厂、东甸、黑泥哨、北长箐、东坡等地。居民生产生活用水主要为山顶小泉和地表沟渠水，部分居民点缺水较为严重。隧洞从该区域穿越，会造成隧洞沿线地下水位整体下降，且隧洞上方水位降深较明显，形成降落漏斗。由于隧洞深埋，对隧洞沿线山顶主要居民点生产生活用水的影响有限。

对线路两侧距隧洞有一定距离的重要泉点和岩溶大泉的影响通过数值模拟进行了预测，可能产生影响的重要敏感泉点主要集中在鹤庆西山岩溶水系统中的Ⅳ-5子系统和清水江-剑川岩溶水系统中的Ⅴ-2子系统。

2)隧洞沿线中小型水利项目及其规划成果

香炉山隧洞影响范围区域周边规划有部分中小型水源工程项目，通过梳理分析，发现香炉山隧洞影响范围内可用作替代水源的中小型水源工程有江湾水库、螳螂河水库、九河雄古人饮工程以及玉龙县打井工程。

江湾水库位于玉龙县石鼓镇石鼓村委会箐口村，水库所在河流为打锣箐，为金沙江的一级支流。江湾水库工程规模为小(一)型，总库容359.84万m^3，工程建设任务以农业灌溉为主，兼顾下游乡镇人畜饮水和防洪。该水库可解决1.025万亩灌溉面积和0.944 8万人、17 175头牲畜的饮水问题，提高0.809万人饮水保证率，从而有效地解决工程性缺水问题。

螳螂河水库工程地处剑川县境内金华镇东部，坝址位于剑川县金龙河支流螳螂河上，属澜沧江流域黑惠江水系。该水库距剑川县城金华镇13km，以解决金华镇东片2.1万人饮水不安全问题为主，兼顾农田灌溉及螳螂河下游两岸防洪要求。螳螂河水库总库容335万m^3，灌溉农田面积1.4万亩，农田灌溉供水量350万m^3，人畜饮水供水量29万m^3，可解决农村0.75万人的供水问题。这些水库工程的建设可提升香炉山隧洞段影响村落的人畜饮水保证率，有效解决工程性缺水问题。

3)沿线可能受影响居民点替代性水源开发利用规划

根据"高水高用、低水低用"的原则，香炉山隧洞影响区替代性水源主要包括地下水(包括泉水)、地表溪沟水、地表库水等。采取的主要工程措施包括修建水窖、打机井、利用泵站和输水管线引水及修建小型水库等。

(1)修建水窖、打水井。

对海拔较高、地下水埋深较大、为弱含水地层、地表无修建水库条件的居民点，建议修建水窖蓄水；对于海拔不高、地下水埋深浅、为富水地层、具备打水井条件的居民点，建议打水井。

(2)利用泵站和输水管线引水。

对于地下水埋深大、为弱含水地层、地表无修建水库条件、隧洞对地下水影响范围外距离不远处分布有泉水、水库或者河流的地段，建议采用输水管线引水。水源点低于用水区时，先利用泵站抽水，然后铺设输水管线引至居民点。

(3)修建小型水库。

对隧洞沿线可能影响居民点附近具备修建水库的地形地质条件的地段，建议修建水库。拟建水库时，还需考虑地方政府诉求，结合地方已有水利规划。

三、高外水压力工程对策

隧洞穿越岩溶地层、富水断层带、向斜蓄水构造部位时，均可能存在高外水压力问题。高外水压力是作用于隧洞衬砌结构上的一种高荷载，将增加衬砌和支护结构的外部荷载。高外水压力问题对隧洞的衬砌型式和衬砌厚度的设计，常起控制作用。当隧洞的衬砌或支护强度不够时，可造成衬砌或支护结构变形、开裂，严重时失效，以致洞内产生大量涌水直至洞室破坏，是深埋水工隧洞施工中经常遇到的难题之一，对隧洞正常施工和运行会造成很大的影响。

对于高外水压力问题，降低水压力要基于“以堵为主，限量排放”的原则，综合考虑地下水环境影响要求，建议采取如下应对措施。

(1)高外水压力条件下衬砌水荷载及外水压力作用机理研究。在地下水埋藏条件及分布规律研究、隧洞围岩渗透性研究的基础上，采用渗流理论分析衬砌水荷载的大小及影响因素。

(2)高外水压力条件下渗控措施研究。按“以堵为主，堵排结合，限量排放”的原则提出初步渗控措施，经渗流理论分析对注浆材料、注浆圈厚度、注浆参数、施工工艺、隧洞排水量控制参数等提出技术要求，并综合考虑地下水环境影响。

(3)高外水压力处理措施研究。借鉴国内外高外水压力处理工程经验，结合香炉山隧洞实际岩溶与水文地质条件及地下水环境影响控制要求，建议以高压灌浆为主要手段，若隧洞外水压力过大，可先期采用打排水孔降压后，再进行灌浆处理。

第八章　结　语

研究区构造背景、地形与地质条件、地表与地下水环境均极为复杂，涉及的岩溶水文地质及环境地质问题众多。本书充分运用了最新的岩溶学理论及研究方法，为香炉山深埋长隧洞线路选择奠定了基础；同时，也为该隧洞施工过程中避免可能的岩溶涌突水灾害及重大地下水环境影响风险，以及采取科学合理的防治对策和工程措施等指明了方向。

地下分水岭部位岩溶不发育或者发育较弱，岩溶区深埋长隧洞选线应优先考虑从地下分水岭部位穿越，然后通过一定量的勘探、示踪试验等予以验证，并对拟定线路局部优化。

深埋长隧洞选线应尽量选择在岩溶不发育地段通过。当受条件限制时，线路应尽量避免穿越岩溶水水平径流带。

在深埋长隧洞选线过程中，应注意避让可溶岩与非可溶岩接触带、断层、向斜构造核部等部位，这些地段岩溶相对发育，隧洞穿越时可能发生岩溶涌突水灾害，其地下水环境影响风险相对较高。

岩溶区水文调查与监测应贯穿枯水期和丰水期。部分岩溶地段揭示的溶蚀现象发育，岩溶水量不大甚至干燥无水，但在雨季时其岩溶水量往往很大，可能对施工造成严重影响。

当隧洞施工可能对地下水环境造成影响时，应开展针对性对策研究，做好地下水环境监测与不定期的环境影响评估预案，必要时应制定替代性水源等应急预案。

在深埋长隧洞施工过程中，不可避免地会遭遇溶洞、暗河等，可能诱发涌水突泥、塌方等岩溶地质灾害，这些灾害的发生具有不确定性，施工前很难一一查明，施工过程中应做好超前地质预报工作。

本书研究成果直接服务于香炉山深埋长隧洞段勘察设计，并可为类似引调水工程深埋长隧洞勘察与选线提供一定的参考，具有显著的工程价值和重要的社会意义。

主要参考文献

长江勘测规划设计研究有限责任公司,2017b.滇中引水工程初步设计阶段香炉山隧洞活断层工程活动性研究专题报告[R].武汉:长江勘测规划设计研究有限责任公司.

长江勘测规划设计研究有限责任公司,2015a.滇中引水工程可行性研究报告附件二输水线路工程地质勘察报告[R].武汉:长江勘测规划设计研究有限责任公司.

长江勘测规划设计研究有限责任公司,2015b.滇中引水工程活动断裂地质学初步研究[R].武汉:长江勘测规划设计研究有限责任公司.

长江勘测规划设计研究有限责任公司,2015c.滇中引水工程区域构造稳定性研究报告[R].武汉:长江勘测规划设计研究有限责任公司.

长江勘测规划设计研究有限责任公司,2015d.滇中引水工程水源及总干渠线路重点工程场地地震安全性评价报告[R].武汉:长江勘测规划设计研究有限责任公司.

长江勘测规划设计研究有限责任公司,2015e.滇中引水工程输水线路香炉山隧洞区岩溶水文地质专题研究报告[R].武汉:长江勘测规划设计研究有限责任公司.

长江勘测规划设计研究有限责任公司,2015f.滇中引水工程可行性研究香炉山隧洞线路比选地质专题研究报告[R].武汉:长江勘测规划设计研究有限责任公司.

长江勘测规划设计研究有限责任公司,2017a.滇中引水工程初步设计阶段香炉山隧洞岩溶水文地质与地下水环境影响研究专题报告[R].武汉:长江勘测规划设计研究有限责任公司.

长江勘测规划设计研究有限责任公司,2018.滇中引水工程初步设计阶段输水工程大理Ⅰ段第二分册香炉山隧洞工程地质勘察报告[R].武汉:长江勘测规划设计研究有限责任公司.

陈长生,王家祥,张海平,等,2015.示踪试验在复杂岩溶区工程中的应用[J].水电与新能源(1):22-25.

陈益民,周垂一,2017.中国水利水电地下工程数据统计(截至2016年底)[J].隧道建设,37(6):778-779.

丁继红,周德亮,马生忠,2002.国外地下水模拟软件的发展现状与趋势[J].勘察科学技术(1):37-42.

韩行瑞,2015.岩溶水文地质学[M].北京:科学出版社.

河海大学,2020.滇中引水工程香炉山隧洞地下水动态监测及施工期地下水系统影响研究报告[R].南京:河海大学.

李利平,路为,李术才,等,2010.地下工程突水机理及其研究最新进展[J].山东大学学报(工学版),40(3):104-112,118.

罗刚,2019.中国10km以上超长公路隧道统计[J].隧道建设(中英文),39(8):1380-1383.

钮新强,张传健,2019.复杂地质条件下跨流域调水超长深埋隧洞建设需研究的关键技术问题[J].隧道建设(中英文),39(4):523-536.

彭士标,2011.水力发电工程地质手册[M].北京:中国水利水电出版社.

全国地震标准化技术委员会,2015.中国地震动参数区划图:GB 18306—2015[S].北京:中国标准出版社.

任旭华,束加庆,单治钢,等,2009.锦屏二级水电站隧洞群施工期地下水运移、影响及控制研究[J].岩石力学与工程学报,28 (A1):2891-2897.

水利部水利水电规划设计总院,2009.水利水电工程地质勘察规范:GB 50487—2008 [S].北京:中国计划出版社.

田四明,王伟,巩江峰,2021.中国铁路隧道发展与展望(含截至2020年底中国铁路隧道统计数据)[J].隧道建设(中英文),41 (2):308-325.

吴剑疆,2020.大理深输水隧洞设计和施工中的关键问题探讨[J].水利规划与设计(4):120-125.

薛禹群,吴吉春,1997.地下水数值模拟在我国:回顾与展望[J].水文地质工程地质(4):21-24.

袁道先,2002.中国岩溶动力系统[M].北京:地质出版社.

云南省鹤庆县志编纂委员会,1991.鹤庆县志[M].昆明:云南人民出版社.

张洪霞,宋文,2007.地下水数值模拟的研究现状与展望[J].水利科技与经济,13(11):794-796.

张培震,沈正康,王敏,等,2004.青藏高原及周边现今构造变形的运动学[J].地震地质,26(3):367-377.

张倬元,王士天,王兰生,等,2009.工程地质分析原理[M].北京:地质出版社.

张祖陆,2012.地质与地貌学[M].北京:科学出版社.

中国地震局地质研究所,2015.滇中引水工程水源及总干渠线路区活动断层鉴定[R].北京:中国地震局地质研究所.

中国地质科学院岩溶地质研究所,2016.滇中引水工程香炉山隧洞穿越区鹤庆-剑川岩溶水文地质专题研究报告[R].桂林:中国地质科学院岩溶地质研究所.

邹成杰,1994.水利水电岩溶工程地质[M].北京:水利电力出版社.